Kohlhammer

Andreas H. Karsten
Stefan Voßschmidt (Hrsg.)

Resilienz und Kritische Infrastrukturen

Aufrechterhaltung von
Versorgungstrukturen im Krisenfall

Verlag W. Kohlhammer

Dieses Werk einschließlich aller seiner Teile ist urheberrechtlich geschützt. Jede Verwendung außerhalb der engen Grenzen des Urheberrechts ist ohne Zustimmung des Verlags unzulässig und strafbar. Das gilt insbesondere für Vervielfältigungen, Übersetzungen, Mikroverfilmungen und für die Einspeicherung und Verarbeitung in elektronischen Systemen.

Die Wiedergabe von Warenbezeichnungen, Handelsnamen und sonstigen Kennzeichen in diesem Buch berechtigt nicht zu der Annahme, dass diese von jedermann frei benutzt werden dürfen. Vielmehr kann es sich auch dann um eingetragene Warenzeichen oder sonstige geschützte Kennzeichen handeln, wenn sie nicht eigens als solche gekennzeichnet sind.

1. Auflage 2019

Alle Rechte vorbehalten
© W. Kohlhammer GmbH, Stuttgart
Umschlagbild: Daniel Friederichs
Gesamtherstellung: W. Kohlhammer GmbH, Stuttgart

Print:
ISBN 978-3-17-035433-3

E-Book-Formate:
pdf: ISBN 978-3-17-035435-7
epub: ISBN 978-3-17-035436-4
mobi: ISBN 978-3-17-035437-1

Für den Inhalt abgedruckter oder verlinkter Websites ist ausschließlich der jeweilige Betreiber verantwortlich. Die W. Kohlhammer GmbH hat keinen Einfluss auf die verknüpften Seiten und übernimmt hierfür keinerlei Haftung.

Inhaltsverzeichnis

A Grundlagen und Begriffe 9
    1 Einleitung *(Stefan Voßschmidt & Andreas H. Karsten)* 9
    1.1 Hinführung zum Thema *(Stefan Voßschmidt)* 11
    1.2 Überblick über die Rechtsnormen *(Stefan Voßschmidt)* 15
    2 Methodik des Buches *(Stefan Voßschmidt)* 17
    3 Begriffsbestimmungen *(Stefan Voßschmidt & Andreas H. Karsten)* 19
    3.1 Kritische Infrastruktur *(Stefan Voßschmidt & Andreas H. Karsten)* 20
    3.1.1 Situation in Deutschland *(Stefan Voßschmidt)* 20
    3.1.2 Internationaler Vergleich *(Andreas H. Karsten)* 27
    3.2 Stresssituation und Schockereignisse *(Andreas H. Karsten)* 28
    3.3 Resilienz *(Andreas H. Karsten)* 30
    3.4 Kritikalität *(Andreas H. Karsten)* 36
    4 Gesellschaftliche und rechtliche Verpflichtungen
       (Stefan Voßschmidt & Andreas H. Karsten) 39
    4.1 Deutsche rechtliche Regelungen im Bevölkerungsschutz
       (Stefan Voßschmidt) 40
    4.2 Organisatorische Maßnahmen im Bevölkerungsschutz
       (Stefan Voßschmidt) 71
    4.3 Internationale Verpflichtungen *(Andreas H. Karsten)* 79

B Betrachtungen zur aktuellen Stresssituation der Kritischen
   Infrastrukturen **83**
    1 Klimawandel *(Sylvia Steenhoek & Stefan Voßschmidt)* 84
    2 Politische Stresssituation *(Andreas H. Karsten)* 99
    3 Sicherheitspolitik und Resilienz *(Dirk Freudenberg)* 106
    4 Gesellschaftliche Stresssituation *(Andreas H. Karsten)* 118
    5 Wirtschaftliche Stresssituation *(Stefan Voßschmidt &
       Andreas H. Karsten)* 120
    5.1 Veränderungen und Herausforderungen durch die Globalisierung
       der Wirtschaft *(Matthias Rosenberg & Astrid Geschwendt)* 122
    5.2 Wachstumsparadigma und Resilienz *(Matthias Rosenberg &
       Astrid Geschwendt)* 125
    5.3 Just-In-Time und Just-In-Sequence – moderne Fertigungsabläufe
       und Resilienz *(Denis Žiga)* 127

Inhaltsverzeichnis

C Möglichkeiten zur Steigerung der Resilienz **136**
    1 Allgemeine Betrachtungen *(Andreas H. Karsten)* 136
    2 Resilienz durch Partizipation – Herausforderungen auf zivilgesellschaftlicher und organisatorischer Ebene *(Bo Tackenberg, Ramian Fathi, Patricia M. Schütte, Frank Fiedrich)* 146
    3 Einbindung von Unternehmen in das operative Krisenmanagement *(Andreas H. Karsten)* 159
    4 Einführung eines resilienten operativen Krisenmanagements *(Andreas H. Karsten)* 161
    5 Einfluss neuer Technologien *(Stefan Voßschmidt & Andreas H. Karsten)* 168
    5.1 Technische Möglichkeiten von heute und morgen *(Matthias Rosenberg & Astrid Geschwendt)* 169
    5.2 Nutzung moderner Technologien *(Torben Sauerland, Robin Marterer, Therese Habig)* 171
    5.3 Künstliche Intelligenz – Chancen für die nächsten 10 Jahre *(Andreas H. Karsten)* 185
    6 Resilienzsteigerung durch Ausbildung und Training *(Voßschmidt & Karsten)* 187
    6.1 Allgemeine Überlegungen zum kontinuierlichen Steigerungsprozess *(Julia Zisgen)* 188
    6.2 Organisationsübergreifende Ausbildung und Übungen als wichtige Faktoren zur Steigerung der Resilienz *(Anja Kleinebrahn)* 200

D Schockereignisse/Szenario-basierte Diskussion **220**
    1 Die Methodik und ihre Grenzen *(Stefan Voßschmidt & Andreas H. Karsten)* 220
    1.1 Einführung der Methodik *(Andreas H. Karsten)* 220
    1.2 Chancen der Methodik – Unkalkulierbare Entwicklungen und Schwarze Schwäne *(Stefan Voßschmidt)* 222
    2 Naturgefahren *(Voßschmidt & Karsten)* 229
    2.1 Wintersturm »Erebos« *(Andreas H. Karsten)* 230
    2.2 Herausforderungen und Lösungsansätze für eine Kommunalverwaltung *(Andreas H. Karsten)* 242
    2.3 Herausforderungen und Lösungsansätze für die Polizei im Szenario »Erebos« *(Nicole Bernstein)* 251
    2.4 Unwetterlagen *(Stefan Voßschmidt)* 265

Inhaltsverzeichnis

      2.5 Hitze- und Dürreperioden *(Andreas H. Karsten)* 269
      2.6 Pandemie *(Martin Weber)* 272
    3 Anthropogene Gefahren *(Voßschmidt & Karsten)* 282
      3.1 Chemische, Biologische, Radioaktive und Nukleare Gefahren
          (CBRN) *(Gerhard Uelpenich)* 283
      3.2 Terrorismus *(Tobias Brodala)* 298
      3.3 Cyber-Gefahren *(Andreas H. Karsten)* 309
      3.4 Stromausfall *(Andreas H. Karsten)* 314

E **Road Map zur Steigerung der Resilienz** **321**
    1 Der nachhaltige Weg zur Resilienzsteigerung *(Andreas H. Karsten)* 322
    2 Die ersten Schritte *(Andreas H. Karsten)* 340

F **Literaturverzeichnis** **343**

G **Stichwortverzeichnis** **359**

H **Autorinnen und Autoren** **363**

A Grundlagen und Begriffe[1]

1 Einleitung

Stefan Voßschmidt & Andreas H. Karsten

Resilienz ist vielleicht das Schlagwort in den derzeitigen Diskussionen über Krisenmanagement. Allen Ortes liest man, dass Organisationen, Behörden, Unternehmen, Staaten, ja selbst die Staatengemeinschaft resilienter werden müssen, wenn sie die heutigen und vor allem die zukünftigen Herausforderungen meistern wollen.

Die beiden Herausgeber Stefan Voßschmidt, Referent im Bundesamt für Bevölkerungsschutz und Katastrophenhilfe, und Andreas H. Karsten, Berater in der Controllit AG, glauben, dass es nur durch einen möglichst allumfassenden Ansatz möglich sein wird Krisen so zu beherrschen, dass die Folgen für die Menschen ein vertretbares Maß nicht überschreiten.

Dies spiegelt sich in diesem Buch wieder. Den Blick für das Ganze nicht verlierend, wenden die Herausgeber die Konzepte, die hinter dem Begriff Resilienz stecken, auf die Betreiber der Kritischen Infrastrukturen (Kritis) an. Die allgemeinen Betrachtungen werden besonders von den Expertinnen und Experten, die als Co-Autorinnen gewonnen werden konnten, an speziellen Beispielen detaillierter dargestellt, um die allgemeinen Prinzipien zu verdeutlichen.

Abschnitt A führt in das Thema ein. Es werden die Methodik des Buches erläutert und die wesentlichen Begriffe diskutiert. Abschließend werden die gesetzlichen Regelungen dargestellt.

Abschnitt B beschreibt die aktuelle Stresssituation der Kritis, also das Umfeld, in dem die Kritis-Betreiber tagtäglich agieren. Neben dem Klimawandel wird auf die politische, gesellschaftliche und wirtschaftliche Situation eingegangen.

---

1 Wegen der Knappheit des zur Verfügung stehenden Raumes und der aktuellen Thematik des Buchs wird davon Abstand genommen immer korrekt die weibliche und die männliche Form zu benutzen. Auch die Zwischenform »*Innen« erscheint nicht sachgerecht. Daher wählen die Verfasserinnen den Weg, die weibliche und die männliche Form schlicht abwechselt und möglichst gleich zu benutzen. Das bedeutet, reden wir von Verfasserinnen sind Verfasserinnen und Verfasser gemeint, schreiben wir Autoren, meinen wir Autorinnen und Autoren. Beides gleichberechtigt, gleichwertig und vom Bestreben her gleich oft.

A Grundlagen und Begriffe

Abschnitt C beschäftigt sich mit Möglichkeiten, die Resilienz zu steigern. Detaillierter werden die Notwendigkeit und die Möglichkeiten der Partizipation der Zivilgesellschaft und die Möglichkeiten und Herausforderungen moderner Technologie betrachtet. Abschließend wird die Notwendigkeit von Ausbildung und Training thematisiert.

Abschnitt D beschäftigt sich mittels szenariobasierter Diskussionen näher mit einigen Schockereignissen. Neben wetterbedingten Schocks (hier besonders die Auswirkungen eines Wintersturms auf Kommunen und Polizeien) werden die Themen Pandemie, CBRN, Terrorismus, Cyber und Stromausfall betrachtet.

Im abschließenden **Abschnitt E** werden die Ideen aus den ersten Kapiteln zu einer Road Map zur Steigerung der Resilienz zusammengefasst.

Im Management von Gefahren sind Vulnerabilität und Resilienz zentrale Begriffe. Das Management hat die Aufgabe zu analysieren, ob die Auswirkungen bestimmter Prozesse (z. B. einer Überschwemmung) erhebliche Schäden verursachen und wie die Bewältigungskapazitäten verbessert werden können, um derartige negative Auswirkungen zu vermeiden oder zu reduzieren. Vulnerabilität ist hierbei ein wichtiger Bestandteil der Risikoanalyse, bringt die Schadensanfälligkeit der Gesellschaft zum Ausdruck und verdeutlicht das Verhältnis zwischen äußerer Bedrohung und interner Bewältigungsmechanismen. Vulnerabilität und Resilienz sind im Gefahrenmanagement allerdings nicht als Gegensatzpaar zu verstehen. Sie ergänzen sich durch ihre unterschiedlichen Schwerpunkte vielmehr komplementär. Es sind unterschiedliche Blickwinkel unter denen die Gefahren betrachtet werden. Sie finden sich z. B. auch im Sendai Framework der Vereinten Nationen (Fuchs 2016, 50 f., Zimmermann/Keiler 2015, 195–202). Wir betonen den Blickwinkel der Resilienz.

Im kollektiven Bewusstsein in Deutschland sind vor allem der Stromausfall und Schneechaos im Münsterland November 2005 und das Schneechaos in Schleswig-Holstein und Norddeutschland im Winter 1978/79 geblieben. Mangelnde Vorbereitung, i. B. fehlende Vorräte und fehlende Netzersatzanlagen waren hier die Hauptdefizite. Wie im Kapitel B. *Betrachtungen zur aktuellen Stresssituation der Kritischen Infrastrukturen* dargestellt, ist nicht davon auszugehen, dass die Bevölkerung in unserem Szenario 2019 besser vorbereitet wäre. Denn Risiken werden gesellschaftlich konstruiert. Schon eine tatsächliche Risikowahrnehmung, verstanden als subjektiv konstruierte Wahrnehmung der Bedeutung und potenziellen Auswirkung der Risiken vor dem Hintergrund kultureller Muster und Sozialisation (Dickmann u. a. 2007, 324, Zwick und Renn 2008, 77, Drews 2018, 31ff) findet nicht statt. Sie wird weder durch die Gesellschaft noch durch die Politik oder die Medien gefördert. Damit

1 Einleitung

findet aber auch keine Diskussion um Verantwortung, z. B. die Selbstverantwortung bei Risiken statt. Auch Folgerisiken und Kaskaden sind keine Themen.

Es ist zu hoffen, dass dieses Buch einen Beitrag zur entsprechenden Bewusstseinserweiterung leistet.

1.1 Hinführung zum Thema

Stefan Voßschmidt

Schon vor mehr als 2000 Jahren formulierte Perikles »Es kommt nicht darauf an, die Zukunft vorauszusagen, sondern darauf, auf die Zukunft vorbereitet zu sein.« Was passiert bei einem langandauernden Stromausfall z. B. mit der Wasserversorgung, dem Lebensmitteleinzelhandel, der staatlichen Infrastruktur insgesamt? Welche Folgen können ein heftiger Sturm, eine langandauernde Hitzeperiode und eine Dürre haben? Westeuropa hat eine Hitzeperiode mit geringen Niederschlägen in den Jahren 2018 und 2019 zum dritten Mal in den zwei Jahrzehnten des dritten Jahrtausends (nach 2003) erlebt. Der Klimawandel zeigt sich anhand vieler Indikatoren und bedeutet in der Tendenz eine Erwärmung der Atmosphäre und eine Steigerung von Naturgefahrenrisiken. Kaskadeneffekte können diese Risiken potenzieren, wie Marc Elsberg in seinem Roman Blackout anhand eines durch einen terroristischen Angriff herbeigeführten Blackouts anschaulich beschreibt. Sind wir auf unsere Zukunft vorbereitet wie Perikles, der große Staatsmann der Athener es fordert? Vielleicht war er glänzend auf den großen Krieg, den Athen (und er) gegen Sparta führte, vorbereitet. Verloren hat ihn seine Heimatstadt dennoch und mit ihm die Großmachtstellung. Die Seuchengefahr, die von den vielen in die Stadt geflohenen Menschen ausging, wurde nicht erkannt und somit auch keine Präventionsmaßnahmen ergriffen. Schon dieses Beispiel lehrt, dass in der Vorbereitung die zentralen Knotenpunkte der Gesellschaft, die Kritischen Infrastrukturen, von elementarer Bedeutung sind (bei Perikles und Athen war es die Gesundheitsvorsorge, vielleicht auch die Hybris der sich überlegen Fühlenden). Es gibt Risiken, die Gesellschaften nicht vorhersehen. Darüber hinaus zeigt es aber auch, dass es nicht nur um Vorbereitung gehen kann, sondern dass mehr notwendig ist, um das adäquate Überleben einer modernen Gesellschaft in der von ihr gewünschten Weise zu gewährleisten: Resilienz.

Diese Resilienz ist umso notwendiger, als die aktuell geschehenden Veränderungsprozesse – Globalisierung, Vernetzung, Digitalisierung – moderne Gesellschaften verwundbarer machen. Diese Vulnerabilität steigert das Risikoparadoxon: »Je weniger eine Gesellschaft ein Risiko erlebt, desto schlechter ist sie darauf vorbereitet.« Die Gesellschaft Deutschlands im 21. Jahrhundert geht von Stromausfallzeiten von unter 15 Minuten pro Jahr (Wikipedia: Stromausfall) aus und ist gerade deshalb auf das Risiko eines längeren Stromausfalls nicht vorbereitet. Wer weiß, wo Streichhölzer, Kerzen, Taschenlampe sind? Wer findet sie im Dunkeln schnell?

Es haben sich zwei Ansätze etabliert, um Gefahren für eine Gesellschaft zu verringern: Der Ansatz der Reduzierung der Risiken bzw. der Vulnerabilität und der Ansatz der Steigerung der Resilienz der Gesellschaft. Wir folgen letzterem.

Wie können nun die Infrastrukturen gegen Totalausfälle geschützt werden, insbesondere die Lebensadern moderner Gesellschaften, die Kritischen, also lebensnotwendigen Infrastrukturen? Wie können moderne Gesellschaften ihre Verletzlichkeit, ihre Vulnerabilität, verringern? Die Antwort heißt Resilienz. Die Steigerung der Resilienz ist die Methode, mittels derer moderne Gesellschaften diesen Risiken begegnen. Denn in der freiheitlichen Wirtschafts- und Rechtsordnung der westlichen Welt des 21. Jahrhunderts ist es nicht sachgerecht, dass der Staat Lösungen allein mittels rechtlicher Regelungen anstrebt, das Mittel der Wahl sind Recht und Konsens. In Deutschland z. B. hat der Staat aufgrund seiner Verfassung die Verpflichtung zur Daseinsvorsorge, nach Art. 1 Abs. 1 (Menschenwürde), Art. 2. Abs. 2 (Recht auf Leben und körperliche Unversehrtheit), Art. 20 Abs. 1 (Sozialstaatsprinzip) des Grundgesetzes. Diese staatliche Verpflichtung ist rechtlich ausgeprägt durch eine umfassende Gesetzgebung bei gleichzeitiger Tendenz einer möglichst weitgehenden Liberalisierung, deren Höhepunkt in den 90er Jahren des vorigen Jahrhunderts mit der Formel »Privat vor Staat« zusammengefasst wurde. Der Staat zog sich von vielen Aufgaben zurück und schränkte Monopole ein. So bedeutet die Liberalisierung des Strommarktes z. B, dass die vier großen Übertragungsnetzbetreiber ihr Netz (ihre Leitungen) jedem Stromanbieter zur Verfügung stellen müssen, jeder Interessierte diskriminierungsfrei zu versorgen ist und gewünschte Erhöhungen der Netzentgelte von der Bundesnetzagentur genehmigt werden müssen. Moderne Wirtschaftskreisläufe sind derartig auf Effizienz und Effektivität ausgerichtet (Just-in-time Produktion), dass nicht notwendige Regelungen und Auflagen potentiell zu Kostensteigerungen führen, die im Hinblick auf den durch die Globalisierung forcierten Wettbewerb und Kostendruck vermieden werden sollen. Auch Investitionen in die Sicherheit werden unter Wirtschaftlichkeitsgesichtspunkten getätigt – oder eben nicht getätigt. Dies gilt auch für die Kritischen Infrastrukturen und ihre Betreiber.

Kritische Infrastrukturen sind Einrichtungen, Anlagen oder Teile davon, die von hoher Bedeutung für das Funktionieren des Gemeinwesens sind. Durch ihren Ausfall oder ihre Beeinträchtigung würden erhebliche Versorgungsengpässe oder Gefähr-

1 Einleitung

dungen für die öffentliche Sicherheit eintreten. Kritische Infrastrukturen sind die unverzichtbaren Lebensadern moderner, leistungsfähiger Gesellschaften. Die Gewährleistung des Schutzes dieser Infrastrukturen ist eine Kernaufgabe staatlicher und unternehmerischer Sicherheitsvorsorge und zentrales Thema der Sicherheitspolitik Deutschlands. Diese Aufgabe übernimmt der deutsche Staat in Form eines institutionalisierten Dialogs zwischen Staat und Wirtschaft im UP KRITIS (Umsetzungsplan Kritis/Kritische Infrastrukturen). Es hat sich bewährt, die Betreiber Kritischer Infrastrukturen – nur falls erforderlich – durch gesetzliche Vorgaben dazu zu bringen, Widerstandsfähigkeit und Schutzmaßnahmen zu verbessern. Grundsätzlich wird jedoch auf Kooperation gesetzt. Die erneuerte Kritis-Strategie baut auf dieser Erfahrung auf. Gemeinsam mit allen Beteiligten soll ein Mehr an Schutzmaßnahmen und ein deutliches Plus an Sicherheit für uns alle (auch über Grenzen hinweg) erreicht werden. Rechtliche Regelungen sind nur an zentralen Stellen notwendig und erfolgt. Die wichtigste Regelung ist das IT Sicherheitsgesetz von 2015. Eine weitere Konkretisierung erfolgte in der Cyber-Sicherheitsstrategie für Deutschland 2016 und der Kritis-Verordnung.

Info:
Resilienz bezeichnet in diesem Zusammenhang die besondere Fähigkeit eines Systems, Ereignissen zu widerstehen beziehungsweise sich daran anzupassen und dabei seine Funktionsfähigkeit zu erhalten oder schnell wiederzuerlangen (BMI 2018).

Es stellt sich nun die Frage, wie die Bevölkerung bei Ausfällen Kritischer Infrastrukturen, insbesondere in Verbindung mit einem Stromausfall, ausreichend versorgt werden kann: Wie resilient ist die jeweilige Versorgungsinfrastruktur und welche Notfallmechanismen können in welcher Form wirken? Kann die Bevölkerung sich ausreichend selbst versorgen?

Bei der Beantwortung dieser Frage sind folgende Rahmendaten zu beachten. Modernes Leben und Wirtschaften beruht maßgeblich auf einer funktionierenden Infrastruktur. Alles ist verfügbar, wird »just in time« geliefert und produziert. Die Lagerhaltung findet auf den Straßen statt. Die Infrastruktur ist in den letzten Jahren und auch in naher Zukunft einem gravierenden Wandel unterworfen, beziehungsweise wird es sein. Von ursprünglich »analoger Hardware« verändert sie sich durch den Einsatz von Informations- und Kommunikationstechnik (IKT) zu digital unterstützten Systemen. Digitalisierung wird somit zu einem zentralen Treiber der Veränderung der Infrastrukturen und ermöglicht gleichzeitig auch eine stärkere Kopplung dieser. Diese Kopplung ist vor allem aus Sicht des Energiesystems vorteilhaft, da auf diese Weise Nutzenergie- und Energiespeicherpotenziale infrastrukturübergreifend gehoben werden können. Durch die zunehmende Digitalisierung aller Infrastrukturen werden diese jedoch auch deutlich komplexer und damit verwundbarer gegenüber potenziellen Ausfällen. Dies potenziert das Gefährdungspotenzial und unterstreicht die Notwendigkeit, einen lang anhaltenden, großflächigen Blackout zwingend zu verhindern. Die hohe Verwundbarkeit wird unter anderem durch die große Bandbreite und Vielzahl von Hackerangriffen auf Kritische Infrastrukturen, darunter viele Unternehmen und Anlagen im Energiebereich, deutlich. Die Vulnerabilität beschreibt dabei die Anfälligkeit des Systems und seiner Dienstleistung in Bezug auf konkrete interne und externe Störungen beziehungsweise auf strukturell bedingte Schwachstellen im System (Gleich u. a. 2010).

Als Digitalisierung oder digitale Revolution wird die tiefgreifende Veränderung von Wirtschaft und Gesellschaft durch digitale Technologien bezeichnet. Grundlage der Digitalisierung ist das Übertragen analoger Informationen auf digitalen Speichermedien, wodurch sie elektronisch verarbeitet werden können. Die Digitalisierung erfasst dabei alle Gesellschaftsbereiche von Wirtschaft über Politik und Bildung bis zur staatlichen Verwaltung und sozialen Interaktion. Treiber der Entwicklung ist die Vernetzung von Menschen und Geräten untereinander über das Internet. Dadurch entstehen neue Geschäftsmodelle und es verändern sich alte, andere verschwinden auch ganz. Insbesondere große Plattformen sind bisher als Sieger der Digitalisierung hervorgegangen – daher spricht man auch von der Plattform-Ökonomie oder GAFA-Ökonomie. GAFA steht für die vier prestigeträchtigsten Konzerne der Welt Google, Amazon, Facebook und Apple. Microsoft komplettiert diese zu den »big five«.

Relevant sind aber auch andere Rahmenbedingungen. Geglaubt wird heute, was ins Weltbild passt. Obwohl die Gefahr Opfer eines terroristischen Anschlags zu werden seit Jahren sinkt, steigt die Angst davor. Eine zentrale Frage, an der sich die deutsche Gesellschaft scheidet, lautet: Wie bewertet man die Entwicklungen der vergangenen Jahre (Flüchtlingskrise)? Dies erinnert an »Die Grenzen des Wachstums« vom Club of Rome aus den 70er Jahren. Eine der Kernaussagen war, dass es bei Nutzung aller Bodenressourcen ab dem Jahre 2000 nicht mehr möglich sein wird, so viel Nahrung zu erzeugen, dass alle Menschen satt werden können. »Neben dieser Linie hatten die Wissenschaftler die Kurve der absoluten Hoffnungslosigkeit eingezeichnet. Sie zeigte den Verlauf des Problems, falls es gelänge die Produktivität pro Quadratmeter Nutzfläche zu verdoppeln. In diesem als unwahrscheinlich eingestuften Fall käme das wirklich definitive Ende ungefähr im Jahre 2020«, (Wüllenweber, 2018, Zenthöfer 2018).

1 Einleitung

Diese Prognosen bewahrheiteten sich nicht. Die Fortschritte in der Nahrungsmittelproduktion konnten auch die »optimistischen« Prognosen bislang immer übertreffen. Die Horrorszenarien realisierten sich nicht. Aber: Apokalypse-Erwartung und Pessimismus wurden zur Grundhaltung gerade des vermeintlich aufgeklärten Teils der Menschheit. Dabei ist z. B. die Armut weltweit zurückgegangen. Weltweit waren 2015 erstmals weniger als 10 % der Menschen absolut arm. 300.000 Jahre lang lebten 90 % unserer Vorfahren am Existenzminimum. Die Sorge um das tägliche Brot regierte. Die Französische Revolution beispielsweise ist auch als Hungerrevolte zu erklären. Wüllenweber (2018) fasst zusammen: »Die tödlichsten Krankheiten besiegt. Das Waldsterben abgewendet. Gewalt, Kriminalität, Analphabetismus, Armut und Hunger entscheidend zurückgedrängt. Die Mauer eingerissen und die Wiedervereinigung ohne Blutvergießen errungen. Hunderttausende Flüchtlinge aufgenommen.« Trotzdem denken ¾ der Deutschen, die Mordrate sei seit dem Jahre 2000 gestiegen, dabei ist sie um 33 % gesunken (Wüllenweber, 2018). Angst ist die Ware der Amateur-Publizisten, die düstere Verlässlichkeit gibt Halt. Deutsche haben eine geringe Unsicherheitstoleranz. Das zeigt sich auch daran, dass keine der weltweit größten Banken in Deutschland beheimatet ist (Bank bedeutet Wagnis), aber dafür die größte Versicherung (Allianz) und die größte Rückversicherung (Munich Re). Möglicherweise ist Angst oder »German angst« ein besonders unterschätzter Risikofaktor. Der Philosoph Erich Fromm ist der Ansicht, der Mensch sei zu fast allem bereit, um sich von Ängsten zu befreien (Fromm 2011, S. 221 f.).

1.2 Überblick über die Rechtsnormen

Stefan Voßschmidt

Neben Seuchen sind die größten zivilen Risiken für die modernen Gesellschaften des 21. Jahrhunderts der Stromausfall und der Ausfall der IT-Technik.

Aber vor allem einige Ereignisse haben die weltpolitische Lage im Besonderen geprägt und zu Umsetzungsprozessen in Rechtsnormen geführt: Der Kalte Krieg mit Berlin-Krise, Korea-Krieg und seinem Höhepunkt der Kuba-Krise. Sie führte in Deutschland ab dem Jahre 1965 zum Erlass der Sicherstellungsgesetze (für die als zentral angesehenen Felder Ernährung, Wasser, Wirtschaft, Verkehr, Arbeit, Post- und Telekommunikation). Zweck war die Sicherstellung der Versorgung der Zivilbevölkerung und der Streitkräfte im Verteidigungsfall.

1986 kam es zum Reaktorunglück von Tschernobyl. Tschernobyl ist zum Symbol für vieles geworden (Hybris zum Beispiel). Es ist aber auch ein Beispiel nicht nur für den GAU

(= größten anzunehmenden Unfall), sondern für den Super-Gau, für etwas, was zuvor undenkbar schien. Der Unfall wurde zum Synonym der von Ulrich Beck definierten Risikogesellschaft. In Deutschland wurde anschließend Regelungsbedarf für Versorgungsprobleme in Friedenszeiten bedingt durch zivile Gefährdungslagen gesehen und die Vorsorgegesetze wurden erarbeitet (vgl. zur Systematik und allgemein Voßschmidt 2018, S. 107ff). Erst im zweiten Jahrzehnt des 21. Jahrhunderts rückte die IT-Technik in den Fokus und mit ihr die Kritis-Betreiber. Die regelnde Vorschrift, »Gesetz zur Erhöhung der Sicherheit informationstechnischer Systeme« (IT-Sicherheitsgesetz), ist am 25. Juli 2015 als Artikelgesetz[2] in Kraft getreten. Als Kernbestandteil sehen die neu eingefügten §§ 8 a und 8 b des BSI-Gesetzes vor, dass informationstechnische Systeme, die für die Funktionsfähigkeit von Kritischen Infrastrukturen maßgeblich sind, von den jeweiligen Betreibern durch die Umsetzung von Mindestsicherheitsstandards abzusichern und erhebliche IT-Vorfälle an das Bundesamt für Sicherheit in der Informationstechnik (BSI) zu melden sind. Spiegelbildlich zu den besonderen Pflichten ergeben sich aus den §§ 3 Absatz 3 und 8 b Absatz 2 Nummer 4 des BSI-Gesetzes für Betreiber Kritischer Infrastrukturen besondere Rechte. Diese beinhalten insbesondere die privilegierte Beratung und Information durch das BSI.

Bislang oblag die Bewertung, ob Infrastrukturen für die Versorgung der Allgemeinheit mit wichtigen Dienstleistungen als kritisch anzusehen sind, der Einschätzung des jeweiligen Betreibers. Im Rahmen des UP KRITIS, einer öffentlich-privaten Partnerschaft von Betreibern und dem Bund, wurden in der Vergangenheit Konzepte und Handlungsempfehlungen erarbeitet, um den Schutz der Informationstechnik in Kritischen Infrastrukturen zu verbessern und in den einzelnen Sektoren ein einheitlich hohes IT-Sicherheitsniveau zu erreichen. Dieses System der Selbstregulierung hat zwar zu einer spürbaren Erhöhung des Sicherheitsniveaus geführt. Ausgehend von den in der Praxis erzielten Erfahrungswerten ist jedoch nicht hinreichend sichergestellt, dass sich in den einzelnen Sektoren ein gleichwertiges und hinreichendes Schutzniveau für die eingesetzte Informationstechnik herausbilden kann. Darauf zielen das IT-Sicherheitsgesetz und diese Verordnung durch die Identifizierung Kritischer Infrastrukturen ab. Die Kritis-Betreiber sind zur Umsetzung von Mindestsicherheitsstandards und Meldepflichten verpflichtet. Mit der Verordnung zur Bestimmung Kritischer Infrastrukturen nach dem BSI-Gesetz (BSI-Kritisverordnung – BSI-KritisV) wird die Vorgabe in § 10 Absatz 1 Satz 1 des BSI-Gesetzes umgesetzt, wonach die Bewertung einer Infrastruktur als kritisch nach einer vorgegebenen Methodik zu erfolgen hat. Die Methodik beruht auf drei aufeinander aufbauenden

---

[2] Gesetz, das mehrere Gesetze ändert

Verfahrensschritten, die jeweils unter umfassender Beteiligung von Experten und Vertretern der betroffenen Ressorts sowie der einzelnen Branchen in den Arbeitskreisen des UP KRITIS und weiteren Kreisen umgesetzt wurden. Die Beteiligung der betroffenen Branchen bereits im Vorfeld des formalen Anhörungsverfahrens folgt dem kooperativen Ansatz des IT-Sicherheitsgesetzes und hat sich aufgrund der Komplexität der zu treffenden Festlegungen als zweckmäßig bewährt.

In einem ersten Schritt wird für die Sektoren Energie, Wasser, Informationstechnik und Telekommunikation sowie Ernährung bestimmt, welche Dienstleistungen aufgrund ihrer Bedeutung als kritisch anzusehen sind. Hierbei orientiert sich die Festlegung der kritischen Dienstleistungen an den in der Gesetzesbegründung benannten Dienstleistungen sowie an den Ergebnissen von Studien, die das BSI beauftragt hatte, um eine umfassende Analyse der Kritis-Sektoren und der darin erbrachten kritischen Dienstleistungen in Deutschland zu erlangen. Weitere Schritte werden folgen. Gleichzeitig wird in vielen Feldern der Ruf nach dem Gesetzgeber laut. Alles und jedes soll geregelt werden, teilweise wird sogar ein Spontanhelfergesetz in Erwägung gezogen. Doch weiß noch jemand welche Normen bei Kritischen Infrastrukturen einschlägig sind? Es gibt zum Beispiel unendlich viele DIN-Normen zum Krisenmanagement, die nicht nur keiner anwendet, die vielleicht nicht praktikabel sind, die aber vor allem niemand überhaupt kennt (Voßschmidt 2020). Deshalb glauben wir dem französischen Philosophen Montesquieu: Wo ein Gesetz nicht notwendig ist, ist kein Gesetz notwendig.

2 Methodik des Buches

Stefan Voßschmidt

Die Methodik dieses Buches ist eigen. Wir wollen praxisrelevant sein, das Thema in der gebotenen Kürze (Praktiker haben wenig Zeit, wir haben uns ein Limit gesetzt) nachvollziehbar und lösungsorientiert behandeln und dies auf möglichst knapper wissenschaftlicher Grundlage. Wir wollen kein Handbuch schreiben mit einem den Stand der Wissenschaft wiedergebenden Literaturverzeichnis, sind daher bewusst und notwendigerweise halbwissenschaftlich. Die Verweise sind teilweise bewusst kurz, auf das Wesentliche begrenzt, teilweise aber auch umfangreich, um bestimmte Gedankengänge nachprüfbar zu machen. Es erfolgt zumeist die Konzentration auf neuere, wichtigere Literatur. So sehr sich die Autoren um Objektivität bemühen, jeder Auswahl, jeder Schwerpunktsetzung haften subjektive Momente an. Um sie nachvollziehbar zu machen, stellen die Autoren sich am Ende des Buches kurz vor.

A   Grundlagen und Begriffe

Die benutzten Begrifflichkeiten werden weit ausgelegt. Wir wählen einen globalen Ansatz bei einer gesamtgesellschaftlichen Betrachtungsweise. Daher kann es keine Beschränkung auf nationale z. B. deutsche Definitionen geben. Bei Großkatastrophen ist nur das abgestimmte und angepasste Handeln effektiv. Hochwasser, Trockenheit oder Radioaktivität machen nicht an Landesgrenzen halt. Begriffe sind Hilfsmittel, nützlich zur Verständigung und zum Klären der Lage, dasselbe gilt für Aufbaustrukturen und bewährte Krisenbewältigungsmechanismen. Deshalb wird in diesem Buch im Bereich von Kritischen Infrastrukturen und Resilienz jeglicher Dogmatismus abgelehnt. Im Krisenmanagement und bei seiner Vorbereitung darf nichts Selbstzweck sein.

Unser Begriff der Kritischen Infrastrukturen ist umfassender als der gemeinhin übliche, umfasst auch die lebensnotwendigen Infrastrukturen des ZSKG (Gesetz über den Zivilschutz und die Katastrophenhilfe des Bundes vom 25. März 1997, § 1 Abs. 1 »lebens- oder verteidigungswichtige zivile Dienststellen, Betriebe, Einrichtungen und Anlagen sowie das Kulturgut«) und geht soweit, dass auch die unbekannten Lagen, die so genannten »Schwarzen Schwäne« (Taleb) mit umfasst werden. Mit dem Unbekannten muss gerechnet werden, Vorbereitung tut Not und soweit sie überhaupt möglich ist, bedarf sie weitestgehender Flexibilität. Warum? Dies »Warum« ist am leichtesten mit einer Gegenfrage zu beantworten: Wer hat wirklich vor dem 25. April 1986 mit Tschernobyl gerechnet, wer erwartete den 11. September 2001 und wer »hatte auf dem Schirm«, dass russische Soldaten in ihrer Freizeit und freiwillig die wenigen Separatisten der Krim gegen den Staat Ukraine unterstützen und bei dieser offiziell nicht angeordneten Unterstützung, ihre Waffen, ihre Ausrüstung, ihre Panzer mitnehmen? Dabei ist unerheblich, ob es sich nach der Rumsfeld Unterscheidung (2018) um ein known unknown (etwas, was man nicht wusste, aber hätte wissen können) oder um ein »unknown unknown« (etwas gänzlich unbekanntes, nie Dagewesenes) handelt.

Krisenmanagement bedeutet: Bewältigen einer Lage. Vorbereitungen auf derartige Lagen bzw. Gefahren oder Übungen gehen immer von einem Sachverhalt einer Lage aus. Auch die Kommunikation im Vorfeld (Risikokommunikation) oder während eines Ereignisses (Krisenkommunikation) ist keine reine Theorie, sondern es wird ein konkreter Fall durchgespielt. Dieses bewährte und praxisgerechte Vorgehen legen wir daher auch diesem Buch zugrunde. Ausgangspunkt sind nicht theoretische Überlegungen, sondern ein konkretes zeitgenau beschriebenes, sich entwickelndes Szenario. Ziel ist eine szenariobasierte Diskussion, um anhand eines Beispielszenarios (hier Wintersturm) mögliche Folgen zu erarbeiten. So werden abstrakte Ideen und Ansatzpunkte verdeutlicht. Im Laufe des Buches werden wir immer wieder auf dieses

Szenario zurückgekommen, das sich über Tage entwickelt. Wir haben ein Sturmszenario gewählt, weil derartige Szenarien weltweit häufig vorkommen und durch Klimawandel und Erderwärmung an Häufigkeit und Intensität zunehmen werden.

Jede Autorin verantwortet ihr Kapitel selbst. Die Herausgeber achten auf den roten Faden und ein gewisses Maß an Einheitlichkeit, z. B. einheitliche Benutzung der Begriffe. Bei vielen Begriffen werden die Standarddefinitionen benutzt. Unser Ziel ist Praxisrelevanz, nicht möglichst weitgehende Originalität.

Wenn auch ein Schwerpunkt auf die professionellen und ehrenamtlichen Mitarbeiterinnen der Organisationen im Bevölkerungsschutz gelegt wird, sind von ebenso großer Bedeutung die eher versteckten Helferinnen, die keiner Organisation angehören, die aber bei unterschiedlichsten Lagen ebenso unverzichtbare Hilfe leisten.

3 Begriffsbestimmungen

Stefan Voßschmidt & Andreas H. Karsten

Wie oben bereits beschrieben glauben die beiden Herausgeber, dass es notwendig ist, einen allumfassenden Ansatz zu wählen, wenn man im Krisenfall das Leben der betroffenen Menschen nicht mehr als notwendig einschränken möchte. Deshalb teilen sie nicht die Auffassung, dass bestimmte Bereiche isoliert betrachtet werden können. Den betroffenen Menschen ist es gleichgültig, ob eine ausgefallene Infrastruktur per Definition kritisch und damit besonders schützenswert ist, oder sie als nicht kritisch und deshalb weniger schützenswert erscheint. In den letzten Jahren hat sich für einige dieser Infrastrukturen das Wort »systemrelevant« eingebürgert.

Deshalb werden in diesem Buch die Begriffe »Kritische Infrastruktur«, »Stresssituation« und »Schockereignis«, »Resilienz« und »Kritikalität« weder streng wissenschaftlich noch streng juristisch/verwaltungssprachlich ausgelegt. Vielmehr werden Aspekte aus unterschiedlichen Bereichen und verschiedenen Ländern aufgezeigt. Auch werden die Begriffe unter Umständen etwas unscharf verwendet. Dafür bitten wir bei allen Wissenschaftlerinnen und Linguisten um Verständnis. Unser Ziel ist es nicht, ein wissenschaftliches Werk zu veröffentlichen, sondern allen denen eine Hilfestellung zu geben, die sich Tag für Tag in ihren Organisationen, Unternehmen, Behörden bemühen, resilienter zu werden, um in Krisenfällen das Leben der betroffenen Menschen so gut es geht zu erleichtern.

A   Grundlagen und Begriffe

3.1 Kritische Infrastruktur

Stefan Voßschmidt & Andreas H. Karsten

Im ersten Teil des Kapitels beschreibt Voßschmidt die Situation in Deutschland. Ausgehend von den Definitionen in den Veröffentlichungen des Bundesministeriums des Inneren, des Bundesamtes für Bevölkerungsschutz und des Bundesamtes für Sicherheit in der Informationstechnologie betrachtet er auch den derzeitigen Stand der wissenschaftlichen Diskussion zum Thema Kritische Infrastrukturen.

Im zweiten Teil schaut Karsten über den deutschen Tellerrand hinaus auf ausgewählte Staaten und vergleicht diese mit den deutschen amtlichen Definitionen. Die Einteilung der Infrastrukturen in unterschiedlichen Sektoren verdeutlicht, dass die Festlegung einer Infrastruktur als »kritisch« auch politisch motiviert ist.

3.1.1 Situation in Deutschland

Stefan Voßschmidt

Ziel

Aufgrund der Vernetzung der kritischen Infrastrukturen sowohl über Sektor- wie auch über Ländergrenzen hinweg, bestehen starke, nichtlineare gegenseitige Abhängigkeiten voneinander. Dies kann dazu führen, dass sich eine Stresssituation oder ein Schockereignis bei einem Betreiber der Kritischen Infrastruktur kaskadenartig auf mehrere Betreiber ausbreitet und unter Umständen die Lebens- bzw. Wohlstandsgrundlage der deutschen Bevölkerung gefährdet. Ausgehend von einer erhöhten Stresssituation aufgrund einer winterlichen Wetterlage und dem Schockereignis eines Wintersturmes, werden die Folgen für die 9 Kritis-Sektoren und einige ausgewählte Bereiche des öffentlichen Lebens aufgezeigt, wenn es den Betreibern der Kritischen Infrastrukturen und der staatlichen Gefahrenabwehrbehörden nicht gelingt, die kaskadierenden Ereignisketten zu unterbrechen und möglichst schnell wieder zum Ausgangszustand zurück zu gelangen. Das heißt, wenn die Betreiber, die Menschen in Deutschland und die staatlichen Organe nicht resilient gegenüber der Stresssituation und dem Schockereignis sind. Hier werden noch einige weitere Bedrohungen für die deutschen Betreiber der kritischen Infrastrukturen diskutiert. Zum Anschluss der Szenario-basierten Diskussion werden allgemeine Schritte für die Stärkung der Resilienz und eine agile, resiliente Gefahrenabwehrorganisation vorgestellt.

3 Begriffsbestimmungen

Darstellung

Kritische Infrastrukturen sind die Lebensadern moderner leistungsfähiger Gesellschaften. Nach der Definition der EU-Richtlinie 2008/114/EG vom 8. Dezember 2008 ist eine Kritische Infrastruktur eine Anlage, ein System oder ein Teil desselben, die von zentraler Bedeutung für die Aufrechterhaltung wichtiger gesellschaftlicher Funktionen, der Gesundheit, der Sicherheit und des wirtschaftlichen und sozialen Wohlergehens der Bevölkerung ist und deren Ausfall, Störung oder Zerstörung erhebliche Auswirkungen hätte, da ihre Funktionalität nicht aufrechterhalten werden kann. Die Definition des BMI konkretisiert die Folgen: »Durch [den] Ausfall [Kritischer Infrastrukturen] oder ihre Beeinträchtigung würden erhebliche Versorgungsengpässe oder Gefährdungen für die öffentliche Sicherheit eintreten.« Die Gewährleistung des Schutzes dieser kritischen Infrastrukturen ist eine Kernaufgabe sowohl der staatlichen, als auch der unternehmerischen Sicherheitsvorsorge und zentrales Thema der Sicherheitspolitik (BMI Schutz kritischer Infrastrukturen 2018). Zur rechtlichen Ableitung des Begriffes und seine Differenzierung in Prävention, Detektierung von Störungen und im worst case darauf zu reagieren und diese zu bewältigen, vgl. Guckelberger 2019, 525ff.,527. Als Rechtsbegriff erscheinen Kritische Infrastrukturen erstmals 2008 in § 2 Absatz 2 Ziffer 3 Satz 4 des Raumordnungsgesetzes, "Dem Schutz kritischer Infrastrukturen ist Rechnung zu tragen." Damit sind sämtliche Kritischen Infrastrukturen gemeint, die IT ist nur ein (allerdings nicht unwichtiger) Teilbereich.

Seit 2015 gilt das erste IT-Sicherheitsgesetz, die Cyber-Strategie für Deutschland wurde 2016 neu formuliert. Ziel der erneuerten Kritis-Strategie ist die Steigerung der gesamtgesellschaftlichen Resilienz. Der im Unterstützungsplan Kritis (UP-KRITIS) institutionalisierte Dialog zwischen Staat und Wirtschaft fördert die Zielerreichung. Die Kritischen Infrastrukturen sind neun Sektoren zugeordnet. Diesen Sektoren kommt zentrale Bedeutung zu. Es sind (deutscher Ansatz):

1. Energie
2. Informationstechnik und Telekommunikation
3. Transport und Verkehr
4. Gesundheit
5. Wasser
6. Ernährung
7. Finanz- und Versicherungswesen
8. Staat und Verwaltung
9. Medien und Kultur

Andere Länder erweitern diese Sektoren um den Sektor Verteidigungsstreitkräfte, was auch für Deutschland beabsichtigt ist.

A Grundlagen und Begriffe

Gefahren für Kritische Infrastrukturen

Die neun Sektoren befinden sich zu großen Teilen in privater Hand, so dass Krisenmanagementstrukturen von Unternehmen von zentraler Bedeutung sind. Der Ansatz der Resilienz will diese Strukturen nicht durch staatliche Strukturen ersetzen, sondern härten und ergänzen. Dabei geht es vor allem darum, Gefahren für die Kritischen Infrastrukturen abzuwehren.

Allgemein ist das Gefahrenpotential nach seinem Schwerpunkt in natürliche Gefahrenursachen und anthropogene (im Wesentlichen von Menschen hervorgerufene) Gefahrenursachen zu unterscheiden. Als besondere Gefahrenpotentiale sind zu nennen:

Tabelle 1:

Natürliche Gefahren	Anthropogene Gefahren
Extremwetterlagen und deren Folgen	Unfälle und Havarien
Erdbeben/Erdbewegungen	Technisches/menschliches Versagen
Feuer (Wald- und Heidebrände)	Systemfehler
Epidemien/Pandemien	Sabotage
Extraterrestrische Gefahren	Terrorismus/organisierte Kriminalität/Kriege
Unbekanntes / »Schwarze Schwäne«	

Wichtig ist es, sich vor Augen zu führen, wo die Abhängigkeit von Staat und Bevölkerung besonders groß ist und was die größten Risiken sind:
- Längerfristiger, flächendeckender Ausfall der Stromversorgung (Blackout)
- IT- Ausfall
- Pandemie
- Kaskadeneffekte
- Unbekannte Lagen/schwarze Schwäne
- Verhalten der Bevölkerung.

Ein besonderes Risiko stellt ein langfristiger Blackout dar. Sollte die Stromversorgung zusammenbrechen würden viele Funktionalitäten entfallen. Die Zuständigen (Stromnetzbetreiber und Bundesnetzagentur) würden sich um eine Wiederinbetriebnahme bemühen, könnten aber darüber hinaus nichts veranlassen, solange kein Strom zur Verteilung vorhanden ist. Wie lange eine Wieder-Inbetriebnahme des Netzes und der Stromversorgung dauert, hängt davon ab, ob sich Kraftwerke im Eigenbedarf ge-

3 Begriffsbestimmungen

fangen haben, ein Inselbetrieb möglich ist und wie viele schwarzstartfähige Kraftwerke zur Verfügung stehen. Nur schwarzstartfähige Kraftwerke können ihren Betrieb selbsttätig, ohne zusätzlichen Stromimpuls, aufnehmen. Auch die meisten erneuerbaren Energien (Windkraftanlagen, Fotovoltaik, Bio-Gasanlagen) verfügen über diese Funktionalität nicht. Überlegungen, derartige Anlagen zu inselbetriebsfähigen Microgrids (wikipedia Inselnetz 2018) zusammenzuschließen, sind in Deutschland bislang nicht über das Versuchs- bzw. Planungsstadium hinausgekommen. Zudem gilt das Verletzlichkeitsparadoxon: Je seltener ein Ereignis eintritt, umso schlechter ist das betroffene Land darauf vorbereitet. Die erfahrene Netzstabilität verstärkt das Gefühl der Unverletzbarkeit. Wer in Deutschland hat Erfahrungen, um mit einem Stromausfall zurecht zu kommen. Wie kommen die Beschäftigten bei einem Blackout an ihren Arbeitsplatz? Sollten viele Menschen in einer derartigen Situation den Notruf wählen, überlasten sie die Funkzellen und erreichen in der kurzen Phase, in der die Mobiltelefone nach einem Stromausfall noch funktionieren, niemanden.

Kommunikation und Mobilität wären bei einem Blackout eingeschränkt. Die Einsatzfähigkeit weiterer Bereiche ist davon abhängig, dass eine Notstromversorgung funktioniert. Diese basiert im Wesentlichen auf Dieselaggregaten, die regelmäßig aufgefüllt werden müssen. Unser Blick sei beispielhaft auf die Nahrungsmittelversorgung gerichtet. Bei einem Blackout ist davon auszugehen, dass die Notstromversorgung von Lebensmitteleinzelhandel und Lebensmitteldiscountern nur dazu ausreicht, um Kassen und Türen geordnet herunterzufahren bzw. zu schließen. Ein ordnungsgemäßer Verkauf ist nicht mehr möglich. Alte Konzepte der Ernährungssicherstellung sahen vor, dass in derartigen Fällen jeglicher Handel für 48 Stunden ausgesetzt wird. Erst danach erfolgt ein strukturierter Verkauf (Voraussetzung Lebensmittelmarke und Bargeld) durch den Handel mit Unterstützung staatlicher Stellen (neu etablierte Ernährungsämter). Es gibt mehrere Gründe, warum dieses Konzept nicht mehr als praktikabel angesehen wird, denen auch das neue ESVG von 2017 Rechnung trägt.

Im Rahmen der Haushaltsführung werden von vielen, aber nicht von allen, Vorräte für mehrere Tage angelegt

- Ca. 1/4 der Befragten hält Vorräte für 1 Woche vor
- Ca. 1/5 der Befragten hält aber keine Vorräte vor
- Je ländlicher die Region, desto mehr Vorräte werden vorgehalten.

In Kernbereichen von Mittelzentren, Großzentren und Ballungsräumen halten 23 % der Befragten keine Vorräte vor. Die Tendenz ist eher steigend und schließt auch vulnerable Bevölkerungsgruppen ein (Eltern mit kleinen Kindern, Alte, Kranke, immobile Menschen). Auch Krankenhäuser und Seniorenstifte/Altenheime haben ihre Versorgung im Regelfall an Caterer outgesourct und verfügen über so gut wie

A Grundlagen und Begriffe

keine Nahrungsmittelvorräte. Auch die Vorräte an Trinkwasser sind gering. Bei einem Stromausfall werden viele Wasserversorger mangels ausreichenden Wasserdrucks die Wasserversorgung nicht aufrechterhalten können. Damit fehlt das Leitungswasser als Trinkwasser. Selbst wenn es noch Stunden zur Verfügung stehen sollte, fehlen zumeist geeignete Geräte (Kanister), das Wasser abzufüllen. Ein Ausfall auch des Brauchwassers und damit der Toilettenanlagen in Hochhäusern und Krankenhäusern führt innerhalb von Stunden zu hygienischen Problemen.

Es zeigt sich, dass ein derartiges Szenario unmittelbar Auswirkungen auf die konkrete Versorgung der Bevölkerung mit Nahrungsmitteln und Wasser hat. Diese sind im gesamten Sektor Ernährung (Versorgung mit Lebensmitteln) zu verzeichnen.

Der Sektor Ernährung umfasst:
- Landwirtschaft (Primärproduktion),
- Be- und Verarbeitung (Sekundärproduktion), Lagerung und
- Vertrieb von Lebens- und Futtermitteln.

Handelnde Akteure sind: Landwirtschaftliche u. gewerbliche Unternehmen der privaten Wirtschaft mit ihren betrieblichen Einrichtungen.

Auch Extremwetterereignisse können große Auswirkungen auf die Landwirtschaft und damit auf die Ernährung haben. Das sind z. B
- Gemüse, Obst
  - Erschwerte Anbaubedingungen und abnehmende Erträge bei Hafer, Roggen, Kartoffeln, Zuckerrüben, Kernobst
  - Erforderlichkeit einer Umorientierung auf angepasste Kulturen z. B. Soja, Ölfrüchte, Hirse und entsprechende Anbaumethoden
  - Erhöhter Aufwand an Pflanzenschutzmitteln durch steigenden Befalls- und Infektionsdruck
- Wasser
  - Abnehmende Niederschlagsmengen und veränderte Verteilung erfordern Wasserspeichermanagement
  - Ausbau des Bewässerungsanbaus gegen Hitzestress und
  - Wassermangel in Hauptentwicklungsphasen
- Nutztierhaltung
  - Leistungseinbrüche und Verluste bei Tierbeständen durch Hitzestress
  - Gefährdung der Tierbestände durch Auftreten neuer Krankheiten

3 Begriffsbestimmungen

- Verlust an Flächen durch Überschwemmungen.
    - Zu erwarten sind Ertragsrückgänge.

Flächenverluste können nicht durch Ausweitung von Agrarflächen kompensiert werden, da Ackerland in Deutschland eine knappe Ressource ist. Nach einer Studie des Umweltbundesamtes wird Deutschland ab 2030 seinen Bedarf an agrarischen Erzeugnissen nicht mehr aus der Produktion auf eigenen Flächen sicherstellen können.

Ein Stromausfall wäre auch in der Nahrungsmittelerzeugung nur durch Notstrom kompensierbar. Dabei zeigt sich besonders deutlich, dass Dieseltreibstoff und entsprechende Aggregate in ausreichendem Maße vorhanden sein müssen, um die schwersten Folgen eines Blackouts abzuwenden:

- Dieselversorgung
    - Eigenverbrauchstankstellen sind Puffer für Dieselversorgung
    - Potentiell bestehen Versorgungsreichweiten bis zu mehreren Monaten
    - Keine belastbaren Daten über Anzahl und Kapazitäten.
- Stromversorgung
    - Nach Tierschutz-Nutztierhaltungsverordnung (VO) sind Ersatzsysteme zur Versorgung der Tiere mit Licht, Luft, Wasser und Futter vorzuhalten.
    - Diese VO gilt nach herrschender Meinung nicht für den Betrieb von Melkanlagen. Diese Regelungslücke wird seit dem Stromausfall im Münsterland 2005 in Fachkreisen erörtert.

Seit einigen Jahren muss ein IT-Ausfall als ähnlich gravierend wie ein Stromausfall bewertet werden. Daher bestimmt die Kritis-VO (Rechtsverordnung nach § 10 des BSI-Gesetzes), dass Betreiber Kritischer Infrastrukturen ihre Vorkehrungen entsprechend § 8a Absatz 1 BSIG zur Vermeidung von Störungen nach dem Stand der Technik dem BSI nachweisen müssen (vgl. Kapitel A.4.1).

Über diese Szenarien hinaus stellt sich die Frage, ob Teile der Kritischen Infrastrukturen bereits selbst eine Kritische Infrastruktur sein können oder ob unter diesem Begriff nur der gesamte Sektor zu subsumieren ist. Müssen künftige Entwicklungen mit bedacht werden? D. h. ist nur die Versorgung Deutschlands mit Gas kritisrelevant oder auch die einzelne Pipeline, z. B. Nord-Stream 2. Hier zeigen sich Verbindungen zu global-strategischen Gedanken. Noch ist Russland davon abhängig, dass sein Gas störungsfrei durch die Ukraine nach Westeuropa fließt. Nord-Stream 2 würde Russland von dieser Bindung befreien. Maßnahmen zur Destabilisierung der Ukraine sind nicht ausgeschlossen. Eine Destabilisierung der Ukraine könnte zu einer Gefahr für die Sicherheit der EU werden. Gleichzeitig bedeutet die Transportmöglichkeit durch Nord-Stream 2 eine Erweiterung der Optionen, sie könnte das Risiko einer (z. B. leitungskapazitätsbedingten) Gasmangellage reduzieren, also die Resilienz steigern. Eine weitere Frage lautet: Werden die traditionellen Automobilkonzerne weiter die Wirtschaftslokomotive Deutschlands sein oder gehört Elon Musk und Tesla die Zukunft. Müssen Kritische Infrastrukturen gegenwarts- oder zukunftsbezogen gedacht werden? Warum ist die Kritische Infrastruktur Flughafen nicht besser gegen Drohnen geschützt? Der Londoner Flughafen Gatwick mussten wegen Drohnenflugs am 20. Dezember 2018 geschlossen werden. 110.000 Flugreisende waren betroffen. Auch deutsche Flughäfen sind nicht besser gesichert, Drohnenabwehrsysteme fehlen (Deutsche Flughäfen ungeschützt vor Drohnenangriffen 2018, S. 17). Neben erkennbaren »to dos« z. B. Sicherheitsmängeln und Ihrer Beseitigung, ist Phantasie gefragt, um die Kritischen Infrastrukturen für die Zukunft resilienter werden zu lassen.

Erkennen von Kritis-Gefahren
Bund, Länder und Kommunen arbeiten im Bevölkerungsschutz eng zusammen. Wichtige Akteure bei der Krisenbewältigung sind darüber hinaus die Hilfsorganisationen und Betreiber Kritischer Infrastrukturen. Gefahren für Kritische Infrastrukturen zu erkennen, zu bewerten und Maßnahmen zur Reduzierung dieser Gefahren umzusetzen, ist Inhalt des Risikomanagements. Die organisatorische Vorbereitung auf die Bewältigung von Krisen ist Gegenstand des Krisenmanagements. Die Integration gemeinsamer Themen in Form eines integrierten Risiko- und Krisenmanagements von einerseits Betreibern Kritischer Infrastrukturen und andererseits Behörden der allgemeinen Gefahrenabwehr steigert die Wirksamkeit der Maßnahmen und verbessert die Krisenbewältigung. Denn ein abgestimmtes Risiko- und Krisenmanagement im Umfeld einer Katastrophe oder der Zivilen Verteidigung sind notwendig, um eine stetige Weiterentwicklung und Verbesserung der Resilienz der Bevölkerung vor den drohenden Gefahren zu ermöglichen. Im Rahmen des integrierten Risiko-Krisenmanagements müssen in einem sich wandelnden Sicherheitsumfeld, die Plausibilität des Eintritts extremer Gefahren und deren Schadenswirkungen abgeschätzt und, darauf aufbauend, zielgerichtet Präventiv- und Notfallmaßnahmen umgesetzt werden. Instrumente aus dem Risiko- und Krisenmanagement werden von den unterschiedlichen Akteuren aus den jeweiligen Aufgabengebieten heraus angewendet. So nutzt die Gefahrenabwehr die Instrumente, um Schäden von der Bevölkerung abzuwenden und zum Schutz der Bevölkerung möglichst schnell auf den Eintritt von Schäden reagieren zu können. Betreiber Kritischer Infrastrukturen zielen mit den Maßnahmen aus ihrem Risiko- und Krisenmanagement auf den Schutz des Personals

3 Begriffsbestimmungen

und die Aufrechterhaltung ihrer kritischen Dienstleistung ab. Die Bevölkerung sollte Eigenvorsorge betreiben, indem sie Vorräte an Wasser und Lebensmitteln vorhält und sich über Verhaltensempfehlungen informiert, um auf Gefahren adäquat reagieren und Ausfälle von Kritischen Infrastrukturen in Teilen kompensieren zu können. Durch die Integration des Risiko- und Krisenmanagements von Gefahrenabwehr und Betreibern Kritischer Infrastrukturen werden deren Präventiv- und Notfallmaßnahmen methodisch und in der Umsetzung miteinander verknüpft. Fragestellungen der Gefahrenabwehr oder des Zivilschutzes fließen in die Strukturen des betrieblichen Risikomanagements von Kritischen Infrastrukturen ein. Alle Akteure können ihr Risikomanagement nur mit aktuellen Informationen aus dem jeweils anderen Bereich optimal einsetzen. Hierzu werden die Maßnahmen der Gefahrenabwehr mit denen der verschiedenen Betreiber Kritischer Infrastrukturen eng verzahnt. Dies erfolgt durch den strukturierten Austausch von Informationen, die diese u. a. in ihrem jeweiligen Risikomanagement gewonnen haben. Ein integriertes Krisenmanagement bietet die Grundlage und den Handlungsrahmen für ein abgestimmtes und zielgerichtetes Vorgehen aller Akteure der Krisenbewältigung. Hierzu zählen Maßnahmen zur Etablierung von einrichtungsübergreifenden Krisenmanagementstrukturen, Übungen in diesen Strukturen und ein kontinuierlicher Verbesserungsprozess dieses Systems. Die Einbindung von Betreibern Kritischer Infrastrukturen erfolgt über deren Teilnahme an den länderübergreifenden Krisenmanagementübungen (LÜKEX-Übungen), den UP KRITIS und das Seminarangebot der AKNZ (System des Krisenmanagements in Deutschland, BMI 2015). Dabei muss sich das Augenmerk auch auf kritische Dienstleistungen richten.

Kritische Dienstleistungen sind für die Bevölkerung wichtige, teils lebenswichtige Güter und Dienstleistungen. Bei einer Beeinträchtigung dieser kritischen Dienstleistungen würden erhebliche Versorgungsengpässe, Störungen der öffentlichen Sicherheit oder vergleichbare dramatische Folgen eintreten (Bundesamt für Bevölkerungsschutz, Glossar).

3.1.2 Internationaler Vergleich

Andreas H. Karsten

Wann eine Infrastruktur als »kritisch« zu betrachten ist, wird weltweit durchaus unterschiedlich bewertet. Schon die Definitionen zeigen verschiedene Schwerpunktsetzungen auf (vgl. CIPedia: Critical Infrastructure).

A Grundlagen und Begriffe

Während die deutsche Definition konkret nur den Schutz der Versorgung und der öffentlichen Sicherheit anspricht, bezieht zum Beispiel die kanadische Definition das wirtschaftliche Wohlergehen der Kanadier mit ein. Kanada geht auch besonders darauf ein, dass nationale Infrastrukturen mit solchen außerhalb von Kanada vernetzt sein könnten. Der Unterschied wird am Beispiel der Automobilindustrie deutlich: Nach deutscher Vorstellung gehören deren Betriebe nicht zu den Kritischen Infrastrukturen, nach der kanadischen schon. Schaut man sich die Entwicklung des Großraums von Detroit an, so kann man durchaus die kanadische Auffassung teilen, dass das wirtschaftliche Wohlergehen von Bewohnern einer Region ebenfalls eine Grundlage der nationalen Stabilität und staatlichen Funktionalität darstellt. Vergleicht man nun die Region Detroits mit der von Südostniedersachsen, so kann man sich schon fragen, ob der deutsche Ansatz eventuell zu kurz greift.

Basierend auf den unterschiedlichen Definitionen werden in den verschiedenen Staaten verschiedene Infrastrukturen als Kritisch angesehen (vgl. CIPedia: Critical Infrastructure Sector). Einige Infrastrukturen werden allerdings einheitlich zu den kritischen gezählt:
- Wasser, Ernährung, Gesundheit
- Energie, Information, Kommunikation
- Transport
- Staat, Finanzwirtschaft

Diese sollten bei der Stärkung der Resilienz Deutschlands besondere Priorität besitzen. Allerdings können die anderen Kritischen Infrastrukturen aufgrund von Kaskadeneffekten Krisen in diesen Schlüsselsektoren auslösen, falls die Kaskaden nicht zu unterbrechen sind.

3.2 Stresssituation und Schockereignisse

Andreas H. Karsten

Die Stabilität eines Systems (Gesellschaft, Staat, Unternehmung, Gruppe) wird durch zwei grundsätzlich verschiedene Arten von Ereignissen belastet bzw. bedroht:
- **Schockereignisse:**
  Seltene, plötzlich eintretende, verheerende Ereignisse mit einem sehr starken aber kurzem Anstieg der Belastung (Katastrophen, Epidemien, Terroranschlag) (vgl. Kapitel D.2.1).

3   Begriffsbestimmungen

- **Stresssituationen:**
  Chronische Belastungen, die lange anhalten und häufig langsam ansteigen (Klimawandel, mangelhafte Transportinfrastruktur, Lebensmittelversorgung, Arbeitslosigkeit, Angst vor Schockereignissen).

Dabei spielt es keine Rolle, ob die Ereignisse real oder eingebildet sind, wie das Thomas Theorem besagt: Definiert jemand eine Situation als real, dann ist sie in ihren Konsequenzen real.

Wir Menschen neigen dazu, Schockereignisse als gefährlicher anzusehen als Stresssituationen (vgl. Fukushima und Kernenergie mit Klimawandel und Kohleverstromung). Ob dies berechtigt ist, lässt sich erst in der historischen Rückschau beurteilen. Beide Arten addieren sich zu der Gesamtbelastung des Systems, die zu starken Einschränkungen der Leistungen bis zum Totalzusammenbruch führen kann.

So führt eine hohe Arbeitslosigkeit (Stresssituation) zu sozialen Spannungen (Stresssituation), die wiederum zu inneren Unruhen (Schockereignis) führen können.[3] Daneben sinken die Steuereinnahmen. Dadurch wird der Staat gezwungen, weniger auszugeben (Stresssituation). Dies führt über kurz oder lang zu einer Verringerung der Ausgaben für die öffentliche Sicherheit und Ordnung (Feuerwehr, Katastrophenschutz, Rettungsdienst, Polizei, Geheimdienste, Streitkräfte). Dadurch kann der Staat inneren Unruhen schlechter begegnen und wird anfälliger gegenüber Terroranschlägen und Erpressungen durch andere Staaten (Schockereignisse). Was ihn wiederum für Auslandsinvestitionen unattraktiver macht und somit die Gefahr einer steigenden Arbeitslosigkeit heraufbeschwört (Stresssituation). Und nun beginnt dieser Teufelskreis von vorne. In der Vergangenheit wurden beide Bereiche weitestgehend getrennt betrachtet und unterschiedliche Behörden und Organisationen versuchten, vorbeugende, vorbereitende und abwehrende Maßnahmen zu finden. Zum Beispiel kümmerten sich auf kommunaler Ebene die Brand- und Katastrophenschutzämter sowie die Polizeien um die Schockereignisse. Planungs- Sozial- Umwelt-, Arbeitsämter und einige mehr konzentrierten sich auf die Stresssituationen.

Obwohl in den einzelnen Behörden ein umfangreiches Fachwissen zur Verfügung steht, fehlt solch einem Ansatz die zusammenhängende, allumfassende Herangehensweise, die bei der heutigen stark vernetzten Welt dringend erforderlich ist, um die Gefahr eines Systemversagens entgegenzutreten. Einige Städte haben dies

---

3   Siehe z. B. Deutschland Anfang der 30er Jahre, den Arabischen Frühling oder die Situation in den südlichen EU-Staaten nach dem Jahrtausendwechsel.

A Grundlagen und Begriffe

erkannt und versuchen z. B. durch die Ernennung von Resilienz-Verantwortlichen darauf zu reagieren (siehe Rockefeller Foundation: 100 Resilient Cities Initiative).

3.3 Resilienz

Andreas H. Karsten

Derzeit befinden wir uns in einer revolutionären Phase. Die Welt verändert sich grundlegend. Und diese Veränderung gefährdet unser Leben so wie wir es heute leben. Am gravierendsten sind vielleicht

- der Klimawandel,
- die Globalisierung weiter Lebensbereiche bei gleichzeitig wachsendem Nationalismus und Protektionismus in anderen Bereichen,
- die Verschiebung der weltweiten staatlichen Macht von West nach Ost,
- die Abnahme staatlicher Macht gegenüber nichtstaatlichen Akteuren,
- das Ende der Zeit der Aufklärung und das Erstarken von religiösen und pseudo-religiösen Bewegungen (von: »Ich denke also bin ich« zu »Ich glaube also bin ich«),
- der technologische Wandel, wie Künstliche Intelligenz, Nanotechnologie und Bio-/Gentechnologie,
- die Atomisierung der Arbeitsabläufe, deren einzelne Arbeitsabschnitte weltweit bearbeitet und dann zusammengefügt werden,
- die eng verknüpfte Zusammenarbeit von Menschen und Maschinen auch bei geistigen Tätigkeiten,
- das Anwachsen von Unsicherheit und Zukunftsängste bei vielen Menschen. Die heutige Welt ist ungewiss und mehrdeutig bei gleichzeitigem weit verbreiteten »Risiko-Analphabetismus«.

Unsere Unfähigkeit, auf diese Veränderungen adäquat zu reagieren, liegt zum großen Teil daran, dass wir nicht in der Lage sind, komplexe, gegenseitig voneinander abhängige, nichtlineare und miteinander vernetzte Systeme wirklich zu verstehen und resilient zu gestalten.

Info:
Laut Duden (2019) stammt das Wort Resilienz vom lateinischen Wort *resilire* ab, was »zurückspringen« bedeutet.

3 Begriffsbestimmungen

Tabelle 2: *Verknüpfungen von Mensch, Resilienz und Kritischen Infrastrukturen*

Gebiet	Definition Resilienz
Psychologie	Fähigkeit von Menschen, Krisen jeglicher Art zu bewältigen und sie durch Rückgriff auf persönliche und sozial vermittelte Ressourcen als Ausgangspunkt für positive Entwicklungen zu nutzen.
Ökosystem	Fähigkeit eines Ökosystems bei einer ökologischen Störung die grundlegende Organisationsweise zu erhalten und nicht in einen qualitativ anderen Zustand überzugehen.
Ingenieurwissenschaften	Fähigkeit eines technischen Systems, bei externen und internen Störungen und Teilausfällen wesentliche Systemleistungen aufrechtzuerhalten.
Soziologie	Fähigkeit einer Gesellschaft, externe Störungen zu verkraften (widerstehen und/oder zu regenerieren), ohne dass sich wesentliche Strukturen, Funktionen und Kontrollprozesse ändern.
Urbanistik	Fähigkeit städtischer Strukturen, primäre Lebensgrundlagen bei inneren und/oder äußeren Störungen durch die Aufrechterhaltung zentraler Funktionen zu sichern.
Management	Fähigkeit eines organisatorischen oder betriebswirtschaftlichen Systems gegenüber Störungen (Schockeffekte) und Veränderungen (Stresssituationen) zu widerstehen. Dies kann in einer proaktiven und/oder in einer reaktiven Form erfolgen.

Der Begriff wird in verschiedenen Wissenschaften etwas unterschiedlich verwendet:
Wenn wir im Folgenden von der Resilienz der Kritischen Infrastrukturen sprechen, so soll dieser Begriff möglichst breit gefasst werden.

Ziel der Bemühungen ist es, Deutschland auch in Krisensituationen »am Laufen zu halten«. Dabei werden jeweils die Menschen im Mittelpunkt stehen, die sich in Deutschland aufhalten. Deren Wohlergehen ist sowohl das eigentliche Ziel wie auch letztendlich die wesentliche Voraussetzung resilienter Kritischer Infrastrukturen (siehe Bild 1).

Resilienz ist sowohl Ziel als auch Weg. Es ist ein iterativer und agiler Prozess, in dem immer wieder neue Informationen, neues Wissen für die immer wiederkehrenden Überprüfungen und Neuplanungen der eigenen Aktivitäten genutzt werden. Die Definitionen von Resilienz im Bereich Bevölkerungsschutz/Krisenmanagement sind international ähnlich. So schreibt die EU-Kommission: »Resilienz ist die Fähigkeit eines Individuums, einer Gemeinschaft oder eines Landes, Stress und Schocks, die

A Grundlagen und Begriffe

durch Katastrophen, Gewalt oder Konflikte verursacht werden, zu bewältigen, sich anzupassen und sich schnell zu erholen. Nach Geier ist »ein Kernelement einer resilienten Gesellschaft neben den Kritischen Infrastrukturen die Bevölkerung, deren Widerstandsfähigkeit so hoch sein sollte, dass sie im Katastrophenfall nicht als schwächstes Kettenglied zum eigentlichen Risiko wird.« (Geier, 2018). Die Bevölkerung kann nur resilient sein, wenn die Kritischen Infrastrukturen resilient sind und die Kritischen Infrastrukturen können nur resilient sein, wenn die Bevölkerung resilient ist. In diese wechselseitige Abhängigkeit müssen alle Bereiche eingebunden werden: der Mensch, die Familie, die Gemeinschaft in Mehrfamilienhäusern, die Zivilgesellschaft, Gemeinden und Regionen, die Landesregierungen, die Bundesregierung, überstaatliche Organisationen, die Wirtschaft; letztendlich die gesamte Welt (siehe auch Kapitel A.3.4). Aufgrund der heutigen Vernetzung und Bedrohungen ist es nahezu unmöglich, gewisse Bereiche des Lebens aus den Betrachtungen auszuschließen. Bei allen Betrachtungen sollte aber nie das oben genannte, eigentliche Ziel aus den Augen verloren werden: der Mensch. Dabei ist dieser sowohl als schützenwertes Ziel (siehe Grundgesetz) wie auch als mögliche Störgröße auf die jeweiligen Systeme zu betrachten. Psychologische und soziologische Faktoren dürfen deshalb nicht außer Acht gelassen werden.

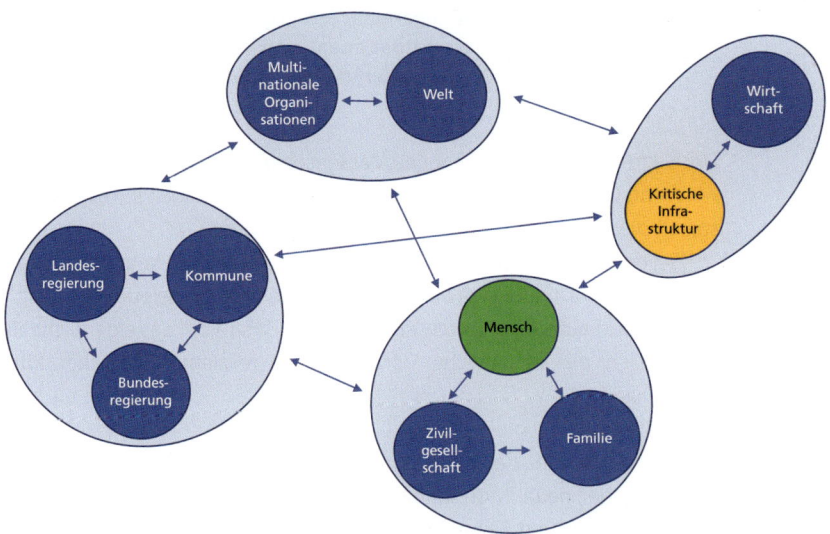

Bild 1: *Verknüpfungen von Mensch und Kritischen Infrastrukturen*

Resilienz auf der persönlichen Ebene ist wichtig für das psychosoziale Wohlergehen der Menschen. Neben materiellen Faktoren, wie Lebensmitteln und Trinkwasser, sind eine positive Eltern-Kinder-Beziehung und gegenseitige soziale Netzwerke entscheidend für die Resilienz auf persönlicher Ebene. Allerdings kann ein starkes Vertrauen auf starke, lokale Netzwerke auch die Resilienz von Gemeinschaften verringern, wenn die Menschen z. B. eher den Gerüchten in diesen Netzwerken vertrauen als den amtlichen Verlautbarungen. Solch eine Situation kann schnell zu Panik und sozialen Unruhen führen.

Resilienz auf kommunaler Ebene umfasst Faktoren wie
- die Qualität der Umwelt
- der Umgang mit den natürlichen Ressourcen
- der Zugang zu den kommunalen Ressourcen bzw. Infrastrukturen wie Trinkwasser oder Abwasser
- Sicherheit und Ordnung
- die Einkommenssituation
- die Vielfalt der Lebensmittelversorgung
- die Verfügbarkeit eines sozialen Netzes und die Teilnahmemöglichkeiten an der Gemeinschaft
- die demographische Entwicklung.

Je größer die betrachteten Systeme werden, umso wichtiger werden Institutionen, Strategien und Prozesse.

In städtischen Kommunen spielt die Verwaltung eine wichtigere Rolle für die Resilienz als in ländlichen. Die Abhängigkeiten der meisten urbanen Infrastrukturen (Trinkwasser, Abwasser, Lebensmittelversorgung, soziale Netzwerke) von den Kritischen Infrastrukturen der vier Sektoren elektrische Energieversorgung, Informations- und Kommunikationstechnologie, Verkehr und Verwaltung sind essentiell. Genauso wichtig ist es, dass die Menschen in den städtischen Gebieten über einen Arbeitsplatz und ein gesichertes Einkommen verfügen. In Großstädten kommt noch die innere Sicherheit als entscheidender Faktor hinzu. Resilienz ist ein ebenenübergreifendes und fachdisziplinübergreifendes Phänomen. Resilienz ist ein nie endender Prozess. Sobald sich die Mitglieder eines Systems nicht mehr bemühen, die Resilienz zu steigern, wird diese zwangsläufig abnehmen.

Im Folgenden soll unter Resilienz sowohl die Widerstands- als auch die Regenerationsfähigkeit eines Systems (vom Menschen bis zur Welt) verstanden werden. Vereinfacht gesprochen geht es um die Krisenfestigkeit eines Systems. Maßnahmen zur Steigerung der Resilienz eines Systems können somit vorausschauend und

A Grundlagen und Begriffe

anpassend sein (Widerstandsfähigkeit) wie auch dazu führen, dass dieses nach einer Störung wieder schnell auf die Beine kommt (Regenerationsfähigkeit).

Dabei sind sowohl Stress- als auch Schockereignisse in die Überlegungen einzubinden (siehe Kapitel A.3.2). Ein Schockereignis, wie ein Wintersturm, das während einer Stresssituation eintritt, z. B. eine Überalterung der Eisenbahnverkehrsinfrastruktur kann zu einem bundesweiten und tagelangen Erliegen des Bahnverkehres durch Sturmschäden, Vereisungen usw. führen. Dies hätte wiederum erhebliche Auswirkungen auf die Lebensmittelversorgung der Bevölkerung und auch der Einsatzkräfte, was wiederum die Behebung der Schäden negativ beeinflusst und eventuell eine Negativspirale in Gang setzt, die in einer existenziellen Krise des Landes enden kann. Aber auch Stresssituationen wie erhebliche Zukunftsängste aufgrund der modernen Technologien oder die (scheinbar) unaufhaltsame Globalisierung – mit der einhergehenden steigenden Angst vor dem Verlust des individuellen und nationalen sozialen Standards und der individuellen und nationalen Identität – können die Widerstands- und Reaktionsfähigkeit (häufig unbemerkt) soweit schwächen, dass ein unter normalen Umständen leicht beherrschbares Schockereignis, wie das Eintreffen einer großen Anzahl von Flüchtlingen, zu einer Krisensituation führen kann.

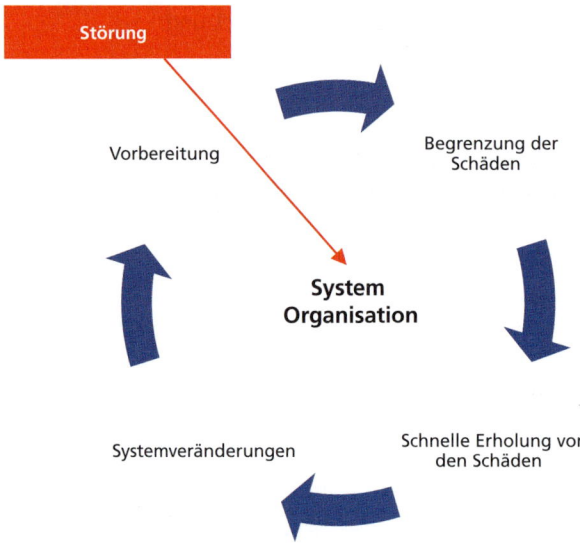

Bild 2: *Resilienz-Kreislauf*

3 Begriffsbestimmungen

Ziel von Resilienz ist es, dass die betrachteten Systeme oder Organisationen (Mensch, Familie, Gemeinde/Stadtteil, Stadt, Wirtschaftsunternehmen, Ökosystem, Staat usw.) bei dem Einfluss von Stress- oder Schockereignissen nicht nur weiter funktionieren, sondern im besten Fall sogar weiter florieren. Wichtige, nicht endende Aufgaben sind (siehe auch Bild 2):

- Vorbereiten auf den Eintritt von Störungen
    - Antizipieren – Planen – Vorbereiten
    - Risiken vermindern oder managen
    - Gefährdungen vermeiden
- Begrenzen der Schäden nach Eintritt einer Störung
    - Anpassen – Absorbieren – Zurechtkommen
- Schnelle Erholung von den Folgen der Störungen
    - Wieder auf die Beine kommen – Erholen
    - Minimierung der Verluste oder Kosten
    - Überleben – Fortbestehen – Aufrechterhalten
- Systemveränderung zu einem »besseren« Zustand
    - Adaptieren – Entwickeln
    - Transformieren
    - Lernen
    - Reorganisieren

Kontrovers diskutiert wird das Ziel der Recovery-Phase. Reicht es, sich darauf vorzubereiten, dass nach dem Eintritt einer Krise das System möglichst schnell wieder in den ursprünglichen Zustand, den alten »Normalzustand« zurückgebracht werden kann, oder muss man sich darauf vorbereiten, dass ein neuer, besserer Zustand erreicht wird, damit das System zukünftiger resilienter ist? Aber wie sieht dieser bessere Zustand aus? In Bezug auf die Flüchtlingssituation ist die Frage zu beantworten, ob der anzustrebende zukünftige Zustand die »Festung Europa« oder aber Deutschland, »das Land des Lebens, der Freiheit, der Hoffnung und das Bestreben nach Glückseligkeit für alle Menschen auf der Welt« oder aber etwas dazwischen sein soll.

Betrachtet man den Menschen als einen Teil des Systems, so kann der ursprüngliche »Normalzustand« nach einer Störung nie mehr erreicht werden, denn das Bewusstsein der Menschen hat sich durch die Störung unumkehrbar verändert.

3.4 Kritikalität

Andreas H. Karsten

Laut Duden bedeutet Kritikalität eine große Wichtigkeit von etwas, dessen Verlust eine existenzielle Gefährdung darstellt. Die Kritischen Infrastrukturen besitzen eine hohe Kritikalität für unser Gemeinwesen. Wichtig ist nicht die Infrastruktur an sich, sondern das Produkt oder die Dienstleistung, die sie den Menschen letztendlich zur Verfügung stellt (ein Medikament, eine ärztliche Behandlung etc.).

Am 28. Januar 1986 explodierte die Challenger Raumfähre. Dabei starben alle sieben Astronauten und eine Raumfähre im Wert von 196 Milliarden US $ wurde total zerstört. Ursache dieses Unglücks war ein poröser Gummi-Dichtungsring (englisch O-Ring) an einer der seitlichen Feststoffraketen. Das Versagen eines kleinen, billigen Bauteils hat zu einem der schwersten Unglücke der NASA geführt. Die wesentliche Lehre aus diesem Unglück ist: Werden in einem komplexen System die Verlässlichkeit einzelner Teile immer mehr verbessert, wird die Verlässlichkeit der übrigen Teile immer bedeutender.

Hohe Kritikalität besaß im Challenger-Beispiel unerkannter Weise der Gummi-Dichtungsring.

> **Dass das O-Ring-Prinzip auch bei Planungen auftritt, zeigen zwei Beispiele:**
>
> Am 23.09.1999 verglühte die NASA Marssonde »Mars Climate Orbiter« in einer Höhe von 57 km über der Marsoberfläche. Der marsnächste Punkt der Umlaufbahn sollte allerdings 150 km betragen. Ursache dieses Navigationsfehlers war die Nichtbeachtung der unterschiedlichen Nutzung von Maßeinheiten (metrisches und US-System) bei der Herstellung der 125 Millionen US $ teuren Sonde.
> Hier war Kritikalität des verwendeten Einheitensystems verantwortlich für den Verlust.
>
> Der Bau der Rheinbrücke zwischen dem deutschen und dem schweizerischen Laufenburg erfolgte von beiden Uferseiten aus. Beim Fortschritt der Bauarbeiten wurde festgestellt, dass zwischen den beiden Brückenteilen eine Höhendifferenz von 54 Zentimeter lag. Zwar hatte man bei der Planung berücksichtigt, dass die Schweiz als Referenzpegel für die Höhengaben in Metern über Normal Null das Mittelmeer und Deutschland die Nordsee verwendet und beide eine Differenz von 27 Zentimeter aufweisen, aber man hat die Differenz mit dem verkehrten Vorzeichen eingerechnet.
> Die Kritikalität der richtigen Anwendung der Grundrechenarten war ein diesem Fall entscheidend.

3 Begriffsbestimmungen

Mit dem vermehrten Einsatz von künstlicher Intelligenz wird der Mensch mehr und mehr in einer Prozesskette zum »O-Ringfaktor«. Ein vollkommender Verzicht auf die einmaligen menschlichen Fähigkeiten im Krisenmanagement (zum Beispiel schnelle Entscheidungsfindung in unbekannten Situationen) ist auf absehbarer Zeit nicht resilienzsteigernd. Deshalb wird Bildung und die Schnittstelle Mensch/Maschine immer mehr an Gewicht bekommen.

Kritikalitätsanalyse

Welches Bauteil, welcher Teilprozess eines Produktes oder Dienstleistung eine Kritikalität aufweist, kann mittels einer induktiven bottom-up Analyse ermittelt werden. Zuerst zerlegt man das Gesamtprodukt bzw. den Gesamtprozess in möglichst kleine, nicht mehr unteilbare Teile und Teilprozesse. Für jedes dieser Teile wird die Wahrscheinlichkeit eines Ausfalls abgeschätzt und die Folgen dieses Ausfalls (Bedeutsamkeit und ob sie kompensiert werden können) beschrieben. Teile oder Teilprozesse besitzen eine Kritikalität, wenn sie mit hoher Wahrscheinlichkeit vorkommen, bedeutende Auswirkungen auf das Erreichen des Endproduktes zeigen und diese nicht zu kompensieren sind.

Maßnahmen sind nicht notwendig, wenn der Ausfall eines Teilproduktes oder Teilprozesses keine bedeutenden Folgen zeigen würde. Er reduziert u. U. die Qualität des Produktes, aber führt nicht zu einem Totalausfall.

So besäße der Gummi-Dichtungsring der Feststoffraketen keine Kritikalität, wenn mit den restlichen Raketen noch ein Flug (ggf. verkürzt) durchgeführt und eine Explosion verhindert werden könnte. Häufig wird dies erreicht, wenn ausreichende Sicherheitsreserven eingeplant werden. Aufgrund wirtschaftlicher, aber auch ökologischer Gründe, wurden in den letzten Jahren in vielen Bereichen diese Vorhaltung von Reserven und Puffern abgebaut. Aber auch veränderte Rahmenbedingungen können dazu führen, dass die vorgehaltenen Reserven nicht mehr ausreichend sind. So führen langanhaltende Hitzeperioden in Deutschland zu einem ungewöhnlich hohen, von den Versorgern nicht eingeplanten Verbrauch an Strom (durch die vermehrte Nutzung von Klimaanlagen) und Trinkwasser (durch das Bewässern von Pflanzen). Gleichzeitig müssen Kraftwerke ihre Produktion aufgrund der erhöhten Wassertemperaturen in den Flüssen und/oder verminderte Binnenschiff-Transportkapazitäten von Kohle aufgrund von Niedrigwasser drosseln. Die reduzierte Stromproduktion hat dann einen zusätzlichen negativen Einfluss auf die Bereitstellung von Trinkwasser.

Würde ein Ausfall eines Teilproduktes oder Teilprozesse erhebliche Folgen für die Bereitstellung des Produktes haben, so bestehen grundsätzlich drei Möglichkeiten, die Resilienz zu steigern:

A Grundlagen und Begriffe

1. **Kompensation**
   Der Ausfall kann durch ein anderes Teil oder einen anderen Prozess kompensiert werden. Dies war zum Beispiel beim Apollo 13-Unglück der Fall. Der Raketenantrieb der Mondfähre kompensierte den Ausfall des Kommandomodul-Antriebes.
   In Krisensituationen – besonders in Schwarze-Schwan-Situationen – ist in diesen Fällen die Kreativität der Krisenmanagerin gefragt.
2. **Verringerung der Eintrittswahrscheinlichkeit**
   Dies ist die klassische Methode der Prävention. Es werden Schutzmauern errichtet. Problematisch bei dieser Vorgehensweise ist, dass man eine Schutzmauer nur gegen bekannte Gefahren bei bekannten Rahmenbedingungen errichten kann. Ein klassisches Beispiel einer starren, nicht agilen Schutzmauer, die für das vorab durchdachte Szenario (allerdings nicht in der tatsächlich eingetretenen Situation) hervorragend funktionierte, ist die Maginot-Linie Frankreichs im 2. Weltkrieg. Die deutsche Wehrmacht hat die Maginot-Linie von Deutschland aus nicht erobert – sie hat sie umgangen. Für einen Angriff durch die neutralen Benelux-Staaten war sie nicht konstruiert.
   Ein Schutzmauer-Konzept muss möglichst agil sein. Die »Mauer« muss flexibel auf eine Bedrohung oder einen Angriff reagieren können.
3. **Verzögerung des Eintritts**
   Kann der Ausfall eines Teilproduktes oder Teilprozesse nicht verhindert werden, so sollte der Ausfall zumindest lange verzögert werden. So gewinnt das Krisenmanagement-Team Zeit, um Gegenmaßnahmen zu erarbeiten und einzuleiten, die die Folgen minimieren.

In der Regel gibt es mehrere, konkurrierende Möglichkeiten, ein Ziel zu erreichen. Es stellt sich dann die Frage, welche genommen werden soll? Diejenige,

- die bei erfolgreicher Umsetzung den größten Gewinn erbringen wird,
- bei der bei erfolgloser Umsetzung der geringste Verlust zu verzeichnen sein wird,
- die die größte Erfolgswahrscheinlichkeit besitzt,
- die möglichst flexibel ist und bei der man möglichst spät noch auf eine andere Situation reagieren kann,
- mit den geringsten Kosten,
- die am schnellsten umsetzbar ist,
- mit der geringsten Außenwahrnehmung, um die eigene Reputation zu schützen,

- die von Dritten (Betroffene, Bevölkerung, Medien, Politiker, Experten…) vermutlich am positivsten aufgenommen wird oder
- die ein Gemisch der anderen Möglichkeiten darstellt?

Welche Möglichkeit letztendlich umgesetzt wird, ist eine strategische Entscheidung der Organisation. Sie ist abhängig von deren Gesamtstrategie.

4 Gesellschaftliche und rechtliche Verpflichtungen

Stefan Voßschmidt & Andreas H. Karsten

Die Verpflichtung der Betreiber der Kritis, ihre Organisationen resilient zu gestalten und zu betreiben, ist in einer Unmenge von Gesetzen und Verordnungen aus den unterschiedlichsten Rechtsgebieten festgeschrieben, so z. B. dem ZSKG, dem Besonderen Verwaltungsrecht, dem BSI-Gesetz, der Störfallverordnung, oder auch dem Arbeitsschutzrecht. Grundlage ist jeweils das Sozialstaatsprinzip im Art 20 (1) GG und der Grundsatz das Eigentum zum Wohle der Allgemeinheit verpflichtet Art 14 (2) GG.

Zu den meisten dieser Gesetze und Verordnungen finden sich umfangreiche Darstellungen in der Fachliteratur, sowohl für Juristen wie für Kritis-Betreiber. Eine bedeutende Ausnahme für das in diesem Buch behandelte Thema stellt der Kritis-Sektor »Staat und Verwaltung« dar. Nur wenige Publikationen beschäftigen sich mit diesem Themenfeld. Dies ist umso verwunderlicher, da die »Betreiber« aus diesem Sektor, die staatlichen Organe, über weitreichende Anordnungsbefugnisse gegenüber den Bürgern und den Betreibern der anderen Sektoren verfügen. Der Staat und die Verwaltung haben eine entscheidende unterstützende Funktion für alle Betreiber der anderen Sektoren in einem Krisenfall.

Um dem Rahmen dieses Buches nicht zu sprengen, konzentriert sich Voßschmidt im ersten Teil des Kapitels auf wesentliche Aspekte der rechtlichen Regelungen des deutschen Bevölkerungsschutzes, eine der Stützen (neben Polizei und Bundeswehr) in Krisenfällen. Er behandelt ausführlich

- die Verpflichtung des Staates zur Daseinsvorsorge, konkretisiert in den Sicherstellungs- und Vorsorgegesetzen, die eine bedeutende Rolle für die Aufrechterhaltung der Leistungen der Betreiber aus den anderen Kritis-Sektoren darstellen und
- den notwendigen gesamtstaatlichen Ansatz trotz föderalen Staatsaufbaus, daraus folgernd den unterschiedlichen Kompetenzen von Bund, Ländern und unteren Katastrophenschutzbehörden.

A Grundlagen und Begriffe

Abschließend beschreibt er die Bundeskompetenz im Bereich des Besonderen Katastrophenschutzrechts.

Im zweiten Teil beschreibt er die organisationellen Maßnahmen im Bevölkerungsschutz und im letzten Beitrag betrachtet Karsten Deutschlands Verpflichtungen zum Schutz der Kritis in Krisenfällen, die aus internationalen Verträgen erwachsen. Speziell geht er auf die Folgen der Mitgliedschaft Deutschlands in der UN, der EU und der NATO ein, den drei bestimmenden vertraglichen Säulen der deutschen Sicherheit.

4.1 Deutsche rechtliche Regelungen im Bevölkerungsschutz

Stefan Voßschmidt

Daseinsvorsorge/Hilfeleistungspflicht des Staates/Zusammenarbeit in Europa

Das Bevölkerungsschutzrecht bzw. das Katastrophenschutzrecht oder das Recht der Daseinsvorsorge – um die gängigen Begriffe einzuführen – hat nicht nur eine nationale, sondern auch eine supranationale Verankerung und umfasst staatliche Verpflichtungen. Wie jedes Recht ist es aber begrenzt, z. B. durch andere Rechtspositionen oder vorhandene Ressourcen, die für eine »machbare« Umsetzung notwendig sind. Unmögliches muss auch der Staat nicht leisten. Bereits seit Mitte des 19. Jahrhunderts begründen die Genfer Konventionen wirksam das humanitäre Völkerrecht. Auch das Europarecht regelt Fragen des Katastrophenschutzrechtes. In Artikel 3 Abs. 1 u EG Vertrag (EGV) wird der Katastrophenschutz als Tätigkeitsfeld der EU definiert. Nach Art. 6 S. 2 Buchst f des Vertrages über die Arbeitsweise der Europäischen Union/Lissabon-Vertrag (AEUV) fällt Katastrophenschutz in den Aufgabenkanon der Europäischen Union (EU). Art. 196 AEUV enthält detaillierte Vorgaben. Art. 214 AEUV trifft Regelungen zur internationalen humanitären Hilfe, Art. 222 enthält Hilfsverpflichtungen, z. B. bei einem Terroranschlag oder einer Katastrophe (Schwartz 2012 passim). Der Seveso-Katastrophe und der anschließenden Richtlinie von 1982 folgten mehrere Umweltschutzregelungen.

Info:

Das Seveso-Unglück ereignete sich im Juli 1976 u. a. auf dem Gebiet der namensgebenden Gemeinde Seveso. Bei dem Chemieunfall 20 Kilometer vor Mailand wurde das hochgiftige Dioxin TCDD freigesetzt. Die Fabrik arbeitete noch eine Woche nach dem Unfall weiter (Koch/Vahrenholt, 1978).

4 Gesellschaftliche und rechtliche Verpflichtungen

Die Bemühungen um eine verstärkte Zusammenarbeit im Katastrophenschutz führten zur Entscheidung des Rates vom 8. November 2007 über ein Gemeinschaftsverfahren zum Katastrophenschutz (Entscheidung 2007/779/EG, Euratom). Europäische Katastrophenhilfeteams werden aufgebaut und haben sich in vielen Fällen bewährt. Z. B. bei Waldbränden werden die Ressourcen der EU-Partner genutzt (EU Katastrophenschutzmechanismus). Die Generaldirektion Humanitäre Hilfe und Katastrophenschutz der Europäischen Kommission (ECHO) koordiniert die Hilfeleistungen der EU. Das EU-Zentrum für die Koordination von Notfallmaßnahmen ist rund um die Uhr besetzt und überwacht bestehende und potentielle Krisenherde (europa.eu/Humanitäre Hilfe und Katastrophenschutz, 2018, Klöpfer 2015, 39–50).

Gesamtgesellschaftlicher Ansatz
In Deutschland ist das Katastrophenschutzrecht Teil des Besonderen Verwaltungsrechtes, einer Untergliederung des Öffentlichen Rechtes. Der Kernbereich dieser Materie heißt Recht der Gefahrenabwehr, wozu als Teilmaterie das Katastrophenschutzrecht gehört. Hier geht es in der Regel um eine direkte Staat-Bürger Interaktion. Staat im Sinne des Grundgesetzes meint: Bund – Länder und Gemeinden. Da das Katastrophenschutzrecht im Grundgesetz nicht explizit erwähnt ist, ist es entsprechend Art. 30, 70 den Ländern zugewiesen. Katastrophenschutz ist Ländersache (und Sache der Gemeinden). Das bedeutet, dass bei der Bewältigung einer Katastrophe neben dem Katastrophenschutzrecht (Katastrophenschutzgesetz) auch das sonstige Verwaltungsrecht des betroffenen Landes anwendbar sein kann, z. B. das Recht der Ordnungsbehörden, Recht der Feuerwehr, des Rettungsdienstes etc. Häufig müssen Katastrophenschutzbehörden und Fachbehörden vor Ort zusammenarbeiten.

> **Beispiel:**
> Wenn das zuständige Bauamt wegen Einsturzgefahr das Betreten einer rauchenden Brandruine verbietet, sind Katastrophenschutz, Feuerwehr, Rettungsdienst und Polizei daran gebunden. Da Katastrophen aber durch ihre Außergewöhnlichkeit und oft auch durch ihre Unvorhersehbarkeit gekennzeichnet sind, muss die eigentliche Unplanbarkeit auch in rechtlicher Hinsicht vorweggenommen und vorgeplant werden.

Für eine rechtliche Einordnung muss zunächst geklärt werden, was sich hinter der Begrifflichkeit der Katastrophe verbirgt. Nach einer von der Ständigen Konferenz für Katastrophenvorsorge und Bevölkerungsschutz geprägten Definition (ebenso BBK

A   Grundlagen und Begriffe

Glossar) ist eine Katastrophe ein Geschehen, bei dem Leben oder Gesundheit einer Vielzahl von Menschen, die natürlichen Lebensgrundlagen, bedeutende Sachwerte oder die lebensnotwendige Versorgung der Bevölkerung in so ungewöhnlichem Maße gefährdet oder geschädigt werden, dass die Gefahr nur abgewehrt oder beseitigt werden kann, wenn die im Katastrophenschutz mitwirkenden Behörden, Organisationen oder Einrichtungen unter einheitlicher Führung und Leitung durch die Katastrophenschutzbehörde zur Gefahrenabwehr tätig werden (müssen). Es kommt also auf die Überforderung der dafür vorgesehenen Einsatzkräfte in der aktuellen Lage an.

Eine vergleichbare, wenn auch durch Zuständigkeitsaspekte angereicherte Definition ist auch Teil der Begriffsbestimmungen der Katastrophenschutzgesetze der Länder. In diesem Zusammenhang ergeben sich jedoch Abgrenzungsprobleme zu den Begrifflichkeiten wie »Notstand«, »Unglück«, »GAU«, »Super-GAU«, »Störfall« und so weiter. Die Größe und Schwere einer Katastrophe, die sie von anderen Schadensereignissen unterscheidet, ist für die Verwendung in einem rechtlichen Kontext jedoch nicht eindeutig genug. Sie eignet sich deshalb grundsätzlich nicht, um besondere Eingriffe in Rechtspositionen der Bürger durch den Staat oder eine Modifikation der Verwaltungsstruktur auszulösen. Die Gesetze einiger Länder schreiben daher vor, dass es zunächst der Feststellung des Katastrophenfalles (beispielsweise durch die untere Katastrophenschutzbehörde) bedarf. Das ist in anderen Ländern nicht der Fall. Der rechtliche Katastrophenbegriff setzt dort einerseits eine tatsächliche Katastrophe im Sinne eines Großschadensereignisses voraus, bedarf aber andererseits weiterer Konkretisierungen im Sinne der o. a. Definition, möglichst eines die Katastrophensituation festschreibenden Realaktes (z. B. Erklärung der Übernahme der Einsatzleitung). Einsatzleitung und Kostentragepflicht gehen dann auf die untere Katastrophenschutzbehörde über. Das sind in kreisfreien Städten die Oberbürgermeister, in den Kreisen die Landräte, so dass sich nur hier eine außenwirksame Verschiebung von den Bürgermeistern (der kreisangehörigen Städte) zum Landrat ergeben kann. Bei den kreisfreien Städten bleibt der Oberbürgermeister zuständig.

Das Grundgesetz enthält keine einheitliche Terminologie für Großschadensereignisse. Es spricht von Naturkatastrophen und besonders schweren Unglücksfällen (Art. 11 Abs. 2, Art. 35 Abs. 2 Satz und Abs. 3 Satz 1 GG). Die Unterscheidung beider Begriffe liegt in der Ursache der Schadenslagen. Während Naturkatastrophen, wie der Begriff selbst schon sagt, natürliche Ursachen haben, sind Unglücksfälle definitionsgemäß grundsätzlich menschlich verursacht.

Katastrophenschutz und Katastrophenvorsorge kommt schon wegen des Ausmaßes des zu besorgenden Schadens besondere Bedeutung zu. Erinnert sei nur an

4 Gesellschaftliche und rechtliche Verpflichtungen

die Atomunglücke in Tschernobyl 1986 und Fukushima 2011, den Tsunami (nach einem Seebeben) am 26. Dezember 2004 im Indischen Ozean, oder das Erdbeben um Port-au-Prince/Haiti 2010 (Glass 2010, 31), in Europa an die Stürme Kyrill, Lothar und Ela. Das Unglück von Fukushima verdeutlicht, dass sich Naturkatastrophen (Erdbeben, Tsunami) über Kettenreaktionen und Kaskadeneffekte verheerend auf hochtechnisierte Gesellschaften auswirken können. Erwähnt werden sollte aber auch das Erdbeben von Lissabon im Jahre 1755, welches große Auswirkungen auf die europäische Geistesgeschichte und Philosophie hatte und die Aufklärung beeinflusste. Der Ortsname »Lissabon« wurde zum Synonym für eine tiefe Erschütterung, den Zusammenbruch des grundlegenden Vertrauens in die Welt und die Sinnhaftigkeit allen Geschehens (Dikau 2008, 48). Die Stadt wurde vollkommen zerstört.

Doch trotz der gesamtgesellschaftlichen Relevanz von Risiko und Katastrophe und deren Wahrnehmung war und ist jeder einzelne Betroffene auch in der Katastrophe Beteiligter, nicht nur Opfer, sondern teilweise auch Akteur. Das Beteiligtsein an der Katastrophe hat zumeist drei Phasen. In einer ersten akuten Phase – auch Fluchtphase genannt – versuchen die Betroffenen der Bedrohung (Flutwelle, einstürzende Häuser) zu entkommen. Diese Phase kann sehr kurz sein (Erdbeben), bei einem langsam einsetzenden Hochwasser, Hungersnot, Dürre, bewaffneter Konflikt (Bürgerkrieg, Jemen, Kongo), kann diese Phase aber auch Tage oder Wochen/Monate dauern. Sofort nachdem die Betroffenen aber einen verhältnismäßig sicheren Platz zum Überleben gefunden haben, schlägt diese Phase in eine zweite Phase um. Hier versuchen gerade die Betroffenen, anderen Betroffenen zu helfen, zu retten, was noch zu retten ist. Sie werden aktiv, z. B. bei Erdbeben, indem sie versuchen das Leben von Verwandten, Freunden und Nachbarn aber auch Unbekannten, die sich in einer noch gefährdeteren Lage befinden, zu retten. Sie suchen nach Überlebenden und Verletzten, befreien diese ggf. mit bloßen Händen aus den Trümmern und verbinden sie provisorisch. Denn Ihnen ist bewusst, dass nicht bis zum Eintreffen professioneller Hilfe gewartet werden und eine notwendige »Soforthilfe« nur von Ihnen kommen kann (Munz 2007, 36 f.). Diese Phasen werden auch als Isolationsphase bezeichnet (Goersch/Werner 2011, 40). Ähnliches war in Deutschland nach dem Attentat auf den Weihnachtsmarkt am Berliner Breitscheidplatz 2016 zu beobachten. Nach dem ersten Schock haben zufällig anwesende Menschen minutenlang um das Leben der Verletzten gekämpft (z. B. abgebunden bei abgetrennten Gliedmaßen), Sterbende begleitet und das Notwendige getan, bis professionelle Hilfe kam. Diese höchst wirksame »Ersthilfeleistung« wird aber kaum beachtet. Als die professionellen Kräfte kamen, wurden die Helfer weggeschickt. Die Medien berichteten nicht über sie, weil sie sie schon nicht mehr antrafen. In der deutschen Fachterminologie werden derartige »erste Hilfe leistende Menschen« nur noch als »Zero Responder« bezeichnet, damit begrifflich abgewertet. Der Begriff des »First Responders« wird nur professionellen Kräften zuerkannt. Wenn auch diese Terminologie nicht der aktuellen Rechtslage entspricht (Ersthelfer ist rechtlich der Bürger der als erster vor Ort erste Hilfe leistet), entspricht sie doch (möglicherweise bald) der gesellschaftlichen Einordnung, die durch Medienberichte, Veröffentlichungen der Fachwissenschaft und medizinischer Profis bestimmt ist. Möglicherweise ist die hier zum Ausdruck kommende Abwertung bürgerschaftlichen Engagements (Zero=Null) geeignet, Resilienzpotential zu vermindern.

Denn grundsätzlich ist immer erst in einer dritten Phase (nach Schockphase und »Ersthelfer vor Ort Phase«) mit dem Eintreffen professioneller Helfer[4] zu rechnen. Auch beim Elbehochwasser in Sachsen im Jahre 2002 beteiligten sich neben den professionellen Helfern und Helfern aus anderen Bundesländern an den Rettungs-, Schutz- und Bergungsarbeiten auch Hunderttausende von einheimischen Helfern (Munz 2007, 38). Das gilt auch für das Hochwasser 2013, den Sturm Ela 2014 im Ruhrgebiet (»Essen packt an«). Teilweise kommt es in der dritten Phase dazu, dass Betroffene, Beteiligte oder nur zufällig Anwesende zu Hilfeleistungsdiensten durch die Katastrophenschutzbehörden verpflichtet werden, teilweise arbeiten sie einfach weiter.

Dies altruistische als »Nothilfe« bezeichnete Verhalten ist im Straf- und Zivilrecht explizit erwähnt. Menschen wollen und sollen in Notfällen Hilfe leisten, vgl. §§ 32,34,323c des Strafgesetzbuches, §§ 227,228,904 des Bürgerlichen Gesetzbuches. Das allgemeine Prinzip der Nothilfe ist die Grundlage der Katastrophennothilfe bzw. der Katastrophenhilfe. Katastrophenhilfe zielt darauf ab, bei Großschadensereignissen (Naturkatastrophen, Pandemien, Krieg) das kurz- und mittelfristige Überleben der Menschen zu ermöglichen. Deutschland unterstützt hier internationale Organisationen. Katastrophennothilfe meint die »Eilthilfe« im Ausland. Der Begriff dient dazu, Nothilfe und Soforthilfe von längerfristiger Entwicklungshilfe abzugrenzen (Wikipedia Katastrophenhilfe 2018).

Grundsätze der deutschen Rechtsordnung
Daseinsvorsorge ist eine zentrale Pflicht des Staates. Jeder hat einen Anspruch auf Hilfe. Dies folgt u. a. auch aus Art. 1, Art. 2 (der Staat muss z. B. das Leben der Bevölkerung schützen) und aus Art. 20 des Grundgesetzes. Der Schutz der Würde des Menschen steht wie ein Programmsatz am Anfang des Grundgesetzes und greift

---

4   Professionell im Sinne von besonders geschulten, bezahlten und ehrenamtlichen Helfern.

4 Gesellschaftliche und rechtliche Verpflichtungen

damit Artikel 1 der Allgemeinen Erklärung der Menschenrechte von 1948 auf. Schon diese Vorschrift verdeutlicht, dass das Grundgesetz in bewusster Abgrenzung zur Barbarei des Nationalsozialismus ausschließt, dass der Mensch reines Objekt staatlichen Handels wird. Die nach Artikel 79 Absatz 3 unveränderbaren Artikel 1 und 20 schreiben rechtliche und humanitäre Mindeststandards fest. Mit der Normierung der Menschenwürde versieht der Staat jedes einzelne Individuum (über die Menschenrechtskonvention weltweit) als Subjekt mit originären Rechten (Grunert 2018, 8). Dies gilt in allen Bereichen. Verbunden mit dem Sozialstaatsgebot des Artikel 20 Abs. 1 GG bedeutet dies z. B. den Anspruch auf ein menschenwürdiges Existenzminimum, nicht nur Schutz vor dem Verhungern. Neben dem Existenzminimum muss auch ein Mindestmaß an Teilhabe am gesellschaftlichen, kulturellen und politischen Leben möglich sein. Ob dies z. B. bei einem Hartz IV Satz von 53 Cent pro Monat für Bildungsausgaben für Kinder im Alter von 6 bis 14 Jahren der Fall ist, darf bezweifelt werden, ob dies der Resilienz-Steigerung dient auch. Genauso zweifelhaft könnte sein, ob die derzeit 934 Tafeln zur Versorgung von Bedürftigen (Stand 2017) diesen Wertungen entsprechen. Die erste Tafel wurde 1993, drei Jahre nach der Wiedervereinigung, gegründet (Mohr 2018, 15–19).

Aber zurück zum Wortlaut des Grundgesetzes. Art. 20 Abs. 1 GG lautet: »Die Bundesrepublik Deutschland ist ein demokratischer und sozialer Bundesstaat.« Das Adjektiv »sozial« bildet die Grundlage des Sozialstaatsgebotes und mit Art. 2 die Grundlage für die Schutzpflichten des Staates gegenüber seiner Bevölkerung (»Daseinsvorsorge«). Diese Daseinsvorsorge ist eine der wesentlichsten Staatsaufgaben »eine der vornehmsten Aufgaben des Staates«. Oder wie es der vorherige Bundesinnenminister Thomas de Maizière einmal prägnant zusammenfasste: »Im Bevölkerungsschutz zeigt sich die gemeinsame staatliche und gesellschaftliche Verantwortung. Es ist eine Kernaufgabe des Staates, die Bevölkerung vor Gefahren zu schützen und für Ihre Sicherheit zu sorgen.« Es gibt also eine grundsätzliche Pflicht des Staates zum Katastrophenschutz und zur Katastrophenvermeidung. Notwendiger Bestandteil dieser Aufgabenerfüllung ist z. B. die zielgerichtete Informationsgewinnung staatlicher Stellen. Diese dient zum einen dazu, die Gefahr/Krise bestmöglich und lageangepasst meistern zu können, zum anderen dazu, die Bevölkerung (und eventuell Dritte, z. B. das Ausland bei einem Atomunfall oder einer sonstigen grenzüberschreitenden Katastrophe) informieren und warnen zu können. Diese staatliche Verpflichtung folgt schon aus dem Recht auf Leben und körperliche Unversehrtheit und dem Sozialstaatsprinzip, Artikel 20 Absatz 1, 28 Absatz 1 Satz 1 GG, gemeinhin unter dem auf Ernst Forsthoff zurückgehenden soziologisch-rechtlichen Begriff der »Daseinsvorsorge« zusammengefasst. Das Grundgesetz kennt

A   Grundlagen und Begriffe

diesen Begriff nicht. Das den Gemeinden in Artikel 28 Absatz 2 Satz 1 zugewiesene Recht, »alle Angelegenheiten der örtlichen Gemeinschaft [zu] regeln« kann aber entsprechend verstanden werden (zu entsprechenden Aussagen im Völker- und Europarecht vgl. Klöpfer 2015, 39 f.). Diese Rechte begründen einen Anspruch des Bürgers gegen die zuständigen staatlichen Stellen auf adäquate Warnung/Information. Dieser Anspruch wird von den Gerichten weitgehend interpretiert und als eine Amtspflicht eingestuft, aus deren Verletzung gegebenenfalls eine Haftung des Staates für aufgetretene Schäden folgen kann. Nach der Rechtsprechung des Bundesgerichtshofes (BGH), des höchsten deutschen Zivilgerichtes, obliegt den Katastrophenschutzbehörden, also in der Regel den Kreisen und kreisfreien Städten, z. B. die Amtspflicht, die von einem Hochwasser konkret bedrohte Bevölkerung vor der bevorstehenden Überflutung zu warnen. Diese Warnpflicht besteht, wenn sich Zweifel an der Beherrschung der Lage aufdrängen (vgl. Bundesgerichtshof, BGH, NVwZ-RR 2005, 149, 150, NVwZ 1994, 823). Für die allgemeine Gefahrenabwehr sind die Gemeinden als unterste Verwaltungsebene (vgl. Gemeindeordnung NRW) zuständig. Erst ab einer gewissen Größe und Bedeutung werden Gemeinden zur Stadt (Kommune).

Gefahrenabwehr, so auch der Katastrophenschutz, ist grundsätzlich Ländersache bzw. Aufgabe der Kommunen. Der Bund darf nur im Ausnahmefall in die Aufgabenbereiche der Länder eingreifen, die grundsätzlich selbst Bestimmungen für die Gefahrenabwehr aufstellen. Nur der klassische Zivilschutz, der ehemals für den Verteidigungsfall entwickelt wurde, untersteht dem Bund. Der Bund unterhält jedoch Einrichtungen, die die Einsatzmöglichkeiten der Länder bei Katastrophen unterstützen. Dies ist beispielsweise das Gemeinsame Melde- und Lagezentrum (GMLZ) im Bundesamt für Bevölkerungsschutz und Katastrophenhilfe (BBK) und die Bundesanstalt Technisches Hilfswerk (THW).

Notwendigkeit einer Ermächtigungsgrundlage
Der Schutz der Bürgerinnen und Bürger findet seinen Ursprung in den Grundrechten. Diese Schutzpflicht kann beinhalten, dass zum Schutz von Menschenleben oder Sachwerten, das Eigentum oder die Fähigkeiten anderer Menschen herangezogen werden müssen. Bei einem Brand beschlagnahmt die Feuerwehr die Leiter des Nachbarn, oder betritt dessen Grundstück, um besser löschen zu können oder verpflichtet ihn zu helfen (Halten eines Sprungtuches). Die Kompetenz des Staates den Einzelnen zur Beteiligung an diesem Schutz zu verpflichten wird aber durch ebendiese Grundrechte begrenzt, im Besonderen durch die allgemeine Handlungsfreiheit des Art. 2 Abs. 1 GG. Diese Handlungsfreiheit wird am besten mit der Aussage des SPD Politikers Carlo Schmidt charakterisiert. Sie bedeutet: Jeder kann

4 Gesellschaftliche und rechtliche Verpflichtungen

tun und lassen was er will (solange er nicht gegen Gesetze, Rechte Dritter etc. verstößt). Damit liegt bei jedem staatlichen Handeln der Eingriffsverwaltung[5] im Rahmen der Gefahrenabwehr mit Maßnahmencharakter (d. h. bei konkret personenbezogener Handlung) immer ein Eingriff zumindest in Art. 2 Abs. 1 vor, soweit der Eingriff nicht nur unwesentlich die Grundrechte berührt. Weitere betroffene Grundrechte können z. B. die Versammlungsfreiheit, Art. 8 Abs. 1, die Religionsfreiheit Art. 4 Abs. 1 und 2, die Unverletzlichkeit der Wohnung Art. 13 Abs. 1, das Recht auf Eigentum Art. 14 Abs. 1, die Freizügigkeit Art. 11 Abs. 1 sein. Bloßes Verwaltungshandeln, z. B. die regelmäßigen Streifenfahrten der Polizei oder eines kommunalen Ordnungsdienstes, hat allerdings keinen Maßnahmencharakter und bedarf daher keiner Ermächtigungsgrundlage. Staatliche Maßnahmen sind nur rechtmäßig, wenn sie sich auf eine Ermächtigungsgrundlage stützen können. Diese gilt es zu finden, ihre Anwendbarkeit zu prüfen, bevor Handlungen eingeleitet werden. Es ist immer in der Reihenfolge zu prüfen: Spezialermächtigung, Standardmaßnahme, Generalklausel.

Generalklausel als Ermächtigungsgrundlage
Da immer mehr Spezialfälle auftreten, die gesetzlich geregelt werden, entstehen nicht nur immer mehr Rechtsnormen, sondern auch immer mehr Befugnisnormen, die in Einzelfällen oder als Standardmaßnahmen bei einer Vielzahl von Einzelfällen Anwendung finden (Platzverweis, Datenerhebung). Diese Normen können und sollen nicht alle relevanten Sachverhalte umfassen. Situationen sind häufig rechtlich nicht detailliert vorsehbar. Daher ist es notwendig – und diese Notwendigkeit steigt im Hinblick auf die sich schnell verändernde Gesellschaft – Befugnisnormen zu schaffen, die so allgemein und abstrakt formuliert sind, dass sie heute und künftig eine Vielzahl von Sachverhalten erfassen und in vielen Situationen als Ermächtigungsgrundlage dienen können. Sie werden als Generalklauseln bezeichnet. Ihre Bestandteile (Tatbestandsmerkmale) lauten:
   1. Gegenwärtige konkrete Gefahr
   2. für die öffentliche Sicherheit.

Liegen diese vor, tritt die Rechtsfolge ein: Die zuständige Behörde ist befugt, die notwendigen Maßnahmen zu treffen. Auch die gleichlautende allgemeine Generalklausel des Ordnungsbehördenrechts kann als Ermächtigungsgrundlage dienen. Die

---

5 Tätigkeit staatlicher Stellen, die dem Bürger und anderen Rechtssubjekten, ein Tun, Dulden oder Unterlassen anordnet und ggf. mittels Zwangsmittel durchzusetzen versucht.

Anwendung einer Generalklausel ist allerdings ausgeschlossen, wenn der Gesetzgeber für einen Sachverhalt eine Spezialermächtigung oder Standartmaßnahme geschaffen hat, deren Voraussetzungen aber nicht erfüllt sind. So kann ein Platzverweis grundsätzlich nicht auf die Generalklausel gestützt werden.

Die umfangreichen Spezialgesetze und die in ihnen enthaltenen Regelungen muss nur der Spezialist kennen. Die in allen Gefahrenabwehrgesetzen inhaltlich gleichlautenden Generalklauseln bilden demgegenüber die zentrale Erlaubnisnorm, um tätig werden zu können. Diese zentrale Ermächtigungsgrundlage und ihre Anwendung bilden einen Schwerpunkt im Gefahrenabwehrrecht. Sie muss in ihrer Anwendung beherrscht werden. Da alle Generalklauseln im Wesentlichen den gleichen Inhalt haben, sind Aussagen z. B. in leicht zugänglichen Kommentaren zum Polizeirecht übertragbar.

Zu den Generalklauseln im Katastrophenschutzrecht gibt es wenig Literatur und kaum Entscheidungen, so dass sogar der Anwendungsbereich mitunter unklar erscheint. Für polizeiliche Generalklauseln haben Rechtsprechung und Lehre den potenziellen Anwendungsbereich jedoch detailliert herausgearbeitet. Diese Überlegungen beruhen auf allgemeinen Grundsätzen, z. B. Grundsatz der Spezialität, Parlamentsvorbehalt, Wesentlichkeitstheorie. Sie sind daher grundsätzlich auf die Generalklauseln des Katastrophenschutzrechtes übertragbar, zumal alle Generalklauseln dieselben Voraussetzungen haben. Die Generalklausel ist z. B. nicht anwendbar, wenn ein spezielles Gesetz allgemeine Gesetze mitsamt der Generalklausel verdrängt oder Standardbefugnisse aus demselben Gesetz einschlägig oder abschließend sind. Die Generalklauseln lassen sich auf die preußische Gesetzgebung der Weimarer Republik zurückführen, die wegweisend für die Entwicklung des Gefahrenabwehr- und Polizeirechts war. Für Preußen wurde die Beschränkung der (ursprünglich umfassend zuständigen) Polizei auf die Gefahrenabwehr durch die vorbeugende polizeiliche Generalklausel des § 14 PrPVG (Preußische Polizeiverwaltungsgesetz vom 1. Juni 1931) neu formuliert. Sie ist damit Vorläuferin der heutigen Generalklausel. § 14 Abs. 1 lautet:»Die Polizeibehörden haben im Rahmen der geltenden Gesetze, die nach pflichtgemäßem Ermessen notwendigen Maßnahmen zu treffen, um von der Allgemeinheit oder dem Einzelnen Gefahren abzuwenden, durch die die öffentliche Sicherheit oder Ordnung bedroht wird.« (http://de.wiki¬pedia.org/wiki/Polizei_(Deutschland)). Der Satz »Not kennt kein Gebot« oder eine »schwierige Lage« ersetzen eine Ermächtigungsgrundlage nicht. Auch in Notstandssituationen ist zwingend das Recht einzuhalten.

Sind Maßnahmen nicht von einer Ermächtigungsgrundlage gedeckt, sind sie unheilbar rechtswidrig oder sogar nichtig. Nichtige Maßnahmen entfalten keine Wirkung. Schon rechtswidrige Maßnahmen können zu finanziellen Ansprüchen der

4 Gesellschaftliche und rechtliche Verpflichtungen

Betroffenen führen, die in der Regel auf dem Klageweg zivilgerichtlich geltend gemacht werden. Jedes gerichtliche Testat einer Maßnahme als rechtswidrig kann die Bewertung eines ganzen Großeinsatzes ins Negative führen. An der »Love-Parade« in Duisburg 2010 zeigt sich beispielhaft, dass Handeln auf der Grundlage zweifelhafter Rechtmäßigkeit und ein Entgleiten der Lage häufig zwei Facetten desselben Lebenssachverhaltes sind. Auch an den Einsatz beim G 8-Gipfel in Heiligendamm und seine rechtliche Bewertung ist zu erinnern (Voßschmidt 2016, 99).

Da sich weder Katastrophenschutz noch Feuerwehr oder (allgemein) Polizei – Aufgaben für BKA und Bundespolizei sind gesondert aufgeführt – in den Bundeszuweisungskatalogen der Art. 71ff GG finden, sind alle diese Aufgaben exklusiv den Ländern zugewiesen. Zugespitzt formuliert: Der Bund hat in Deutschland bei zivilen Katastrophen grundsätzlich (nahezu) keine Kompetenzen. Er unterstützt aber die örtlichen Gefahrenabwehrbehörden oder unteren Katastrophenschutzbehörden durch Bundeswehr, Bundespolizei und Technisches Hilfswerk (THW) oder durch das Bundesamt für Bevölkerungsschutz und Katastrophenhilfe. Einschlägig sind die gesetzlichen Bestimmungen des Bundeslandes, in dem sich die Lage (das Großschadensereignis) befindet. Werden hier andere Kräfte tätig (des Bundes oder aus anderen Ländern), handeln sie im Wege der Amtshilfe. Das bedeutet, auch für diese Kräfte gilt das Landesrecht vor Ort. Für Polizeibeamte oder Feuerwehrkräfte aus Niedersachsen, die in Nordrhein-Westfalen tätig werden, gilt das Landesrecht NRW. Sie dürfen nur im Rahmen dieses Rechtes handeln. Aus ihren »eigenen« Rechtsnormen (z. B. Bundespolizeigesetz, Gesetz über den unmittelbaren Zwang bei Ausübung öffentlicher Gewalt, Landesrecht Niedersachsen) können zwar weitere Einschränkungen folgen, aber keine Ermächtigungsgrundlage abgeleitet werden.

Unter dem Begriff Hilfeleistungsrecht werden Feuerwehr-, Rettungsdienst-, Katastrophen- und Zivilschutzrecht zusammengefasst. Auch diese Aufgaben gehören (wie das Polizeirecht) als nichtpolizeiliches Gefahrenabwehrrecht zum besonderen Verwaltungsrecht. Daraus folgt, dass Katastrophenschutz, Feuerwehr und Rettungsdienst auf das allgemeine Ordnungsrecht und seine Ermächtigungsgrundlagen – vor allem die Generalklausel und die Bestimmungen über Störer/Nichtstörer – zurückgreifen können, soweit sie nicht selbst eine dem § 14 Absatz 1 des Preußischen Polizeiverwaltungsgesetzes (PrPVG) nachgebildete Generalklausel zur Verfügung haben, wie sie z. B. das Polizei- und das Ordnungsrecht der Länder kennt. Diese Generalklauseln ziehen allesamt dieselbe Rechtsfolge nach sich: Es können die notwendigen Maßnahmen getroffen werden. Derartige Normen erfordern Ermessensentscheidungen. Notwendig bedeutet »geeignet« und »erforderlich«. Unter »erforderlich« versteht man, dass es kein milderes, den gleichen Zweck erreichendes Mittel geben darf. Da die Generalklausel als Ermächtigungsgrundlage in die Rechte der

A Grundlagen und Begriffe

Bürger eingreift, ist immer auch die Verhältnismäßigkeit des Eingriffes zu prüfen. Der Grundsatz der Verhältnismäßigkeit, dem Verfassungsrang zukommt, begrenzt jede Maßnahme (vgl. BVerfGE 19, 342, 348, BayVerfG NJW 1968, 1227, BGH St 26,99).

Kompetenzen im Bevölkerungsschutzrecht
Bevölkerungsschutzrecht fasst – als nicht im Grundgesetz erwähnter Oberbegriff – das den Ländern zugewiesene Katastrophenschutzrecht, das dem Bund zugewiesene Zivilschutzrecht, die Katastrophenhilfe und weitere einschlägige Rechtsgebiete zusammen.

a) Landeskompetenz/Katastrophenschutzrecht der Länder

Den Polizeigesetzen und den Ordnungsbehördengesetzen der 16 Länder liegt ein einheitliches System zugrunde. Sie leiten sich vom Musterentwurf eines einheitlichen Polizeigesetzes des Bundes und der Länder vom 25. November 1977 ab (Heise/Riegel 1978). Die Gesetze enthalten jeweils eine Generalklausel, Standardmaßnahmen und Spezialermächtigungen zu den Standardmaßnahmen in systematischer Zuordnung. Den Katastrophenschutzgesetzen der Länder liegt keine vergleichbare Systematik zugrunde. Das dürfte u. a. darauf zurückzuführen sein, dass diese Gesetze, den wegen der Eilbedürftigkeit (Katastrophe) fast immer selbst handelnden Behörden, selbst ohne Verweisung, effektive Maßnahmen ermöglichen müssen, z. B. da eine Inanspruchnahme Dritter beim Erstzugriff häufig von vornherein ausscheidet, so dass die Vorschriften als Verhaltens- oder Duldungspflichten ausgestaltet sind (Sattler 2008, 250 f.). Beispiel: Die Feuerwehr tritt im Brandfall die Tür ein, beauftragt nicht den Schlüsseldienst oder wartet, bis der Eigentümer kommt, um aufzuschließen. Alle 16 Länder haben von ihrer Gesetzgebungskompetenz im Bereich des Katastrophenschutzrechtes Gebrauch gemacht. Die erstmalige Verabschiedung dieser Gesetze erfolgte in den alten Bundesländern deutlich nach der Notstandsgesetzgebung in den 70er Jahren des vorigen Jahrhunderts (Unger 2010, 113 ff.). Die meisten Gesetze wurden vielfach überarbeitet und neu gefasst. In den 90er Jahren kamen die entsprechenden Gesetze der neuen Länder hinzu. Allen Gesetzen und der in Deutschland herrschenden Auffassung ist eigen, dass der Katastrophenschutz nicht als staatlicher »Generalversicherer« zu bewerten ist (Dombrowsky 1992, S. 22). Vorrangig sind fach- und spezialgesetzliche Regelungen (zum EU und sonstigen internationalen Recht vgl. Unger 2010, 33 ff., Dombrowsky 1992, 27). Die Fachbehörde hat auch in der Gefahrenabwehr fachlich »das Sagen«. Aber auch der Bürger ist zur Eigenvorsorge verpflichtet.

Manche Vorschriften sind formal unterschiedlich ausgestaltet, alle teilen aber denselben Tenor, den § 21 Absatz 1 des Katastrophenschutzgesetzes des Landes Sachsen-Anhalt (KatSG-LSA) besonders deutlich zum Ausdruck bringt: »In einem Katastrophenfall ist jedermann verpflichtet, bei Abwehrmaßnahmen Hilfe zu leisten«. Teilweise liegt der Schwerpunkt auf der Anforderungsberechtigung der Katastrophenschutzbehörde, teilweise auf der Verpflichtung der Betroffenen, auf Aufforderung oder Anordnung der Katastrophenschutzbehörde oder der örtlichen Einsatzleitung Hilfe zu leisten. Die Gesetze verwenden überwiegend den Begriff »Hilfeleistung«. Dessen Verständnis wird in den meisten Gesetzen als gesellschaftlicher Konsens vorausgesetzt. Der Begriff findet sich u. a. auch in der Strafvorschrift über Unterlassene Hilfeleistung, § 323 c des Strafgesetzbuches. Auch hier wird in der Rechtswissenschaft grundsätzlich keine abstrakt-verbindliche Definition benutzt, sondern der Begriff systematisch lediglich in Handlungskomponente (Leistung) und Zielkomponente (Hilfe) untergliedert. Umfasst ist potentiell jegliches Tun, dass dem Ziel der Hilfeleistung entspricht (Rudolphi/Stein 2017, § 323 c StGB Rn 11,16ff). Unter den weit auszulegenden Begriff der Hilfeleistung fallen auch Handlungen, die keine besonderen Kenntnisse oder Fähigkeiten voraussetzen. Dies gilt ebenfalls, wenn der Gesetzgeber wie in Bayern oder dem Saarland den Begriff der Dienstleistung oder wie in Berlin der »Mitwirkung« benutzt. In Hamburg ist eine Inanspruchnahme nach § 16 Absatz 1 Satz 1 HmbKatSG nur bezüglich bestimmter Dienstleistungen möglich. Eine Heranziehung zu einfacher Arbeit, wie z. B. dem Befüllen von Sandsäcken wäre nach dieser Vorschrift nach herrschender Meinung (Sattler 2008, 281 f.) nicht vorgesehen. Ergänzend gilt jedoch das Polizei- und Ordnungsrecht. Denn da das Hamburgische Gesetz zum Schutz der öffentlichen Sicherheit und Ordnung als Querschnittsgesetz für den Bereich der Gefahrenabwehr für alle Verwaltungsbehörden gilt, können die Katastrophenschutzbehörden auf die darin enthaltenen Ermächtigungsgrundlagen ergänzend zugreifen. Somit kommen die allgemeinen ordnungsrechtlichen Vorschriften über die Inanspruchnahme von Nichtstörern in Betracht. Nach § 10 Absatz 1 und 2 SOG Hamburg (Gesetz zum Schutz der öffentlichen Sicherheit und Ordnung (SOG) vom 14. März 1966) dürfen die Verwaltungsbehörden, wenn auf andere Weise eine unmittelbar bevorstehende Gefahr nicht abgewendet oder eine Störung nicht beseitigt werden kann, soweit sie nicht über ausreichende eigene Kräfte und Mittel verfügen, eine Person zur körperlichen Mithilfe heranziehen (Ragosch 1996, Vor §§ 3 ff., Rn 3ff). Eine derartige Heranziehungsmöglichkeit bzw. eine Hilfeleistungspflicht besteht in allen Bundesländern. Es gelten aber unterschiedliche Voraussetzungen. Die nur den Katastrophenschutz betreffenden Gesetze sehen eine Pflicht zur Hilfeleistung bei Katastrophen vor. In den Gesetzen, die den Brandschutz und die allgemeine Hilfe ebenfalls

umfassen, bezieht sich die Hilfspflicht darauf, unmittelbare Gefahren für die Allgemeinheit oder den Einzelnen abzuwehren. Die Voraussetzung einer tatbestandlichen Hilfspflicht ist demnach an zwei alternative Voraussetzungen geknüpft. Mit der Hilfeleistung soll:
entweder
1. eine Katastrophe bekämpft oder
2. eine unmittelbare Gefahr für die Allgemeinheit oder den Einzelnen abgewendet werden.

Die zweite Voraussetzung entspricht der Generalklausel im Polizeirecht. Diese findet sich als Ermächtigungsgrundlage für die Ordnungsbehörden in den Ordnungsbehördengesetzen aller 16 Bundesländer. Da sich das allgemeine Ordnungsrecht und das Katastrophenschutzrecht als Teile des Ordnungsrechtes ergänzen, steht diese Befugnisnorm grundsätzlich ebenso den Katastrophenschutzbehörden zu Gebote, wie die entsprechende Norm über die Inanspruchnahme von Nichtstörern.

In den Ländern Baden-Württemberg, Mecklenburg-Vorpommern und Sachsen bestehen zusätzlich zu den geschilderten allgemeinen Hilfeleistungspflichten spezifische Sonderregelungen bei Waldbränden. Aufgrund dieser Regelungen sind bei Waldbrand alle in der Nähe befindlichen Personen unaufgefordert sofort zur Leistung von Hilfe verpflichtet. Die Waldbrandschutzverordnung von Mecklenburg-Vorpommern gestaltet dies in § 17 Absatz 1 ausdrücklich als »jedermann« Pflicht aus, die weder an die Nationalität noch an ein bestimmtes Alter gebunden ist.

(1) Hilfspflichten der Bürger nach den Landesgesetzen
Alle Landesgesetze formulieren die Hilfspflichten der Bevölkerung (bei Katastrophen) in ähnlicher Weise. Die Formulierungen entsprechen der in § 323 c StGB geregelten Unterlassenen Hilfeleistung. Als Beispiel seien genannt:

- Baden-Württemberg: Gesetz über den Katastrophenschutz (Landeskatastrophenschutzgesetz LKatSG) in der Fassung des Gesetzes vom 22. November 1999 (GBl. 1999, 625) in der Fassung vom 12. März 2012 (GBl. 2012, 145): § 25: »Jede über 16 Jahre alte Person ist auf Anforderung der Katastrophenschutzbehörde zur Hilfeleistung verpflichtet.«
- Bayern: Bayerisches Katastrophenschutzgesetz (BayKSG) vom 24. Juli 1996 (GVBl. 1996, 282) in der Fassung vom 27. Juli 2009 (GVBl. 2009, 392), Artikel 9: »Inanspruchnahme Dritter« Absatz 1: »Die Katastrophenschutzbehörde kann zur Katastrophenabwehr von jeder Person die Erbringung von Dienst-, Sach- und Werkleistungen verlangen sowie die Inanspruchnahme von Sachen anordnen. Art. 7 Abs. 4 gilt entspre-

4 Gesellschaftliche und rechtliche Verpflichtungen

chend.« Absatz 2: »Bei Gefahr in Verzug dürfen die eingesetzten Kräfte Sachen unmittelbar in Anspruch nehmen.«

Die Vorschriften sind inhaltlich fast gleich ausgestaltet. Der wesentliche Unterschied besteht darin, dass das bayerische Gesetz konkret auf die »Katastrophenabwehr«, das baden-württembergische allgemein auf die Gefahrenabwehr zielt.

- Berlin: § 8 Absatz 1 Satz 1, Absatz 2 Gesetz über die Gefahrenabwehr bei Katastrophen (Katastrophenschutzgesetz – KatSG) vom 11. Februar 1999 (GVBl. S. 78) in der Fassung vom 26. Januar 2004 (GVBl. S. 25): Keine »ausdrückliche« Regelung, aber Regelung mit Gesetzesverweis, Inanspruchnahme von Nichtstörern nach allgemeinem Ordnungsrecht. »Die Katastrophenschutzbehörden und in ihrem Auftrag handelnden Personen können unter den Voraussetzungen des § 16 Absatz 1 und 2 des Allgemeinen Sicherheits- und Ordnungsgesetzes vom 14. April 1992 (GVBl. S. 119), […] Personen zur Mitwirkung bei der Katastrophenabwehr, insbesondere zur Gestellung von Hilfsmitteln oder Fahrzeugen in Anspruch nehmen.« Ähnliche Regelungen enthält § 14 des Gesetzes über die Feuerwehren im Land Berlin (FWG) vom 23. September 2003.
- Hamburg: §§ 16 Absatz 1, Absatz 4, 23–25 Hamburgisches Katastrophenschutzgesetz (HmbKatSG) vom 16. Januar 1978 (GVBl. S. 31) in der Fassung vom 19. April 2011 (GVBl. S. 123): »Die Katastrophenschutzbehörden können, soweit dies zur Bekämpfung einer Katastrophe erforderlich ist, natürliche und juristische Personen sowie Personenvereinigungen […] zu Sach- und Werkleistungen im Umfang des § 2 Absatz 1 sowie nach Maßgabe der §§ 3 Absätze 1 und 6 und 4 Absätze 2 und 3 des Bundesleistungsgesetzes in der Fassung vom 27. September 1961 (Bundesgesetzblatt I Seite 1769) heranziehen.« § 3 Absatz1 BLG lautet: »Leistungen dürfen nur angefordert werden, wenn der Bedarf auf andere Weise nicht oder nicht rechtzeitig oder nur mit unverhältnismäßigen Mitteln gedeckt werden kann. Die Anforderung ist auf das unerlässliche Maß zu beschränken.« Die Vorschriften über Hilfeleistungspflichten und Ansprüche der Helfer finden entsprechende Anwendung. Ansonsten gilt § 10 Absatz 1 und 2 SOG.
- Mecklenburg-Vorpommern: § 18 Gesetz über den Katastrophenschutz in Mecklenburg-Vorpommern (Landeskatastrophenschutzgesetz – LKatSG –) vom 24. Oktober 2001 (GVOBl. S. 393) in der Fassung vom 24. Juni 2010 (GVBl. S. 319): Hilfs- und Leistungspflichten.
- Niedersachsen: § 28 Absatz 1 Niedersächsisches Katastrophenschutzgesetz (NKatSG) vom 14. Februar 2002 (GVBl., 73) in der Fassung vom

A Grundlagen und Begriffe

   7. Dezember 2012 (GVBl., 548): »Jede Person ist verpflichtet, bei der Katastrophenbekämpfung Hilfe zu leisten, wenn die vorhandenen Einsatzkräfte nicht ausreichen und sie von der Katastrophenschutzbehörde dazu aufgefordert wird.«
- Nordrhein-Westfalen: § 27 Ansatz 1 Gesetz über den Feuerschutz und die Hilfeleistung (FSHG) vom 10. Februar 1998 (GVBl., 122) in der Fassung vom 23. Oktober 2012 (GVBl., 471): »Unter den Voraussetzungen des § 19 des Ordnungsbehördengesetzes (OBG) ist der Einsatzleiter berechtigt, Personen zur Hilfeleistung oder zur Gestellung von Hilfsmitteln oder Fahrzeugen heranzuziehen.« § 19 OBG regelt die Inanspruchnahme von Nichtstörern, die sich in allen Ordnungsbehörden- und allen Polizeigesetzen der Länder findet. Voraussetzung ist, dass »eine gegenwärtige erhebliche Gefahr abzuwehren ist« (§ 19 Absatz 1 Nr. 1 OBG). Durch den Verweis auf die Möglichkeit der Heranziehung von Nichtstörern nach § 19 OBG wird deutlich, dass der Einsatzleiter, der nach FSHG tätig wird, zur Begründung seiner Maßnahmen auf das allgemeine Ordnungsrecht zurückgreifen kann, dieses also ergänzend neben dem FSHG gilt.

Die Regelungen knüpfen an das Vorliegen einer qualifizierten Gefahr oder einer Katastrophe an. Dabei muss davon ausgegangen werden, dass das materiell rechtliche Vorliegen einer Katastrophe im Sinne der obigen Definition ausreicht, nicht die formale Ausrufung des Katastrophenfalles erforderlich ist. Die Verpflichtungen bestehen kraft Natur der Sache oder sie können von der zuständigen Stelle eingefordert werden. Wegen ihrer sachlichen Bedeutung seien sie kurz vorgestellt.

(2) Katastrophenschutzbehörden bzw. vergleichbare Behörden nach den Landesgesetzen
Untere Katastrophenschutzbehörde sind die Kreise und kreisfreien Städte.
- § 4 LKatSG B-W: »Untere Katastrophenschutzbehörde sind die Landratsämter und die Bürgermeisterämter der Stadtkreise.«
- Artikel 2 Absatz 1 BayKSG: »Katastrophenschutzbehörden sind die Kreisverwaltungsbehörden, die Regierungen und das Staatsministerium des Innern. Kreisangehörige Gemeinden, die während der Katastrophe ohne Verbindung mit der Kreisverwaltungsbehörde sind, nehmen in dieser Zeit die Aufgaben der Katastrophenschutzbehörde wahr.«
- § 3 KatSG Bln: Katastrophenschutzbehörden sind die Ordnungsbehörden, die nachgeordneten Ordnungsbehörden und die Sonderbehörden, die für Ordnungsaufgaben zuständig sind.

4 Gesellschaftliche und rechtliche Verpflichtungen

- Nach § 2 Hmb KatSG »Aufgabenträger ist die Freie und Hansestadt Hamburg«, Katastrophenschutzbehörde ist die Behörde für Inneres.
- § 2 LKatSG M-V: Untere Katastrophenschutzbehörden sind Landräte und Oberbürgermeister.
- § 2 Absatz 1 NKatSG: Katastrophenschutzbehörden sind Kreise und kreisfreie Städte.
- § 1 FSHG: Aufgabenträger sind Gemeinden, Kreise und kreisfreie Städte.

Außer in den Stadtstaaten ist überall den Landräten oder Oberbürgermeistern die Aufgabe als untere Katastrophenschutzbehörde explizit oder implizit zugewiesen. Das Ministerium ist obere Katastrophenschutzbehörde. In einigen Bundesländern sind die Bezirksregierungen als mittlere Katastrophenschutzbehörde dazwischengeschaltet.

b) Rechtsfragen im Hinblick auf Risiken und Katastrophen aus dem Blickwinkel der Bundeskompetenz

(1) Ansatz aus dem Zivilschutz
Im Bereich der zivilen Sicherheitsvorsorge und des Bevölkerungsschutzes von Seiten des Bundes ist Art. 73 Abs. 1 Nr. 1 GG die zentrale Kompetenzvorschrift. Diese Norm weist dem Bund die ausschließliche Gesetzgebung für die Verteidigung einschließlich des Schutzes der Zivilbevölkerung zu. Damit ist, beziehungsweise war, neben der militärischen Verteidigung, zunächst der Schutz der Bevölkerung in Kriegssituationen, »im Verteidigungsfall«, gemeint, also eine flächendeckende nationale Gefahrenlage. Vor allem aufgrund der sicherheitspolitischen Veränderungen der letzten Jahre ist aber in der Diskussion, inwieweit diese Kompetenz des Bundes für den klassischen Zivilschutz auch für neue Gefahrenlagen, z. B. asymmetrische Bedrohungen, »Cyber-War-Lagen«, herangezogen werden kann. Mit dieser Zuständigkeit sind dem Bund zunächst zumindest alle kriegsbedingten Gefahrenlagen zugewiesen.

Der Zivilschutz im Verteidigungs-, Spannungs-, Bündnis- oder Zustimmungsfall ist also Aufgabe des Bundes. Die Länder vollziehen diese Aufgabe und werden dazu vom Bund ergänzend mit Material ausgestattet. Der Schutz vor Katastrophen wie Flutkatastrophen ist Sache der Länder. Das zentrale Argument für diese Verfahrensweise ist der damit verbundene Mehrfachnutzen. Die Ausstattung wird z. B. bei unfallbedingten und konfrontationsbedingten Gefahren durch atomare Strahlung genutzt. Der Bund braucht keine Einheiten für eine atomkriegsbedingte Gefahr vorzuhalten. Eigene Einheiten des Bundes hätten niemals einen Einsatz, mithin keinerlei praktische Einsatzerfahrung. Der Bund leistet auf Anforderung Amtshilfe, hat aber keine operativen Befugnisse. Den Katastrophenschutz haben die Länder zu finanzieren. Um einen gesamtstaatlichen Bevölkerungsschutz sicherzustellen, beschlossen Bund und Länder im Jahr 2002 die »Neue Strategie zum Schutz der Bevölkerung in Deutschland« (Deutscher Bundestag – 18. Wahlperiode, Drucksache 18/111, 25).

(2) Sicherstellungs-/Vorsorgegesetze
Um die Funktionsfähigkeit des Staates auch bei zivilen Katastrophen und in Zivilschutzfällen zu gewährleisten, wurden als Teil einer Notstandsverfassung, die Sicherstellungs- und Vorsorgegesetze erlassen. Das begrifflich leicht irreführende Bundesleistungsgesetz von 1956 (nach Einführung der Bundeswehr erlassen) gehört zu diesen Gesetzessträngen und beschreibt die Leistungen, die der Bürger gegebenenfalls zu erbringen hat, sowie die ihm dann zustehende Entschädigung. Nach der Kubakrise, im Rahmen der ersten großen Koalition wurden die Sicherstellungsgesetze erlassen, ergänzt um Fragen der Energie, die im Besonderen infolge der Ölkrise nach dem Jom Kippur-Krieg virulent wurden. Dieser Strang der Gesetzgebung erfolgte größtenteils in Konzeption und Verabschiedung vor dem Hintergrund des kalten Krieges, als NATO und Warschauer Pakt sich feindselig gegenüberstanden. Mit dem Unglück von Tschernobyl wurde das gesamtstaatliche Ausmaß eines Atomunfalls sichtbar, zur Bewältigung von nichtmilitärisch bedingten Großschadenslagen bzw. Katastrophen wurden danach die Vorsorgegesetze erlassen. Die zentralen Gesetze werden im Folgenden kurz dargestellt.

Ein Beispiel ist die Versorgung mit Verkehrs- und Transportleistungen im Verkehrssicherstellungsgesetz oder die Heranziehung zu zivilen Dienstleistungen im zivilen Sanitäts- und Heilwesen durch das Arbeitssicherstellungsgesetz. Denn zusätzlich zu der zentralen Gesetzgebungskompetenz des Bundes aus Art. 73 Abs. 1 Nr. 1 GG für die zivile Sicherheitsvorsorge in Kriegssituationen stehen dem Bund weitere, einzelne Gesetzgebungskompetenzen zu, die für die zivile Sicherheitsvorsorge in friedenszeitlichen Situationen von Bedeutung sind. So steht dem Bund die Kompetenz zur Sicherung der Ernährung aus Art. 74 Abs. 1 Nr. 17 GG zu, die er mit dem Ernährungssicherstellungs- und Vorsorgegesetz (neugefasst 2017) umgesetzt hat. Ausgangspunkt ist nicht mehr der Verteidigungsfall, sondern die Situation, dass in wesentlichen Teilen des Bundesgebietes eine ernsthafte Gefährdung der Nahrungsmittelversorgung, eine Versorgungskrise, besteht. Auch die eigentlich für Kriegssituationen errichteten Trinkwassernotbrunnen können im Rahmen einer Ausnahmeregelung im Wassersicherstellungsgesetz in anderen Situationen genutzt werden. Das Trinkwassernotbrunnensystem wurde allerdings nach der Wiedervereinigung nicht flächendeckend in den neuen Bundesländern umgesetzt. Das Inkraft-

4 Gesellschaftliche und rechtliche Verpflichtungen

setzen der Sicherstellungsgesetze verschiebt viele Zuständigkeiten (auch in der Gefahrenabwehr) auf den Bund.

- **Bundesleistungsgesetz (BLG)** Ausfertigungsdatum: 19.10.1956, letzte Änderung: 11.08.2009
  Das BLG dient der Inpflichtnahme Privater im Falle von Manövern und Kriegshandlungen deutscher oder alliierter Streitkräfte auf dem Gebiet der Bundesrepublik Deutschland. Das BLG ermöglicht es gesetzlich bestimmten »Anforderungsbehörden«, eine Vielzahl von Einrichtungen und Leistungen Privater zu nutzen. Bestehende Rechtsverhältnisse werden durch die Anforderung nicht aufgehoben, der Schuldner wird aber dem Gläubiger gegenüber für die Zeitdauer der Anforderung in seiner Leistungsverpflichtung frei. Für die Anforderung wird eine Entschädigung oder eine Abgeltung (kein Schadensersatz) gezahlt. Zur Bestimmung der Anforderungsbehörden ist die durch das Bundesleistungsgesetz ermächtigte Anforderungsbehörden- und Bedarfsträgerverordnung (ABV) vom 12. Juni 1989 erlassen worden. Die unteren Verkehrsbehörden der Länder sind z. B. Anforderungsbehörden hinsichtlich der Kraftfahrzeuge. Allgemeine Anforderungsbehörde ist die Kreisbehörde. Eine Anforderung kann auch für auswärtige Streitkräfte erfolgen (§ 1 Abs. 1 Nr. 3). Die Regelungen trifft die Bundesregierung mit Zustimmung des Bundesrates (https://www.gesetze-im-internet.de/blg).

- **Verordnung über Anforderungsbehörden und Bedarfsträger nach dem Bundesleistungsgesetz (Anforderungsbehörden- und Bedarfsträgerverordnung/ABV/ABVO)** Ausfertigungsdatum: 12.06.1989, letzte Änderung: 02.06.2016
  Die VO regelt die örtliche und sachliche Zuständigkeit der Anforderungsbehörden sowie die Bedarfsträger. Umfassender Anwendungsbereich: Auch Bündnisfall, Gefährdung der Freiheitlich Demokratischen Grundordnung, Verteidigungsfall, internationale Verpflichtungen, Spannungsfall (https://www.gesetze-im-internet.de/ABV/pdf).

- **Gesetz zur Sicherstellung von Arbeitsleistungen für Zwecke der Verteidigung einschließlich des Schutzes der Zivilbevölkerung (Arbeitssicherstellungsgesetz/ASiG)** Ausfertigungsdatum: 09.07.1968, letzte Änderung: 04.08.2019
  Das ASiG lässt gemäß Art. 12 a GG im Verteidigungsfall sowie unter den Voraussetzungen des Art. 80 a GG bestimmte die Berufsfreiheit einschränkende Maßnahmen zu, um lebens- und verteidigungswichtige Arbeitsleistungen bei der Bundeswehr und den verbündeten Streitkräften,

bei der öffentlichen Verwaltung einschließlich des Zivilschutzes sowie im Bereich der Versorgung sicherzustellen. Insbesondere können Wehrpflichtige in ein Arbeitsverhältnis verpflichtet werden. Das Recht, ein Arbeitsverhältnis zu beenden, kann eingeschränkt werden. Für Wehrpflichtige, die für eine Aufgabe eingesetzt werden sollen, die besondere Kenntnisse und Fertigkeiten erfordert, ist eine Verpflichtung zur Teilnahme an Ausbildungsveranstaltungen und ein Bereithaltungsbescheid für den Spannungs- und Verteidigungsfall bereits im Frieden vorgesehen (§§ 29, 30). Verpflichtungsbehörde ist die Bundesagentur für Arbeit, bei Gefahr im Verzug auch die Behörden der allgemeinen Verwaltung auf Kreisebene. Die Bundesregierung erlässt durch Rechtsverordnung Vorschriften über die Zusammenarbeit der Bundesagentur für Arbeit hinsichtlich Arbeitsvermittlung und Arbeitslosenversicherung. Bei der Feststellung und Deckung des Arbeitskräftebedarfs arbeitet sie mit den fachlich zuständigen Bundes- und Landesbehörden zusammen. Für die Bundeswehr erlässt die Verteidigungsministerin die notwendigen Regelungen (http://www.gesetze-im.internet-asg/arbeitssicherstellungsgesetz).

- **Gesetz zur Sicherung der Energieversorgung (Energiesicherungsgesetz/ENSiG 1975)** Ausfertigungsdatum: 20.12.1974, letzte Änderung: 31.08.2015
Ziel des Gesetzes ist die Sicherung des lebenswichtigen Bedarfs an Energieversorgung für die Erfüllung öffentlicher Aufgaben und internationaler Verpflichtungen. Die zuständige Behörde steuert durch Rechtsverordnung die Abgabe, den Bezug und die Verwendung von Energieträgern (Strom, Gas, Fernwärme). Das Gesetz ist bei einer wirtschaftlichen Krisenlage bei unmittelbarer Gefährdung und Störung der lebenswichtigen Energieversorgung anwendbar. Etwaige Regelungen trifft die Bundesregierung, delegierbar auf das Bundesministerium für Wirtschaft und Energie bzw. auf die Bundesnetzagentur. Es besteht die Befugnis zum Erlass von Rechtsverordnungen. Wenn die Dauer länger als 6 Monate beträgt, ist die Zustimmung des Bundesrates erforderlich (https://www.gesetze-im-internet.de/ensig_1975/EnSiG_1975.pdf).

- **Gesetz über die Bevorratung mit Erdöl und Erdölerzeugnissen (Erdölbevorratungsgesetz/ErdölBevG)** Ausfertigungsdatum: 20.12.1974, letzte Änderung: 29.03.2017
Ziel des Gesetzes ist die Sicherung der Energieversorgung durch Erdöl und Erdölerzeugnisse. Die Aufgabe ist dem Erdölbevorratungsverband übertragen. Das Gesetz wurde aufgrund von Exportreduzierungen der OPEC-

Staaten erlassen. Es ist eine Reaktion auf die Ölkrise in Deutschland nach dem Jom-Kippur-Krieg 1973. Die Reserve ist in Kavernen eingelagert, die Menge entspricht dem durchschnittlichen Ölverbrauch Deutschlands von 90 Tagen. Eine weitere Freigabe durch das Ministerium kann eine Reduzierung der Bevorratungsmenge oder Abgabe an bestimmte Personen oder Institutionen bedeuten. Anwendung: bei einer wirtschaftlichen Krisenlage. Bedarf der Zustimmung des Bundesrates. Vorräte des Erdölbevorratungsverbandes können auch bei sonstigen Engpässen zur Verfügung gestellt werden. (https://www.gesetze-im-internet.de/erd_lbe¬vg_2012/ErdölBevG.pdf).

- **Gesetz zur Sicherstellung von Postdienstleistungen und Telekommunikationsdiensten in besonderen Fällen (Post- und Telekommunikationssicherstellungsgesetz/PTSG)** Ausfertigungsdatum: 24.03.2011, letzte Änderung: 04.11.2016
Das PTSG richtet sich an Post- und Telekommunikationsunternehmen und bezweckt die Sicherstellung und Zuverlässigkeit einer Mindestversorgung mit Diensten im Bereich der Kommunikation. Das Gesetz stellt allgemein auf die Sicherung dieser Dienste bei erheblichen Störungen ab und nennt insbesondere Krisenfälle, wie Katastrophen, Spannungs- oder Verteidigungsfälle sowie Sabotage oder terroristische Zwischenfälle, aber auch internationale Verpflichtungen (§ 1 Abs. 2 PTSG). Das Gesetz benennt die Leistungen, deren Verfügbarkeit sicherzustellen sind (§ 2 Abs. 1 und § 5 PTSG). Neben den Verpflichtungen zur Aufrechterhaltung der Dienste für die Allgemeinheit enthält das Gesetz auch Regelungen über bevorrechtigte Nutzer wie z. B. Verfassungsorgane, Sicherheitsbehörden oder Rettungsdienste (§ 2 Abs. 2 und § 6 Abs. 2 PTSG). Ob und wieweit eine Vorrangberechtigung von Mobiltelefonen (Smartphones) in überlasteten Funkzellen Wirkung entfaltet, ist unklar. Dienstleister sind nach dem Gesetz verpflichtet, entsprechende Vorkehrungen zu treffen und Überprüfungen durch die Bundesnetzagentur zu dulden und zu unterstützen (§§ 8 und 10 PTSG). Die Postunternehmen haben z. B. die Feldpost zu unterstützen und dazu nach Vereinbarung mit der Bundeswehr zusammenzuarbeiten (§ 4 PTSG). Das PTSG enthält selbst keine Verordnungsermächtigung. Für eine Übergangsfrist sind teilweise die alten Regelungen anzuwenden (§ 12 PTSG). Anwendung: Gefahrenlagen: Spannungsfall, Verteidigungsfall, terroristische Anschläge, Naturkatastrophen (http://www.gesetze-im-internet.de/ptsg_2011/PTSG.pdf).

A Grundlagen und Begriffe

- **Gesetz zur Sicherung von Verkehrsleistungen (Verkehrsleistungsgesetz VerkLG)** Ausfertigungsdatum: 23.07.2004, letzte Änderung: 26.07.2016
  Zweck des Gesetzes ist die Sicherung von ausreichenden Verkehrsleistungen. Anwendungsbereich:
    - Naturkatastrophen
    - schwere Unglücksfälle
    - terroristische Anschläge
    - internationale Verpflichtungen
    - internationale Notfallbewältigung.

  Inkraftsetzung durch Bundesregierung, etwaige Regelungen trifft die Bundesministerin für Verkehr und digitale Infrastruktur, § 1 Absatz 1 Nummer 1, § 1 Absatz 1 Nummer 2 bis 4 (http://www.gesetze-im-internet.de/verklg/VerkLG.pdf).

- **Gesetz zur Sicherstellung des Verkehrs (Verkehrssicherstellungsgesetz/VerkSiG)** Ausfertigungsdatum: 24.08.1965, letzte Änderung: 31.08.2015
  Das VerkSiG regelt die Sicherstellung von Verkehrsleistungen, insbes. zur Versorgung der Bevölkerung und der Streitkräfte im Spannungs- und Verteidigungsfall. Das Gesetz ermächtigt zum Erlass von Rechtsverordnungen insbes. über die Benutzung von Straßen durch Militär- bzw. Zivilverkehr sowie über die Benutzung von Verkehrsmitteln. Anwendung: Verteidigungsfall, Spannungsfall, ggf. bei wirtschaftliche Krisenlage. Die Regelungen trifft die Bundesregierung, kann an das Bundesministerium für Verkehr und digitale Infrastruktur delegiert werden (http://www.rechtslexikon.net/d/verkehrssicherstellungsgesetz/verkehrssicherstellungsgesetz, http://www.gesetze-im-internet.de/verksig/VerkSiG.pdf).

- **Gesetz über die Sicherstellung von Leistungen auf dem Gebiet der gewerblichen Wirtschaft sowie des Geld- und Kapitalverkehrs (Wirtschaftssicherstellungsgesetz/WiSiG 1965)** Ausfertigungsdatum: 24.08.1965, letzte Änderung: 31.08.2015
  Das Wirtschaftssicherstellungsgesetz regelt die Sicherstellung der Versorgung mit Gütern und Leistungen für Zwecke der Verteidigung, insbes. zur Deckung des Bedarfs der Zivilbevölkerung und der Streitkräfte. Es ermächtigt zum Erlass von Rechtsverordnungen insbes. über Herstellung und Verwendung von Waren der gewerblichen Wirtschaft, über Werkleistungen und Instandsetzungen, über Erzeugung und Zuteilung von elektrischer Energie und über Bank- und Börsengeschäfte im Spannungs-

4 Gesellschaftliche und rechtliche Verpflichtungen

und Verteidigungsfall sowie über ausreichende Vorratshaltung. Etwaige Regelungen trifft die Bundesregierung teilweise mit Zustimmung des Bundesrates (http://www.rechtslexikon.net/d/wirtschaftssicherstellungs¬gesetz/wirtschaftssicherstellung, http://www.gesetze-im-internet.de/wi¬sig_1965/WiSiG_1965.pdf.).

- **Ernährungssicherstellungs- und Vorsorgegesetz (ESVG)** Ausfertigungsdatum: 04.04.2017
  Versorgung der Bevölkerung bei einer Versorgungskrise, d. h. wenn entsprechend § 1 ESVG die Versorgung der Bevölkerung mit dem lebensnotwendigen Bedarf an Lebensmitteln ernsthaft gefährdet ist. Anwendbarkeit im Spannungs- oder Verteidigungsfall gemäß Art. 80 a, 115 a GG, infolge einer Naturkatastrophe, eines besonders schweren Unglücksfalls, einer Sabotagehandlung, einer Krisenlage oder eines sonstigen vergleichbaren Ereignisses. Ziel: Versorgung auf dem Niveau des Mindeststandards. Es besteht eine Verordnungsermächtigung, bislang sind keine Verordnungen erlassen. Die notwendigen Daten werden im Krisenfall von der Lebensmittelaufsicht zur Verfügung gestellt (http://www.gesetze-imintenet.de/esvg.de/.pdf).

(3) Gesamtkonzeption
Mithin ergibt sich folgender Aufbau:

Tabelle 3:

Rechtsgrundlagen Zivile Sicherheitsvorsorge Daseinsvorsorge	
Art. 2 II 1 GG	Art. 20 I GG
Staatliche Schutzpflicht Art. 30 GG Art. 70 GG	
Bund (Ausnahme: Verteidigungs-, Spannungs-, Bündnis-, Zustimmungsfall)	**Länder** (grds. reguläre Daseinsvorsorge, z. B. Ernährung, Wasser, Energie)
Zivilschutz	**Katastrophenschutz**
Sicherstellungsgesetze	**Katastrophenschutzgesetze (in NRW auch Großschadenslage)**
ESVG	

A Grundlagen und Begriffe

Tabelle 3: – Fortsetzung

Zivilschutz	Katastrophenschutz
VerkSiG	
WasSG	
PTSG	
WiSiG/WiSiV	
GasLastV	
MinÖlBewV	
ZSKG	
ASiG	
Notfallvorsorge	**Gefahrenabwehr**
Vorsorgegesetze	»Hilfeleistungsrecht«
ESVG	Feuerwehr-/Brandschutzgesetze
VerkLG	Rettungsdienstgesetze
ErölBevG	Ordnungsbehördengesetze (OBG)
EnSiG	
GasSV	Polizeirecht
MinÖlAV	Polizeigesetze
EÖlBMeldV	
ZSKG	
Katastrophenhilfe	
THWG	
ZSKG	

ESVG = Ernährungssicherstellungs- und Vorsorgegesetz,
VerkSG = Verkehrssicherstellungsgesetz,
WasSG = Wassersicherstellungsgesetz,
PTSG = Post-/Telekommunikationssicherstellungsgesetz,
WiSG = Wirtschaftssicherstellungsgesetz,
ASiG = Arbeitsstellungsgesetz

4 Gesellschaftliche und rechtliche Verpflichtungen

Einsatzkräfte
Einsatzkräfte des Bevölkerungsschutzes sind vielen physischen und psychischen Belastungen ausgesetzt und müssen sich souverän in gefährlichen Einsatzsituationen bewegen. Dies trifft vor allem auf Großschadenslagen oder Einsätze zu, bei denen das eigene Wohnumfeld oder die Familie betroffen sind. Auch die zunehmende Belastung durch Angriffe von Außenstehenden oder Betroffenen selbst macht es notwendig, die Resilienz und Widerstandsfähigkeit von Einsatzkräften zu stärken, um Belastungen zu reduzieren und die Einsatzfähigkeit lange zu erhalten. Das bedeutet, dass der Arbeitsschutz auch im Einsatz und zur Einsatzvorbereitung notwendigerweise zu beachten ist. Auch ist den Einsatzkräften eine PSNV (Psychosoziale Notfallversorgung) zur Verfügung zu stellen.

Besonderes Katastrophenrecht
Der Bund besitzt darüber hinaus Einzelkompetenzen im Hinblick auf die Katastrophengesetzgebung bei definierten Katastrophenarten, so dass der Bund als Annex zur Kompetenz hinsichtlich der Rechtsmaterie auch Regelungen zur Vorsorge und Bekämpfung einschlägiger Katastrophen treffen kann. Dies gilt für die Seuchenbekämpfung nach Art. 74 Abs. 1 Nr. 19 GG. Der Bund hat hiervon durch das Infektionsschutzgesetz (IFSG) und das Tierseuchengesetz Gebrauch gemacht. Eine weitere Materie ist das Atomrecht, nach Artikel 73 Abs. 1 Nr. 14 GG der ausschließlichen Kompetenz des Bundes zugewiesen. Diese Rechtsmaterie war von 1959 bis zur Föderalismusreform Gegenstand der konkurrierenden Gesetzgebung. Bis 1959 fand sich im Grundgesetz keine Regelung (Kunig 2012, Art. 73 Rn 53), so dass die Länder zuständig waren. Daher konnte der Freistaat Bayern den ersten Atomreaktor errichten.

Mit der Föderalismusreform II (2009) wurde darüber hinaus ein neuer katastrophenrechtlich relevanter Verfassungsbegriff in das Grundgesetz eingebracht: »Naturkatastrophen und außergewöhnliche Notsituationen, die sich der Kontrolle des Staates entziehen und die Finanzlage erheblich beeinträchtigen«, Artikel 104 b Absatz 1, Satz 2, 109 Absatz 3 Satz 2, 115 Abs. 2 Satz 6 GG. Während der Begriff der Naturkatastrophe seit langem rechtlich definiert ist, fehlt noch jedwede Konkretisierung hinsichtlich der Notsituation. Tendenziell scheint der Begriff der »Notsituation« eine Erweiterung der Bundeskompetenz zu beinhalten. Wieweit staatliche Stellen komplexe Zusammenhänge wie Lebensmittelversorgungsketten oder die Stromverteilung auf der Ebene der Netzbetreiber faktisch steuern können, ist eine Frage der Bewertung, auch der entsprechenden Möglichkeiten bzw. Kompetenzen. Die Komplexität der Materie lässt direkte Interventionen wenig sinnvoll erscheinen. Weit sinnvoller und erfolgversprechender erscheint eine Resilienzsteigerung durch

Stärkung der Strukturen der betroffenen Unternehmen, z. B. mittels Implementierung eines integrierten Krisenmanagements, das sich in die Struktur des gesamtgesellschaftlichen Krisenmanagements einfügt. Denn rein staatliches Krisenmanagement ist nicht in allen Lagen zielführend. Beispiele sind großflächiger Stromausfall, Ausfall Kritis, IT-Ausfall, Pandemien, das geschilderte Szenario und damit einhergehende Kaskadeneffekte. Eine enge Zusammenarbeit zwischen Katastrophenschutz, Bevölkerung und Unternehmen ist notwendig. Voraussetzung für das Funktionieren dieser Zusammenarbeit ist, dass jeder seine Aufgaben erledigt, z. B. die Unternehmen ein nachhaltiges Risiko- und Krisenmanagement entsprechend den DIN-Normen eingeführt haben. Eine Verpflichtung von Unternehmen gerade im Bereich des Atomrechtes ist im Atomgesetz und in der Störfall-VO festgeschrieben. Neben der gesetzlichen Pflicht steht das Leistbare. Was über das Leistbare hinausgeht, kann nicht verlangt werden. Dabei darf aber niemand (nicht der Bevölkerungsschutz, nicht das Kritis-Unternehmen, nicht der Bürger) das ihm Obliegende und Mögliche unterlassen. Die Resilienz der Gesamtgesellschaft hängt von der Resilienz der einzelnen Akteure ab. Die Verpflichtungen steigen mit der Systemrelevanz der Betroffenen. Das greift die Kritis-VO auf, indem sie (heute noch) Verpflichtungen nur für Unternehmen einer gewissen Größenordnung formuliert.

Beispiel Störfallverordnung (StöV)
Die Anforderungen der europäischen Seveso II Richtlinie werden durch die Störfall-Verordnung (StöV oder 12. Verordnung zum Bundesimmissionsschutzgesetz/BImSchG, inkraftgetreten am 14. Januar 2017) umgesetzt. Die StöV regelt den Schutz der Menschen und der Umwelt vor den Folgen und Gefahren von plötzlich auftretenden Störfällen bei technischen Anlagen mit Austritt gefährlicher Stoffe. Nicht geregelt sind langsam aufwachsende Schäden, z. B. durch zu hohe Emissionen. Die StöV gilt für alle Betriebsbereiche in denen gefährliche Stoffe in einer definierten Größenordnung vorhanden sind oder gelagert werden. Durch die StöV werden die Betreiber der Anlagen verpflichtet, Sicherheitsmaßnahmen zu treffen, um Störfälle zu vermeiden und auftretende Schäden sofort zu erkennen. Die Betreiber sollen bei Schäden sofort handlungsfähig sein. Die Auswirkungen der Störfälle auf Mensch und Umwelt sind so weit als möglich zu minimieren. In Deutschland wurden zwischen 2012 und 2014 56 Störfälle registriert, die meisten in Chemieanlagen (https://www.umweltbundesamt.de, 2018, ZEMA Jahresbericht 2012–2014).

4 Gesellschaftliche und rechtliche Verpflichtungen

Konzeption Zivile Verteidigung (KZV) und ihre Relevanz am Beispiel der Gasversorgung in Deutschland

Die dargestellte Gesetzessystematik hat hohe praktische Relevanz, daher werden die Zusammenhänge an einem konkreten Beispiel verdeutlicht. Eine aktuell sehr gut aufgearbeitete Lage in Deutschland ist die Gasmangellage in einem kalten Winter. Das integrierte Krisenmanagement aller Akteure wurde in der LÜKEX-Übung November 2018 (LÜKEX = Länderübergreifendes Krisenmanagement Exercise) am Beispiel der Kritischen Infrastruktur Gas/Versorgung der Bevölkerung mit Erdgas in einer Gasmangellage erprobt.

Die KZV selbst will die Planungen des Bundes zur Zivilen Verteidigung an das aktuelle sicherheitspolitische Umfeld anpassen (vgl. Freudenberg in diesem Band), das das Weißbuch 2016 zur Sicherheitspolitik und zur Zukunft der Bundeswehr sehr konkret beschreibt. Die Einschätzung der Bundesregierung hinsichtlich etwaiger Bedrohungslagen, die dort vor dem Hintergrund der Militärischen Verteidigung vorgenommen wird, gilt für die Zivile Verteidigung ebenfalls. Damit steigt die Relevanz der Sicherstellungs- und Vorsorgegesetze. Für die Gasversorgung beispielsweise können folgende Szenarien relevant sein:

- Internationaler Terrorismus
- Cyber (Herausforderungen aus dem Cyber- und Informationsraum, Cyber-War)
- Zwischenstaatliche Konflikte
- Hybride Bedrohungen
- Gefährdung der Rohstoff- und Energieversorgung
- Kaskadeneffekte dargestellt am Szenario des Buches, z. B. ausgelöst durch Sturm

Relevante Störungspotentiale für die Gasversorgung sind zum Beispiel:
- eingeschränkte Gaslieferungen nach Deutschland
- physische Zerstörung deutscher Gasinfrastrukturen
- Cyberangriffe auf deutsche Gasinfrastrukturen.

So stellt sich die Frage: Durch welche Regelungen, Mechanismen und Maßnahmen wird die Gasversorgung in Deutschland geschützt. Ausgangspunkte der Überlegungen ist dabei die Zivile Verteidigung. Sie hat die Aufgabe, »alle zivilen Maßnahmen zu planen, vorzubereiten und durchzuführen, die zur Herstellung und Aufrechterhaltung der Verteidigungsfähigkeit einschließlich der Versorgung und des Schutzes der Bevölkerung erforderlich sind. Hierzu gehört im Einzelnen, […] die Bevölkerung, die Staats- und Regierungsorgane, die für den Zivilschutz und die staatliche Notfall-

A Grundlagen und Begriffe

vorsorge zuständigen Stellen und die Streitkräfte mit den notwendigen Gütern und Leistungen zu versorgen […].« (KZV, 9)

Zu diesen notwendigen Gütern gehört Erdgas. Die Gasversorgung ist eine Kritische Infrastruktur. Gas wird an Haushaltskunden abgegeben und dort vor allem zum Heizen benötigt. Aber auch für staatliche Stellen ist eine funktionierende Gasheizung wichtig. Unbeheizte Gebäude kühlen bei Minustemperaturen in Stunden aus. Auch Krankenhäuser, Pflegeeinrichtungen, Tierproduktionsanlagen und Lebensmittelproduktionsbetriebe (z. B. Großbäckereien, Molkereien, Schlachthöfe, Hersteller von Fertignahrung, Großküchen) sind häufig im Hinblick auf Ihre Funktionsfähigkeit auf Erdgas angewiesen. Ein Ausfall der Gasversorgung kann schon kurzfristig zu einer hohen Betroffenheit der Bevölkerung und einiger Staats- und Regierungsorgane führen. Aber auch das produzierende Gewerbe ist betroffen. Es hat einen Anteil von ca. 50 % am Gasabsatz in Deutschland (Statistisches Bundesamt 2017). Da Privatkunden vorrangig zu versorgen sind, dürften in Industrieanlagen die ersten Engpässe auftreten. Ein Ausfall systemrelevanter Gaskraftwerke, noch dazu zu einem Zeitpunkt geringer Solar- und Windkraft-Einspeisung könnte ggf. zu einer Unterversorgung mit Strom und darüber hinaus im Wege einer Kaskade zu einer Destabilisierung des Stromnetzes führen. Damit die Gesellschaft in Krisenlagen resilient handlungsfähig ist, müssen die verschiedenen Ressorts, die verschiedenen staatlichen Ebenen und die Betreiber Kritischer Infrastrukturen vernetzt sein. Es gilt leistungsfähige Strukturen aufzubauen (KZV, S. 9). Zentrales Dokument ist der »Notfallplan Gas«, der durch die europäische SoS- (Security of Supply)-Verordnung vorgeschrieben ist. Einige dort beschriebene Maßnahmen können bestimmte betriebsartbedingte Risiken der Gasinfrastruktur minimieren, während andere Maßnahmen eher auf die Bewältigung von dennoch eingetretenen Ereignissen zielen.

Die gesetzlichen Regelungen für den Normalfall sollen Risiken vermeiden oder vermindern. Darüber hinaus bestehen Regelungen, die für eine Krise aufgestellt wurden. Diese differenziert sich in schwere Unglücks- oder Katastrophensituationen und Zivilschutzlagen, Spannungs-, Bündnis, Zustimmungs- und Verteidigungsfall. Das Energiewirtschaftsgesetz (EnWG) trifft Regelungen für den Normalfall, wenn und solange die Marktmechanismen (wenn auch eingeschränkt) funktionieren. Das Energiesicherungsgesetz (EnSiG) und die zugehörige Gassicherungsverordnung (GasSV) definieren die Handlungskompetenzen für den Fall, dass die Marktmechanismen nicht mehr ausreichen. Zwar gilt das EnWG weiter, aber die jeweils spezielleren Gesetze (EnSiG, WiSiG) beinhalten die vorrangig anzuwendenden Regelungen, sind Spezialgesetz. Ihr Anwendungsfall muss jedoch jeweils vorher durch die Bundesregierung bzw. den Bundestag festgestellt werden.

4 Gesellschaftliche und rechtliche Verpflichtungen

Darüber hinaus gilt EU-weit die Verordnung (EU) Nr. 994/2010 des Europäischen Parlaments und des Rates (»SoS-VO«, SoS), die neben der Stärkung des Erdgasbinnenmarktes vor allem Vorsorge für den Fall einer Versorgungskrise treffen soll. Sie definiert EU-weit einheitlich drei Krisenstufen: Frühwarnstufe, Alarmstufe und Notfallstufe. Sie schreibt den Mitgliedsstaaten die Ausweisung geschützter Kunden vor. Das sind in Deutschland alle Haushaltskunden, sowie Fernwärmeanlagen, die Haushaltskunden beliefern. Die SoS-Verordnung definiert zwei Standards.

1. Der Infrastrukturstandard legt fest, dass der Ausfall der größten Einzelgasinfrastruktur in jedem Mitgliedsstaat auch bei einem 20-jährlichen Nachfragemaximum kompensiert werden kann. Im deutschen Präventionsplan Gas ist nachgewiesen, dass dieser Infrastrukturstandard deutlich übererfüllt ist. Der Plan geht von einem vollständigen Ausfall aller Grenzübergangspunkte aus.
2. Der Versorgungsstandard bestimmt, dass geschützte Kunden (in Deutschland Haushaltskunden sowie Fernwärmeanlagen, die Haushaltskunden beliefern, in anderen EU-Ländern anders definiert) auch dann noch beliefert werden können, wenn einer von drei Fällen eintritt:
    a) extreme Temperaturen an sieben aufeinanderfolgenden Tagen (20-jährliches Maximum),
    b) außergewöhnlich hoher Gasverbrauch über mindestens 30 Tage (20-jährliches Maximum),
    c) Ausfall der größten einzelnen Infrastruktur für mindestens 30 Tage bei durchschnittlichen Winterbedingungen.

Die Berechnungen für Deutschland zeigen, dass selbst dann noch eine Reserve verbleibt, wenn zusätzlich alle systemrelevanten Gaskraftwerke versorgt werden, sowie die Netzgebiete Österreichs, der Schweiz und Liechtensteins, die nur über das deutsche Gasnetz zu versorgen sind. Alle Mitgliedsstaaten der EU sind durch die SoS-VO verpflichtet, einen Präventionsplan Gas (2016) und einen Notfallplan Gas (2016) zu erstellen. Der Präventionsplan Gas beinhaltet eine Risikobewertung nach der SoS-VO, auf der Basis des Standards der Bundesnetzagentur (BNetzA), einer Bundesoberbehörde im Geschäftsbereich des Bundeswirtschaftsministeriums (BMWi). Er beschreibt die Maßnahmen, um Risiken zu reduzieren und die Standards der SoS-VO zu gewährleisten, z. B. die Umrüstung vieler Leitungen mit dem Ziel, Gasflüsse in beide Richtungen zu ermöglichen (Reverse Flow). So entstehen weitere Optionen, Gas aus anderen Ländern zuzuführen.

Deutschland hat darüber hinaus eine hohe Speicherkapazität, ist das Land mit den größten Gasspeicherkapazitäten in Europa, weltweit liegt es auf Platz vier. Zurzeit

A Grundlagen und Begriffe

findet eine Marktraumumstellung statt. Heute zerfällt das deutsche Gasnetz in zwei Teilnetze mit unterschiedlicher Gasqualität, dem niederkalorischen H-Gas (Schwerpunkt Russland) und dem hochkalorischen L-Gas (Schwerpunkt Niederlande). Die beiden Gas-Typen können nicht ohne weiteres vermischt werden, so dass jeweils eine eigene Infrastruktur und in einer Mangellage eine Umwandlungsinfrastruktur notwendig sind. Da das L-Gas aus deutscher und niederländischer Förderung perspektivisch immer weiter zurückgehen wird (Gründe: Bürgerproteste wegen Umweltschäden, Kosten, Verbot von Fracking), soll das gesamte Netz bis 2030 auf H-Gas umgestellt werden. So bestehen dann bessere Möglichkeiten, bei Bedarf Gas zwischen den beiden Versorgungsgebieten zu verschieben. Auch Flüssiggas (LNG), das einen immer größeren Marktanteil gewinnt, kann dann über die Anlande Terminals in Belgien (Zeebrügge), den Niederlanden (Rotterdam) und Polen (Swinemünde) ins komplette deutsche Gasnetz geleitet werden. Doch mit dem Wegfall einer Bezugsquelle erhöht sich die Abhängigkeit von den anderen. Zudem steigt der Anteil an russischem Gas durch Nordstream II (Pipeline quer durch die Ostsee).

Grundsätzlich setzt Deutschland hinsichtlich der Sicherung der Gasversorgung auf eine Diversifikation der Bezugsquellen und Transportwege, Inlandsförderung (allerdings geringes Ausmaß, Umweltbelastungen), stabile Beziehungen zu Lieferanten, langfristige Gaslieferverträge und eine zuverlässige Versorgungsinfrastruktur mit Untertagespeichern (Kavernen) (BMWi 2017).

Der Notfallplan Gas konkretisiert die Maßnahmen, die in den jeweiligen Krisenstufen zu treffen sind. Sein Ziel ist die sichere Erdgasversorgung in Deutschland. Er benennt die Verantwortlichkeiten im deutschen Gasmarkt in Normalfall und Krise, beschreibt die gesetzlichen Grundlagen, den Aufbau des Krisen- und Notfallmanagements. Er formuliert einzelne Maßnahmen zur Krisenbewältigung, Berichtspflichten und Vorgaben zu Informationsaustausch und Zusammenarbeit mit den anderen EU-Mitgliedstaaten und der Europäischen Kommission.

Die novellierte SoS-VO ist seit 1. November 2017 in Kraft, Verordnung (EU) 2017/1938 des Europäischen Parlaments und des Rates über Maßnahmen zur Gewährleistung der sicheren Gasversorgung. Änderungen zur vorherigen Rechtslage betreffen den Begriff der geschützten Kunden (Neudefinition). Die Bundeswehr gehört beispielsweise bislang nicht zu den geschützten Kunden. Die Umsetzung erfolgt sukzessive durch die Mitgliedstaaten. Der »Solidaritätsmechanismus« wird ausgebaut. Lieferungen an Nachbarstaaten müssen zukünftig dann stattfinden, wenn im Nachbarland die Versorgung geschützter Kunden nicht gewährleistet ist.

Das EnWG verpflichtet alle Energieversorgungsunternehmen, eine möglichst sichere Versorgung der Allgemeinheit mit Gas zu gewährleisten. Den Transportnetzbetreibern obliegt dabei die Systemverantwortung. Das Gesetz legt u. a. fest, welche Berichtspflichten gegenüber der BNetzA bestehen, dass die Technischen Regeln des DVGW (Deutscher Verein des Gas- und Wasserfaches e. V.) als anerkannter Stand der Technik gelten, die Vorgaben des IT-Sicherheitskatalogs von BSI (Bundesamt für Sicherheit in der Informationstechnologie) und BNetzA einzuhalten sind und dass das BMWi (unter Beteiligung des Bundesrates) Verordnungen erlassen kann, welche Anforderungen an die technische Systemsicherheit zu erfüllen sind. Die BNetzA hat dabei die Aufgabe, über ein Monitoring die langfristige Versorgungssicherheit sicherzustellen und gegebenenfalls notwendige Maßnahmen in die Wege zu leiten.

Aufbauend auf dem EnWG schreibt die Gashochdruckleitungsverordnung (GasHDrLtgV) vor, wie Gashochdruckleitungen zu errichten und zu betreiben sind. Sie verweist unter anderem auf das Regelwerk des DVGW (www.dvgw.de 2018) und das Technische Sicherheitsmanagement als vermuteter Stand der Technik (State oft the Art). Dort finden sich detaillierte Regelungen. So ist festgelegt, dass Gashochdruckleitungen in einem Schutzstreifen zu verlegen und gegen äußere Einwirkungen zu schützen sind. Dies erfolgt in der Regel mittels unterirdischer Verlegung.

Über diese »Fachgesetzgebung« hinaus ist die Gesetzgebung zur IT-Sicherheit, vor allem das IT-Sicherheitsgesetz von 2015 relevant. Das EnWG verweist auf das BSI-Gesetz und den von BNetzA und BSI erarbeiteten IT-Sicherheitskatalog (§ 11 Abs. 1 EnWG). Demnach sind alle Gasnetzbetreiber und einige (größere) Anlagenbetreiber verpflichtet, die Vorgaben des IT-Sicherheitskatalogs zu erfüllen. Die Anlagenbetreiber werden durch das BSI-Gesetz und seine Verordnungen festgeschrieben (Kritische Infrastrukturen im Sinne des BSI-Gesetzes). Es handelt sich hierbei um Betreiber von Förderanlagen und Speichern, deren Größenordnung einen bestimmten Schwellenwert überschreitet, in etwa Versorgung von 500.000 Personen.

Der IT-Sicherheitskatalog enthält Sicherheitsanforderungen zum Schutz gegen Bedrohungen und Gefahren für Telekommunikations- und elektronische Datenverarbeitungssysteme. Dieser Schutz ist für einen sicheren Netz- und Anlagenbetrieb notwendig. Relevante Empfehlungen und Anwendungsregeln sind als Stand der Technik einzuhalten. Kernelemente des Katalogs sind jedoch die Einführung eines Informationssicherheits-Managementsystems gemäß DIN ISO/IEC 27001 und die Zertifizierung durch eine unabhängige Stelle. Verfügbarkeit, Integrität und Vertraulichkeit der Informationen, Systeme und Daten sollen sichergestellt werden. Der IT-Sicherheitskatalog verpflichtet die Netzbetreiber, der Bundesnetzagentur eine Ansprechperson für die IT-Sicherheit zu benennen. Diese muss hinsichtlich der Umsetzung des Sicherheitskatalogs und etwaiger Vorfällen im Unternehmen kurzfristig auskunftsfähig sein. Die Ansprechperson ist auch Empfänger der Lageberichte und Warnmeldungen von BNetzA und BSI.

A Grundlagen und Begriffe

Die Betreiber Kritischer Gasinfrastrukturen, auch von Gasförderanlagen, Gasspeichern, Fernleitungsnetzen und Verteilnetzen einer bestimmten Größenordnung, sind gemäß BSI-Gesetz verpflichtet, dem BSI unverzüglich Meldung zu erstatten, wenn sich erhebliche Störungen der Verfügbarkeit abzeichnen, oder Defizite auftreten, im Hinblick auf Integrität, Authentizität und Vertraulichkeit ihrer informationstechnischen Systeme, Komponenten oder Prozesse, die zu einem Ausfall oder einer Beeinträchtigung der Funktionsfähigkeit des Gasversorgungsnetzes oder der betreffenden Anlage führen können oder bereits geführt haben. Da Erdgas hochentzündlich ist und extrem explosionsgefährliche Gemische mit der Luft bilden kann, fallen Gasspeicher – nicht jedoch Netze – unter die Störfall-Verordnung (12. BImSchV), deren Ziel es ist, von den Stoffen ausgehende Gefahren oder Sachschäden zu vermeiden. Im Rahmen dieser Verordnung sind Sicherheitsstandards festgelegt, die Eingriffe Unbefugter verhindern sollen.

Für den Fall, dass die Maßnahmen des EnWG nicht mehr durchgreifen und der Markt somit nicht mehr funktioniert, legt das Energiesicherungsgesetz (EnSiG) Zuständigkeiten und Verfahren fest, um den lebenswichtigen Bedarf an Energie zu sichern. Das EnSiG und die zugehörige Gassicherungsverordnung (GasSV) treten in Kraft, wenn die Bundesregierung feststellt, dass die Energieversorgung gefährdet oder gestört ist (EnSiG-Fall). Dann sind zeitliche, örtliche und mengenmäßige Beschränkungen der Gasabgabe und des Gasbezugs möglich. Die Bundesnetzagentur (BNetzA) als Lastverteiler kann Vorgaben zu Produktion, Transport, Lagerung, Verteilung etc. erlassen und so dafür Sorge tragen, dass das Netz stabil bleibt und die Haushaltskunden versorgt werden können.

Im Verteidigungs-, Spannungs-, Bündnis- oder Zustimmungsfall (VSBZ-Fall) – die durch den Bundestag festgestellt werden müssen – besteht die Möglichkeit, vom Wirtschaftssicherstellungsgesetz (WiSiG) Gebrauch zu machen. Dieses ermächtigt die Bundesregierung bzw. sofern diese die Befugnis überträgt das BMWi, Rechtsverordnungen zu erlassen, die z. B. die Verteilung, Abgabe und Verwendung von Erdgas betreffen. Ziel ist es, den für die Zwecke der Verteidigung nötigen Bedarf der Zivilbevölkerung und der Streitkräfte sicherzustellen. Dies ist in der Gaslastverteilungs-Verordnung (GasLastV) detailliert ausgeführt. Die Lastverteilung obliegt dem BMWi als Bundeslastverteiler und den obersten Wirtschaftsbehörden der Länder als Gebietslastverteiler.

4.2 Organisatorische Maßnahmen im Bevölkerungsschutz

Stefan Voßschmidt

In Deutschland sind die Zuständigkeiten im Bevölkerungsschutz zwischen Bund, Ländern und Kommunen geteilt. Den Ländern obliegt der Katastrophenschutz, der z. B. die Bewältigung von Naturereignissen, die Folgen technischen oder menschlichen Versagens, krimineller Handlungen oder terroristischer Anschläge umfasst. Der Schutz vor Gefahren und Risiken für die Bevölkerung, die im Verteidigungs-, Bündnis-, Spannungs- oder Zustimmungsfall[6] (VSBZ-Fall) drohen, ist Aufgabe des Bundes. Hierunter fallen die Planung, Vorbereitung und Durchführung aller (zivilen) Maßnahmen, die zur Herstellung und Aufrechterhaltung der Verteidigungsfähigkeit einschließlich der Versorgung und des Schutzes der Bevölkerung erforderlich sind. Auch Maßnahmen, die sich auf einen Cyber War beziehen, sind inbegriffen. Die Katastrophenschutzeinrichtungen der Länder übernehmen ebenfalls Aufgaben zum Schutz der Bevölkerung vor den besonderen Gefahren und Schäden, die im Verteidigungsfall drohen. Für diesen Zweck stellt der Bund ergänzende Ausstattung und Ausbildung zur Verfügung. Der Begriff »Bevölkerungsschutz« findet sich nicht im Grundgesetz. Es handelt sich auch nicht primär um einen Rechtsbegriff, sondern um einen politischen Begriff, der seit ca. dreißig Jahren als Oberbegriff für Zivilschutz, Katastrophenschutz und Katastrophenhilfe verwendet wird. Im Fall einer Großschadenslage wird die alltägliche nichtpolizeiliche Gefahrenabwehr (Rettungsdienst, Feuerwehr) Teil des Katastrophenschutzes. Während Artikel 35 Absatz 1 GG die Amtshilfe regelt, geben Artikel 35 Absatz 2 und 3 der Katastrophenhilfe ein besonderes Gewicht, einschließlich der Gesetzgebungskompetenz (vgl. BVerfGE 115, 118, 143). Der Begriff »Bevölkerungsschutz« ist darüber hinaus Ausdruck einer faktisch weitgehenden Verzahnung, z. B. wird der den Ländern übertragene Teil des Zivilschutzes durch den Katastrophenschutz der Länder ausgefüllt (Pohlmann 2013, S. 252 f.).

Die Organisation des Bevölkerungsschutzes als Teil der Gefahrenabwehr in Deutschland basiert auf Begriffen und Strukturen. Gefahrenabwehr wird traditionell in polizeiliche und nichtpolizeiliche Gefahrenabwehr unterschieden. Zu letzterer gehört der gesamte Bevölkerungsschutz, einschließlich des Schutzes Kritischer Infrastrukturen. Differenzierung und Namensgebung sind historisch bedingt. Ur-

---

6   Die Bundesregierung kann einzelne Sicherstellungs- und/oder Vorsorgegesetze mit Zustimmung des Bundestages und Bundesrates für anwendbar erklären. Bei diesem Zustimmungsfall müssen keine außenwirksamen Erklärungen abgegeben werden wie beim Spannungsfall.

A   Grundlagen und Begriffe

sprünglich und bis ins 17. Jahrhundert umfasste der Begriff der Polizei (abgeleitet von griechisch politeia = Staat) die gesamte innere Verwaltung eines Staates. Seither wurden immer wieder einzelne Bereiche oder Spezialmaterien aus dieser umfassenden »Polizeizuständigkeit« ausgegliedert. Nach dem Ende des 2. Weltkrieges haben die Alliierten eine weitgehende »Entpolizeilichung« der deutschen Verwaltung durchgesetzt, aus der Meldepolizei wurden z. B. die heutigen »Meldeämter«.

Zuständigkeit nichtpolizeiliche Gefahrenabwehr
Der »Staat« im Sinne des Grundgesetzes sind der Bund, die Länder und die Kommunen bzw. Gemeinden. Die grundsätzlichen Zuständigkeiten in der nichtpolizeilichen, auf den Bevölkerungsschutz bezogenen Gefahrenabwehr sind auf diese drei Ebenen aufgeteilt. Den Kommunen (Städte und Gemeinden, Kreise/Kreisfreie Städte), obliegt die Zuständigkeit in der Gefahrenabwehr, für den Brandschutz- und Rettungsdienst (alltägliche Gefahrenabwehr). Die Städte und Gemeinden handeln darüber hinaus im Rahmen der Bundes- bzw. Landesauftragsverwaltung, d. h. sie führen Bundes- oder Landesgesetze aus. Die übertragenen Tätigkeiten sind Pflichtaufgaben und müssen umgesetzt werden. Somit ergeben sich konkret folgende Zuständigkeiten:

- das Land für den Katastrophenschutz auf Landesebene und überörtliche Gefahrenabwehr in planerischer und finanzieller Hinsicht,
- der Bund für Zivilschutz und für Ergänzung und Erweiterung in Bezug auf Konzeption und Finanzierung des Bevölkerungsschutzes sowie bei Ergänzungsteilausstattung für Einsatz und Überwachung,
- die Kommunen/Städte (Gemeinden) und Kreise: Brandschutz- und Rettungsdienst (tägl. Gefahrenabwehr),
- die Kreise und kreisfreien Städte als untere Katastrophenschutzbehörde.

Die Kommunen sind in Bundesauftragsverwaltung für Einsatz, Überwachung und Verwaltung der vom Bund gestellten Ressourcen, in Landesauftragsverwaltung für Überwachung und Einsatz der vom Land aufgestellten Einheiten, zuständig. Das Katastrophenabwehrrecht ist vom Recht der allgemeinen und besonderen Gefahrenabwehr (Ordnungsbehördenrecht, Polizeirecht) abzugrenzen. Die zivile Gefahrenvorsorge ist, was den Katastrophenschutz betrifft, grundsätzlich Ländersache. Die gesetzlichen Regelungen in den Ländern unterscheiden sich oftmals. Dennoch bleibt das Grundsystem in seinen Strukturen erhalten und die länderspezifischen Systeme sind miteinander kompatibel, wenn z. B. vor einem Großschadensfall gemeinsam überlegt wird, wie zusammengearbeitet werden kann. Im Katastrophenfall arbeiten alle staatlichen Ebenen ungeachtet der grundsätzlichen Trennung eng zusammen.

4 Gesellschaftliche und rechtliche Verpflichtungen

Rechtsgrundlage bildet die Amtshilfe, Art. 35 Abs. 1 GG. Dies gilt in den grenznahen Regionen auch grenzüberschreitend.

Um die einzelnen Zuständigkeitsfelder deutlich zu machen, seien beispielhaft die Fragen der Zuständigkeit in NRW anhand der Double-Feiern von Borussia Dortmund nach dem gewonnenen Pokalendspiel im Mai 2012 beschrieben. Die Mannschaft kam mit dem Flugzeug am Flughafen an. Sie wurde von dort im Autokorso in die Innenstadt gefahren. Zehntausende Fans säumten die Straßen. Zuständig für die Gefahrenabwehr sind der Verein als Veranstalter, die Stadt Dortmund (u. a. das Ordnungsamt und die Feuerwehr) und die Polizei. Die Stadt Dortmund ist als Ordnungsbehörde gemäß § 1 des Gesetzes über den Aufbau und die Befugnisse der Ordnungsbehörden – Ordnungsbehördengesetz – (OBG NW) zuständig für die Abwehr von Gefahren für die öffentliche Sicherheit und Ordnung. Eine »Gefahr« liegt vor, wenn nach allgemeinem Verständnis die hinreichende Wahrscheinlichkeit besteht, dass bei ungehindertem Ablauf des objektiv zu erwartenden Geschehens ein Schaden für die öffentliche Sicherheit und Ordnung eintritt. Auch unter dem Gesichtspunkt der vorgelagerten (vorausschauenden) Gefahrenabwehr ergibt sich die Zuständigkeit der Stadt. Die Polizei ist nach § 1 des PolG NW ebenfalls für die Gefahrenabwehr zuständig. Der Polizei in NRW ist allerdings nur ein abschließend, einzeln aufgezählter Katalog von Zuständigkeiten zugewiesen, nämlich die Abwehr konkreter Gefahren in Eilfällen, die Verfolgung von Straftaten und Ordnungswidrigkeiten, die Vollzugshilfe und die weiteren gesetzlichen Aufgaben. Nur die Polizei darf unmittelbaren Zwang anwenden. Reagiert der Störer nicht auf den Platzverweis der Feuerwehr, darf die Polizei ihn mit Gewalt wegbringen, Vollzugshilfe leisten. Ist der Grundverwaltungsakt (hier der Feuerwehr) rechtswidrig, ist auch der Zwang rechtswidrig. Denn im Trennungs- oder Ordnungsbehördensystem ist die Gefahrenabwehr überwiegend und vorrangig Aufgabe der Behörden der allgemeinen Verwaltung. Nach § 1 Absatz 1 Satz 1 PolG NW ist die Polizei für die Bekämpfung akuter, unmittelbarer Gefahren originär zuständig. Auch wenn die Ordnungsbehörde (z. B. am Wochenende oder abends) nicht rechtzeitig tätig werden kann und Maßnahmen erforderlich sind, ist wiederum die Polizei nach § 1 Absatz 1 Satz 3 PolG NW zuständig. Das ist immer dann der Fall, wenn die Ordnungsbehörde nicht in der Lage ist, eine effektive Gefahrenabwehr sicherzustellen. Unberührt bleiben die Zuständigkeit der Feuerwehr und der Rettungsdienste, so dass die gleichzeitige Zuständigkeit von mehreren Gefahrenabwehrbehörden besteht. In NRW ist es bei Großveranstaltungen bzw. Versammlungsstätten nach § 38 der Verordnung über den Bau und Betrieb von Sonderbauten (Sonderbauverordnung, SBauVO) primäre Aufgabe des Großveranstalters (in dem Beispiel des Vereins Borussia Dortmund), die Sicherheit zu gewährleisten. Es bleiben mithin alle genannten Stellen zuständig und verantwortlich; der Vorrang ergibt sich aus der akuten Situation. Wesentlich ist, dass die Befugnisse bekannt sind. Dies macht eine enge Abstimmung der Beteiligten notwendig.

Zusammenfassend bedeutet dies: Die grundsätzlichen Zuständigkeiten in der nichtpolizeilichen, auf den Bevölkerungsschutz bezogenen Gefahrenabwehr sind auf drei Ebenen aufgeteilt.

Beteiligte sind neben dem Bund und den Ländern auch die Städte und Gemeinden, denen die Zuständigkeit in der Gefahrenabwehr für den Brandschutz- und Rettungsdienst (alltägliche Gefahrenabwehr) obliegt. Die Städte und Gemeinden handeln zudem im Rahmen der Bundes- bzw. Landesauftragsverwaltung. Die übertragenen Tätigkeiten sind Pflichtaufgaben und müssen umgesetzt werden.

Somit ergeben sich folgende Zuständigkeiten
1. Bund für Ergänzung und Erweiterung des KatS in Bezug auf Konzeption und Finanzierung, sowie bei Ergänzungsteil für Einsatz und Überwachung
2. Land für KatS auf Landesebene und überörtliche Gefahrenabwehr in planerischer und finanzieller Hinsicht
3. Städte und Kreise:
    a) Brandschutz- und Rettungsdienst (tägl. Gefahrenabwehr)
    b) In Bundesauftragsverwaltung zuständig für Einsatz, Überwachung und Verwaltung der vom Bund gestellten Ressourcen
    c) In Landesauftragsverwaltung zuständig für Überwachung und Einsatz der vom Land aufgestellten Einheiten.

Nicht unwesentlich ist die Frage einer eventuellen Weisungsbefugnis. Diese besteht grundsätzlich zwischen den Gefahrenabwehrbehörden nicht. Im Rahmen der nichtpolizeilichen Gefahrenabwehr haben Landrat/Oberbürgermeister die Weisungsbefugnis über alle Kräfte der nichtpolizeilichen Gefahrenabwehr (Verwaltung, Rettungsdienst, Feuerwehr). Bei einem Kompetenzstreit zwischen polizeilicher und nichtpolizeilicher Gefahrenabwehr liegt die Weisungsbefugnis beim (Innen-) Ministerium oder (soweit vorhanden) bei den Bezirksregierungen. In Bayern und den Kreisen NRWs ist der Landrat Chef der Polizeibehörde, in Niedersachsen sind dies die Polizeipräsidenten auf Ebene der ehemaligen Regierungspräsidien.

Zur Einordnung der Fragen sei der Verwaltungsaufbau skizziert: Die Verwaltung NW gliedert sich in oberste Landesbehörden (Ministerpräsident, Landesregierung, Landesministerien, § 2 LOG NRW), Landesmittelbehörden (Bezirksregierungen und Oberfinanzdirektionen, § 7 LOG NRW) und untere Landesbehörden (vor allem die

4 Gesellschaftliche und rechtliche Verpflichtungen

Behörden der kommunalen Verwaltungsträger, die Landräte, Oberbürgermeister sowie die Bürgermeister (§ 9 LOG NRW vgl. die Übersicht bei Battis 2002, A.III.3., S. 72 ff.).

Um der Verantwortung gegenüber dem Rat und den Bürgern gerecht werden zu können, ist das Amt des Bürgermeisters mit den Kompetenzen (Rechten) ausgestattet, die Organisation der Verwaltung zu leiten (§ 62 Abs. 1 Gemeindeordnung – GO), zu gestalten und die Bediensteten zu führen (§ 73 Abs. 2 und 3 GO). In kreisfreien Städten heißt der verantwortliche Entscheidungsträger Oberbürgermeister. Er verantwortet grundsätzlich alle Entscheidungen in der Stadt. Damit hat er auch die Entscheidungskompetenz. Delegierte Entscheidungen kann er jederzeit (wieder) an sich ziehen. In kreisangehörigen Städten leitet der Bürgermeister die Verwaltung und trägt damit die Verantwortung für alles, was die Verwaltung erarbeitet und entscheidet. Teilweise sind aber Kreisbehörden auch originär zuständig. Die Erteilung einer Baugenehmigung richtet sich nach den Bestimmungen der Bauordnung Nordrhein-Westfalen (vgl. § 63 Abs. 1 BauO NRW). Für den Vollzug des Gesetzes ist gemäß § 61 BauO NRW die Bauaufsichtsbehörde zuständig. Die untere Bauaufsichtsbehörde ist gemäß § 60 Abs. 1 Nr. 3 b) BauO NRW der Kreis als Ordnungsbehörde.

Die Länder einschließlich der Gemeinden und Gemeindeverbände vollziehen Bevölkerungsschutzaufgaben im Auftrag des Bundes. Dabei werden sie von der Bundesanstalt Technisches Hilfswerk (THW) und Hilfsorganisationen, z. B. dem Deutschen Roten Kreuz, den Maltesern, dem Arbeiter Samariter Bund (ASB), unterstützt. Der Bund trägt die den Ländern entstehenden sachlichen Kosten, ausgenommen die personellen und sächlichen Verwaltungskosten.

Zuständigkeit des Bundes

Die konkreten Zuständigkeiten und Aufgaben, die sich aus der Verantwortung des Staates ergeben, sind wegen der föderalen Struktur der Bundesrepublik (Bund-Länder-System) unterschiedlichen Stellen zugeteilt. So darf der Bund nur im Ausnahmefall in die Aufgabenbereiche der Länder eingreifen, die grundsätzlich selbst Bestimmungen für die Gefahrenabwehr aufstellen. Gefahrenabwehr, so auch der Katastrophenschutz, ist also grundsätzlich Ländersache. Nur der klassische Zivilschutz, der für den Verteidigungsfall entwickelt wurde, untersteht dem Bund. Der Bund unterhält jedoch Einrichtungen, die die Einsatzmöglichkeiten der Länder unterstützen.

Für den Zivilschutz ist das Bundesinnenministerium (BMI) zuständig, in dessen nachgeordnetem Bereich das Bundesamt für Bevölkerungsschutz und Katastrophenhilfe (BBK). Der Bund richtete im BBK für den Bevölkerungsschutz das »Gemeinsame

A Grundlagen und Begriffe

Melde- und Lagezentrum von Bund und Ländern« (GMLZ) ein. Es ist ganzjährig rund um die Uhr besetzt. Die Länder sind nicht verpflichtet, beim GMLZ mitzuwirken und ihm Informationen zu übermitteln. Sie berichten dem Bund zu Ereignissen nur »nach eigener Beurteilung der Lage und nach eigenem Ermessen«. Das GMLZ soll bei Katastrophen von nationaler Bedeutung sicherstellen, dass bundesweit Informationen zusammengeführt und Ressourcen koordiniert werden.

Auch unabhängig vom VSBZ-Fall, bei »Gefahrenarten mit potenzieller Bundesrelevanz«, extremen Naturereignissen, biologischen, chemischen oder radiologischen Einwirkungen sowie dem Ausfall »Kritischer Infrastrukturen (Kritis)«, z. B. zur Energie- und Wasserversorgung, ist der Bund betroffen und verpflichtet, (auch vorbereitende) Maßnahmen zu ergreifen. Nach der Rechtsprechung der höchsten Gerichte umfasst diese Verpflichtung sogar die Pflicht des Bundes zu einer adäquaten Risiko- und Krisenkommunikation. Für Zwecke des Zivilschutzes stattet der Bund die Länder beim Katastrophenschutz ergänzend aus. So gab das BBK für den Erwerb von Fahrzeugen sowie weiteren Geräten und Ausrüstungsgegenständen in den Jahren seit 2010 jährlich mehr als 30 Mio. Euro aus. Das BBK entwickelte eine Methode, um Risiken im Bevölkerungsschutz zu analysieren (Risikoanalyse). Es untersucht z. B. im Auftrag des Deutschen Bundestages mehrere bevölkerungsschutzrelevante Risiko-Szenarien, z. B. Pandemie durch Virus Modi-SARS, Vogelgrippe, Schmelzhochwasser aus den Mittelgebirgen.

Die Vorgängerbehörde, das Bundesamt für den zivilen Bevölkerungsschutz wurde 1974 in Bundesamt für Zivilschutz umbenannt und im Zuge der euphorischen Stimmung nach der Wiedervereinigung und dem Ende des Kalten Krieges im Jahre 1999 aufgelöst. Auch wegen der Erfahrungen mit den großen Überschwemmungen an Elbe und Oder wurde im Jahre 2004 durch das BBK Errichtungsgesetz (Gesetz über die Errichtung des Bundesamtes für Bevölkerungsschutz und Katastrophenhilfe (BBKG) vom 27. März 2004 (BGBl. I S. 2534)) das Bundesamt für Bevölkerungsschutz und Katastrophenhilfe (BBK) errichtet. Die Errichtung war so dringlich, dass dem zuständigen Referenten die Frist zur Erstellung des Gesetzesentwurfs nach Stunden bemessen wurde. Das Amt war auch Ausdruck der »Neue[n] Strategie zum Schutz der Bevölkerung in Deutschland« zur Verzahnung des Zivilschutzes des Bundes mit dem Katastrophenschutz der Länder sowie einer besseren Koordination der Hilfseinsätze. Fünf Jahre später wurde das zentrale Gesetz auf Bundesebene, das Zivilschutz und Katastrophenhilfegesetz vom 25. März 1997 (ZSKG) in Titel und Inhalt weitgehend geändert. Ziel des Gesetzes ist es festzulegen, dass, so wie der Bund in Zivilschutzfällen auf die Einrichtungen und Ressourcen des Katastrophenschutzes der Länder zurückgreifen darf, die Länder auf die Einrichtungen des Bundes für den Zivilschutz zurückgreifen dürfen (Mehrfachnutzen) (BT-Drucksache 16/11338, amtliche Begründung).

4 Gesellschaftliche und rechtliche Verpflichtungen

Darüber hinaus kommt der Bundesanstalt Technisches Hilfswerk eine wesentliche Bedeutung zu. Die Bundesanstalt gliedert sich in die Leitung und in acht Landesverbände. Sie hat rund 830 hauptamtliche Mitarbeiterinnen und Mitarbeiter sowie etwa 80 000 ehrenamtliche Helferinnen und Helfer. Die Bundesanstalt leistet u. a. technisch-humanitäre Hilfe auf Anforderung der für die Gefahrenabwehr zuständigen Stellen wie z. B. Polizei, Feuerwehr und Katastrophenschutzbehörden.

Organisation/Allgemeines zu Stäben
Feuerwehr und Polizei werden nach den entsprechenden Dienstvorschriften jeweils mit Hilfe eines Stabes geführt. Da der Schutz der Bevölkerung vor Krisen und Katastrophen (neben der Gefahrenabwehr eine wichtige Aufgabe der öffentlichen Verwaltung) aufgrund der föderalen Struktur in Deutschland grundsätzlich der unteren Verwaltungsebene, den Gemeinden, Kreisen und kreisfreien Städten obliegt (vgl. nur die Zuweisung des Artikel 28 Absatz 2 Satz 1 GG), haben diese in ihrer Zuständigkeit für die nichtpolizeiliche Gefahrenabwehr als untere Katastrophenschutzbehörde in der Regel eigene Verwaltungs- oder Krisenstäbe eingerichtet. Für Großstädte und Kreise sieht dies die Feuerwehrdienstvorschrift 100 (FwDV 100) ausdrücklich vor. In NRW ist dies auch für kreisangehörige Gemeinden als SAE (Stab für Außergewöhnliche Ereignisse) vorgeschrieben. Deren Einrichtung und Professionalisierung ist vor allem ein Ergebnis der letzten Jahrzehnte. Gründe waren zum einen die Ereignisse am 11. September 2001 und die Anschläge in Madrid und London, aber auch andere nationale Lagen, etwa das Oderhochwasser (1997), das Elbehochwasser (2002) und das Elbe-/Donauhochwasser (2013). Gesetzliche Grundlagen finden sich in den Landesgesetzen, in denen die Befugnisse der Handelnden formuliert sind.

Bereits am 25. März 2002 beschloss der Arbeitskreis (AK) V das Konzept »Neue Strategie zum Schutz der Bevölkerung in Deutschland«. Im selben Jahr nahm die Innenministerkonferenz auf Vorschlag des AK V den Beschluss zustimmend zur Kenntnis und beauftragte den AK V damit, Vorschläge zur Umsetzung des Konzepts zur Herbstsitzung 2002 vorzulegen. Seitdem wird die Stabsausbildung forciert und z. B. an den Landesfeuerwehrschulen, der THW-Schule, den Bildungseinrichtungen der Hilfsorganisationen und an der Akademie für Krisenmanagement, Notfallvorsorge und Zivilschutz (AKNZ) des BBK trainiert.

Viele Bereiche der Gefahrenabwehr sind der Feuerwehr übertragen, die Einsatzleitung und Stab nutzt. Die in allen Bundesländern eingeführte Feuerwehrdienstvorschrift FwDV 100 führt aus: »Die Mitglieder der Einsatzleitung müssen die Einsatzleiterin oder den Einsatzleiter ständig auf allen Gebieten unterstützen, informieren und beraten; sie müssen Entscheidungen und Befehle vorbereiten

und weitergeben.« Jeder hat eine klar zugewiesene Aufgabe, jeder tut das Seine. Der Stab besteht neben der Leitung aus:
- S 1: Personal/Innerer Dienst,
- S 2: Lage,
- S 3: Einsatz,
- S 4: Versorgung,
- S 5: Presse- und Medienarbeit,
- S 6: Informations- und Kommunikationswesen sowie
- Fachberaterin/Fachberater und Verbindungspersonen.

Zusammenfassung: Zuständigkeiten und Bezeichnungen im Katastrophenschutz

Die Zuständigkeit ist wie folgt zusammenzufassen:
- Die Zuständigkeit liegt bei den einzelnen Ländern (bspw. In NRW geregelt durch Katastrophenschutzgesetz, Feuerschutz- und Hilfeleistungsgesetz)
- Umfasst alle Maßnahmen des Landes zum Aufbau eines einheitlichen Hilfeleistungssystems bei Großschadensereignissen als Ergänzung der normalen Gefahrenabwehr (Brandschutz- und Rettungsdienst)
- Kreisfreie Städte und Kreise unterstützen durch vorsorgliche Planungen (Gefahrenabwehrpläne, Maßnahmenkalender) und Einrichtungen.

Die Bezeichnungen, der Regelungsumfang und der Zuschnitt der Gesetze sind in den Ländern zum Teil sehr unterschiedlich, die Kernaufgaben aber im Wesentlichen gleich. Länder, Kreise und Gemeinden haben aufgrund dieser Vorschriften jeweils Zuständigkeiten und Aufgaben innerhalb der allgemeinen Gefahrenabwehr. Der Rettungsdienst ist z. B. in der Regel den Kreisen zugewiesen, der Feuerschutz den Gemeinden.

Alle Regelungen dienen dazu die Resilienz des Staates (Bund, Länder und Gemeinden) zu steigern. Die Bürger im Sinne von eigenverantwortlich handelnden Staatsbürgern werden in den Gesetzen nur am Rande oder gar nicht erwähnt.

4 Gesellschaftliche und rechtliche Verpflichtungen

4.3 Internationale Verpflichtungen

Andreas H. Karsten

Deutschland hat sich durch eine Reihe von internationalen Vereinbarungen verpflichtet, die Resilienz der Kritischen Infrastrukturen zu steigern. Die wesentlichen sollen im Folgenden aufgeführt werden.

Vereinte Nationen

1. »Ziele für nachhaltige Entwicklung« (»Agenda2030«)
Am 25.09.2015 beschloss die Generalversammlung der Vereinten Nationen in New York die 17 »Ziele für nachhaltige Entwicklung« (»Agenda2030«) mit 169 Unterzielen. Die Ziele sollen bis 2030 erreicht werden. Bundeskanzlerin Angela Merkel betonte in ihrer Rede an diesem Tag vor der Vollversammlung: »Wir nehmen uns dafür neue Ziele vor, die das gesamte Spektrum der globalen Entwicklung umfassen und die für alle gelten – für Industrieländer ebenso wie für Entwicklungsländer. Um sie zu erreichen, brauchen wir eine neue globale Partnerschaft. [...] Für eine solche globale Partnerschaft brauchen wir erstens effiziente Strukturen; und zwar auf allen Ebenen – national, regional und global. Deshalb entwickeln wir in Deutschland unsere nationale Nachhaltigkeitsstrategie im Sinne der Agenda 2030 weiter.« Bundesminister Altmaier betonte am 29. Oktober 2018 in Berlin anlässlich der bundesweiten Dialogreihe zur Weiterentwicklung der nationalen Nachhaltigkeitsstrategie, dass auch die Bundesrepublik gefordert ist, diese Ziele ambitioniert umzusetzen.

Mehrere Ziele beziehen sich konkret auf die Resilienz Kritischer Infrastrukturen, u. a.:

- Ziel 6: Verfügbarkeit und nachhaltige Bewirtschaftung von Wasser und Sanitärversorgung für alle gewährleisten.
- Ziel 7: Zugang zu bezahlbarer, verlässlicher, nachhaltiger und moderner Energie für alle sichern.
- Ziel 9: Eine widerstandsfähige Infrastruktur aufbauen, breitenwirksame und nachhaltige Industrialisierung fördern und Innovationen unterstützen.
  mit den Unterzielen:
    - 9.1: Eine hochwertige, verlässliche, nachhaltige und widerstandsfähige Infrastruktur aufbauen, einschließlich regionaler und grenzüberschreitender Infrastruktur, um die wirtschaftli-

che Entwicklung und das menschliche Wohlergehen zu unterstützen, und dabei den Schwerpunkt auf einen erschwinglichen und gleichberechtigten Zugang für alle legen.
- 9.c: Den Zugang zur Informations- und Kommunikationstechnologie erheblich erweitern sowie anstreben, in den am wenigsten entwickelten Ländern bis 2020 einen allgemeinen und erschwinglichen Zugang zum Internet bereitzustellen.

- Ziel 11: Städte und Siedlungen inklusiv, sicher, widerstandsfähig und nachhaltig machen.

mit den Unterzielen:
- 11.5: Bis 2030 die Zahl der durch Katastrophen, einschließlich Wasserkatastrophen, bedingten Todesfälle und der davon betroffenen Menschen deutlich reduzieren und die dadurch verursachten unmittelbaren wirtschaftlichen Verluste im Verhältnis zum globalen Bruttoinlandsprodukt wesentlich verringern, mit Schwerpunkt auf dem Schutz der Armen und von Menschen in prekären Situationen.
- 11.b: Bis 2020 die Zahl der Städte und Siedlungen, die integrierte Politiken und Pläne zur Förderung der Inklusion, der Ressourceneffizienz, der Abschwächung des Klimawandels, der Klimaanpassung und der Widerstandsfähigkeit gegenüber Katastrophen beschließen und umsetzen, wesentlich erhöhen und gemäß dem Sendai-Rahmen für Katastrophenvorsorge 2015–2030 ein ganzheitliches Katastrophenrisikomanagement auf allen Ebenen entwickeln und umsetzen.

2. Sendai Framework

Die Generalversammlung der Vereinten Nationen nahm am 23. Juni 2015 die nichtbindende Übereinkunft »Sendai Framework 2015–2030« an. Deutschland hat sich verpflichtet, das Rahmenwerk umzusetzen. Vier Prioritäten wurden festgelegt:

1. Verständnis von Katastrophenrisiken
2. Stärkung der Katastrophenrisiko-Governance zur Bewältigung des Katastrophenrisikos
3. Investition in die Reduzierung des Katastrophenrisikos zur Stärkung von Resilienz
4. Verbesserung von Vorbereitung auf den Katastrophenfall (preparedness), um eine effektive Reaktion auf Katastrophen sowie präventiven Wiederaufbau zu ermöglichen (»Build Back Better«).

4 Gesellschaftliche und rechtliche Verpflichtungen

Sieben globale Ziele wurden vereinbart, u. a.
- Ziel 4: Erhebliche Verringerung der Katastrophenschäden an Kritischen Infrastrukturen und der Unterbrechung der Grundversorgung, darunter Gesundheits- und Bildungseinrichtungen, unter anderem durch Ausbau ihrer Widerstandsfähigkeit bis 2030.

Europäische Union
Die EU-Kommission verpflichtet ihre Mitgliedsländer im Anhang einer Mitteilung über ein Europäisches Programm für den Schutz Kritischer Infrastrukturen vom 12.12.2006 zur Umsetzung von Mindestschutzmaßnahmen für die europäischen Kritischen Infrastrukturen. Allerdings wird hier nicht eindeutig festgelegt, was zu den Kritischen Infrastrukturen gezählt wird. Die Richtlinie 2008/114/EG (»Ermittlung und Ausweisung europäischer Kritischer Infrastrukturen und Bewertung der Notwendigkeit, ihren Schutz zu verbessern«) vom 12.01.2009 gibt im Abschnitt A.3.2.2 die Definition für »europäisch« an: ein Ausfall dieser Infrastruktur würde mindestens zwei EU-Mitgliedsstaaten empfindlich treffen. Die Richtlinie musste bis zum 12.01.2011 von den EU-Ländern in nationales Recht umgesetzt werden. Dabei wird festgehalten, dass für den Schutz Kritischer Infrastrukturen hauptsächlich die nationalen Behörden verantwortlich sind.

Organisation des Nordatlantik-Vertrags (NATO)
Artikel 3 des NATO-Vertrages verpflichtet die Staaten zur Stärkung ihrer Resilienz: »Um die Ziele dieses Vertrags besser zu verwirklichen, werden die Parteien einzeln und gemeinsam durch ständige und wirksame Selbsthilfe und gegenseitige Unterstützung die eigene und die gemeinsame Widerstandskraft gegen bewaffnete Angriffe erhalten und fortentwickeln.« Die NATO führt auf ihrer Internetseite dazu aus: »Gemäß Artikel 3 des Nordatlantikvertrages sind alle Bündnispartner bestrebt, die Widerstandsfähigkeit, d. h. die Kombination aus ziviler Bereitschaft und militärischer Kapazität, zu erhöhen. Die Bündnispartner vereinbarten grundlegende Widerstandsfähigkeitsanforderungen in sieben strategischen Sektoren – Kontinuität der Regierung, Energie, Bevölkerungsbewegungen, Nahrungsmittel- und Wasserressourcen, Massenanfall von Verletzten oder Erkrankten, zivile Kommunikation und Verkehrssysteme. Um potenzielle Bedrohungen oder Störungen des zivilen Sektors abzuschrecken oder ihnen entgegenzuwirken, bedarf es wirksamer Maßnahmen, klarer Pläne und Reaktionsmaßnahmen, die rechtzeitig festgelegt und regelmäßig durchgeführt werden. Aus diesem Grund müssen die militärischen Bemühungen zur Verteidigung des Territoriums und der Bevölkerung der Allianz durch eine solide zivile Vorbereitung ergänzt werden.« Das Civil Emergency Planning Committee der NATO

A Grundlagen und Begriffe

hat zur Aufgabe, die Staaten bei der Verbesserung ihrer Resilienz zu unterstützen. Durch gegenseitigen Austausch von Informationen sowie gemeinsame Trainings und Übungen soll die Resilienz gestärkt und die Bevölkerung sowie die Kritischen Infrastrukturen vor allen Gefahren geschützt werden. Dies gilt besonders für nicht kriegsbedingte Gefahren. Die NATO engagiert sich im nichtmilitärischen Krisenmanagement aufgrund der Tatsache, dass Staaten, deren Infrastruktur z. B. durch Naturkatastrophen erheblich geschädigt sind, eine verminderte Verteidigungsfähigkeit besitzen.

Zusammenfassung
Deutschland ist aufgrund unterschiedlicher internationaler Vereinbarungen verpflichtet, seine Kritischen Infrastrukturen zu schützen. Wie im Kapitel A.3.1.2 gezeigt, gibt es allerdings keine eindeutige Definition, welche Infrastrukturbereiche zu den Kritischen zu zählen sind.

B Betrachtungen zur aktuellen Stresssituation der Kritischen Infrastrukturen

Stefan Voßschmidt & Andreas H. Karsten

In den meisten Abhandlungen zum Thema Resilienz wird deren Verringerung aufgrund des Klimawandels umfassend diskutiert. Dies soll hier nicht wiederholt werden. Im Kapitel B.1 geben Steenhoek und Voßschmidt deshalb nur einen kurzen Überblick über diesen Bereich.

So wie die Resilienz der Kritischen Infrastrukturen entscheidend für die Resilienz der Gesellschaft und somit für die Resilienz eines jeden Menschen ist, ist auch die Resilienz der Mehrzahl der Menschen wichtig für das Funktionieren der Kritischen Infrastrukturen. Die politische Großwetterlage und das öffentliche Bewusstsein beeinflussen die Resilienz von Kritischen Infrastrukturen. Offensichtlich wurde dies im Herbst 1973, als arabische Staaten die Ölförderung drosselten und ein Embargo verhängten. Hier traf der Schock direkt eine Kritische Infrastruktur und führte zumindest zu einer erheblichen Beeinträchtigung ihrer Leistungsfähigkeit und – aufgrund von Kaskadeneffekten – zu entsprechend negativen Auswirkungen auf weitere Infrastrukturen.

Aber auch andere Ereignisse können mittelbar die Kritischen Infrastrukturen bedrohen. So führten die Terroranschläge vom 11. September 2001 zu einer Reihe von Änderungen im öffentlichen Bewusstsein, die zum einen die Resilienz steigerten, zum anderen aber auch verringerten. Einerseits haben die verschärften Sicherheitsgesetze zu einer Steigerung geführt, andererseits dürften die psychologischen Auswirkungen, die bis heute anhalten, die Menschen und somit auch die Kritischen Infrastrukturen anfälliger für krisenbedingten Stress gemacht haben. Letzteres lässt sich zumindest aus den politischen Diskussionen, die in vielen westlichen Ländern geführt werden, ableiten. Ob in der Summe die Resilienz gestiegen oder gesunken ist, lässt sich, wenn überhaupt erst im historischen Rückblick beurteilen.[7]

Seit 2013 versucht die Rockefeller Foundation mittels der Initiative »100 Resilient Cities« einen ganzheitlichen Ansatz auf der städtischen Ebene. Ziel ist es, in den teilnehmenden Städten einzelne Menschen, Firmen, Institutionen, Organisationen

---

7 Zum Beispiel, wenn man die langfristigen Entwicklungen in Deutschland mit denen in Norwegen vergleicht, das nach den Terroranschlägen vom 22.07.2011 anders und besonnen reagierte.

der Zivilgesellschaft sowie internationale Organisationen an einen Tisch zu bringen, um diese Städte resilienter zu machen. Eine empfohlene Maßnahme ist die Einrichtung der Position eines »Chief Resilience Officer«. Der CRO von Mexiko City zum Beispiel soll dabei helfen, sicherzustellen, dass immer auch darüber nachgedacht wird, welchen Einfluss eine Entscheidung oder Prioritätensetzung nicht nur auf die Fähigkeit zur Katastrophenreaktion hat, sondern auch auf die Sicherstellung, dass die Stadt bei jedem Schock und Stress weiterhin gedeihen wird.

In den folgenden Kapiteln werden neben dem Klimawandel die politische, die gesellschaftliche und die wirtschaftliche Stresssituation der deutschen Kritis betrachtet.

1 Klimawandel

Sylvia Steenhoek & Stefan Voßschmidt

Klimawandel Deutschland 2018
Man hört und liest in Medien und Nachrichten viel über den Klimawandel und das etwas dagegen getan werden muss. Hauptsächlich hört und liest man, dass die Erde wärmer wird. Aber was bedeutet das? Inwiefern haben die aktuellen Naturkatastrophen etwas mit dem Klimawandel zu tun? Dieses Kapitel beschäftigt sich damit, welchen Klimawandelrisiken Deutschland ausgesetzt ist. Einerseits ist der Klimawandel auch in Deutschland angekommen. Bundeskanzlerin Angela Merkel wies in ihrer Neujahrsansprache am 31.12.2018 auf den Klimawandel hin und bezeichnete ihn als Schicksalsfrage. Der Jetstream, das Starkwindfeld in der Höhe zwischen acht und zwölf Kilometern, verlangsamt sich und bricht zum Teil ab. Dadurch halten sich Wetterlagen sehr lange und bleiben konstant. Hauptursache dafür ist, dass in der Arktis die Temperatur besonders stark steigt. Wie sah das Jahr 2018 aus? Monatelange Trockenheit mit Waldbränden. Mensch und Natur ächzten unter der Hitze. Wenig Wasser im Rhein und in den anderen Flüssen. Die Schiffe konnten monatelang nur mit 50 % der normalen Fracht beladen werden. Dadurch verzögerten und verteuerten sich die Transporte. Gleichzeitig befuhren mehr Frachtschiffe den Rhein, um die Tonnagen befördern zu können. Mehr Transporte bedeuten – mehr Schadstoffausstoß.

Ein Blick auf NRW zeigt die – teilweise auch lokalen – Auswirkungen, z. B. bei den Überschwemmungen und dem Sturm in Wuppertal oder als eine Windhose im Mai 2018 in Viersen schwere Verwüstungen anrichtete (WDR, aktuelle Stunde, 26.12.2018, Twitter, 16:45 Uhr). Im Jahre 2018 gab es in Deutschland 17 nachgewiesene Tornados, sie fegten z. B. über Schoneberg, Lippstadt und Hamminkeln und erreichten Windgeschwindigkeiten von weit über 100 Stundenkilometern. Wegen der Kleinräumigkeit dieser Stürme ist die Dunkelziffer hoch. Nach Angaben des Deutschen Wetterdienstes (DWD) könnte die Stärke der Tornados aufgrund des Klimawandels zunehmen. In den USA erreichen Tornados weit höhere Geschwindigkeiten und richten noch größere Schäden an. Der Sturm Friederike im Januar 2018 verursachte deutschlandweit große Schäden.

Andererseits wird teilweise über den Klimawandel immer noch gesprochen, als sei er eine Fiktion oder zumindest in Westeuropa nicht weiter zu beachten. Eine bewusste und realistische Wahrnehmung des Klimawandels ist allerdings auch nicht ganz einfach: Er ist keine plötzliche, konkrete Gefahr, bei der die Mechanismen der Gefahrenabwehr greifen. Er kommt schleichend, ist kein konkretes singuläres Ereignis. Es handelt sich vielmehr um eine Verkettung dynamischer Prozesse, die ihre Ursachen schon in den Jahren zwischen 1950 und 1990 hatten. Der Klimawandel führt dazu, dass Wetterextreme häufiger auftreten, nicht jedoch dazu, dass nie Dagewesenes geschieht. Die Sommer 2003 und 2018 waren zwar die wärmsten Sommer seit mehreren hundert Jahren, aber allen Berichten nach war der Sommer des Jahres 1540 noch wärmer und regenärmer. Klimawandel bedeutet nicht nur Feuersbrünste, wie den Moorbrand beim niedersächsischen Meppen, den Brand vor den Toren Berlins oder die Brände in Kalifornien (alle 2018). Die Feuer konnten sich auf den völlig ausgetrockneten Böden schnell ausbreiten und waren schwer zu löschen. Klimawandel bedeutet nicht nur Missernten in Afrika und Ernteeinbrüche in Europa. Die Zuckerrübenernte in Deutschland fiel 2018 um 30 % niedriger aus, als die Durchschnittsernte. Notwendige Investitionen unterbleiben. Klimafluchtbewegungen erreichen als Migrationsströme auch Europa.

Klimawandel ist aber auch der herrliche Sommer 2018, eine Schwimmbadsaison ohnegleichen, lange Radtouren und Abende im Biergarten. Der Himmel 2018 in Deutschland war viele Monate endlos blau, das Wetter warm, Regen Mangelware. Die Winzer erwarten einen Jahrhundert-Jahrgang. Trotz vielen Wissens über den Klimawandel – konkrete Gegenmaßnahmen werden von der Bevölkerung aktuell praktisch nicht ergriffen. In seinem Buch »Kampf um Gaia« beschreibt der französische Soziologe Bruno Latour (2017) dieses Nichthandeln des reichsten und vom Klimawandel am wenigsten betroffenen Teils der Menschheit mit dem Terminus »Vorsorgeparadox«. Die Menschen versuchen sich auch gegen unwahrscheinliche Schäden abzusichern, gegen die sehr wahrscheinlichen Gefahren des Klimawandels unternehmen sie aber nichts. Alle Berichte zum Klimawandel beschreiben, dass das Meer noch schneller steigt, das Eis schneller schmilzt, die Erwärmung fortschreitet. Wahrscheinlichkeiten steigern sich immer mehr, wirksame Gegenmaßnahmen werden nicht ergriffen. – Aber mit der Verabschiedung der Agenda 2030 für nachhaltige Entwicklung mit ihren 17 »Sustainable Development Goals« (SDGs) und dem Übereinkommen von Paris (Internationale Klimakonvention UNFCCC) wurden durch die Vereinten Nationen erstmals (und gegen erhebliche Widerstände) umfassende weltweit gültige Klimaschutzrahmenbedingungen festgelegt. Um die Ziele der in Paris verabschiedeten Agenda 2030 zu erreichen, haben die G 7-Staaten 2015 in Schloss Elmau (Bayern) die Dekarbonisierung der Weltwirtschaft noch im 21. Jahrhundert bekräftigt. Die Energiewirtschaft soll kohlenstofffrei produzieren. Die Treibhausgasemissionen sollen bis zum Jahr 2050 um 40–70 % im Vergleich zum Jahr 2010 reduziert werden. Auch der Weltklimagipfel in Kattowitz hat sich auf Schutzregeln geeinigt. Das von nahezu 200 Staaten gebilligte Abschlussdokument fixiert, das alle Länder ab 2024 regelmäßig nach denselben Regeln über ihren Ausstoß von Treibhausgasen und ihre Maßnahmen zur Reduzierung dieses Ausstoßes berichten müssen. Der Gipfelpräsident Michal Kurtyka fasst das Ergebnis als tausend kleine Schritte nach vorn zusammen. Der Chef des Potsdamer Instituts für Klimafolgenforschung wertet eher negativ »Wir bewegen uns mit großer Geschwindigkeit in die falsche Richtung« (Polzin 2018, S. 1 f). In Europa setzt sich Deutschland für schwächere Klimaziele ein, z. B. eine geringere Senkung der Fahrzeugemissionen, schiebt als größter Nutzer von Braunkohle einen Beschluss zum Ausstieg vor sich her, fordert aber auf dem Gipfel mehr Ambitionen um sogar das 1,5 Grad Ziel zu erreichen (Polzin 2018 a, S.2).

Klimawandel – Strategien der Bundesregierung
Im Jahre 2016 hat die deutsche Regierung mit dem Klimaschutzplan 2050 eine Strategie gegen den Klimawandel veröffentlicht. Dort heißt es unter anderem, dass der Treibhausgas-Ausstoß im Jahre 2050 bis zu 95 Prozent geringer sein wird als 2016. Um dieses Ziel zu erreichen, hat die Regierung (Zwischen-)Ziele formuliert, die bis 2030 umgesetzt werden müssen (Deutsche Anpassungsstrategie 2008, UBA 2018, Brändlin und Rueter 2016). Das Reduzieren von Treibhausgas-Emissionen ist allerdings nicht der einzige anvisierte Schritt. Vielmehr soll sich ein ganzes Bündel von Maßnahmen zu einer Anpassungsstrategie verdichten. Auch die Europäische Umweltagentur betont die Wichtigkeit von Anpassungsstrategien im Hinblick auf die Risiken des Klimawandels. Diese Anpassungsstrategien sind genauso wichtig, wie die Reduzierung der Treibhausgase. Deutschland muss sich zudem schon seit einigen Jahren verstärkt gegen Naturkatastrophen, deren Ursache im Klimawandel liegen, wappnen (siehe Kapitel D.2.4). Deutschlands langfristiges Ziel ist es, bis zum Jahre 2050 weitgehend treibhausgasneutral zu werden. Mittelfristiges Ziel ist die Senkung der Treibhausgasemissionen in Deutschland bis 2030 um 55 % im Verhältnis zum Niveau von 1990 (Der Klimaschutzplan, 2016).

1 Klimawandel

Wie wird nun Klimawandel definiert? Klimawandel meint die Veränderung des Klimas auf der Erde. Laut der Europäischen Umweltagentur definiert sich Klimawandel, wie jede Klimaänderung zum einen über den Faktor Zeit, zum anderen entweder als Konsequenz natürlicher/vornehmlich naturbedingter Veränderungen oder als Konsequenz menschlicher Handlungen (EEA 2012). Die derzeitige durch den Menschen verursachte globale Erderwärmung ist ein Beispiel für einen so verstandenen Klimawandel. Häufig werden in der Diskussion Erderwärmung und Klimawandel gleichgesetzt. Ein weiteres Beispiel des durch menschliche Handlungen hervorgerufenen Klimawandels, ist der sogenannte Treibhauseffekt. Die Erde speichert die Wärme der Sonne in der Erdatmosphäre und verstärkt damit den erdeigenen Treibhauseffekt, der unter anderem durch CO_2, Methan und Wasserdampf verursacht wird. Wenn fossile Brennstoffe verbrannt werden, gelangt mehr CO_2 in die Atmosphäre. Diese kann zwar kleinere zusätzliche Mengen von CO_2 auszugleichen, ist aber nicht in der Lage, große und stetig steigende Menge von CO_2 zu absorbieren (Schlesinger 2011). Aber es ist nicht nur der erhöhte CO_2 Ausstoß, der den Klimawandel beeinflusst. Einflussfaktoren sind auch Urbanisierung, landwirtschaftliche Anbaumethoden, Viehhaltung, großflächige Entwaldung und Verwüstung; diese tragen jede für sich, ihren Teil zum Klimawandel bei (Karl/Trenberth 2003). Derartige Klimawandelprozesse werden durch ihr Ausmaß zu gesamtgesellschaftlichen Risiken. Die Anzahl der Naturkatastrophen, z. B. der Überflutungen steigt weltweit. Daher ist es notwendig auch weltweit, Maßnahmen zu ergreifen, um die Vulnerabilität gegenüber dem Klimawandel und seinen Ausprägungen zu senken.

Um der Anpassung an den Klimawandel einen politischen und gesellschaftlichen Rahmen zu geben, hat die Bundesregierung im Dezember 2008 die »Deutsche Anpassungsstrategie an den Klimawandel« (DAS) beschlossen. Hier werden Aussagen zu beobachteten und erwarteten Klimaänderungen getroffen und die notwendigen Schritte benannt, um Anpassungsmodalitäten rechtzeitig und vorausschauend umsetzen zu können, wobei eine Aufteilung nach Sektionen, Handlungsfelder genannt, erfolgt. Die DAS stellt die möglichen Klimawandelfolgen in den unterschiedlichen Handlungsfeldern vor und weist auf Handlungsoptionen hin. Die DAS soll damit den Grundstein dafür legen, dass Deutschland in einem mittelfristigen Prozess resilienter gegenüber Klimaänderungen und ihren Auswirkungen wird.

Anhand von Klimamodellen werden in Regionalmodellen durch den deutschen Wetterdienst (DWD) mögliche Klimafolgen beschrieben (Klimafolgebetrachtung). Als Sektoren wurden definiert:

- Menschliche Gesundheit
- Bauwesen

B Betrachtungen zur aktuellen Stresssituation

- Wasser, Hochwasser- und Küstenschutz
- Boden
- Biologische Vielfalt
- Landwirtschaft
- Forstwirtschaft
- Fischerei
- Energiewirtschaft
- Finanz- und Versicherungswirtschaft
- Verkehr- und Verkehrsinfrastruktur
- Industrie und Gewerbe
- Tourismus
- Querschnittsthemen:
    - Raum, Regional- und Bauleitplanung
    - Bevölkerungs- und Katastrophenschutz.

Erkennbar bestehen Parallelen aber auch Unterschiede zur Festlegung der Sektoren der Kritischen Infrastrukturen (siehe Kapitel A.3.1). Die DAS greift regionale Unterschiede auf und identifiziert Klimawandelschwerpunktregionen. Hauptziel der DAS ist es, die Vulnerabilität von Gesellschaft, Wirtschaft und Umwelt zu verringern und die Anpassungsfähigkeit des Landes zu erhalten oder zu steigern, mithin die Resilienz zu stärken. Vier Schritte sollen dazu dienen:

1. Risikobewertung hinsichtlich des Klimawandels
2. Entwicklung von wissensbasierten Entscheidungsgrundlagen
3. Umsetzung von erarbeiteten Anpassungsmaßnahmen
4. Sensibilisierung: Bei den wichtigen Akteuren (Stakeholdern) soll das Bewusstsein für den Klimawandel und die Notwendigkeit eigenen Handelns gefördert werden.

Die DAS soll in vier Aktivitätsfeldern umgesetzt werden:

1. Mit dem Aktionsplan Anpassung unterlegt der Bund die in der Anpassungsstrategie aufgeführten Ziel- und Handlungsoptionen mit spezifischen Aktionen. Derartige Anpassungsmaßnahmen werden finanziell gefördert.
2. Ein umfangreicher Dialog- und Beteiligungsprozess wurde eingeleitet.
3. Bündelung und Vermittlung von Wissen über die Internetplattform KomPass, Ausbau des Wissens durch Forschungen.
4. Strategie und Maßnahmen sollen regelmäßig evaluiert werden, so dass Fehlsteuerungen vermieden werden (Deutsche Anpassungsstrategie 2008, Lexikon der Nachhaltigkeit 2008).

1 Klimawandel

Nach diesem Grunddokument hat die Bundesregierung Aktionspläne zur Anpassung (APA) an den Klimawandel beschlossen und 2015 den Fortschrittsbericht zur DAS. APA und DAS werden kontinuierlich weiterentwickelt. Zu den 15 Handlungsfeldern der DAS wurden Indikatoren definiert, im Mai 2015 der erste Monitoring-Bericht zur DAS veröffentlicht. Das Netzwerk Vulnerabilität führte zwischen 2011 und 2015 eine Analyse der Klimwandelverwundbarkeit Deutschlands durch. Risiken und Handlungsnotwendigkeiten sollen priorisiert werden. Die Ergebnisse wurden im November 2015 veröffentlicht. Ein aktualisierter APA »Aktionsplan Anpassung II« zeigt künftige Maßnahmen auf und verbindet sie mit einem konkreten Zeit- und Finanzierungsplan.

Risiken des Klimawandels
Die Klimawandelmodelle (siehe auch den nächsten Punkt in diesem Kapitel) mehrerer Forschungsinstitute zeigen das Risiko auf, dass sich in Deutschland bis zum Jahre 2050 die Temperaturen um 0.5–2 Grad Celsius (°C) erhöhen. Bis 2100 gehen sie von einer Erhöhung von 2–4 Grad aus. Bereits in den letzten 100 Jahren sind ausweislich der Wetteraufzeichnungen die Temperaturen gestiegen, diese Steigerung gilt in besonderem Maße für das letzte Jahrzehnt. Seit 1901 gab es bereits einen Temperaturanstieg von 0,9 °C in Deutschland, der um 0,2 °C höher liegt als der globale Durchschnitt. Es wird in Zukunft mehr Tage geben, an denen die Temperatur über 30 Grad liegt, vor allem in Südwestdeutschland. Besonders gefährlich sind Zeiträume in denen mehrere heiße Tage aufeinander folgen, nachts keine Abkühlung eintritt und der menschliche Organismus dadurch besonders belastet wird (siehe Kapitel D.2.5). Die Niederschläge werden im Sommer abnehmen, im Winter teilweise zunehmen, jedenfalls werden sie heftiger. Der typische leichte Landregen wird seltener. Darüber hinaus ist Deutschland mit weiteren Auswirkungen des Klimawandels konfrontiert, darunter:

1. Weniger Schneejahre auch in den gebirgigen Regionen Deutschlands. Die Verminderung der Schneebedeckung, vor allem in den Gebirgsgegenden, führt zu einem Rückgang des Wintersporttourismus (oder teuren und umweltbelastenden Anpassungsstrategien, wie z. B. Schneekanonen; dies lässt sich in vielen Wintersportgebieten heute schon beobachten).
2. Hauptsächlich in Mittel- und Süddeutschland werden die Flüsse in verstärktem Maße über die Ufer treten.
3. Für Westdeutschland werden Dürreperioden vorhergesagt. Flüsse werden zu wenig Wasser führen, was zu einer Einschränkung der Transportleistungen führt.

B   Betrachtungen zur aktuellen Stresssituation

4. Winderosionen in Norddeutschland. Der letztgenannte Effekt ist allerdings sehr unsicher, die Datenlage reicht für eine gesicherte Prognose nicht aus (EEA 2012).
5. Die Temperatur des Flusswassers erhöht sich. Schon zwischen 1901 und 2006 ist die Temperatur des Rheins um 3 Grad gestiegen. Allerdings wird dies nur zum Teil auf den Klimawandel zurückgeführt. Mögliche Folgen sind z. B. Fischsterben, das Wasser kann nicht mehr als Kühlwasser genutzt werden.
6. Eis- und schneefreie Winter erhöhen die Gefahr von Überschwemmungen, auch in Seegebieten. Das Wasser wird nicht mehr als Schnee oder Frost/Eis gebunden. Dieser Temperaturanstieg wirkt sich auch auf Seen wie den Berliner Müggelsee aus, an dem bis Ende des Jahres 2100 ein Anstieg der eisfreien Winter um 60 % prognostiziert wird (Die Bundesregierung 2008, EEA 2008).

Schiene und Straße sind bereits ausgelastet. Einige Autobahnteilstrecken vermelden täglich Staus (Kölner Ring, Ruhrschnellweg). Diese Risiken treffen auf eine alternde Gesellschaft, die auf Mobilität und Transportleistungen angewiesen ist (Essen auf Rädern, Catering-Dienste für Krankenhäuser und Pflegeheime, Pflegedienste, Krankentransporte). Nach Angaben der EUA (2012) sind ältere Menschen hinsichtlich der Auswirkungen des Klimawandels besonders anfällig, weil sie Hitzewellen gesundheitlich schlecht vertragen können, der Kreislauf kollabiert, viele auch zu wenig trinken. Rettungsdienste sind besonders an mehreren heißen Tagen hintereinander stark gefordert. Zudem sind ältere und kranke Menschen nur aufwändig zu transportieren oder zu evakuieren. Sie bedürfen der besonderen Fürsorge durch fachkundiges Personal. Teilweise ist ein Rettungswagen notwendig. Dieser wird wegen der mangelnden Mitwirkungsfähigkeit der Patienten länger benötigt. Aber das geringe Bewusstsein des Klimawandels im Gesundheitsbereich bleibt deutlich sichtbar. Im heißen Sommer 2003 sind in Frankreich und Süddeutschland Tausende von Menschen in Pflegeheime aufgrund der Hitze verstorben. In Frankreich sind seitdem Kühlungsräume in Pflegeeinrichtungen Pflicht. In Deutschland haben die Betreiber der Pflegeeinrichtungen keinerlei Maßnahmen getroffen. Es besteht nicht einmal eine flächendeckende Notstromversorgung (Ausnahme Bad Homburg). Die Steigerung der Vulnerabilität aufgrund der Überalterung der Bevölkerung gilt insbesondere für Deutschland, da dort (wie in Japan) die Zahl der älteren Menschen sehr schnell steigt. Die geburtenstarken Jahrgänge (Babyboomer 1955–1965) kommen ins Rentenalter (EEA 2012, Plinkert 2019). Darüber hinaus ist das deutsche Gesundheitssystem anfällig. Anders als in Japan wird der Einsatz von Pflegerobotern (noch) nicht forciert. Ältere Menschen sind aufgrund fehlender Mobilität, fehlenden Risikobewusstseins und mangelnder Selbsthilfefähigkeit nicht nur bei Hitzewellen anfällig, sondern auch bei Überschwemmungen, Kälteereignissen, Stürmen und Waldbränden (EEA 2012).

Einige Risiken seien exemplarisch genannt. Die allgemeine Erwärmung des Wassers erhöht die Konzentration gefährlicher oder schädlicher Stoffe darin. Daher steigen auch die Kosten für die Filterung (Die Bundesregierung 2008). Auch die deutsche Wasserwirtschaft ruft die Bundesregierung dazu auf, Konsequenzen aus dem Klimawandel zu ziehen und sich auf Extremwetter besser vorzubereiten. Trink- und Abwassernetze müssen auf den Klimawandel und die schrumpfende Einwohnerzahl vorbereitet werden. Die Landwirtschaft muss sich auf Tröpfchenbewässerung (statt Sprinkleranlagen) umstellen (Wasserwirtschaft 2019 S. 15). Ein weiteres Beispiel sind die Schäden an Küstensystemen. An fast allen deutschen Nordseeinseln sind seit Jahrzehnten jährliche Sandaufspülungen und Deichverstärkungsmaßnahmen notwendig, da der Strand von den winterlichen Sturmfluten abgetragen wird.

Die Schadenssummen bei Überflutungen steigen kontinuierlich. Die prognostizierten Schadenskosten von Flussüberschwemmungen in Nordeuropa belaufen sich auf 5 Milliarden Euro pro Jahr (Europäische Kommission 2009). Zwischen 1999 und 2009 sind in Deutschland aufgrund von Hochwasser bereits Schäden in Höhe von 13 Milliarden Euro entstanden. Für das Hochwasser 2013 hat der Bundestag einen Hilfsfonds in Höhe von acht Milliarden Euro bereitgestellt (Hochwasser 2013).

Es wird erwartet, dass diese Schadenssumme in den nächsten Jahren steigen wird. Die meisten dieser Kosten werden jedoch nicht als mit dem Klimawandel verbunden betrachtet, sondern als Naturgefahren (BBK 2009). Die Auswirkungen des Klimawandels werden zu Risiken für die Gesellschaft und für die Natur. Daher sollten Maßnahmen ergriffen werden, um die Auswirkungen des Klimawandels und die Anfälligkeit ihm gegenüber zu verringern. Geeignete Maßnahmen zur Verringerung des Katastrophenrisikos sind beispielsweise Minderungs- und Anpassungsstrategien, Förderung nachhaltiger Entwicklung, Verringerung der Anfälligkeit von Gemeinschaften und Steigerung der Resilienz (Turnbull u. a. 2013).

Klimamodelle
Um derartige Maßnahmen und Strategien zu entwickeln, sind Klimamodelle hilfreich. Deutschland arbeitet mit vier regionalen Klimamodellen, die drei verschiedene Emissionsszenarien des Klimawandels simulieren. Diese Klimamodelle stimmen darin überein, dass die Erwärmung der Erde im Winter am deutlichsten spürbar sein wird. Darüber hinaus prognostizieren diese Klimamodelle einen Niederschlagsabfall im

Sommer von 40 %, wobei der Südwesten Deutschlands den höchsten Rückgang aufweisen wird. Ein Winterniederschlagsanstieg von bis zu 40 % wird erwartet. Dieser Prozentsatz wird jedoch nicht von jedem Modell vorhergesagt. Außerdem wird der Niederschlag intensiver (Bundesregierung 2008). Dies wird auch vom EWR vorausgesagt. Die Niederschläge in Westdeutschland sind zwischen 1901 und 2007 um 12 bis 14 % gestiegen. In Ostdeutschland dagegen gab es kaum einen Anstieg und in Sachsen gab es bereits einen bemerkenswerten Rückgang von 5 % (BBK 2009). Unsicherheiten bleiben, denn je weiter die Projektionen in die Zukunft gehen und je kleiner die betrachteten Regionen sind, desto ungewisser werden die Ergebnisse. Daher ist es wichtig, sich nicht auf die Bewertung eines Modells zu konzentrieren. Es ist zu berücksichtigen, dass alle Modelle ein breites Spektrum an Unsicherheiten und Trends enthalten (Die Bundesregierung 2008). Allerdings ist die Tendenz einer Erwärmung eindeutig und wird mittlerweile auch von der Regierung Trump nicht mehr bestritten. Diese ist jedoch der Meinung, dagegen könne ohnehin nichts getan werden (Trump erkennt Klimawandel nun doch an 2018). Wegen der langzeitigen Auswirkungen aktueller Prozesse auf das Klima, dürften sich gewisse Auswirkungen und Temperaturerhöhungen nicht vermeiden lassen. Die Temperatur ist in den letzten 100 Jahren gestiegen, Temperaturerhöhungen der nächsten Jahre dürften ihre Ursachen im Wirtschaftswachstum 1960–90 haben. Dieser Temperaturanstieg könnte sich aber noch im Rahmen des menschheitsgeschichtlich Bekannten bewegen. Vor dem Beginn der kleinen Eiszeit (15. bis 19. Jahrhundert) war das Klima auch in Europa wärmer. Grönland konnte mit den damaligen Techniken durch die Wikinger jahrhundertelang besiedelt werden. Ab 1783 kam es zu einigen besonders kalten Wintern, die mit dem Ausbruch des isländischen Vulkans Laki zu tun hatten, der eine mehrjährige Klimakrise auslöste. Auch die ernährungswirtschaftliche und politische Situation in Frankreich vor 1789 lässt sich nur mit den dem Vulkanausbruch folgenden Missernten erklären.[8] Daher ist es bemerkenswert, dass in der heutigen Diskussion über die globale Erwärmung, vor allem bei der Betonung des 2-Grad-Zieles des IPCC, stets das Temperaturmittel der vorindustriellen Zeit (= 2. Hälfte 18. Jahrhunderts = letzte Phase der sogenannten Kleinen Eiszeit nebst der Laki-Krise) als Referenzwert angegeben wird.

Die Bundesregierung hat sich mit der Thematik beschäftigt und Ihre Planungen in einer Strategie zusammengefasst. Diese Strategie zur Anpassung an den Klima-

---

[8] Siehe zum Winter 1783 und 1784 Wikipedia (Winter 1783/84) und zum Vullkanausbruch 1783 Schwenner 2015). Zum Winter 1779/80, der offenbar die gesamte nördliche Hemisphäre, insbes. Nordamerika, heimsuchte vgl. Maloy (2016) und Encyclopedia.com (Winter of 1779–1780) sowie Campel (2014).

wandel von 2008 verfolgt einen integrierten Ansatz, um Risiken zu bewerten und den Handlungsbedarf zu ermitteln. Sie unterstützt eine nachhaltige Entwicklung. Die Prinzipien dieses Ansatzes sind:
- Offenheit und Zusammenarbeit,
- zuverlässige Analyse des Klimawandels,
- Subsidiarität und Verhältnismäßigkeit, bei Anerkennung der unterschiedlichen Zuständigkeiten lokaler Behörden,
- ein integrierter sektorübergreifender Ansatz
- internationale Verantwortung und
- Nachhaltigkeit.

Daher ist es notwendig, mehr Wissen über die langfristigen Auswirkungen des Klimas und der Klimaveränderungsprozesse in Deutschland zu erlangen, die Risiken des Klimawandels transparent werden zu lassen, ein Bewusstsein für die verschiedenen Interessengruppen zu schaffen und eine Entscheidungsgrundlage zu bieten, die nicht nur für Regierungsinstitutionen gilt, sondern auch für Stakeholder und Unternehmen, im Besonderen für Unternehmen der Kritischen Infrastrukturen. Ein weiterer notwendiger Schritt ist die Identifizierung von erfolgsversprechenden Maßnahmen, die Koordinierung der Maßnahmen und ihre Umsetzung in Handlungsoptionen. Der Klimawandel beeinflusst darüber hinaus direkt die menschliche Gesundheit. Bei der Bewältigung dieses Risikos wird deutlich, dass die Bundesregierung einen integrierten Ansatz anstrebt, weil sie die Anfälligkeit der menschlichen Gesundheit nicht nur durch einen erhöhten Infektionsschutz und eine Aufklärung über Gesundheitsrisiken verringern, sondern dies auch mit konkreten Planungsschritten verknüpfen möchte. Auf die Ausbreitung der Erreger tropischer Krankheiten nach Norden ist hinzuweisen. Es besteht ein enger Zusammenhang zwischen Gesundheitsvorsorge und Planung: Geeignete Architektur und Stadtentwicklung bzw. Landschaftsplanung kann dazu beitragen, die klimabedingte Erwärmung von Städten und damit den Hitzestress zu mildern (Die Bundesregierung 2008). Der Gebäudebereich in Deutschland muss seine Anpassungsfähigkeit an den Klimawandel erhöhen, da die meisten Gebäude immer noch zu anfällig hinsichtlich der Auswirkungen des Klimawandels sind. Begrünungssysteme und Baumpflanzungen können eine Maßnahme sein. Auch die Abwassersysteme müssen angepasst werden. Die Bundesregierung weist außerdem darauf hin, wie wichtig es ist, die Anpassungsfähigkeit kritischer Infrastrukturen, Industrie, Natur und Landwirtschaft zu erhöhen. Darüber hinaus muss das Wald- und Hochwassermanagement verbessert werden, da die Gefahr von Überschwemmungen und Waldbränden steigt. Es ist daher wichtig, alle relevanten Akteure in derartige Planungen einzubeziehen (Die Bundesregierung 2008).

B Betrachtungen zur aktuellen Stresssituation

Bei der Anpassungsstrategie handelt es sich um einen Top-Down-Ansatz, bei dem den lokalen Behörden Unterstützungsleistungen des Bundes zur Verfügung gestellt werden. Um die Zusammenarbeit noch weiter zu verbessern, werden Arbeitsgruppen und Forschungsprojekte von den Bundesministerien eingerichtet. Es bestehen drei Hauptforschungsziele: Klimasystem, Klimafolgen und Anpassungsforschung. Diese drei Ziele bilden die sogenannten Säulen der Klimaforschung.

Insgesamt beinhaltet die Anpassungsstrategie viele Herausforderungen, Komplexitäten und Unsicherheiten. Die besondere Herausforderung besteht hier in der großen Komplexität, die sich aus der unterschiedlichen Natur und dem Ausmaß der Auswirkungen ergibt, der großen Anzahl von Stakeholdern, den unterschiedlichen Entscheidungsebenen sowie dem Querschnitt verschiedenartiger Beziehungen und Interaktionen (Die Bundesregierung 2008). Die Bundesregierung geht daher in ihrem Aktionsplan schrittweise vor und legt die Verantwortlichkeiten für die erforderlichen Maßnahmen fest. Darüber hinaus übernimmt sie Verantwortung für die Zusammenarbeit zwischen den Bundesländern (Bundesregierung 2008). Trotz dieses Top-Down-Ansatzes sind die Verantwortlichkeiten entsprechend den Prinzipien des Föderalismus geteilt. Die Kommunen sind die zentralen Akteure bei der Anpassung an den Klimawandel. Das Bewusstsein für das Notwendige ist dort jedoch (noch) gering. Um schnellere Fortschritte zu erzielen, erhalten die Kommunen Finanzmittel der Nationalen Klimaschutzinitiative, Entscheidungshilfen und -leitlinien sowie Unterstützung durch die Länder und die Bundesregierung (Die Bundesregierung 2011).

Der Aktionsplan der deutschen Strategie zur Anpassung an den Klimawandel beinhaltet die Anwendung der 2008 veröffentlichten Anpassungsstrategie und enthält eine Reihe von Aktivitäten, die sowohl auf nationaler als auch auf Bundesebene durchgeführt werden sollen.

Darüber hinaus deckt der Aktionsplan Tätigkeiten ab, die in vier Säulen zusammengefasst werden können: (1) Bereitstellung von Wissen, die Fähigkeit, Informationen zu vermitteln, aktive Beteiligung; (2) von der Bundesregierung geschaffene Rahmenbedingungen; (3) Maßnahmen, die in direkter Verantwortung der Bundesregierung liegen; und (4) internationale Verantwortlichkeiten (Bundesregierung 2011). Innerhalb dieser Zuständigkeiten kommt dem Deutschen Komitee für Katastrophenvorsorge eine wichtige Rolle zu, da dieses Komitee Teil des ISDR[9] der UN ist und mit diesem auf der Basis des UNFCCC[10] zusammenarbeitet (BBK 2009).

---

9 Büro der UN für Katastrophenvorsorge (United Nations Office for Disaster Risk Reduction/ International Strategy of Disaster Reduction/ ISDR).

10 Rahmenübereinkommen der UN über Klimaänderungen (United Nations Framework Convention on Climate Change).

1 Klimawandel

Die Politik der Bundesländer unterscheidet sich stark voneinander, auch weil die regionalen und sozioökonomischen Verhältnisse zwischen den Bundesländern sehr unterschiedlich sind (Die Bundesregierung 2011). Trotz dieser Unterschiede bestehen einige Gemeinsamkeiten. Fast alle Dokumente der Länder beziehen sich auf global gültige Aussagen zu Klimaveränderungen, oder auf Aussagen des Zwischenstaatlichen Ausschusses für Klimaänderungen (IPCC), beziehungsweise auf die darauf aufbauende Untersuchung zur regionalen Klimaveränderungen (Die Bundesregierung 2011).

Neben der Festlegung der Bedeutung einer Klimaschutzpolitik ist auch der in der Anpassungsstrategie erwähnte Bevölkerungsschutz zu stärken. Die geschilderten Strategien sind zumeist auf das erwartete Ergebnis des Klimawandels ausgerichtet und müssen auf die praktische Anwendung heruntergebrochen werden. In der Praxis unterscheidet sich eine Überschwemmung hervorgerufen durch den Klimawandel nicht von einer Überschwemmung als reine Naturgefahr. In beiden Fällen muss vorrangig den Betroffenen geholfen werden. Daher wird bislang noch allgemein angenommen, dass bei der Festlegung von Anpassungsstrategien der Zivil- und Bevölkerungsschutz nicht berücksichtigt werden muss (BBK 2009). Der Bund hat keine direkten Verantwortlichkeiten. Veröffentlichungen und »Best Practice Beispiele« geben jedoch einen Rahmen zum Beispiel für die Risikoanalyse, länderübergreifende Ausbildungen finden an der Akademie für Bevölkerungsschutz, Notfallplanung und Zivilschutz (AKNZ) als Teil des BBK statt (BBK 2011). In nationaler Umsetzung des globalen Rahmenwerks für die Klimadienste wurde im Herbst 2015 der deutsche Klimadienst (DKD) mit einer Geschäftsstelle beim DWD geschaffen (Bundestagsdrucksache 18/9282, 2016, S. 7). Der DKD soll mittelfristig um ein Angebot von Diensten zur Anpassung an den Klimawandel ergänzt werden. Hierzu zählen die Beobachtung und Bewertung von Klimafolgen, die Analyse von Vulnerabilitäten zur Identifizierung von Risiken, sowie die Entwicklung und Bewertung von Maßnahmen zur Anpassung an den Klimawandel. Diese Dienste sollen auch Dritten (Privatwirtschaft) zur Verfügung gestellt werden (Fortschrittsbericht der Bundesregierung zur Deutschen Anpassungsstrategie an den Klimawandel (DAS), 12/2015, Anhang 3, Aktionsplan, Maßnahmen 7.5, 7.8, 7.15).

Wie informiert Deutschland seine Bevölkerung?
Zwei zentrale Institutionen liefern wichtige Informationen zum Klimawandel: Der Deutsche Wetterdienst (DWD) und das Zentrum für Katastrophenschutz und Risikominderungstechnologie (Center for Disaster Management and Risk Reduction Technology – CEDIM). Die Behörde DWD hat auch die Aufgabe, die Öffentlichkeit zu warnen. Obwohl der DWD den Single-Voice-Ansatz verwendet, ist dieser

| **B** | Betrachtungen zur aktuellen Stresssituation |

gesetzlich nicht legalisiert. Die meisten Informationen des DWD werden über Medien kommuniziert. Das mehrstufige Warnsystem des DWD umfasst drei Säulen: »Prognose/Vorwarnung«, »Frühwarnung« und spezifischere »Landkreiswarnungen«. Darüber hinaus stellt der DWD Risikokarten auf der Grundlage von Langzeitdaten bereit und überwacht extreme Wetterereignisse. Ein Hauptproblem des DWD ist jedoch der Mangel an Informationen aufgrund der knappen Ressourcen. Dieser Informationsmangel wirkt sich auch auf die gesamte Forschungslandschaft Deutschlands aus, da diese Risikokarten beispielsweise die Grundlage des CEDIM bilden, welches nationale Risikobewertungen für Naturgefahren bereitstellt. Das CEDIM ist nicht das einzige wissenschaftliche Institut, das solche Risikobewertungen durchführt, aber das wichtigste.

Informationen zu den beteiligten Akteuren und Institutionen werden u. a. vom BBK bereitgestellt. Das veröffentlichte deutsche Notfallplanungsinformationssystem enthält eine Sammlung von Websites und ist für die Öffentlichkeit leicht verständlich. Ein Referat des BBK, das Gemeinsame Informations- und Lagezentrum von Bund und Ländern (GMLZ), sammelt und überprüft rund um die Uhr Informationen. Die gesammelten Informationen werden den Ländern, der Bundesregierung, relevanten Organisationen und der EU zur Verfügung gestellt. Die Kommunen und Gemeinden sowie die Rettungsdienste und Feuerwehren verfügen über ein Netz von Bereitschaftsorganisationen auf lokaler Ebene, das Informationen austauscht, jedoch nicht systematisch oder zentral (Ausschuss für den Katastrophenvorsorgeschutz 2009). Die Warnsysteme NINA und Katwarn sind zwar weitverbreitet, aber nicht flächendeckend eingeführt. Immer wieder kommt es zu unberechtigter Kritik, dass NINA bei lokalen Gefahren nicht gewarnt habe. Das BBK kann aber nur die Warnungen einstellen, die ihm die zuständigen Behörden übermitteln.

Eine Kommunikation über den Klimawandel findet bei den BOS nur selten statt, da Naturgefahren nicht immer auch als Klimawandelgefahren gesehen werden (BBK 2009). Das Bewusstsein hinsichtlich der Auswirkungen des Klimawandels ist auf lokaler Ebene noch gering. Darüber hinaus ist es wichtig, Maßnahmen zu fördern, die auf extreme Ereignisse abschwächend wirken – und zwar sowohl bei Überschwemmungen als auch in Niedrigwassersituationen (Bundesregierung 2008). Der Bund fordert die Länder zumindest indirekt zu Maßnahmen auf, die er für wichtig hält.

Kurzfristige Aufrufe oder Warnhinweise haben in gefährdeten Bereichen wenig Wirkung. Die Bundesregierung unterstützt daher die Einbeziehung von Stakeholdern (z. B. von Kritis-Betreibern) in diesen Prozess. Die lokalen Behörden sind dafür verantwortlich, die Bevölkerung zu informieren, wenn ein lokales Ereignis stattfindet. Darüber hinaus betont die Bundesregierung, dass es wichtig ist, die Öffentlichkeit objektiv zu informieren, sodass alle in der Lage sind, notwendige Entscheidungen zu treffen und Eigenverantwortung zu übernehmen, wenn sie mit den Auswirkungen des Klimawandels konfrontiert werden.

Faktische Defizite
Trotz guter Ansätze bestehen faktisch Defizite. Hier sei nur auf einige Punkte hingewiesen.

Seit der Jahrtausendwende nimmt die Verflechtung internationaler Lieferketten zu. Durch Starkwetterereignisse hervorgerufene Verluste setzen sich auf der Erzeugerseite schnell über Landesgrenzen hinweg fort. So ist beispielsweise mehr als die Hälfte der weltweiten Produktion von Kokosnussöl durch den Taifun Haiyan 2013 auf den Philippinen vernichtet worden. Bei diesem Sturm handelt es sich um den zweitstärksten Sturm seit Beginn der Wetteraufzeichnungen. Mit Windgeschwindigkeiten von 305 bis 315 Stundenkilometern war er im Zeitpunkt des Landfalls der stärkste tropische Wirbelsturm seit Menschengedenken. Bei Palmöl handelt es sich um das am zweithäufigsten genutzte pflanzliche Fett in der globalen Lebensmittelproduktion (Bundestagsdrucksache 18/9282, 2016, S.1). Das zeigt, dass Auswirkungen des Klimawandels auch in weit entfernten Ländern zu Beeinträchtigungen des Wirtschaftsstandorts Deutschland führen können. Die ökonomischen Folgen häufiger auftretender Hitzewellen und anderer meteorologischer Ereignisse erfordern angemessene Anpassungsstrategien und -maßnahmen. Deutschland ist gegenüber derartigen indirekten Folgen des Klimawandels als Export- und Handelsnation verwundbarer als andere Staaten. Gerade in der Verbindung zu asiatischen Schwellenländern bestehen im Hinblick auf den Warenaustausch große klimabedingte Risiken. Deutschland beabsichtigt diesbezüglich weitere Forschungen in Auftrag zu geben. Auch andere Aspekte spielen eine Rolle. Teilweise steigern sich die Abhängigkeiten. Große Teile des Warenimportes nicht nur Deutschlands erfolgen über den Hamburger Hafen. Die Bundesregierung sieht im Hinblick auf den Verkehrssektor jedoch lediglich eine mittlere Vulnerabilität (Fortschrittsbericht S. 53 ff.).

Am 21.12.2018 hat Deutschland die eigene Steinkohleförderung eingestellt. Gleichzeitig werden die extrem umweltschädlichen Braunkohlekraftwerke weiterbetrieben und gefährden die von der Bundesregierung gesetzten Ziele. Viele Schadenspotentiale der Braunkohle werden in der Öffentlichkeit so gut wie gar nicht erörtert. Dabei sind die Filter moderner Kohlekraftwerke die gewichtigste Einzelquelle für ultrafeine Partikel. Diese Ultrafeinstaubpartikel sind nicht nur für den Tod von Menschen verantwortlich – die Atmungsorgane können sie wegen ihrer geringen Größe nicht herausfiltern, seit alters her sind viele Bergleute an der Staublunge verstorben –, sondern sie verändern auch das regionale Klima erheblich und können Extremwetterereignisse auslösen. Gerade die geringe Größe dieser Nano-Partikel mit einem Durchmesser von weniger als 100 Nanometern – etwa tausendmal kleiner als der Durchmesser eines menschlichen Haares – kann dazu führen, dass diese als Kondensationskerne die Eigenschaften der Wolken und den Niederschlag beeinflussen. Je nach Windrichtung können die Partikelchen extreme Regenereignisse verstärken (von Brackel 2018). Die Kohlekommission legte Ende Januar 2019 Lösungsvorschläge vor, die die Braunkohlenutzung beschränken und zeitlich begrenzen. Die geltende Leitplanung der Landesregierung NRW sieht (noch) vor, dass RWE bis zum Jahre 2045 zwischen Köln und Aachen Braunkohle abbaggert (Wild-West-Gefahr 2019, S. 18).

Die Überhitzung der Innenstädte führt zu gesteigerten Risiken, vor allem wenn mehrere heiße Tage hintereinander folgen. Für Gegenmaßnahmen sind die Kommunen zuständig, die auch von den übrigen konkreten Maßnahmen die meisten durchführen sollen, obwohl viele Städte chronisch unterfinanziert sind und die notwendigen Investitionen nicht leisten können. Die seit zehn Jahren verbindlich festgelegten EU-Schadstoffgrenzwerte für Diesel-Fahrzeuge werden nicht eingehalten. Möglicherweise auch aufgrund der Investitionen in Stuttgart 21 und andere Großprojekte ist die Bahn nicht in der Lage Alternativen aufzuzeigen. Dessen ungeachtet ist in allen Schadenszenarien der Verkehrssektor ein besonders wichtiges Nadelöhr, wenn es um die Frage geht, wie die Redundanz des Systems (die Rückfallebene) funktioniert. Frei verfügbare Verkehrsinfrastrukturen und Mobilitätsoptionen fördern die Funktionalität der kritischen Infrastrukturen. Notwendige Maßnahmen können von diesen zeitnah umgesetzt werden (Personalverschiebungen, Reparaturen, Alarmierung von Bereitschaftsdiensten). Insgesamt wird die Resilienz gesteigert. Defizite im Verkehrs- und Mobilitätssystem, führen zum genauen Gegenteil. Bahnchef Lutz fordert im Dezember 2018 fünf Milliarden Euro zusätzlich vom Staat um die Fahrwege zu erneuern. Aber neben Stuttgart 21 muss die Bahn mit der neuen S-Bahn in München ein weiteres Milliarden Projekt im Süden stemmen. Die derzeit erwarteten Kosten von 7,7 bis 8,2 Milliarden Euro für Stuttgart 21 sind doppelt so hoch, wie ursprünglich veranschlagt, auch die 3 Milliarden für München werden nicht reichen (Köhn 2019, 22, Hartmann 2018).

Die schwedische Schülerin Greta Thunberg fasst den Auftrag an die Klimapolitik prägnant zusammen: »Im Jahre 2078 [...] vielleicht habe ich dann Kinder, die mich nach Euch fragen, warum Ihr nichts getan habt, als noch Zeit war etwas zu tun« (Polzin 2018a, S. 2). Deutschland sollte aufgrund seiner wirtschaftlichen Stärke und gut ausgebildeten Bevölkerung eine Vorreiterrolle übernehmen. Der Kohlekommission könnte dabei eine wichtige Funktion zukommen. Die Entwicklung um den Hambacher Forst zeigt, dass die Bürgerproteste gegen die Abholzung des Waldes zwar mit obergerichtlichen Entscheidungen konform gehen,[11] aber RWE seine Position nicht ändert. Das Zukunftsszenario, das Maja Lunde in »Die Geschichte der Bienen« (2017) beschreibt (die Menschen hungern und müssen die Obstbäume von Hand bestäuben), sollte vermieden werden. Besondere Wichtigkeit hat das Bewusstsein jedes einzelnen Menschen, im Klimawandel zu leben. In Deutschland fehlt es an einem derartigen flächendeckenden Bewusstsein, Einzelwissen über den Klimawandel bleibt eher folgenlos. Einzelne Aktionen zu unternehmen ist schön und nett, aber auf lokaler Ebene ist nach wie vor kein Bewusstsein über die Risiken und Auswirkungen des Klimawandels vorhanden. Auch im Bevölkerungsschutz, fehlt teilweise noch das Bewusstsein sich ebenfalls anpassen zu müssen. Ein entsprechender Bewusstseinswandel würde aber zu einer Steigerung der Resilienz führen.

Denn wie die Kommentatorin Nakissa Salavati in der Süddeutschen Zeitung (2018) zu Recht resümiert: »Der deutsche Wohlstand hängt vom Auto ab – aber noch viel mehr vom Klima«.

2 Politische Stresssituation

Andreas H. Karsten

Eine Reihe von Experten sieht derzeit einen Epochenwechsel[12]. Über Jahrhunderte erfolgte eine Konzentration der Macht:
- der Zweite Weltkrieg beendete die Welt, in der mehrere Weltmächte um die Vorherrschaft konkurrierten und
- das Ende des Kalten Krieges beendete die bipolare Welt des Ost-West-Konfliktes.

Derzeit – mit dem Machtverlust der USA (wirtschaftlich, politisch und als Vorbild) und den Machtzuwächsen von derzeitigen Mittelmächten (hier insbesondere China) – wird das Ende der unipolaren Stellung der USA eingeläutet. Ob die neue Ordnung wieder eine multipolare sein wird, wie es Ischinger (Ischinger 2018) vermutet oder die Macht Weniger generell verschwinden wird, wie es Naím voraussagt (Naím 2013), ist

---

11 Das Oberverwaltungsgericht Münster hat den Rodungsstopp bestätigt.
12 Die Analyse der außenpolitischen Situation Deutschlands folgt im wesentlichen Wolfgang Ischinger (Ischinger 2018). Die innenpolitische Situation sowie die Beschreibung der möglichen Auswirkungen auf die Kritischen Infrastrukturen in Deutschland beruht auf einer Vielzahl unterschiedlicher Zeitungsartikel und den daraus entstandenen eigenen Schlussfolgerungen.

B Betrachtungen zur aktuellen Stresssituation

derzeit nicht abzuschätzen. Aber einige Folgerungen werden in den nächsten Jahren unabhängig davon eintreten, welches Szenario sich entwickeln wird.

Das World Economic Forum (World Economic Forum 2017) identifizierte fünf Faktoren, die die geopolitischen Risiken vergrößern:
1. Rückgang der internationalen Kooperation
2. steigende gegenseitige Abhängigkeiten der Schlüssel-Risiko-Faktoren
3. Rückgang des Vertrauens in internationale Beziehungen
4. technologische Entwicklungen, die es ermöglichen, billig Waffen herzustellen
5. der sich beschleunigende soziale und technologische Wandel, der häufig schneller ist als die Reaktionsfähigkeit der Regierungen und Institutionen.

Daraus folgt, dass die Sicherheit Europas und damit Deutschlands nicht mehr ausschließlich von der Einsatzfähigkeit der Bundeswehr und der NATO abhängen wird, sondern vielmehr auch von den internationalen Finanz- und Rohstoffmärkten und dem Klimawandel. Deshalb bedarf es heute einer allumfassenden Herangehensweise der Politik.[13]

Die Macht von Nationalstaaten und internationalen Regierungsorganisatoren (z. B. der UN) wird schwinden. Damit verschwinden auch mehr und mehr die allgemein anerkannten politischen Spielregeln, wie zum Beispiel das Einhalten von einmal geschlossenen Verträgen. Die Macht der Herrschenden und Parlamente reduziert sich, weil nichtstaatliche, demokratisch nichtlegitimierte nationale und internationale Interessengruppen (wie der ADAC, Greenpeace, die Deutsche Umwelthilfe, religiöse Gruppen, der Islamische Staat, El Kaida usw.) die Politik mehr und mehr beeinflussen. Einige dieser Gruppen steigern die Resilienz, andere die Vulnerabilität unserer Gesellschaft.

Von vielen als selbstverständlich erachtete Werte (z. B. Menschenrechte entsprechend der westlich geprägten UN Menschenrechtscharta, Multilateralität, freier Welthandel) stehen heute mehr und mehr zur Disposition. Und dies nicht nur für asiatische und afrikanische Menschen, sondern auch für westliche. Alleine die Infragestellung der gegenseitigen Unterstützung entsprechend Artikel 5 des NATO-Vertrages und dadurch impliziert des nuklearen Schutzschirms der USA für Europa führt zu erheblichen konventionellen Aufrüstungsbemühungen einiger

---

13 Siehe dazu das »Weißbuch der Bundesregierung zur Sicherheitspolitik und zur Zukunft der Bundeswehr« und die Leitlinien der Bundesregierung »Krisen verhindern, Konflikte bewältigen, Frieden fördern«.

2 Politische Stresssituation

NATO-Mitglieder, was wiederum zu einer Gegenreaktion benachbarter Nicht-NATO-Länder führen kann und dadurch die Sicherheitsarchitektur Europas schwächen könnte. Ob eine europäische (EU-)Armee die Sicherheitssituation in Europa eher stärkt oder schwächt, wird seit De Gaulles-Zeiten immer wieder kontrovers diskutiert. Aber auch das Ende des freien Welthandels wird – zumindest vorübergehend – die Vulnerabilität der Wirtschaft erheblich vergrößern.

Weltweit ist ein erheblicher Vertrauensverlust feststellbar: Staaten vertrauen sich nicht mehr (selbst innerhalb der EU) und Bürger vertrauen den Regierungen und den Eliten[14], den Medien[15] nicht mehr. Dieses wird von einigen Regierungen und Gruppen dazu genutzt, die öffentliche Meinung in anderen Ländern zu manipulieren, um Unruhen zu verursachen oder Wahlen zu beeinflussen. Dazu verwenden sie insbesondere das Internet und deren Tools wie Facebook und Twitter. Weitere Schlagworte sind hier »Fake News«, »Informationsüberflutung/Big Data«, »Wikileaks« und »Post-faktisches Zeitalter«. Der Vertrauensverlust betrifft alle Sektoren der Kritischen Infrastrukturen und erhöht signifikant deren Stresspegel, wodurch deren Resilienz abnimmt.

Selbst erfolgreiche Entwicklungen der letzten Jahre erhöhen den Stress in einigen Bereichen sowohl für die direkt betroffenen Staaten wie für anscheinend unbeteiligte.

Überaus positiv entwickelte sich z. B. die globale Lebenserwartung der Menschen:
- Reduzierung der Kindersterblichkeit
- Späterer Eintritt des Todes
- Abnahme der Opfer durch kriegerische Gewalt
- Besiegung von etlichen schweren Krankheiten
- Abnahme der globalen Armut.

Gleichzeitig stieg die Alphabetisierungsrate deutlich an sowie – dank des Internets, das heute selbst im abgelegensten Dorf zur Verfügung steht – die Bildungs- und Informationsmöglichkeiten.

Eine Folge dieser Entwicklung ist, dass in vielen Staaten eine junge, gut ausgebildete, teilweise hoch motivierte Generation die Welt – besonders ihre eigene – zum Besseren verändern möchte. Diese überaus positive Entwicklung kann aber auch zu erheblichen Stresssteigerungen und zu Schockereignissen führen. So wächst zum Beispiel die globale Mittelschicht. Das bedeutet wiederum, dass sich u. a. immer mehr

---

14 Siehe z. B. die Diskussionen um das Impfen.
15 Stichwort »Lügenpresse«.

Menschen ein Auto leisten können und wollen. Dadurch steigen aber auch der Ressourcenverbrauch und die Umweltverschmutzung (u. a. in China). Letztere führt zu einem beschleunigten Klimawandel.

Was es bedeuten kann, wenn die Zukunftswünsche junger, gut informierter Menschen nicht befriedigt werden, zeigen die Entwicklungen in der arabischen Welt sowie in weiten Teilen Afrikas, Asiens und Südamerikas, wo das Ausüben eines Berufs häufig die Voraussetzung für junge Männer ist, um eine eigene Familie gründen zu können.

Die friedliche Reaktion ist die Migration. Sie belastet zum einen die Zielländer aber auch die Herkunftsländer, da dort der prozentuale Anteil gut ausgebildeter Menschen sinkt. Was Ischinger über die DDR-Flüchtlinge aus der Prager Botschaft von 1989 schrieb: »Hier ging es nicht um staatsrechtliche und völkerrechtliche Vereinbarungen. Hier ging es um persönliche Gefühle und Ängste, es ging um Hoffnungen und Frustrationen, auch um Entbehrungen, die die Menschen zu ertragen hatten, und um Erlösung,« gilt heute für die vielen »Wirtschaftsflüchtlinge« auf der gesamten Welt. Was für die DDR-Bürger das westdeutsche Fernsehen war (ein Fenster zum Wohlstand), ist heute das Internet für die Menschen in armen Regionen.

Die unfriedliche Reaktion ist ein Abdriften dieser Menschen in terroristische Vereinigungen. Perspektivlosigkeit ist ein Grund von vielen, um sich dem Islamischen Staat, Boko Haram oder El Kaida anzuschließen. Nur Zyniker werden als Lösung die Umkehrung der oben beschriebenen positiven Entwicklungen vorschlagen. Die Lösung liegt vielmehr darin, die Perspektivlosigkeit zu beenden.

Die Veränderungen der letzten Jahre fördern den internationalen Terrorismus. Neben dem direkten Einfluss auf unsere Gesellschaft – durch das Schockereignis eines Anschlages (siehe Kapitel D.3.2) – erhöht er aber auch das Stressniveau. Mit Abstand die meisten Anschläge erfolgen im Irak, in Afghanistan, Pakistan, Nigeria und Syrien, wobei derzeit (Stand Ende 2018) eine erhebliche Gefahr besteht, dass sich der Terror weiter nach Nordafrika ausbreitet. Die Sicherheitssituation in allen diesen Ländern ist eine wesentliche Ursache für die Flüchtlingsströme aus diesen Ländern und damit auch ein bedeutender Stressfaktor für Deutschland.

Betrachtet man die Anzahl der Asylbewerber für 2018 bezüglich ihrer Herkunftsländer, so stellt man fest, dass Syrien an Platz 1 steht, gefolgt von Irak, Nigeria und Afghanistan. Einige dieser Länder haben auch einen erheblichen direkten Einfluss auf den Kritis-Sektor Energie und somit indirekt auf alle anderen: Irak, Nigeria und zukünftig unter Umständen Afghanistan sind bedeutenden Erdöl- und Erdgasexporteure.

Die Erdöl- und -gasversorgung ist auch entscheidend abhängig von der politischen Situation im Mittleren Osten. Die Schiffsrouten aus dem Arabischen Golf,

2 Politische Stresssituation

durch die Straße von Hormus, den Golf von Aden, dem Bab al-Mandab, dem Roten Meer und dem Suezkanal, werden »eingerahmt« von einigen der momentan gefährlichsten Krisen der Welt: Syrienkonflikt, Irakkonflikt, die zerfallenden Staaten Jemen und Somalia, Spannungen zwischen Saudi-Arabien und Iran, Israel und Iran sowie Israel und Palästina, das Ausbreiten des Terrorismus auf den Sinai, die Konflikte im Sudan und im Südsudan, und zukünftig das Nildelta, das durch den im Bau befindliche Nilstaudamm in Äthiopien zu versalzen droht.

Aber auch die Konflikte in den Regionen der ehemaligen Sowjetunion (Ukraine – Russland, Russland – Tschetschenien, Bergkarabach, Transnistrien, Südossetien und Abchasien) sowie zwischen der türkischen Regierung und der PKK beeinflussen den globalen Erdöl- und Erdgasmarkt. Diese gesamte Region liegt zwischen den arabischen/iranischen Lagerstätten und Europa.

Die Kriege, Bürgerkriege in Afrika – laut der Bundesregierung unser Nachbar, um den wir uns besonders kümmern müssen – beeinflussen die Flüchtlings- und Migrationssituation in Europa sowie die Rohstoffversorgung der Kritischen Infrastrukturen. Großen Einfluss auf Deutschland haben die Auseinandersetzungen in Mali, dem Sudan, im Kongo, Somalia, Südsudan und Libyen. Neben Erdöl und Erdgas besitzen einige dieser Staaten erhebliche Vorkommen an Seltenen Erden (besonders der Kongo), die für die Produktion von moderner IT-Technologie (z. B. Smartphones) bedeutend sind. Aus diesen Ländern stammt aber auch ein Großteil der Flüchtlinge und Migranten im größten Flüchtlingslager der Welt in Dadaab, Kenia. Zu Spitzenzeiten lebten in diesem Lager bis zu 500.000 Menschen, von denen viele als einzige positive Perspektive für ihr weiteres Leben, ein Leben in Europa oder Nordamerika ansehen.

All diese kriegerischen Konflikte sind keine klassischen Kriege zwischen Staaten. Vielmehr kämpfen Gruppen (teilweise mit Unterstützung anderer Staaten) gegen die eigene oder eine fremde Regierung. Die Grenze zwischen polizeilicher Terrorabwehr und Landesverteidigung und damit zwischen Innen- und Außenpolitik verwischen immer mehr. Dies bedingt, dass nur ressortsüberschreitende Lösungsansätze erfolgreich sein werden.

Schaut man von Deutschland aus auf Asien, so muss man vor allem zwei Entwicklungen im Auge behalten: zum einen den Aufstieg Chinas und zum anderen der Konflikt zwischen Nord- und Südkorea- bzw. zwischen Nordkorea und den USA.

China entwickelt sich neben den USA zum zweiten Global Player. Dabei steht es innenpolitisch vor großen Herausforderungen (politisch aufgrund des Status quo Taiwans, ethnisch in Tibet und Xinjiang, demographisch aufgrund der Einkind-Politik sowie aufgrund der Umweltverschmutzung). Außenpolitisch bestehen erhebliche Konfliktpotentiale zu den benachbarten ASEAN-Staaten im Südchinesischen Meer, zu Japan, Südkorea und den USA sowie aufgrund des »Kampfes um Ressourcen« zu

Afrika. Sollte es zu instabilen Verhältnissen in China kommen, so hätte dies kaum absehbare Folgen auch für die Betreiber der deutschen Kritischen Infrastrukturen.

Der Koreakonflikt beinhaltet die Gefahr einer nuklearen Auseinandersetzung in Ostasien. Welche wirtschaftlichen Folgen alleine die großflächige Freisetzung von radioaktivem Material bringt, zeigte der Nuklearunfall von Fukushima.

Aber nicht nur im pazifischen Raum besteht die Gefahr eines nuklearen Krieges. Auch zwischen den westlichen Kernwaffenstaaten und Russland ist eine nukleare Auseinandersetzung zwar eher unwahrscheinlich, aber nicht ausgeschlossen.

Wie sich der Stresspegel für die deutsche Wirtschaft durch eine instabile EU verstärkt, zeigte sich in den letzten Jahren anhand der Griechenlandkrise, des Katalonien-Konflikts und besonders des Brexits.

Die Kritischen Infrastrukturen sind ein wichtiges Ziel in der hybriden Kriegsführung. Unter hybriden Bedrohungen versteht man den planvollen, nichtlinearen Einsatz von Mitteln aus den Bereichen Diplomatie/Politik, Propaganda, Wirtschaft, Finanzen, Recht, Geheimdienste und Militär. Ziel ist es, unterhalb der Schwelle eines Krieges die Handlungs- und Reaktionsfähigkeiten eines Gegners zu verringern.

Ein Grundprinzip eines hybriden Angriffes ist die möglichst lange Verschleierung. Um Zeit für die Analyse zu bekommen (man darf ja nicht gegen den falschen Aggressor zurückschlagen), ist es notwendig, möglichst lange handlungsfähig zu bleiben. Aber Robustheit gegenüber bekannten Bedrohungen ist nicht ausreichend. Ein Staat muss heute auch auf »nicht vorstellbare« Angriffe vorbereitet sein. Und dies gelingt nur, wenn man entsprechend resilient aufgestellt ist. Darauf wies auch die Bundesregierung in einer Kleinen Anfrage der Fraktion Die Linke 2016 hin.

Da Deutschland mit seinen See- und Flughäfen, zusammen mit denen in den Niederlanden, eine wichtige Logistikdrehscheibe für die NATO darstellt, sind die deutschen Kritischen Infrastrukturen selbst bei einem hybriden Angriff auf ein anderes NATO-Land bedroht. Da solch ein Angriff mit den unterschiedlichsten Mitteln erfolgen kann, bedarf es gesamtgesellschaftlicher Abwehrbemühungen.

Zwei Angriffspunkte sind heute von besonderer Bedeutung: Zum einen die öffentliche Meinung (»Fake News«, »Lügenpresse«) und zum anderen die nichtlinearen Verflechtungen von Ursache und Wirkung in Bezug auf Kritischen Infrastrukturen. Bei beiden spielt das Internet eine wichtige Rolle, mit dessen Hilfe man unbemerkt »hinter die Linien des Gegners« kommen kann (siehe dazu auch Kapitel D.3.3). Der Kritis-Sektor »Medien und Kultur« ist vornehmlich durch das Säen von Zweifeln, Zwietracht, Unsicherheit und Relativierung (»Alternative Fakten«) gefährdet. Aber auch die Reputation von Betreibern anderer Kritischer Infrastrukturen kann erheblich beschädigt werden, was problematisch wird, wenn der Betreiber dadurch in den Konkurs getrieben wird.

Aber auch innenpolitisch steigert sich die Stresssituation für die Kritis-Betreiber. Grundlegende Entscheidungen der letzten Jahre zeigen bereits Auswirkungen auf deren Resilienz. Der Einfluss der 2009 verabschiedeten Schuldenbremse lässt sich nur langfristig rückblickend beurteilen. So erhöht die Fähigkeit der öffentlichen Hand, mittels Rücklagen oder Kreditaufnahmen sehr kurzfristig Geld außerplanmäßig zur Verfügung stellen zu können, die Reaktionsfähigkeit während eines Schockereignisses. Wenn dadurch allerdings die allgemeine Infrastruktur und die Bildung vernachlässigt werden, reduziert sich langfristig gesehen, die Fähigkeit, auf Schocks und Stress adäquat reagieren zu können. Gerade eine Vernachlässigung der Bildung könnte dazu führen, dass zukünftig nicht mehr genügend geeignete Mitarbeiterinnen und Mitarbeiter für den Betrieb der Kritischen Infrastruktur und fähige Krisen- und Katastrophenmanager für Krisensituationen zur Verfügung stehen. Ob dieser Mangel auf dem internationalen Arbeitsmarkt behoben werden kann, ist zumindest infrage zu stellen.

Auch die Kombination von im ersten Anschein voneinander unabhängigen Entwicklungen (Zuständigkeitsveränderungen zwischen der EU und Mitgliedsstaaten, Abnahme der ethischen Einstellung bei Industriemanagern und die Gründung eines kleinen Vereins zum Schutz der Verbraucher mit internationalen Vernetzungen), kann den Stress für einen Kritis-Sektor eskalieren lassen. Derzeit kann noch nicht abgeschätzt werden, ob die Gesetzgebung der EU, das Verhalten von Kfz-Herstellern und die Klagen bezüglich Feinstaub die Stresssituation im Kritis-Sektor Verkehr (z. B. durch Fahrverbote auf der A40) erhöhen wird. Ob Kaskadeneffekte einen etwaigen Stressanstieg auch auf andere Sektoren ausweiten wird, wird sich erst noch zeigen müssen.

All diese Entwicklungen steigern die allgemeine Unsicherheit. Die Prognosen über die Zukunft wechseln immer schneller von einem Extrem (Fukuyamas »Ende der Geschichte«) zu dem anderen (Armageddon) oder es werden erst gar keine Prognosen mehr aufgestellt.

Zu dieser Unsicherheit kommen reale, aber häufig überschätzte Gefahren, wie Waldsterben, Zika-Virus, Vogel- und Schweinegrippe, Maul- und Klauen-Seuche oder auch Flugzeugunfälle.

Die Menschheit zerfällt in Super-Optimisten und Angsthasen. Menschen mit einer gesunden Mitteleinstellung werden immer geringer. Ein Staat kann deshalb nur resilient sein, wenn sich seine Organe auf das Unerwartete vorbereiten. Sie müssen nicht mehr die Abwehr konkreter Gefahren erlernen, sondern eine agile Gefahrenabwehrkompetenz entwickeln; oder nach Odo Marquart »Inkompetenzkompensationskompetenz« erwerben.

3 Sicherheitspolitik und Resilienz

Dirk Freudenberg

Sicherheitspolitische Lage und Herausforderungen
Mit der Wende 1989 und vor allem mit dem Zerfall der Sowjetunion und der bipolaren Ordnung nach 1991 wurde rasch deutlich, dass nicht der ewige Frieden ausgebrochen war. Mit den kriegerischen Auseinandersetzungen auf dem Balkan war ab Mitte der 1990er Jahre auch für Deutschland klar, dass es sich als europäische Mittelmacht nicht aus den aufbrechenden Auseinandersetzungen mit dem Hinweis auf die »Lasten der Vergangenheit« und der »Verantwortung vor der eigenen Geschichte« heraushalten konnte. Die neuen Sicherheitsprobleme waren nunmehr nicht das Vorhandensein militärischer Potentiale, sondern Kleine Kriege, funktionsgestörte und in ihren Institutionen gestörte Staaten mit inneren Konflikten und unzureichenden politischen, administrativen, wirtschaftlichen und zivilen Strukturen (Gärtner 2006, S. 5 ff.) Weiterhin zeichnete sich bald ab und wurde spätestens mit dem 11. September 2001 offenbar, dass Bedrohungen für das eigene Staatsgebiet auch aus weiter entfernt gelegenen Regionen von nicht-staatlichen Akteuren ausgehen können, so dass sich der außen- und sicherheitspolitische Fokus in einen globalen Rundumblick ändern musste. Nunmehr gilt es festzustellen, dass sich mit der geänderten sicherheitspolitischen Lage auch die Fokussierung der deutschen Außen- und Sicherheitspolitik verändert hat. Von einer starren Orientierung auf den Ost-West-Konflikt und den damit verbundenen (Selbst-) Beschränkungen hat sich die Wahrnehmung inzwischen zu einer Rundumsicht geändert, welche auch für geographisch weiter entfernt liegende Herausforderungen sensibilisiert ist (vgl. Freudenberg, 2017(b), S. 175). Die Auseinandersetzungen zwischen Russland und der Ukraine sowie die daraufhin einsetzende Konfrontation zwischen dem Westen und Russland im Frühjahr 2014 belegen, dass Kriege offenkundig nicht so fern und ausgeschlossen sind, wie sich das viele in Europa vorgestellt und gewünscht haben (Varwick 2014, S. 7). Hier zeigt sich also, dass langfristige Vorhersagen zur politischen Stabilität geopolitischer Räume durchaus kritisch zu hinterfragen sind: Zum einen ist zu ermitteln, wie die Parameter der Vorhersage begründet sind, und was zum anderen die Annahmen berechtigt, qualitative Aussagen zu einer solch vorausgreifenden Entwicklung zu treffen. Das Eingeständnis der NATO, dass dieses

3 Sicherheitspolitik und Resilienz

Ereignis so nicht erwartet wurde – die NATO also überrascht wurde (N. N. 2014; vgl. Schlitz 2014) – ist signifikant, da sie die Bedingtheit derartiger sicherheitspolitischer Prognosen unterstreicht. Inzwischen sieht sich jedenfalls die NATO gezwungen, sich auf ihren ureigenen Kern, die kollektive Verteidigung, zurückzubesinnen (Varwick/ Matlé 2014, S. 2; vgl. Varwick/Matlé 2017, S. 121 ff.; vgl. U.S Army War College 2017 a und b). Tim Marshall vertritt daher die Auffassung, dass »der Schock« der Krim-Annektion (neben dem des russisch-georgischen Krieges) wieder die Aufmerksamkeit auf das uralte Problem eines möglichen Krieges in Europa gelenkt habe (Marshall 2017, S. 126). Das Weißbuch von 2016 räumt nunmehr auch ein, dass die Renaissance klassischer Machtpolitik, die den Einsatz militärischer Macht zur Verfolgung nationaler Interessen vorsieht und mit erheblichen Rüstungsanstrengungen einhergeht, die Gefahr gewaltsamer zwischenstaatlicher Konflikte – auch in Europa und seiner Nachbarschaft – erhöht (Bundesministerium der Verteidigung 2016). Die sicherheitspolitische Lage Deutschlands wie auch die politische Bedrohungsperzeption haben sich dementsprechend inzwischen insofern geändert, als dass auch kriegerische Ereignisse und deren direkte oder indirekte Auswirkungen auf Deutschland wieder stärker zu betrachten sind. Diese Erkenntnisse haben erhebliche Auswirkungen auf den seit den 1990er Jahren stark zurückgefahrenen und zu wesentlichen Teilen abgebauten Zivilschutz in der Bundesrepublik Deutschland (Müller 2015, S. 3). Diese aktuellen Risiko- und Bedrohungsperzeptionen überlagern oder verdrängen nicht die Bedrohung durch den Transnationalen Terrorismus, sondern stehen daneben. Das nicht alle möglichen Gefährdungen eintreten, kann pragmatisch als Entlastung gewertet werden, politisch und strategisch jedoch nicht (Jäger/ Daun 2013, S. 583). Daher muss sich Deutschland dementsprechend auf unterschiedliche und vielfältige Bedrohungen und Risiken einstellen (vgl. Die Bundesregierung 2016, S. 34 ff; vgl. Ehrhart/Neuneck 2015 und 2016). Mithin ist die sicherheitspolitische Lage vielschichtiger, komplexer und insgesamt unübersichtlicher geworden. Demgemäß ist die Schwierigkeit gestiegen, die sicherheitspolitische Situation umfassend zu erfassen, einzuordnen und zu bewerten. In der Literatur ist häufig von einem »Weltordnungskonflikt« die Rede, in dem es vornehmlich darum gehe, in der Auflösung von alten Ordnungen nach dem Ende des weltumspannenden bipolaren Systems und dem Beginn einer intensivierten Globalisierung sowie dem Widerstreit unterschiedlicher Ordnungssysteme, diese miteinander kompatibel zu gestalten, bis hin zu gewaltsamen Konflikten um unterschiedliche Konzeptionen der »Ordnung der Welt« (Herberg-Rothe 2010, 38; vgl. Masala 2016 und Key-young et al. 2017). Zugleich wird ebenso festgestellt, dass die Welt in Richtung Unregierbarkeit treibe (Menzel 2016, S. 4) und sich »… unsere Werte in einer Welt in Unruhe neu behaupten müssen.« (von Geyr 2017, S. 86) Allerdings wurde bereits Mitte der

B   Betrachtungen zur aktuellen Stresssituation

1990er Jahre vor dem Hintergrund des Umbruchs der Weltpolitik über die Entstehung einer »neuen Unübersichtlichkeit« und der Herausbildung einer »neuen Weltunordnung« geschrieben (Matthies 1994, S. 8).

Die seinerzeit auftretenden Herausforderungen erreichten ihren Höhepunkt mit dem Auftreten des Transnationalen Terrorismus und den Anschlägen vom 11. September 2001 sowie einer hieraus folgenden Besinnung auf einen umfassenden Sicherheitsbegriff einschließlich des Erfordernisses eines vernetzten Lösungsansatzes. (Spätestens) mit den kriegerischen Ereignissen in Ostmitteleuropa und der Ukraine ist deutlich geworden, »[...] dass Russland [sich weigert], die Rolle des Verlierers fortzusetzen und mit dem Phantomschmerz durch den Verlust des Sowjetimperiums weiterzuleben und [deshalb ein Veto über alle Weltangelegenheiten verlangt].« (Stürmer, 2017, S. 16) Die Sowjetunion war eine nukleare Supermacht mit einem ideologisch begründeten Weltherrschaftsanspruch. Ein solcher Weltherrschaftsanspruch kann dem heutigen Russland sicherlich nicht unterstellt werden. Gleichwohl haben insbesondere die ostmitteleuropäischen Staaten – insbesondere Polen und Ungarn – sowie die baltischen Staaten eine deutliche Bedrohungsperzeption erfahren. Es geht Russland gewiss zumindest darum, seinen Interessens- und Einflussbereich gegenüber dem Westen und insbesondere der NATO klar abzustecken und mit den USA weltpolitisch wieder auf Augenhöhe zu kommen sowie als gleichberechtigter, global-agierender sicherheitspolitischer Akteur wahr- und ernstgenommen zu werden. Diese Ambitionen Russlands sind nicht neu; verändert haben sich allerdings die außenpolitischen Instrumente sowie die Bereitschaft, zur Durchsetzung russischer Interessen hohe Risiken einzugehen (Klein 2017, S. 37) und zur Erreichung politischer Ziele auch militärische Macht einzusetzen (Lucas 2017, S. 22). Die Spannungen im russisch-westlichen Verhältnis stellen demgemäß auch eine ernste Gefahr für die Sicherheit im euro-atlantischen Raum dar und zeigen, dass die Idee einer »strategischen Partnerschaft«, wie sie auch von Deutschland ambitioniert verfolgt wurde (vgl. Bundesakademie für Sicherheitspolitik 2010), erst einmal eine Vision bleibt (Klein 2017). Diese internationalen Konfliktlagen werden nunmehr nicht (wieder) durch die Anspannungen im russisch-westlichen Verhältnis überlagert oder gar eingedämmt, sondern sie bestehen hiervon weithin unabhängig weiter fort. Somit ist nicht nur die globale sicherheitspolitische Lage durchweg komplexer geworden, sondern, es hat sich auch das Akteursfeld mit seinen unterschiedlichsten Interessen und Machtansprüchen vervielfältigt. Staaten versuchen auch weiterhin, Regeln zu setzen, in deren Rahmen sich nichtstaatliche Akteure bewegen müssen, allerdings wird dies zunehmend schwieriger (Masala 2017, S. 25). Demgemäß versuchen die großen institutionellen sicherheitspolitischen Akteure auf der internationalen Ebene – vor allem die VN und die NATO – wie auch auf der supranationalen

3 Sicherheitspolitik und Resilienz

Ebene – die EU – seit geraumer Zeit ihre jeweilige Rolle, ihr Innenverhältnis sowie ihre Außenbeziehungen neu zu finden und zu definieren und ihre jeweiligen Strukturen und Fähigkeiten umfassend anzupassen, Eben diese Strukturen sind heute nicht mehr in jedem Fall deutlich zu identifizieren. Der Zerfall der bipolaren Ordnung, das Hinzutreten zahlreicher Mittelmächte in das internationale Konzert politischer Macht und unzähliger nichtstaatlicher Akteure, welche transnational und zum Teil global agierend Einfluss auf das internationale Herrschaftsgefüge nehmen (wollen), sind die wesentlichen Ursachen hierfür. Desgleichen ist es inzwischen allgemein anerkannt, dass die Grenzen äußerer und innerer Sicherheit zunehmend verschwimmen oder gar verschmelzen. Demzufolge sind auch die Rechtfertigungen überkommener Zuständigkeiten und Kompetenzen von Innen- und Außenpolitik fragwürdig geworden.

Die westliche Staatenwelt sieht sich nun vor der Situation, die Bezugspunkte politischer Strategie umfassend anzupassen und neu zu justieren (vgl. Freudenberg 2017 a und b). Insbesondere die EU ist von den Wirkungen zentrifugaler Kräfte auf finanzieller wirtschaftlicher Art, der Loslösung der Briten aus der EU wie auch die Bestrebungen von nationalen autochthonen Minderheiten nach Autonomie und Souveränität betroffen,[16] was sich auch auf die politischen und strukturellen Handlungsmöglichkeiten und daraus abgeleiteten Fähigkeiten, insbesondere auf den gemeinsamen Interessens- und Willensbildungsprozess einer gemeinsamen Außen- und Sicherheitspolitik auswirken muss. Dementsprechend ist es ein wesentlicher Faktor, dass es zu der Vielfalt an Gefährdungsursachen kommt, dass diese unter den Bedingungen allgemeiner Effektivitäts- und Beschleunigungseffekte immer weitreichendere Wirkungen zeigen, die sich jenseits von zuvor scheinbar festen Grenzen auf verschiedensten Wegen miteinander verbinden, und dass derartige Gefahrenkomplexe eine hohe politische, strategische Steuerung erforderlich machen (Jäger/Daun 2013, S. 583).

Sicherheitspolitik und die Antizipation von Risiken und Bedrohungen
Sicherheitspolitik beinhaltet zunächst zwei entscheidende Komponenten – Die Analyse und die zukunftsbezogene Projektion der aus der Analyse herausgearbeiteten Erkenntnisse. In der Politikwissenschaft wird mittels Analyse versucht, die unter der Oberfläche der Erscheinungsform eines Untersuchungsgegenstandes liegenden spezifischen Kausal-, Struktur-, Funktions- oder sonstigen Elemente und Relationen ausfindig zu machen (Analyse: Nohlen 1994, S. 23). Erst aus der Analyse lassen sich zutreffend

---

16 So hatte Prof. Dr. Gerhard Ritter an der Universität Würzburg bereits in den 1980er Jahren zahlreiche Seminare zu »Autochthonen Minderheiten in Europa« abgehalten.

richtungsweisende zielführende Ableitungen für das (denkbare) machtpolitische Handeln – sowohl für das anderer Akteure, als auch für das eigene – treffen. Eigene Perzeptionen, welche sich aus historischen Erfahrungen speisen, sind nicht zu ignorieren, aber doch dahingehend kritisch zu hinterfragen, ob die ihnen zu Grunde liegenden Faktoren und Kontexte sowie ihre Kausalitäten noch für die Zukunft Bestand haben und dementsprechend Wirkung erzeugen können. Eine andere Form des Vorgehens läuft Gefahr, lediglich Parallelen zu erzeugen, welche wesentliche Faktoren unberücksichtigt lassen oder falsch einordnen oder auch unzutreffend gewichten und somit für die tatsächlich relevanten Schlüsse allenfalls Analogien darstellen, die die Wirklichkeit aber nicht (mehr) erfassen bzw. vollumfänglich abbilden. Folglich dürfen Analogieschlüsse kein Ersatz für eine umfangreiche Untersuchung sein, und auch die unreflektierte Betrachtung der Vergangenheit ohne Differenzierung des Kontextes, ist für eine Übertragung auf eine aktuelle wie auch zukünftige Situation unzureichend und ungenügend. Die Vergangenheit ist – wie Max Boot es ausdrückt – wohl ein ungewisser Führer in die Zukunft; er ist aber der Einzige, den wir haben (Boot 2003, S. 336). Folgerichtig sollte die Geschichte keineswegs ausgeblendet werden, jedoch muss sie sowohl für die Beurteilung der Gegenwart wie auch insbesondere für die Vorausschau in die Zukunft kritisch reflektiert betrachtet werden. Es mag also sehr wohl in der Geschichte Parallelen geben. Allerdings bedeutet »Parallele« nicht unbedingt »Wiederholung«, eine Wiederkehr ohne Abweichungen. Dementsprechend mag es in der Geschichte Entwicklungen geben, welche phasenweise oder auch nur punktuell gleich verlaufen bzw. Übereinstimmungen aufweisen. Allerdings dürfen Parallelen in der Geschichte auch nicht überstrapaziert werden. Der Rückgriff auf bekannte Verhaltensmuster schließt nicht aus, dass Anpassungen, Modifikationen und auch Innovationen vorgenommen werden, die auch zu neuen Modi Operandi führen. Insofern dürfen Analogieschlüsse nicht die Analyse ersetzen. Dementsprechend muss Sicherheitspolitik antizipatorisch sein; ansonsten bereiten sich Sicherheitsakteure lediglich auf das letzte Ereignis vor und werden von den Innovationen ihres Gegenübers überrascht (Freudenberg 2017 b, S. 43). Man kann ein solches Verhaltensweise also gleichsam einem »Maginotdenken«[17] als Synonym für ein erfahrungsgeprägtes,

---

17 Als hervorragendes Beispiel kann hier der Ansatz der Franzosen nach dem 1. Weltkrieg herangezogen werden. Im Glauben an die Strategie des Krieges 14/18 vertrauten sie darauf, sie könnten die Deutschen mit dem Bau einer gewaltigen Festungsanlage, der Maginotlinie an ihrer Ostgrenze erfolgreich aufhalten. Dieses »Maginotdenken«, also das sich Verlassen auf die Stellungskriegsführung führte dazu, dass die technischen und militärischen Innovationen der Zwischenkriegszeit in ihrer strategischen Bedeutung sowie die sich hieraus ergebenden Möglichkeiten operativer Führung nur unzureichend erkannt und ignoriert wurden, was 1940 zur Niederlage der Franzosen führte. Vergleiche auch zum Frankreichfeldzug 1940 (Frieser 2012).

starres Festhalten an überkommenen und gleichsam überholten Konzepten bezeichnen, welche sich einer – vor dem Hintergrund wesentlicher Lageentwicklungen bzw.--änderungen – angepassten vorurteilsfreien Beurteilung der Lage entziehen bzw. diese verweigern (Freudenberg 2017 b, S. 28). Ein solches Verhalten begegnet uns immer wieder. Clausewitz hatte bereits einen entsprechenden Gedanken geäußert, als er in einem Brief an Gneisenau bezüglich auf die Feldzugsplanungen gegen Frankreich während der Freiheitskriege äußerte: »… [E]s gehört nichts anderes als der Takt des Urteils dazu, um in einem Augenblick das Falsche des ganzen Räsonnements zu erkennen, was man aus Zeiten und Verhältnissen entlehnt, die den jetzigen ganz unähnlich sind.« (von Clausewitz 1953, S. 224) Dementsprechend war Clausewitz' Theorieansatz antizipatorisch und auch heutige Sicherheitspolitik muss den Anspruch haben, antizipatorisch zu sein, um bewusst mögliche Entwicklungen vorwegzunehmen und gegebenenfalls tunlichst steuernd hierauf einwirken zu können.

Der Weltraum als geopolitischer Raum
Politik wird im Raum gemacht. Auch der Weltraum wird zunehmend als sicherheitspolitische Dimension mit strategischer Bedeutung wahrgenommen. Weltraumpolitik ist Sicherheitspolitik – erst danach bedeutet der Weltraum Technik oder Recht (Freudenberg 2017 b, S. 339 und Hobe 2014). Für die Bundesrepublik Deutschland hingegen existiert derzeit kein weltraumpolitischer – sicherheitspolitischer und völkerrechtlicher – Rahmen für die staatliche Sicherheitsvorsorge. Gleichwohl kommt diesem Raum wegen der strategischen Möglichkeiten und der zunehmenden Nutzung – militärisch aber auch zivil sowie der dual-use-Fähigkeiten – und der damit verbundenen Abhängigkeiten eine steigende Bedeutung zu. Das gilt selbstverständlich auch für Europa (Remuss 2010, S. 151). Allerdings hat in Deutschland der diesbezüglich reservierte Standpunkt erst seit einigen Jahren zu erodieren begonnen und es gibt eine Entwicklung, auch sicherheitspolitische Anwendungen der Raumfahrt zu betonen, um Deutschlands Stellenwert als europäischer und transatlantischer Partner zu stärken (vgl. Vielhaber et al. 2003, S. 62 f.). Das Weißbuch von 2016 stellt dazu fest, dass sich das Thema »Weltraumsicherheit« für die Staatengemeinschaft zu einem zentralen Faktor entwickelt (Bundesministerium der Verteidigung 2016). Für Schmid (2014, S. 415) wird die Wirksamkeit europäischer Streitkräfte im 21. Jahrhundert unter anderem davon abhängen, ob der Anschluss an relevante Entwicklungen, insbesondere in neu erschlossenen Räumen wie dem Welt- und dem Cyberraum gewahrt werden kann. Der Weltraum ist bereits jetzt zur Schlüsselregion im Wettlauf um die besten Informationen und Verbindungen geworden (Rinke/Schwägerl 2015, S. 195).

B   Betrachtungen zur aktuellen Stresssituation

Cyberbedrohungen und Cyberraum
Zu den neuartigen Bedrohungen, welche die negative Kehrseite moderner Informationstechnologie darstellt, sind Bedrohungen im und aus dem Cyberraum (vgl. Bundesministerium der Verteidigung 2016, S. 36 ff./Schönbohm 2017, S. 57 ff.), als kriminelle Handlungen oder auch als kriegerische Akte (Cyber War) vorgenommen. Es handelt sich hierbei um gezielte, politisch motivierte Angriffe mit Hilfe der Informationstechnologie (IT) und/oder auf die IT mit gewaltgleichen Auswirkungen auf Leben und Gesundheit der Bevölkerung oder die wirtschaftliche und/oder die politische Handlungsfähigkeit von Staaten – dies nicht notwendigerweise unter Einbeziehung von Streitkräften (Hutter 2002, S. 31 ff./vgl. Buchan 2000, S. 141 und Davis 1999, S. 190).[18] Hier geht es also um die Lahmlegung oder Penetration und sogar um »Umdrehung« elektronisch gesteuerter Systeme eines Gegners, also seiner strategisch oder existenziell wichtigen Informatik mit verheerenden Folgen für den Staatsapparat, seine Selbstbehauptung und für die Gesellschaft (Däniker 1999, S. 128/vgl. Bundesministerium der Verteidigung 2006, S. 13 und Denning 2001, 2001, S. 239 f.). Von jedem beliebigen Punkt, aus der Bewegung, auf dem Meeresspiegel, zu Lande und in der Luft sowie im Weltraum sind Ziele weltweit mit Feuer im virtuellen Raum des Cyber War innerhalb von Sekunden erreichbar, bekämpfbar und ausschaltbar (Vad 2001, S. 68). Damit wird die räumliche Gewaltgrenze des Krieges weiter aufgelöst und der Krieg in diesem Szenario des Information Warfare ortlos (vgl. Martus et al. 2003, S. 15), unsichtbar im räumlichen Nirgendwo und ohne eine Unterscheidung einer zivilen und einer militärischen Sphäre (Hüppauf 2003, S. 228). Dabei zielt Information Warfare (IW) nicht unbedingt auf die materielle Zerstörung militärischer oder ziviler Güter ab (Blancke 2006, S. 68). Cyberkriegführung umfasst somit insgesamt politische, ökonomische und militärische Angriffe und kann auch benutzt werden, um über die Wirtschafts- und Industriespionage mit geringem Risiko an essenzielle Informationen anderer Nationen zu kommen (Chevul/Eliasson 2015, S. 60). Insofern wird die Mehrdimensionalität der Cyberproblematik noch einmal offenbar (Freudenberg 2017, S. 351). Auch hier wird das Verschwimmen von innerer und äußerer Sicherheit besonders deutlich. Innere und äußere Sicherheit fallen in wenigen Bereichen so eng zusammen wie im Cyberraum (Bundesministerium der Verteidigung 2016, S. 38). Auf diese Weise kann die kinetische Unterlegenheit eines Akteurs durch eine Art asymmetrischer Kriegsführung kompensiert werden, um im Kriegsfall auf elektronischem Wege Schäden

---

18   Zu den Problemstellungen der Bedrohungen und Verletzlichkeiten moderner IT-Technik vergleiche auch: Kroll-Peters (2007, S. 587 ff.).

an der Heimatfront des Gegners, insbesondere an dessen Kritischen Infrastrukturen, anzurichten (Niedermeier 2012, S. 46 f.). Zudem ist die unmittelbare Anwesenheit des Störers oder Saboteurs nicht mehr an den Anschlagsort gebunden – Attacken können aus Distanz über den Cyberraum erfolgen (Dengg/Schurian 2015, S. 46). Es geht – wie bereits ausgeführt – vor allem darum, die Informationen, die zur Aufrechterhaltung eines militärischen oder zivilen Systems benötigt werden, zu stören oder zu eliminieren, ohne dass unbedingt unmittelbar auf die materielle Zerstörung dieser Güter gezielt wird (Blancke 2005, S. 25 und 2006, S. 68). Gegebenenfalls können Staaten lahmgelegt und nach erfolgter Kapitulation sofort wieder in Betrieb genommen werden (Schweighofer 1997, S. 392). Dementsprechend entfallen die erheblichen Kosten für den Wiederaufbau. Gleichzeitig verringert sich auch die Zeit für die erneute Inbetriebnahme, so dass die Auswirkungen auf das gesamtgesellschaftliche System und die Lage der Bevölkerung auf der Zeitachse überschaubar bleiben (Freudenberg 2017, S. 353). In der Literatur ist auch vom »digitalen Erstschlag« (Rieger 2010/vgl. Haubner 2010) die Rede; eröffnet doch die Dimension des Cyber War unter Umständen die Chance eine rasche totale Überlegenheit zu erreichen, welche einen »Sieg« ermöglicht, ohne dass konventionelle Kräfte zum Einsatz gebracht werden.[19] Das klassische militärische Prinzip, den entscheidenden Vorteil der Überraschung zu erlangen, bekommt in dieser Form der Kriegführung – entgegen der zunehmenden umfassenden Aufklärung im konventionellen Bereich – eine neue Chance. Mithin geht es nicht um die Alternative weniger Clausewitz und mehr Computer (vgl. Herweg 2010, S. 60), sondern auch hier geht es darum, dass die Politik mit anderen Mitteln im Sinne Clausewitz fortgesetzt werden kann.[20]

Die strategische Bedeutung Hybrider Bedrohungen
Der Begriff »Hybride Bedrohung« erscheint zunächst schwer fassbar, zumal die unterschiedlichen Autoren sich dem Phänomen aus unterschiedlichen Perspektiven nähern bzw. mit ihm aus ungleichen Fokussierungen auseinandersetzen. Insgesamt ist das Verständnis darüber, was Hybride Bedrohungen ausmacht und sie von

---

19 Schneider glaubt allerdings, dass zerstörerische Cyber-Angriffe ohne begleitende, bewegliche militärische Operationen auf längere Sicht noch nicht durchgeführt werden können. (Schneider 2004, 6) Das bleibt es abzuwarten. Und die Zukunft kommt manchmal schneller als man glaubt!
20 Theorie des Irregulären. Erscheinungen und Abgrenzungen von Partisanen, Guerillas und Terroristen im Modernen Kleinkrieg sowie Entwicklungstendenzen der Reaktion, 2. Bd., Von der Definitionsproblematik bis zu der Universalität der Methoden Irregulärer Kräfte, Berlin 2017, S. 354

anderen Phänomenen abgrenzt uneinheitlich. Dabei ist zunächst fraglich, ob es sich hier tatsächlich nur um »Alten Wein in neuen Schläuchen« handelt,[21] oder gar – wie Melanie Alamir meint, – ob die hinter dem Begriff »hybrid« stehenden Konzepte von ihrem Verständnis her entweder zu generisch sind und sich somit nach ihrer Auffassung ohne erkennbaren analytischen Mehrwert in die Serie nicht weniger verschwommener Termini wie »asymmetrische« oder »irreguläre« Kriegführung einreihen (Freudenberg 2017; S. 354). Ungeachtet der begriffstheoretischen Herleitung, Interpretation oder Deutung könnte hier die Berechtigung des Begriffes von seiner Anwendung her abgeleitet werden, das heißt, die Begründung der Verwendung eines neuen Begriffs könnte im innovativem Charakter praktischen Handelns zur Konfliktaustragung (von Clausewitz 1952, S. 108) beitragen. Eine Beschränkung auf (ausschließlich) militärische Mittel ist nach dieser Definition Clausewitz' keineswegs zwingend. Folglich sind auch die herkömmlichen staatsrechtlichen Abgrenzungen (wie sie vor allem in der Bundesrepublik Deutschland vorgenommen werden) fraglich. Die Wechselwirkungen von innerer und äußerer Sicherheit nehmen weiter zu (Bundesministerium des Inneren 2016, S. 13). Das militärische und das zivile Gefechtsfeld fließen ineinander (Ganser 2016, S. 156). Wenngleich Hybridität in ihren Einzelbestandteilen eine essenziell operativ-taktische Herausforderung darstellt, ist sie in der Gesamtschau aber eine politisch-strategische (Schaurer/Ruff-Stahl 2016, S. 9). Mithin bekommen hybride Phänomene über ihre operative Bedeutung hinaus ein strategisches Gewicht. Fuhrer kritisiert die amerikanische Sicht auf Hybride Bedrohungen denn auch als zu kurz gegriffen, da militärische Gewalt heute in neuen Formen oder in neuen Kombinationen ausgeübt wird, indem sich Staaten verstärkt irregulären Mitteln, der Erpressung und der Informationskriegführung bedienen, um andere Staaten zu lähmen und so deren Einlenken zu erzwingen, wobei heute nicht mehr zwingend die Eroberung, sondern die Lähmung des Staates das Ziel ist und das Mittel, welche bisher nur Streitkräften respektive Staaten zur Verfügung standen zunehmend auch nicht-staatlichen Gruppierungen zugänglich werden (Fuhrer 2015, S.10f.). Zugleich steigt die Wirksamkeit von

---

21 vgl. Rob de Wijk, Hybrid Conflict and the changing Nature of Actors, in: Julian Lindley-French, Yves Boyer (Hg.), The Oxford Handbook of War, Oxford 2014, S. 358 ff.; 359 ff.; vgl. Timothy McCulloh, The Inadaquacy of Definition and the Utility of a Theory of Hybrid Conflict: Is the »Hybid Thread« New?, in: JSOU-Report 13-4, Florida August 2013, S. 1 ff.; vgl. Jürgen Ehle, Hybride Bedrohungen – Neue Bedrohungen oder neuer Wein in alten Schläuchen?, in: Ringo Wagner, Hans-Joachim Schaprian (Hg.), Komplexe Krisen – aktive Verantwortung. Magdeburger Gespräche zur Friedens- und Sicherheitspolitik, Magdeburg 2016, S. 80 ff.

Waffensystemen ständig. Diese Tendenzen sind in ihren Auswirkungen nicht zu unterschätzen. In den operativen Konzepten Hybrider Kriegführung sind aktuell zwei Ansätze von Bedeutung: Die »Salami-Taktik« und der Gebrauch einer Serie begrenzter »faits accompli« (Mazzar 2015, S. 34 ff.). Dieser zweite Ansatz beschreibt ein Vorgehen, das durch einen schnellen, begrenzten Zugriff gekennzeichnet ist, um die Oberhand zu demonstrieren, bevor irgendjemand reagieren kann (Mazzar 2015, S. 36). Das bedeutet, dass unter Umständen ein Akteur durch seine hybriden Maßnahmen bereits Fakten geschaffen hat, welche auch durch reaktives Handeln auf der politisch-strategischen wie auch auf den operativ-taktischen Ebenen irreversibel sind und das Gegenüber nicht nur überrascht ist, sondern auch fassungslos paralysiert zusehend »überrollt« wird, ohne angemessen eingreifen zu können und seinerseits dem Treiben Einhalt zu gebieten (Freudenberg 2016a, S. 144/vgl. Freudenberg 2016b, S. 13). Durch das bewusste Operieren an den Schnittstellen von Krieg und Frieden sowie innerer und äußerer Sicherheit und die Auflösung fester Ordnungskategorien wird eine Ambiguität geschaffen und eine schnelle und entschiedene Gegenreaktion verhindert, lähmt oder verwirrt (Breuer 2016, S. 85/Schmid 2017, S.141). Die Hybride Kriegführung entfaltet ihr Überraschungspotenzial, indem sie die Grenzen zwischen Soldat und Zivilist, Kombattant und Nichtkombattant, Front und Hinterland, Militär und Polizei, Außen- und Innenpolitik, die sie bei ihren Gegnern als verbindlich unterstellen kann, bewusst unterläuft (Wassermann 2016, S. 106). Hybrid agierende Akteure profitieren hier unter anderem von der historischen Mentalität postheroischer Gesellschaften, einen Krieg (nahezu um jeden Preis) zu vermeiden und zu verhindern zu wollen (Zywietz 2015, S. 44). Diese Herausforderungen können nicht mit einer reinen Fokussierung auf technologische Ansätze gelöst werden; es bedarf auch hier einer entsprechenden Vorbereitung der Bevölkerung (Mattis et al. 2005). Daher ist es richtig, dass sich Gesellschaft und Militär darauf einstellen, Hybriden Bedrohungen zu begegnen. Somit sind Hybride Bedrohungen zugleich enorme intellektuelle Herausforderungen deren Komplexität ganzheitlich verstanden werden muss, woraus sich auch zahlreiche Folgen für die vernetzte Sicherheit ergeben (Hartmann 2015, S. 7). Insofern hält Hartmann den Begriff der Hybriden Kriegführung durchaus für hilfreich, das Kriegsgeschehen ganzheitlicher zu verstehen und verengten Vorstellungen über künftige Kriege und zu einfachen Kriegsbildern vorzubeugen und somit den Blick zu weiten, um den Weg frei zu machen für eine schöpferische Antwort auf neue Bedrohungen (Hartmann 2015, S. 15). Daher müssen auch die erforderlichen Ableitungen für die nationale und internationale Sicherheitsarchitektur getroffen werden. Gerade die hybriden Möglichkeiten im Cyberraum zeigen, dass die strikte Trennung von innerer und äußerer Sicherheit weiter unter Druck gerät (Dehmel 2016, S. 91 f./vgl. Hoertz

2017, S.5),[22] sich allmählich auflöst und rein militärische Risiken der Vergangenheit angehören (Ganser 2016, S 155). Dementsprechend sind Lösungsansätze, Schutz und Abwehrmaßnahmen auch in entsprechender Vielfalt zu entwickeln (Dengg/Schurian 2015, S. 34). Hiervon sind auch die Phasen der Bedrohungsanalyse und der Planung des Umgangs mit den Herausforderungen betroffen. Die Einschätzung der (militärischen) Bedrohungen primär dem Militär zu überlassen, wie es die Konzeption Zivile Verteidigung vorsieht (Bundesministerium des Inneren 2016, S. 50), ist unter dem Gesichtspunkt Hybrider Bedrohungen und den vorstehenden Ausführungen hierzu geradezu inkonsequent (Freudenberg 2017, S. 253).

Die Bedeutung von Resilienz
Für die gesamtstaatliche Sicherheitsvorsorge ist die Stärkung von Resilienz, hier insbesondere verstanden als die Fähigkeit von Individuen erfolgreich mit belastenden Situationen umzugehen (vgl. Annen 2017, S. 24), von besonderer Bedeutung (Bundesministerium für Verteidigung 2016, S. 50). Es stellt sich allerdings die Frage, wie hoch die Schwelle der »Resilienz« insbesondere der Wille der Gesellschaft ist, die Bedrohungen und ihre Folgen auszuhalten, bis sie am Ende doch nachgibt (Freudenberg 2016, S. 144). Der Begriff der Resilienz beschreibt zunächst die Fähigkeit eines Systems, mit Störungen sinnvoll umzugehen; allerdings geht es nicht lediglich um Widerstandsfähigkeit und einfach nur um Robustheit, sondern auch um Anpassungs- und Erholungsfähigkeit sowie um Agilität, was die Fähigkeit inkludiert, gestärkt aus Störungen hervorzugehen (Sarugg 2015, S. 106). Es geht also um die Fähigkeit eines Systems, sich an neue Bedingungen anzupassen, das heißt das System reproduziert sich durch Wandel; das System besitzt die Fähigkeit nach einer Störung Alltag wieder zu etablieren, wenn auch in einer neuen Form (Korff 2016, S. 23). Demnach können resiliente Systeme nach einer Störung in den ursprünglichen Zustand zurückkehren oder auf eine verbesserte transformierte Ebene gelangen (Sarugg 2015, S. 106). Schlussendlich bezeichnet der Begriff die Überlebensfähigkeit eines Systems gegenüber systemfremden Kräften (Isensee 2016, S. 35). Voraussetzung hierfür ist allerdings, dass die Systeme im Kern unverletzt sind, so dass ihre Umgebung in angemessener Zeit wiederhergestellt werden kann oder dass total zerstörte Systeme in ausreichendem Maße redundant sind und ihre Funktion von anderen Einheiten übernommen werden kann. Demzufolge kommt es darauf an, diejenigen Kritischen Infrastrukturen, deren Ausfall auf keinen Fall toleriert werden kann, zu härten und zu

---

22 Umfassend zum Thema »Cyber-Sicherheit« in Deutschland vergleiche auch Hange (2014 S. 529 ff., Schönbohm (2013, S. 119 ff.) und Schönbohm (2017, S. 57 ff.).

schützen, so dass die Durchhaltefähigkeit und Überlebensfähigkeit gesichert ist (Freudenberg 2016, S. 144 und 2017, S. 369). Allerdings werden die nach innen gerichteten Maßnahmen zur Stärkung der Resilienz aber nicht ausreichen (Ehle 2016, S. 81). Des Weiteren wird daher als das zentrale Mittel gegen Hybride Bedrohungen die Erhöhung der Komplexität für den Gegner bis zur Überforderung durch mehrere komplexe Herausforderungen bei gleichzeitiger eigener Resilienz propagiert (Hartmann 2015, S. 45).[23] Der Schlüssel zum strategischen Erfolg liegt darin, den Feind mit multiplen Dilemma zu konfrontieren (Perkins 2014, S. iii). Das Gegenüber muss durch die Komplexität und Vielzahl der ihm bereiteten Ereignisse überfordert und desorientiert werden, so dass es ihm in dieser Unübersichtlichkeit nicht mehr gelingt, lageangemessen und priorisiert zu reagieren und zugleich müssen die eigene Kohäsion und das Gefühl für die notwendigen Abläufe vorhanden sein (Clancy/Franks 2004, S. 159).

Schlussbetrachtungen
Während des Kalten Krieges hatten Streitkräfte den Zweck, in der Krise die Bundesregierung vor politischer und militärischer Erpressung von außen zu schützen sowie im Krieg die Unversehrtheit des Staatsgebietes der Bundesrepublik und seiner Verbündeten zu schützen und die Handlungsfähigkeit der Bundesregierung zu garantieren. Die Fähigkeiten der Streitkräfte und (potentielle) militärische Ziele waren auch hinsichtlich der (geplanten) Operationsführung auf eben diesen Zweck ausgerichtet. Inzwischen reift in der Bundesrepublik langsam wieder die Erkenntnis, dass umfassende Sicherheit – einschließlich der Erreichung und Durchsetzung von Interessen – nicht allein und ausschließlich durch wirtschaftliche Stärke erreicht werden kann. Schlussendlich gehört hierzu gegebenenfalls die Absicherung und Abstützung durch den Einsatz militärischer Macht. Dieses bedingt eine funktions- und leistungsfähige Gesamtverteidigung, welche ihrerseits in diesem Sinne hinreichende und wirkmächtige militärische Fähigkeiten und entsprechende Maßnahmen zur Zivilen Verteidigung umfasst. Der Abbau der Blöcke, die Aufhebung von vorher fast unüberwindlichen Grenzschranken, erfolgreiche Rüstungskontroll- und Abrüstungsmaßnahmen haben allerdings in der Bevölkerung eine Stimmungslage bewirkt, die dahin tendiert, militärische Bedrohung der eigenen Lebenswelt entweder mit einer gewissen Sorglosigkeit nicht mehr zu sehen oder sie aber in Teile der Welt zu

---

23 Der Gedanke, für den Gegner ein Chaos zu kreieren, dadurch, dass er durch die Anzahl der Lagen mit denen er konfrontiert wird, nicht mehr bewältigen kann, und dass man ihn in diesem Stadium hält wurde bereits während des 3. Golfkrieges umgesetzt. (Clancy/Franks 2004, S. 159/vgl. Horstmannt 2008, S. 210 FN 179).

verlagern, die das eigene Land geographisch nicht mehr tangieren. Unmittelbar im Zusammenhang damit steht die Notwendigkeit der Rechtfertigung der (finanziellen) Kosten, die für die Sicherheit aufzubringen sind. Gleichzeitig ist es den heutigen Wohlstandsgesellschaften schwierig zu vermitteln, dass der Gebrauch militärischer Macht – auch bei größter Überlegenheit – auch immer das Risiko eigener Verluste beinhaltet (Freudenberg 2017 b, S. 180 ff.). Der Konflikt mit den USA in der Frage um die Erreichung des Zweiprozentzieles bei den Verteidigungsausgaben ist dort übrigens nicht auf die gegenwärtige Administration beschränkt; er zeichnete sich bereits bei der Vorgängerregierung ab und ist auch aktuell parteiübergreifend (vgl. Adam 2018). In den aktuellen Konflikten mit tatsächlichen Operationen sind die konkreten militärischen Ziele Bedingung dafür, dass der politische Zweck, die Handlungs- und Bündnisfähigkeit der Bundesrepublik Deutschland glaubwürdig zu demonstrieren, erreicht werden kann. Es ist die Aufgabe der Politik, dieses nachvollziehbar zu leisten und die Risiken offenzulegen sowie dabei Opfer und Verluste zu vertreten. Nur wenn diese Voraussetzungen gegeben sind, machen militärische Einsätze Sinn, wird soldatisches Dienen nachvollzogen und können auch Rückschläge verkraftet werden. Die Strategie und die Fähigkeit zum strategischen Denken sowie vor allem die Vermittlung von Notwendigkeiten und Erfordernissen sind daher insbesondere in sicherheitspolitischen Kontexten eine weitere Bedingung für verantwortungsbewusste politische Führung.

4 Gesellschaftliche Stresssituation

Andreas H. Karsten

Die Stresssituation der deutschen Gesellschaft wird sich in den kommenden Jahren durch drei eventuell vier Entwicklungen verschlimmern:
- Demographischer Wandel
- Urbanisierung
- Individualisierung der Gesellschaft/Entsolidarisierung der Gesellschaft
- Anwachsen der Armut

Der demographische Wandel wird erhebliche Folgen für die Bereiche medizinischen Versorgung und Rettungsdienst durch einen Anstieg der Auslastung dieser Kritischen Infrastrukturen zeigen.

Hinzu kommt, dass die Anzahl der möglichen Helferinnen und Helfer bei den Feuerwehren, den Hilfsorganisationen und dem THW sinken wird. Die Organisation der deutschen Gefahrenabwehr ist darauf einzustellen. So sind die Spontanhelfer in die staatliche Gefahrenabwehr zu integrieren.

Die Urbanisierung verringert ebenfalls die Resilienz Deutschlands. So ist die städtische Bevölkerung in Krisenzeiten weniger resilient als die ländliche. Dies liegt zum einen an ihrer schlechteren Selbsthilfefähigkeit. So ist im ländlichen Bereich die Gemüseanbaufläche pro Einwohner deutlich höher als in Großstädten. Zum anderen ist die ländliche Bevölkerung häufig solidarischer als diejenige in Städten. Nachbarschaftshilfe kommt dort häufiger vor als in den Wohnsilos der Großstädte.

Die Urbanisierung wird durch die steigende Konzentration von Arbeitsplätzen in Ballungszentren – unter anderem wegen der mangelnden Internet-Infrastruktur in ländlichen Gebieten – weiter zunehmen.

In den letzten Jahrzehnten ist eine Individualisierung der Gesellschaft festzustellen. Großfamilien lösten sich zugunsten von Klein- bis Kleinsthaushalten auf. Individualsportarten verdrängen Mannschaftssportarten, Kirchen sowie politische Parteien und Gewerkschaften verlieren Mitglieder. Ganze städtische Milieus (z. B. Bergarbeiter und »Kruppianer« im Ruhrgebiet) sterben aus. In diesen »Interessengruppen« herrschte eine gewisse Solidarität; man half sich in Krisensituationen gegenseitig. Durch deren Wegfall wird die Gesellschaft vulnerabler. Fraglich ist, ob die neuen »Freundesgruppen«, die sich via Social Media finden, ähnlich starke Bindungen untereinander erzeugen können, ob sie auch in Krisenzeiten halten und somit den Verlust der »physischen Sozialisierung« kompensieren können.

Einzelne Gruppen einer Gesellschaft sind aufgrund ihrer körperlichen oder seelischen Konstitution bzw. wegen ihrer sozioökonomischen Situation besonders vulnerabel. Sie werden von dem Trend der Entsolidarisierung besonders hart getroffen. Um eine hohe Resilienz der Gesamtgesellschaft zu erhalten, haben sich die Gefahrenabwehrbehörden deshalb im Vorfeld und während einer Krise, besonders um diese Gruppen zu kümmern.

Die Armut in Deutschland steigt seit einigen Jahren kontinuierlich.[24] Welche Folgen dies für die Resilienz der Gesellschaft hat, ist schwer zu beurteilen. Arme Menschen weisen eine höhere Anfälligkeit für chronische Erkrankungen auf (Klundt 2011). Somit sind sie vom Ausfall Kritischer Infrastrukturen (wie Strom, Wasser, Gesundheitsversorgung) besonders betroffen. Auf der anderen Seite könnten sie über höhere Improvisationsfähigkeiten und somit Resilienz in Krisen verfügen. Bewohner aus Ländern, in denen der Strom mehrere Stunden am Tag nicht zur

---

24 Eine Ursache für erhöhte Armut ist die schlechte soziale Absicherung von Alleinerziehenden. Dies ist auch ein Auslöseereignis für Kaskadeneffekte, die letztendlich auch die Kritischen Infrastrukturen bedrohen.

Verfügung steht, haben mehr Erfahrungen, um diese »Krise« zu überstehen als Menschen in Deutschland.

Eine Folge dieses Anwachsens der Armut ist die »Vertafelung« der deutschen Gesellschaft. Diese sehr bedenkliche und bedauerliche Entwicklung führt allerdings auch zu einer Steigerung der Resilienz. Teile der Gesellschaft wurden zur überstaatlichen Hilfe motiviert und dies zusammen mit der Entwicklung der Social Media hat zu einer neuen »Spontanhelfer-Kultur« geführt, die in Krisenfällen, die staatlichen Krisenabwehr unterstützt (vgl. Kapitel C.2).

Die Entwicklung zur privaten »Just-in-Time-Vorratshaltung« erbrachte in vielen Haushalten eine Reduzierung der Resilienz. Aus diesem Grund, aber wenig erfolgreich, versucht das BBK seit einiger Zeit wieder vermehrt, die Notwendigkeit der häuslichen Vorratshaltung im Bewusstsein der Bevölkerung zu verankern. Der Pizza-Bringdienst ist nämlich in Krisensituationen nicht immer verlässlich. Laut BBK sollte jeder Mensch in Deutschland, einen Essens- und Nahrungsvorrat für 10 Tage zu Hause lagern. Danach, so die Schätzung der Experten des BBK, können die Gefahrenabwehrbehörden die Versorgung sicherstellen. Bei lebensnotwendigen Medikamenten ist sicherlich eine Vorratshaltung für einen längeren Zeitraum angezeigt.

5 Wirtschaftliche Stresssituation

Stefan Voßschmidt & Andreas H. Karsten

Die Wirtschaft hat sich in den letzten Jahren erheblich verändert. Auf die dadurch eingetretene Reduzierung der Resilienz in eigenen Bereichen haben einige Betreiber der Kritischen Infrastrukturen bisher nur unzureichend reagiert. Aber es bleibt keine große Zeit, um »nachzurüsten«. Die Wirtschaft verändert sich weiter:

- **Moderne Technologien**[25]
  Die Innovationsgeschwindigkeit wird weiterhin steigen. Dies hat zur Folge, dass der Anteil an neuer, noch nicht ausgereifter bzw. unter Schock getesteter Technologie in den Betrieben zunehmen wird. Daneben wird die eingesetzte Technologie immer komplexer und von immer weniger Menschen durchschaubar und reparierbar.

---

25 Siehe auch Kapitel C.5

5 Wirtschaftliche Stresssituation

- **Berufsuntauglich 4.0**
  Rund 7,5 Millionen deutsche Erwachsene (bei 48 Millionen Menschen im erwerbsfähigen Alter) sind funktionale Analphabeten. Diese Personen sind für große Bereiche der Kritischen Infrastrukturen bereits heute berufsuntauglich. Die Entwicklung zur Industrie 4.0 wird die Anforderungen an die Berufstauglichkeit weiter steigern. Eine Vielzahl von Menschen wird nicht in der Lage sein, in diesem Umfeld die in Krisensituation notwendigen Maßnahmen zu ergreifen. Wichtige Fähigkeiten, die auch zukünftig nicht von Maschinen wahrgenommen werden können, sind Empathie, Krisenkommunikation, kritisches Denken, Kreativität, strategisches Denken, Imagination und die Fehlerbehebung in IT-Systemen. Die industriellen Sektoren der Kritischen Infrastrukturen werden immer mehr von einem – sich derzeit verkleinernden – Expertenpool abhängig und somit weniger resilient. Gerade die Menschen, die über die notwendigen Qualifikationen zum Betreiben der »Kritischen Infrastrukturen 4.0« verfügen sind besonders mobil. Es ist nicht auszuschließen, dass sie in die Länder auswandern, in denen sie eine bessere Lebensperspektive erwarten. Solch eine Migration würde die oben genannten Entwicklungen noch verstärken und die Resilienz der deutschen Kritischen Infrastrukturen weiter verringern.

- **Reduzierung der Beschäftigten**
  Aber auch andere Bereiche werden aufgrund der Veränderungen auf dem Arbeitsmarkt vulnerabler. Besonders stark sinkt seit einigen Jahren die Beschäftigungszahl im landwirtschaftlichen Bereich. Damit wird diese Kritische Infrastruktur, die schon aufgrund des Klimawandels zukünftig unter erheblichen Stress stehen und erhebliche Schocks erleiden wird[26], von einer kleineren Gruppe von Menschen abhängig und damit auch weniger resilient. Wird die Anzahl der Menschen, die an Schlüsselpositionen der Kritischen Infrastrukturen arbeiten, immer geringer, so besteht die Gefahr, dass deren tägliche Belastungen zunehmen. Ihr persönlicher Stress und dadurch der der Kritischen Infrastrukturen, für die sie arbeiten, werden steigen. Dies verringert die allgemeine Resilienz der Kritischen Infrastrukturen und kann bei Steigerung des Stresses oder zusätzlichen Schocks zum Ausfall führen.[27]

---

26 Siehe als Beispiel die Ernteausfälle des Jahres 2018.
27 Im ersten Jahrzehnt dieses Jahrhunderts sind die Arbeitsunfähigkeitstage in Deutschland um ca. 80 % gestiegen.

B Betrachtungen zur aktuellen Stresssituation

- **Virtuelle Vernetzung**
  Die schon heute große Abhängigkeit der Kritischen Infrastrukturen von den IT- und Kommunikationstechnologien wird mit zunehmender Vernetzungen zwischen Betrieben und Zulieferern, vermehrten Homeoffices und ähnlicher Entwicklungen größer werden.

Schon heute sollten die Betreiber der Kritischen Infrastrukturen auf diese Entwicklungen eingehen: agieren ist immer besser als reagieren.

In den folgenden Teilen des Kapitels diskutieren die Expertinnen und Experten der Unternehmensberatung Controllit AG ausgewählte Aspekte zu diesem Thema.

So betrachten Rosenberg und Geschwendt die Folgen der Globalisierung und des Wachstumparadigmas, während Žiga sich mit Fragen der Just-In-Time und Just-In-Sequence – Wirtschaft und dem Supply Chain Continuity Management beschäftigt.

5.1 Veränderungen und Herausforderungen durch die Globalisierung der Wirtschaft

Matthias Rosenberg & Astrid Geschwendt

Wir leben in einer immer kleiner scheinenden, erreichbareren Welt als noch zu Zeiten, als Karl May durchs wilde Kurdistan reiten ließ. Heute haben wir etablierte Handelsbeziehungen nicht nur mit dieser Region, sondern weltweit. Wir essen argentinisches Rindfleisch, neuseeländisches Lamm und peruanische Avocados. Wir skypen mit unseren Geschäftspartnern in Kanada, nutzen unsere beruflichen Netzwerke in Singapur und Hong Kong und chatten mit Astro-Alex auf der ISS. Das Wachstum des wirtschaftlichen und unseres persönlichen Horizontes geht immer schneller voran, ist emotional verankert und führt uns in einen immer komplexer werdenden Gesamtkosmos (auch im griechischen Sinne der Weltordnung).

Die sich daraus ergebenden individuellen aber auch wirtschaftlichen Möglichkeiten scheinen endlos: neue Märkte wurden und werden erschlossen, neue Produktions- und Handelswege eröffnen sich und der Austausch von Know-How auf beruflicher wie privater Ebene ist beinahe unbegrenzt. Die Globalisierung bietet Chancen für Forschung und Wissenschaft, Individualität und Kreativität: Wirtschaftsunternehmen nutzen heute selbstverständlich die ökonomischen Vorteile der verkürzten und schnellen Wege (Stichwort Container Shipping) und insbesondere die Digitalisierung und Virtualisierung schafft neue Räume für Informationsaustausch und Erkenntnisgewinn.

5 Wirtschaftliche Stresssituation

Bei so einem rasanten Tempo bleiben Wachstumsschmerzen nicht aus: Sie reichen von der Ressourcenerschöpfung (der Welterschöpfungstag 2018 war am 1. August, für Deutschland bereits am 2. Mai) über Klimawandel, Immobilienblase und Finanzkollaps bis hin zu einer starken Verunsicherung oder sogar Überforderung der Menschen im globalen Kosmos. Die ökonomischen Risiken durch die weltweit verbundenen und voneinander abhängigen Märkte, die sozialen Risiken durch Polarisierungen in der Gesellschaft und die ökologischen Risiken werden für Unternehmen und Einzelpersonen immer stärker spürbar.

Tatsächlich scheint die größte Herausforderung die (Neu-)Orientierung in der zwar einerseits verkleinerten, aber dafür deutlich komplexeren Welt zu sein. Wir reagieren auf diese Herausforderung oft ambivalent: So steht beispielsweise der Trend billiges Essen/billige Kleidung durch günstige Produktions- und Transportmöglichkeiten dem Trend nach bewusstem, ökologisch-regionalorientierten Konsum gegenüber. Die Möglichkeiten des Wissensaustausches nicht nur in Forschung und Wissenschaft haben beispielsweise in sozialen Netzwerken fast bizarre Auswirkungen (alle Follower werden inklusive Foto über das aktuelle Mittagessen informiert) und stehen dem Rückzug in Informationsblasen und der Akzeptanz von »alternativen Fakten« gegenüber.

Was sind nun konkrete Herausforderungen in einer weiterwachsenden Weltwirtschaft?
Bei einer Fülle der Themenbereiche hier nur ein exemplarischer Ausschnitt:

- Europa und die nördlichen Industrienationen werden durch eine **älter werdende Gesellschaft** geprägt: das Rentenalter in fast allen europäischen Ländern, USA, Kanada etc. steht auf dem Prüfstand und wird sukzessive erhöht. Dies ist eine Reaktion auf die steigende Lebenserwartung (bei gleichzeitigem Rückgang der Geburtenrate) und den bestehenden Pensionsverpflichtungen in angespannter Lage der Staatshaushalte. *Wie können wir den Anforderungen bzgl. Qualifizierung im Job inkl. Wissenstransfer, Gleichstellung und gerechte Verteilung der Arbeit für Jung und Alt sowie den finanziellen und gesellschaftlichen Ausgleich schaffen?*
Die unternehmerische Begrüßungskultur für Flüchtlinge und Arbeitnehmer anderer Länder könnte eine Antwort sein, die sowohl politische als auch gesellschaftliche Veränderungen anstoßen muss.
- Im Gegensatz dazu steht die These, dass in den kommenden 25 Jahren bis zu **47 % aller Jobs durch die voranschreitende Computertechnologie verloren gehen**. Hier reicht die Bandbreite vom autonomen Fahren

B Betrachtungen zur aktuellen Stresssituation

z. B. im öffentlichen Nahverkehr bis zur Entwicklung künstlicher Intelligenz bei der Optimierung in allen Arbeits- und Produktionsprozessen. Dabei werden nicht nur unqualifizierte Arbeitsplätze wegfallen. Erste Reaktionen zu der postulierten Arbeitsverknappung sind die neu aufgelegten Diskussionen zum bedingungslosen Grundeinkommen. Aber auch alternative Beschäftigungsmodelle mit 20 Stunden Wochenarbeitszeit bei gleichzeitiger Steigerung der Selbstversorgung/Substitution, also einer Förderung der Postwachstumsökonomie werden laut: urban gardening, lokale Tauschbörsen (Fahrradreparatur gegen Blumengießen im Urlaub) und Regionalwährungen (inzwischen auch international etabliert) sind nur einige Beispiele.

Aktuell leben wir in einer Zwischenphase der Verknappung bei Akademikern, Handwerkern und Facharbeitern (Busfahrern, Pflegepersonal etc.), aber auch bei ungelernten Tätigkeiten. Wie viele Schilder mit Jobangeboten haben Sie in der letzten Woche gesehen? Vermutlich viele – vom Supermarkt über Restaurants bis hin zu Kita und Großbetrieben.

Viele Unternehmen und auch die Politik reagieren mit einer Renaissance von Betriebsbindungsprogrammen (wie zuletzt in den späten 1960er Jahren): Mit Weiterbildungs- und Entwicklungsförderung, digitaler Ausstattung, berufsbegleitender Kinder- und Altenbetreuung, Sabbatjahr, Homeoffice-Angeboten, betrieblichen Gesundheitsprogrammen, finanziellen Anreizen u. v. m. wird versucht, auch eine emotionale Bindung zu schaffen. Diese Maßnahmen sind ein Spiegelbild des gegenwärtigen Wertewandels: War bei jungen Studierenden vor 5 Jahren die Karriere noch das Hauptziel, sind heute Freunde und Familie, Sport und Work-Life-Balance wichtiger.

Dabei werden insgesamt natürlich weitere berufliche und persönliche Rahmenbedingungen wichtig: Der Wohlfühlfaktor insbesondere bei Wohnen und Mobilität führt zu einer **Urbanisierung**. In einer digitalisierten Welt, wo der Arbeitsplatz nicht mehr zwangsläufig firmengebunden ist, entstehen neue Möglichkeiten für Individualisten, Kreative, aber auch für Inklusion. Anziehungspunkt für heutige Spezialisten, Kreative und Know-How sind eindeutig die Städte mit ihrem breiten sozialen, kulturellen und gesellschaftlichen Angebot.

Die Maxime »Jeder soll nach seiner Façon glücklich werden« führt im Einzelfall vielleicht zum Rückzug in die Region, die meisten Menschen aber bevorzugen Metropolen (nach letzter Auswertung leben beispielsweise in Berlin nur 47 % auch dort geborene Menschen [Berliner Morgenpost vom 21.08.2018]). Auch in diesem Zusammenhang werden Anforderungen bzgl. Verkehrskonzepten, finanzierbarem

5 Wirtschaftliche Stresssituation

Wohnraum und Akzeptanz von Diversität gestellt. Auch für die sozialen Nachwirkungen von Städten im Wandel müssen Lösungen entwickelt werden.

Sprechen wir von Urbanisierung, eröffnet sich parallel die Frage, wie wir mit leerer werdenden landwirtschaftlichen Räumen umgehen wollen (Stichworte: medizinische Versorgung, Lebensmittelversorgung, kulturelle und soziale Anbindung).

Der Effekt der älter werdenden Gesellschaft wird auch die sogenannten Schwellenländer und etwas später die Entwicklungsländer treffen, da es einen nachweisbaren Zusammenhang zwischen Wohlstand und wachsender Mittelschicht/Verbesserung der Lebenssituation, Rückgang der Geburtenrate und verlängerter Lebenserwartung gibt. Im Moment gibt es noch einen bipolaren Effekt, den die Industrieländer für eine regulierte Zuzugsgesellschaft nutzen können. Nicht grundlos wird die Frage der Zuwanderung und des gesellschaftlichen Ausgleichs heiß diskutiert. Grundsätzlich schwindet die alte intellektuelle und ökonomische Vorherrschaft Nordamerikas und Europas.

Die älter werdende Gesellschaft ist somit eine Herausforderung, die tatsächlich globalen Charakter besitzt. Nachhaltiger zukunftsorientierter Umgang kann die Entwicklung in fast allen Gesellschaften verbessern.

5.2 Wachstumsparadigma und Resilienz

Matthias Rosenberg & Astrid Geschwendt

Seit der Industriellen Revolution gilt Wirtschaftswachstum als Basis einer gesunden Entwicklung und als Grundlage für die allgemeine Wohlfahrt unserer Gesellschaft. Dieses Wachstumsparadigma ist seither wirtschaftlich, gesellschaftlich und emotional fest verankert (das neue Auto muss immer größer und schneller sein, als das alte – und das des Nachbarn). Dieses Wachstum basiert bislang weitgehend auf der Nutzung von materiellen Ressourcen. Allerdings haben wir nicht erst in den 70iger Jahren bei der ersten Ölkrise erlebt, dass zumindest die natürlichen Ressourcen unserer Erde endlich sind. Diese Endlichkeit setzt dem Wachstumsparadigma deutliche Grenzen, die zeitlich immer greifbarer werden.

In den 1990iger Jahren wurde die Methode zur Bestimmung des ökologischen Fußabdrucks als Nachhaltigkeitsindikator entwickelt. Setzt man diesen in Relation zur vorhandenen Biokapazität, ergibt sich ein deutliches Bild: Nach Daten des Global Footprint Network und der European Environment Agency überschreitet die weltweite Inanspruchnahme zur Erfüllung menschlicher Bedürfnisse derzeit die Kapazität der verfügbaren Flächen um insgesamt 68 %. Diese Ressourcen-Erschöpfung wirkt auch auf mögliche Resilienz.

Einige Reaktionen auf die Ressourcengrenzen gibt es bereits:

- Neben dem Ausbau nachwachsender Rohstoffe und Nutzung alternativer Energien auch das sogenannte »**grünes/dematerialisiertes Wachstum**«. Hierbei halten technischer Fortschritt, ökologische Effizienz, Nutzung regenerativer Energien und geschlossene Kreisläufe das BIP weiter steigerungsfähig. Im Konzept sollen weitere Umweltschädigungen vermieden werden und sogar eine ökologische Entlastung erfolgen. Für diesen Strukturwandel zu einer ökologisch nachhaltigen Ökonomie werden erhebliche Investitionen und Kapitalströme zugunsten von öko-effizienten Technologien, Produkten, Dienstleistungen, Infra- und Siedlungsstrukturen, zur Sanierung und Erhalt von Natur notwendig. Politik, Gesellschaft und Wirtschaft müssen entscheiden, welche Technologien (Stichworte Elektromobilität, Energiewende) Förderung verdienen.
- Daneben fordern Experten (wie z. B. Christa Müller und Niko Paech) einen tiefgreifenden **Wandel unseres Konsumstils**, der sich an den Leitlinien der Suffizienz und Subsistenz orientiert (also weniger/anders konsumieren und mehr selber machen).
- Wenn wir zukünftig tatsächlich auf Basis des technischen und digitalen Fortschritts weniger Stunden arbeiten, gewinnen wir Freiräume. Positive Ansätze zur Nutzung dieser Räume gibt es bereits: Urban Gardening (z. B. Tomaten und Bienenhonig auf dem Balkon), Tauschbörsen in den Städten (Fahrradreparatur gegen Blumengießen im Urlaub) und Regionalwährungen (auch international).
- Gesellschaft und Politik sind aufgerufen, neue Wege zu gehen, neue Ziele zu definieren und **neue Gesellschaftsformen** zu entwickeln. Diese Entwicklung muss globale Möglichkeiten bieten, um (welt-)politische Auswirkungen zu minimieren. Es gibt bereits heute national und international eine größer werdende Gruppe von Menschen mit guter Bildung, aber ohne Chance auf Teilhabe am Wohlstand, die Extremisten zulaufen (da ist der IS nur ein Beispiel, nationalistische Politikbewegungen in ganz Europa ein anderes) oder sich in Flüchtlingsströmen bewegen.

Klimawandel, Flüchtlingskrise, Ressourcenmangel, Urbanisierung oder Stress am Arbeitsplatz – Resilienz wird als ein Konzept gehandelt, das erfolgversprechende Antworten für unterschiedliche Herausforderungen und Krisen in sich birgt. Neben technischen Veränderungen (z. B. Steigerung der Effizienz von Geräten oder das

Ersetzen von fossilen durch nachwachsende Brennstoffe) und der positiven IT-Unterstützung (computergestütztes Arbeiten, Wegfall stupider Arbeitsabläufe) müssen gesellschaftliche und kulturelle Veränderungen (Veränderungen der Gewohnheiten, Denkweisen und des gesellschaftlichen Miteinanders) angestoßen werden.

Der Mensch kann mit seinen positiven Fähigkeiten zur Flexibilität, Anpassung und Bildung ein entscheidender Faktor sein. Es muss aber wiederum gesellschaftlich, wirtschaftlich und politisch darauf geachtet werden, den Einzelnen nicht zu überfordern, sonst wirken Stress mit seinen gesundheitlichen Folgen (wie Depression, Burn-out und »Rücken«) und Isolation negativ gegen die positiven Chancen der Globalisierung und technischen Entwicklung.

Durch eine breit gefächerte Aufstellung auf Basis des technischen und digitalen Fortschritts, gesellschaftlicher Entwicklung und menschlicher Fähigkeiten kann auch die Resilienz gestärkt und die globale Zukunftsfähigkeit erhalten werden.

5.3 Just-In-Time und Just-In-Sequence – moderne Fertigungsabläufe und Resilienz

Denis Žiga

1. Herausforderungen und Chancen moderner Produktion

Die heutige und zukünftige Produktion erfordert bei der Herstellung von Produkten immer effizientere Logistikkonzepte. Am Beispiel der Automobilindustrie wird dies ganz deutlich. Fahrzeuge müssen in einem großen Volumen hergestellt, in unterschiedlichen Varianten angeboten und nach Sonderwünschen des Kunden gefertigt werden. Dabei sind vor allem Zeit und Kosten ausschlaggebend, damit das Unternehmen eine rentable Marge und der Kunde ein Fahrzeug erhält, dass dem Preis für das jeweilige Qualitätsprodukt entspricht.

Um kurze Montagezeiten einzuhalten und dabei den Durchsatz der zu produzierenden Fahrzeuge zu erhöhen, setzt die Automobilindustrie auf das Konzept »Just-In-Sequence«. Hierbei entfallen die Lagerkosten bzw. sind diese nur noch sehr gering, da der Lieferant die Bauteile zeitgenau in bestimmten Sequenzen der Produktion anliefert. Es werden Teile in einer perfekt abgestimmten Reihenfolge und zur richtigen Zeit angeliefert, damit ein Mitarbeiter am Montageband die Bauteile mit der richtigen Beschaffenheit und Farbe nach Plan verbauen kann.

Ein Bauteil wird gefertigt, versandt und direkt nach Ankunft am Fließband verbaut. Eine Lagerung der Bauteile ist nicht mehr notwendig. Der Unterschied von Just-In-Sequence zu Just-In-Time liegt darin, dass bei Just-In-Time das bestellte Bauteil lediglich zum richtigen Zeitpunkt zur Verfügung steht. Sobald eine Reihenfolgeplanung bei einer Fließbandproduktion erfolgt und mehrere Bauteile verbaut werden müssen, handelt es sich um das Just-In-Sequence Konzept, also eine speziellere Form von Just-In-Time.

Beide Konzepte sind in der Automobilindustrie und in anderen Branchen fest etabliert und bringen von Haus aus auch Risiken mit sich. Können Termine oder Zeitpunkte einer Lieferung nicht eingehalten werden, erhöhen sich dadurch die Risiken für Produktionsausfälle. Die Konsequenz ist, dass dem Zulieferer hohe Vertragsstrafen durch Verspätungen oder gar Lieferausfälle drohen und der Kunde erhält sein bestelltes Produkt verspätet oder unter Umständen gar nicht.

Somit steigen die Anforderungen an die Logistik durch beide Konzepte. Die Zusammenarbeit zwischen Zulieferer und dem abnehmenden Unternehmen muss also sehr genau synchronisiert werden. Risiken sind allerdings nicht nur bei der Lieferung des Bauteils gegenwärtig, sondern auch der Weg des Rohstoffs über die Weiterverarbeitung in den Produktionsstätten des Zulieferers ist ebenfalls zu berücksichtigen. Das heißt, eine Betrachtung der Risiken muss bereits in einem sehr frühen Stadium der Supply Chain erfolgen.

Das Management der Supply Chain ist eine ziemlich anspruchsvolle Aufgabe, da die Lieferketten heute komplexer sind und die Komplexität weiter zunimmt. Trotz sehr effizienter Strukturen sind die vorhandenen Risiken besorgniserregend. Die Wahrscheinlichkeit ist sehr hoch, dass durch den Schmetterlingseffekt in einem Glied der Lieferkette, die Produktion im Unternehmen stillsteht und dem Kunden das Produkt im Worst-Case nicht ausgeliefert wird. Bild 3 stellt die mehrstufige Supply Chain innerhalb der Beschaffungslogistik exemplarisch für die Automobilindustrie nach Klug und Florian dar. Ebenfalls dargestellt wird der letzte Schritt in der Supply Chain – die Auslieferung an den Kunden.

Das World Wide Economic Forum fand heraus, dass 93 Prozent der Vorstandschefs der weltweit größten Firmen, ihr Unternehmen auf Störungen innerhalb ihrer Supply Chain nicht ausreichend vorbereitet sehen. Gleichwohl mindert ein eintretendes Ereignis nicht nur den Umsatz, sondern lässt den Kurs der Aktie um durchschnittlich zehn Prozent fallen. Bereits in der Vergangenheit haben Risiken höherer Gewalt gezeigt, dass der Jahresgewinn nach einer Katastrophe einbrechen kann.

Es kann aber auch soweit gehen, dass das Ansehen und Vertrauen in das Unternehmen schwindet, also die Reputation Schaden trägt und die Kunden aufgrund von fehlendem betrieblichen Kontinuitätsmanagement, die Produkte der Konkurrenz bevorzugen, da dort Lieferausfälle möglicherweise besser abgedeckt sind. Das betriebliche Kontinuitätsmanagement, auch genannt Business Continuity Ma-

5 Wirtschaftliche Stresssituation

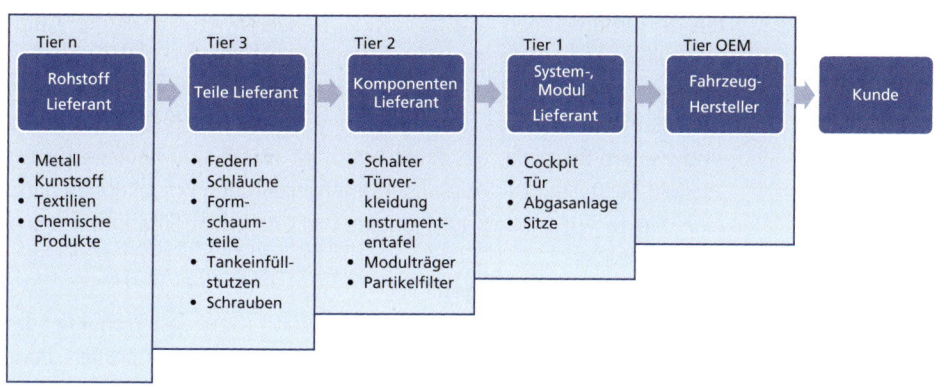

Bild 3: *Mehrstufige Beschaffungslogistik in der Supply Chain*

nagement, bildet sich in der Logistik bzw. Lieferkette Begriffssynonym als das Supply Chain Continuity Management ab.

Der Managementprozess zielt darauf ab, mögliche Bedrohungen und die Auswirkungen auf den Geschäftsbetrieb innerhalb der eigenen Lieferkette zu identifizieren. Berücksichtigt werden natürlich auch die eigenen Dienstleister. Den Bedrohungen soll dabei präventiv mittels Planung und Strategien entgegengewirkt werden. Dabei sind die Interessen der wichtigen Interessengruppen hinsichtlich Reputation und der wertschöpfenden Aktivitäten zu schützen. Zur Absicherung des regulären Geschäftsbetriebs ist vor allem eine operationale Risikoanalyse notwendig, um mögliche Risiken bzw. Supply Chain Risiken zu identifizieren und daraus die richtigen Strategien abzuleiten.

Paradigma der Supply Chain Risiken

Die sogenannten Supply Chain Risiken sind sehr vielfältig. Vor allem die letzte Dekade zeigte, welche Auswirkungen dieser Risiko-Typus auf die gesamte Lieferkette hat. Im Folgendem werden Risiken und mögliche Ursachen anhand von stattgefundenen Ereignissen aufgezeigt. Betrachtet werden hier lediglich operationale Risiken der Supply Chain, also Risiken, die außerhalb der unternehmerischen Risiken auftreten und einen Schaden in der Supply Chain verursachen.

- **Naturkatastrophen:**
  Das Tōhoku-Erdbeben im Jahr 2011 löste in Fukushima eine Kette von Katastrophen aus. Neben den menschlichen Tragödien entstanden auch gravierende wirtschaftliche Folgen. Insbesondere der Export von Produk-

ten der Unternehmen Toyota, Honda, Nissan sowie Ausfälle bei Chipherstellern und vielen anderen Unternehmen führten zu weltweiten Verwerfungen. Alle in der Region produzierenden Unternehmen waren stark betroffen. Toshiba, Samsung, Sony, Fujitsu und Texas Instruments sind weitere Beispiele, die direkt betroffen waren und Bauteile für ein Produkt herstellen. Der Ausfall der unterschiedlichen Produktionen hatte eine direkte Auswirkung auf Produkte wie Computer, Smartphones und andere Devices.

- **Politische Entscheidungen:**
Das Aufkündigen von Handelsabkommen führt dazu, dass Produkte oder Bauteile plötzlich nicht mehr in sanktionierte Länder importiert bzw. exportiert werden dürfen. Auch die Schließung von Grenzen erschwert die termingenaue Lieferung und stört somit die Transportwege.

- **Kriege/Aufruhen/Streiks:**
Regelmäßig wirken sich Streiks in unterschiedlichen Branchen negativ auf die Lieferkette aus. Streiks beeinflussen z. B. in der Automobilbranche die Fahrzeugherstellung. In der Luftfahrt wirken sich Streiks auf den Versand von Cargo aus. Produzenten und Endverbraucher sind dabei die Leidtragenden. Der Arabische Frühling zum Beispiel hatte Auswirkung auf die Versorgung und Produktion globaler Märkte. Rohstoffe wie Öl und Gas konnten aus der nordafrikanischen Region über einen längeren Zeitraum nicht mehr exportiert werden.

- **Infrastrukturausfall:**
Der Stromausfall am weltgrößten Flughafen in Atlanta im Dezember 2017 hatte nicht nur direkte Auswirkungen auf den Flughafenbetreiber und Fluggäste, sondern auch auf einen sehr großen Teil von Cargo. Im Jahr 2018 waren auch Flughäfen in Amsterdam, Hamburg und an vielen weiteren Standorten von Stromausfällen betroffen. Auch ein Brand bei einem Zulieferer in der Tschechischen Republik brachte Bänder zum Stillstand, da ein simples Bauteil nicht von einem anderen Zulieferer in so kurzer Zeit zu beziehen war.

- **Insolvenz:**
Die SAM Automotive Group meldete im August 2018 Insolvenz an. Die Schließung des Zulieferers und die damit verbundenen Auswirkungen durch den Wegfall von Bauteilen ist für Volkswagen, Volvo, General Motors schmerzlich hingenommen worden. Ein weiterer, die TMD Friction, meldete im September 2018 Insolvenz an. Von der Insolvenz sind

Audi, Daimler und auch Ford betroffen. Bei allen Fahrzeugen ist die Auslieferung von bestimmten Modellen zum Teil verschoben.
- **Epidemie/Pandemie:**
Volvo und Jaguar mussten aufgrund der im Jahr 2001 in Großbritannien auftretenden Maul- und Klauenseuche die Produktion der Automobile unterbrechen, da kein Leder mehr für das Interieur verfügbar war. Aber auch die Ebola Epidemie forderte in Westafrika im Jahr 2017 nicht nur Menschenleben; Unternehmen sahen sich aus Fürsorge gezwungen Mitarbeiter, sog. Expats, einschließlich ihrer Familien aus der betroffenen Region zurückzuziehen. Die Folge: die Produktionen einiger Unternehmen standen still.

Nach dem Supply Chain Resilience Report 2017 des Business Continuity Institutes zählen zu den Top 3 Störungsursachen: 1. Ungeplante IT- und Telekommunikationsstörungen; 2. Cyber-Attacken und Datenpannen sowie 3. Verlust von Talent und Fähigkeiten (dem Personalausfall zuzuordnen).

Das Cyber-Risiko ist im Supply-Chain-Kontext eines der anfälligsten und sensibelsten Risiken. Bereits ein scheinbar kleiner Fehler kann zu einer schnellen und weitverbreiteten Unterbrechung führen und den sogenannten Schmetterlingseffekt auslösen, sodass die gesamte Lieferkette stillsteht. Da die IT in der heutigen Zeit eine der wichtigsten Rollen im Informations-, Material- und Finanzfluss im Zusammenhang mit der Lieferkette hat, gibt es keine Zweifel daran, dass Cyber-Angriffe, längerfristige Ausfälle der Supply Chain und nachhaltige wirtschaftliche Schäden verursachen werden.

Spätestens seit dem Cyber-Angriff im Jahr 2017 mittels Kryptotrojaners NotPetya auf eine Buchhaltungssoftware in der Ukraine, dürfte klar sein, dass solche Angriffe eine hohe Auswirkung auf die Supply Chain haben. Der Angriff wirkte sich auf eine Vielzahl von internationale Firmen in der Logistik aus, wie z. B. die weltweit größte Containerschiff-Reederei Maersk Line, dem Logistikdienstleister Damco und APM Terminals. Der Trojaner schädigte die Systeme so stark, dass ein Beladen und Löschen von Containerschiffen nicht mehr möglich war. Der Umschlag von 3 Millionen Containern war gestört. Rohstoffe, fertige Produkte, Bauteile und viele andere Waren konnten nicht rechtzeitig ausgeliefert werden. Alle Unternehmen, die auf Maersk angewiesen waren und keine Strategien für den Ausfall ihrer Ressourcen hatten, also für den Fall, dass die bestellte Ware nicht rechtzeitig geliefert wird oder erst gar nicht ankommt, standen still. Hinzu kommt der wirtschaftliche Schaden für die A. P. Moller-Maersk Group. Das Handelsvolumen war gemäß dem Geschäftsbericht für die Maersk Line über mehrere Wochen beeinträchtigt. Die Höhe des Schadens auf das betroffene Unternehmen Maersk beziffert sich auf mehrere hundert Millionen Euro.

Auch Defekte an der IT-Infrastruktur oder Fehler in der Systemsoftware bzw. an den IT-Services können zu einem bedrohlichen und gegebenenfalls längerfristigen IT-Ausfall führen. Darüber hinaus sind auch weitere Ursachen möglich. Egal ob Vorsatz oder Fahrlässigkeit, der einzige Weg, um nach solchen Ereignissen wieder auf die Beine zu kommen, ist die Entwicklung und Implementierung einer Supply-Chain-Resilienz-Strategie. Natürlich hilft auch, kurzfristig gedacht, die Sicherstellung einer hohen Systemverfügbarkeit der IT-Ressourcen. Hierbei handelt es sich jedoch einzig und allein um eine Maßnahme, die im Gesamtkontext einer solchen Resilienz-Strategie, zur Erhöhung der organisationalen Resilienz, berücksichtigt werden muss.

Supply Chain Resilienz
Nach der Internationalen Organisation für Normung (ISO) ist die Resilienz die Fähigkeit, sich in einem sich verändernden Umfeld anzupassen. Eine konkrete Definition zur Beschreibung der »resilienten Supply Chain« oder »Supply Chain Resilienz« lässt sich daher einfach herleiten. Nach Gleich, Grönke, Kirchmann und Leyk steht die Resilienz im Kontext mit der Supply Chain für die »Widerstandsfähigkeit, aber auch Agilität, Adaptivität, Redundanz, Dezentralität und Lernfähigkeit, mit dem Ziel, eine schwankende kundenindividuelle Produktnachfrage kompensieren zu können«.

Innovationsherausforderungen im Umgang mit Supply-Chain-Risiken sind zu einem der wichtigsten Treiber für die Wettbewerbsfähigkeit und Differenzierung von Unternehmen geworden. Hierzulande zählt die bereits beginnende Weiterentwicklung der Industrie und der Produktion zu den großen Herausforderungen. Die moderne Produktion geht in der heutigen Zeit mit dem Begriff »Industrie 4.0« einher. Unter dem Begriff Industrie 4.0 ist ein Zukunftsprojekt gemeint, dass der umfassenden Digitalisierung der industriellen Produktion dienen soll. Intelligente digital vernetzte Systeme sollen hierbei als Grundlage dienen. Dabei soll sich die Produktion größtenteils selbst organisieren. Der Fokus liegt hier auf der Optimierung der gesamten Wertschöpfungskette und bezieht sich nicht mehr auf den einzelnen Produktionsschritt. Mensch, Maschinen, Anlagenlogistik und Produkte, also unterschiedliche Komponenten, kommunizieren und interagieren miteinander. Alle fertigungsrelevanten Informationen werden durch moderne Informations- und Kommunikationstechnologien ausgetauscht und konfiguriert. Aufgaben werden durch das System selbstständig organisiert.

5 Wirtschaftliche Stresssituation

Unter diesen Gegebenheiten werden Unternehmen in Zukunft auf kurzfristige Änderungen und Störungen zeitnah reagieren müssen, da ansonsten der Kollaps droht. Die starke Vernetzung in den sog. Smart Factories sollte hierbei als Chance genutzt werden, indem diese intelligenten Fabriken mit Informationen aus dem Supply Chain Continuity Management versorgt werden.

Sind die Daten aus dem Supply Chain Continuity Management einmal im System der Smart Factories erfasst, können unmittelbar nach der Detektion eines Ausfalls, eine Reaktion eingeleitet werden und Maßnahmen zur Behebung eines Ereignisses folgen. Die Einbindung der Informationen aus dem Supply Chain Continuity Management in die Smart Factory ist ein wichtiger Baustein zur Minderung von Risiken. Man stelle sich vor, dass nach dem Ausfall eines Hauptlieferanten, ein System selbstständig einen anderen Lieferanten informiert und dieser Lieferant das gewünschte Produkt oder den Rohstoff rechtzeitig an Ort und Stelle liefert, damit die Produktion nicht stillsteht. Hierzu ist jedoch der genaue Fluss von Informationen, Materialien, Produkten und Prozessen entlang der Lieferkette für die Entwicklung einer Strategie von elementarer Bedeutung. Allerdings muss für die Zusammenführung all dieser Informationen eine Harmonisierung der Datenformate erfolgen, damit eine Kommunikation innerhalb des Systems möglich ist.

Die zunehmende Globalisierung und der Wettbewerb erfordern neue Entwicklungsschritte und in diesem Zusammenhang ergeben sich zu den bereits erwähnten Herausforderungen auch die Chancen aus der Industrie 4.0, die unter Einbindung des Supply Chain Continuity Managements genutzt werden sollten.

2. Supply Chain Continuity Management – eine Antwort auf die Risiken der Supply Chain?

Nach Betrachtung der Herausforderungen stellt sich die Frage, wie man die Herausforderungen in der Supply Chain meistern kann?

Historisch betrachtet hat das Supply Chain Continuity Management seinen Ursprung im Business Continuity Management. Im Business Continuity Management beschäftigt man sich seit den Ursprüngen mit unterschiedlichen Ausfallszenarien (Ausfall von Gebäude, Personal, IT und Dienstleistern). In den Anfängen wurde das Business Continuity Management aufgrund von regulatorischen Anforderungen hauptsächlich bei Banken und Versicherungen als Managementprozess implementiert. Mit den stetig wachsenden Anforderungen wurde in beiden Branchen der Fokus für die Auslagerungen (Dienstleistungen) zunehmend durch das Gesetz über das Kreditwesen und das Versicherungsaufsichtsgesetz verschärft. Mittlerweile steht

B   Betrachtungen zur aktuellen Stresssituation

nicht nur das Finanz- und Versicherungswesen als Kritische Infrastruktur im Fokus, sondern auch der Transport bzw. die Supply Chain.

Durch die Globalisierung und den starken Wettbewerb sind der Umfang und die Komplexität in der Lieferkette stark gestiegen. In diesem Zusammenhang stieg auch die Abhängigkeit durch den Kostendruck und zeitgleich auch die Anfälligkeit durch die Zunahme von Schnittstellen bzw. die unterschiedlichen Tier-Stufen. Das frühe Einbinden des Supply Chain Continuity Managements ist daher schon vor der Auswahl eines Lieferanten essenziell. Was bringt es, wenn das eigene Unternehmen durch Maßnahmen und Strategien abgesichert ist, allerdings der Lieferant keine Absicherung durch ein eigenes Supply Chain Continuity Management hat? Daher ist die Betrachtungsweise der gesamten Lieferkette unerlässlich.

Eine resiliente Supply Chain bringt wie das Business Continuity Management keinen direkten Mehrwert und wird vom Top Management häufig als träge angesehen. Auch wenn die Wahrscheinlichkeit gering ist, dass ein Ereignis das eigene Unternehmen direkt trifft, steigt die Wahrscheinlichkeit mit der Anzahl der einzelnen Beteiligten im eigenen Lieferprozess. Deshalb sind alle im Lieferprozess Beteiligten in dem eigenen Supply Chain Continuity Management einzubeziehen und nach der jeweiligen Kritikalität zu bewerten. Ebenfalls unerlässlich ist die vertragliche Ausgestaltung. So ist nach Definition der Anforderungen und der vertraglichen Vereinbarung, vor allem die regelmäßige Überprüfung der Dienstleister oder der Lieferanten von besonderer Bedeutung. Zum Teil helfen auch Nachweise oder bereits erlangte Zertifizierungen des Lieferanten. Eine weitere Alternative zur Validierung ist die Vor-Ort-Überprüfung beim Lieferanten. Dies kann bspw. als ein regelmäßig stattfindendes Audit vereinbart werden, damit die tatsächliche Resilienz validiert wird. Für den Fall, dass der Lieferant trotz vertraglicher Vereinbarung nicht liefern kann und Insolvenz anmeldet oder sich mit höherer Gewalt konfrontiert sieht, ist für solche Fälle eine sog. Exit-Strategie zu entwickeln.

Die Entwicklung einer resilienten Supply Chain erfordert eine methodische Vorgehensweise, damit die Risiken zum einen identifiziert und danach gemindert werden. Dabei ist der Blick auf die gesamte Supply Chain eine Grundvoraussetzung. Der Blick für die gesamte Lieferkette kann geschärft werden, indem Verträge mit dem Tier-1-Lieferanten so gestaltet werden, dass auch er seine Lieferanten (Tier 2) zu einem Supply Chain Continuity Management verpflichtet. Im besten Fall vererbt auch der Tier-2-Lieferant seine Verpflichtung weiter an den Nachfolgenden. Gemeinsame und regelmäßig stattfindende Tests sowie die Verpflichtung ein umfängliches Lieferketten Audit durchzuführen, ermöglicht einen sehr hohen Durchdringungsgrad zur Schärfung des Gesamtbildes.

5 Wirtschaftliche Stresssituation

Die Wahrscheinlichkeit, dass ein Worst-Case Szenario wie der Wintersturm eintritt, ist gering, jedoch ist die Höhe der Auswirkungen sehr bedeutend. Zu diesem Zwecke sind aus Expertensicht Unternehmen gefordert, sich mittels Supply Chain Continuity Management abzusichern.

C Möglichkeiten zur Steigerung der Resilienz

Stefan Voßschmidt & Andreas H. Karsten

Im Kapitel C werden allgemeine Möglichkeiten zur Steigerung der Resilienz von Organisationen, Behörden und Unternehmen dargestellt.

Im ersten Teil beschreibt Karsten allgemein Methoden, wie Systeme resilienter werden können

Im zweiten Teil beschreiben die Forscher der interdisziplinären Gruppe der Bergischen Universität Wuppertal Tackenberg, Fathi, Schütte und Fiedrich die Notwendigkeit aber auch die Herausforderungen der Einbindung der Zivilgesellschaft, besonders auch von Spontanhelfern, in die Bewältigung von Krisensituationen.

Daran anschließend hebt Karsten die Bedeutung der Einbindung der Privatwirtschaft in das operative Krisenmanagement hervor, bevor er im vierten Teil auf die Organisation eines agilen, alle Stakeholder umfassenden operativen Krisenmanagement eingeht. In diesem Teil stellt er auch ein entsprechendes Führungsmodell vor, was die Ideen der deutschen Dienstvorschriften 100 auf die aktuellen Bedürfnisse weiterentwickelt.

In den abschließenden Teilen werden der Einfluss und die Möglichkeiten moderner Technologien und die Notwendigkeit eines nie endenden Ausbildungs- und Trainingsprogramms für alle, die sich mit der Resilienz Kritischer Infrastrukturen operativ beschäftigen thematisiert. Näheres dazu finden Sie in den einleitenden Worten zu diesen Abschnitten weiter unten.

1 Allgemeine Betrachtungen

Andreas H. Karsten

Bei komplexen, nichtlinearen Gefährdungen ist es notwendig, ihnen resilienzfokussiert anstatt wie in der Vergangenheit bedrohungs-fokussiert zu begegnen. In der Literatur finden sich unterschiedliche Methoden, die Resilienz zu steigern, je nachdem welche Bedrohungen man betrachtet. Eine Maßnahme, die die Resilienz eines Systems gegenüber einer Bedrohung steigert, kann gegenüber einer anderen Bedrohung die Resilienz jedoch vermindern. Von daher muss ein genereller, allumfassender Ansatz (»all-treat approach«) gewählt werden. Schlagwortartig sind folgende Maßnahmen notwendig: Optimierung der Systeme, Analyse der Systeme und deren Umfelder, Prognose der weiteren Entwicklung der Umfelder, Ausrichtung der Systeme auf die »Kundenwünsche«, Beachten der soziologischen Gegebenheiten (z. B. Einbinden der betroffenen Bevölkerung und der Zivilgesellschaft) sowie Digitalisierung und Automatisierung.

Das erfolgreichste, resilienteste System, dass wir kennen, ist die Natur. Die Natur ist ein gutes Vorbild auch für jedes von Menschen geschaffene System.

Die Natur ist:

- **adaptiv:**
  Nicht die Intelligentesten oder Stärksten überleben, sondern die, die sich am besten an ihre Umgebung anpassen können.
- **unternehmerisch:**
  Die Natur füllt jede Nische mit irgendeinem Organismus, der dann genau auf das Leben in dieser Nische zugeschnitten ist.
- **pluralistisch:**
  Die vielfältigsten Ökosysteme sind am resilientesten.
- **nachhaltig:**
  Sie nutzt sehr effizient die ihr zur Verfügung stehenden Ressourcen. So dient jedes Lebewesen einem anderen als Futter bzw. Dünger.
- **offen für Veränderungen:**
  Sie reagiert schnell und sehr häufig schon auf kleinste Veränderungen von Einflussfaktoren.
- **experimentierfreudig und unkonventionell:**
  Sie probiert alles aus. Dogmen sind ihr unbekannt. So ist sie gleichzeitig konservativ wie auch innovativ.
- **offen für Fehler:**
  Sie nutzt die Methode »Trial and Error« und lernt aus ihren Fehlern.

Gesamtgesellschaftlicher Ansatz
Resilienz kann heute nur erreicht werden, wenn alle Stakeholder, wie zum Beispiel der Staat, die Wirtschaft und die Zivilgesellschaft, in der Vorbereitung wie auch im Krisenfall eingebunden und über alle Ebenen eng vernetzt werden. Dazu bedarf es eines gemeinsamen Zieles und einer gemeinsamen Vision, wie sich unsere Gesellschaft und die Welt weiterentwickeln sollen.

C Möglichkeiten zur Steigerung der Resilienz

Risikoverminderung

Das Risiko einer Gefahr ist von dem möglichen Schaden, der entsteht, wenn die Gefahr wirksam wird und deren Eintrittswahrscheinlichkeit abhängig. Somit ergeben sich zwei grundsätzliche Möglichkeiten das Risiko zu minimieren:
- Verringerung möglicher potentieller Schäden und
- Verringerung der Eintrittswahrscheinlichkeit von Schäden.

Risikominimierung ist ein systematischer Prozess aus
- Gefahren identifizieren,
- deren Risiko bewerten (Auswirkung und Wahrscheinlichkeit) und
- Maßnahmen ergreifen, um einen oder beide Faktoren zu reduzieren.

Dabei sind sowohl alle Bedrohungen als auch sämtliche menschliche Aktivitäten zu beachten.

Prinzipiell bieten sich vier Möglichkeiten an, das Ausmaß potentieller Schäden zu minimieren:
1. Trennen von der Gefahr und Schutzgut
   mit den Untergruppen
   a) Gefahr und Schutzgut existieren in (nahezu) vollkommen getrennten Systemen
   b) Einkapseln der Gefahr
2. Einkapseln der Menschen bzw. ihrer Aktivitäten
3. Potentiell Betroffene über das Risiko informieren und dazu animieren, sich die notwendigen Verhaltensmaßnahmen zum Überstehen der Krise anzueignen. (Crisis Risk Information)
4. Durch Ausstattung und Ausbildung der Gefahrenabwehrbehörden und -organisationen die Fähigkeiten erhöhen, die Ausbreitung von Schäden verhindern und Betroffenen adäquat helfen zu können, z. B. durch ein entsprechendes Warnsystem.

Menschen neigen dazu, Risiken zu unterschätzen (Gigerenzer 2013). Und viele glauben, ja verlangen sogar, dass der Staat, ihr persönliches Risiko gegenüber bestimmten Gefahren auf Null reduziert. Aber 100 % Sicherheit gibt es nicht und wird es nie geben.

Die Wahrnehmung von Risiken ist stark kulturabhängig, wie die Reaktionen auf die Terroranschläge in Deutschland und Norwegen aufzeigten. Es ist vermutlich erfolgsversprechender für die freiheitlichen, demokratischen Grundwerte offensiv zu werben und somit die Menschen in einem Staat gegenüber den psychologischen

Folgen eines Anschlags zu »härten« als die Menschen immer mehr durch staatliche Organe überwachen zu lassen und in ihren Freiheiten einzuschränken. Der Sinn eines Terroranschlages ist es vorrangig, die Menschen zu verunsichern, zu schockieren und rachsüchtig zu machen (siehe Kapitel D.3.2), um z. B. einen Krieg zwischen den Kulturen auszulösen. Wenn die betroffenen Menschen gegenüber Terroranschlägen gehärtet sind, macht es für den Terroristen keinen Sinn mehr, einen Anschlag zu verüben.

Um die Eintrittswahrscheinlichkeit eines Ereignisses zu minimieren, gibt es ebenfalls mehrere Möglichkeiten:
1. Technische Maßnahmen wie
    - die Steigerung der Robustheit und der Agilität von Systemen,
    - die Fähigkeit der Selbstregulierung ausbilden oder Bereitstellen von redundanten Systemen
2. Maßnahmen, die die Fähigkeiten der Menschen erhöhen, wie Ausbildung und regelmäßiges Training der Systembediener.

Nun gibt es kein technisches Gerät, das 100 % vor einem Ausfall geschützt ist. Häufig führen Kleinigkeiten, an die man vorher nicht gedacht hat, zum Totalausfall und somit zur Katastrophe (siehe den Challenger-Unfall, Kapitel A.3.4). Trotz modernster Technik – wie etwa der Künstlichen Intelligenz – bedarf es auch zukünftig gut ausgebildeter, stressresistenter Menschen, die in einer Krisensituation die richtigen Entscheidungen treffen.

Frühes Erkennen und Sense Making
Im Rückblick auf Krisen stellt man fest, dass nahezu jede sich vorab angekündigt hat. Die Verantwortlichen haben nur die Signale nicht als solche erkannt. Denn je komplexer ein System ist, desto schwieriger sind diese als solche zu erkennen. Krisen, deren Intensität sich mit der Zeit entwickelt (z. B. Pandemien oder Flüchtlingskrise) können so schon in einem Stadium geringer Intensität bekämpft und ihr Einfluss gemindert werden. Bei Krisen, deren Intensität schlagartig eintritt (z. B. Starkregen oder Terroranschläge) gewinnen die Verantwortlichen Planungszeit. Die Resilienz einer Organisation kann also gesteigert werden, in dem permanent die Umwelt beobachtet wird, neue Bedrohungen und eigene Vulnerabilitäten erkannt und die Entwicklungen verstanden werden. Geschichte wiederholt sich niemals zu 100 %. Deshalb reicht es nicht aus, Krisenverläufe der Vergangenheit eins zu eins in die Zukunft zu kopieren. Vielmehr sind sie an die vermuteten zukünftigen Umweltentwicklungen anzupassen. Das Verhalten der islamistischen Selbstmordattentäter

C   Möglichkeiten zur Steigerung der Resilienz

ist vollkommen verschieden von dem ihrer Vorgänger in den 70er Jahren der RAF, der Roten Brigaden, der PLO oder der ETA, ähnelt aber dem der Assassinen[28] des 12. und 13. Jahrhunderts. Prognosen über die Zukunft sind entscheidend bei der Früherkennung. Die Ergebnisse einer Prognose werden besser, wenn man die Situation aus unterschiedlichen Sichtweisen beobachtet und interpretiert und diese Interpretation miteinander teilt. Deshalb ist es wichtig, auch schon vor Krisen Köpfe zu kennen (vgl. Bundesakademie für Sicherheitspolitik 2013) und sich mit ihnen regelmäßig auszutauschen.

Lernfähigkeit
Eine resiliente Organisation hat eine bejahende Störungs- und Fehlerkultur zu leben. Störungen und Fehler dürfen nicht als Unglück, sondern als Startpunkt von Verbesserungen angesehen werden: In der heutigen komplexen Welt mit den unzähligen gegenseitigen Abhängigkeiten ist es so gut wie unmöglich, alle Kaskadeneffekte zu erkennen und alle denkbaren Störungen vorab zu berücksichtigen. Deshalb wird es früher oder später zu Störungen oder Fehlern in den Prozessabläufen kommen. Eine Organisation ist resilient, wenn diese Störungen keine relevanten Auswirkungen auf das Ergebnis des Prozesses haben (»Fail-Safe«-Strategie). Dabei sollte sichergestellt sein, dass aus den gemachten Fehlern gelernt wird. Wobei das Aufschreiben von Fehlern (z. B. in Übungsberichten) noch keine »Lessons learnt« sind. Erst wenn in der Organisation jene Veränderungen erfolgreich umgesetzt sind, die zukünftig diese Fehler vermeiden helfen bzw. deren Auswirkungen minimieren, sind die Lehren wirklich gelernt.

Agilität
Eine resiliente Organisation muss in der Lage sein, agil auf Veränderungen zu reagieren. Das heißt, sie muss flexibel, antizipativ und proaktiv agieren. Solch eine Organisation lässt sich mit einer Amöbe vergleichen, die durch die flexible Veränderung ihrer äußeren Form auf Hindernisse reagiert, die aber zusätzlich die Zukunft vorausahnt und ihre Umwelt zu ihrem Vorteil verändert. Die notwendige Flexibilität kann durch die Delegation von Entscheidungsbefugnissen erreicht werden (»Führen mit Auftrag«).

---

28 Assassinen waren Angehörige einer schiitisch-islamischen Glaubensgemeinschaft, zur Zeit der christlichen Kreuzzüge. Die Assassinen eliminierten herausragende Feinde durch Messerattacken. Dabei nahmen sie in Kauf selber getötet zu werden.

1 Allgemeine Betrachtungen

Realistische Prognosen zu erstellen, ist erstens nicht leicht und zweitens immer mit Fehlern behaftet. Trotzdem sind sie entscheidend, um die Organisation möglichst optimal auf die Zukunft vorzubereiten und das Umfeld entsprechend beeinflussen zu können.

Entscheidungen schnell treffen und umsetzen
Wie in der Natur wird auch in Störungsfällen die Organisation am besten mit der Situation fertig werden, die sich am schnellsten auf die veränderte Situation einstellen kann. Das heißt, sie muss in der Lage sein, schnell zu reagieren und/oder schnell zu regenerieren.

Dafür ist es nicht notwendig, dass man schnell die beste Entscheidung, sondern die bestmögliche trifft und umsetzt. Die Beschaffung der notwendigen Informationen und des benötigten Wissens für die beste Entscheidung bedarf in der Regel zu viel Zeit. Bevor sie umgesetzt wird, hat sich die Situation schon so verändert, dass die Entscheidung im besten Fall nur noch suboptimal ist.

Je höher in der Hierarchie eine Entscheidung getroffen wird, desto mehr tritt eine generelle Schwierigkeit beim Treffen von Entscheidungen auf: Die Informationen (Lageberichte) über die Situation sind immer veraltet. Selbst durch Abkürzungen der Meldewege kann dies nur quantitativ geändert werden. Während man nachdenkt, verändert sich die Situation vor Ort weiter und sie tut dies auch, während die Entscheidung durch die Befehlskette hindurch zu den letztendlich agierenden Personen gelangt. Diese zukünftige Situation sollte allerdings die Grundlage Ihrer Entscheidung sein.

Diese Schwierigkeit lässt sich lediglich mittels »Führen mit Auftrag« und »Trial and Error« verringern. Delegieren Sie die Entscheidungsbefugnis so nah an die agierenden Personen wie möglich.

Vorbeugung und Vorbereitung
Vorbeugung und Vorbereitung sind geeignete Strategien, die Widerstandsfähigkeit und damit die Resilienz gegenüber Störungen zu steigern. Dazu ist es notwendig, ständig das eigene Umfeld (Entwicklungen, einzelne Ereignisse oder Prozesse in und außerhalb der eigenen Organisation) zu beobachten, um frühzeitig Gefährdungen, aber auch resilienzsteigernde Entwicklungen zu erkennen, zu analysieren und darauf so früh wie möglich zu reagieren. Selbst wenn dadurch eine Krise nicht verhindert werden kann, kann Zeit gewonnen werden, um Gegenmaßnahmen umzusetzen.

Umfangreiche Planungen benötigen viel Zeit bei der Erstellung, dem Einüben der Verfahren und beim Aktualisieren der Pläne. Besser ist es, sich zu überlegen, welche ersten Maßnahmen man in einer speziellen Krise durchführt und dann zu beobachten, wie diese sich in der sich weiter entwickelnden Lage auswirken. Die weiteren Maßnahmen sind dann entsprechend der »Trial-and-Error«-Methode durchzuführen. Dogmatisches Festhalten an Plänen kann in Krisen zu katastrophalen Ergebnissen führen.

Um Schockereignisse besser verkraften zu können, sollte die Stresssituation der Kritischen Infrastrukturen verringert werden. Die Resilienz der Kritischen Infrastruktur »Trinkwasserversorgung« kann zum Beispiel dadurch vergrößert werden, dass die Sauberkeit des Grundwassers sowie von Seen und Flüssen erhalten bzw. verbessert wird. Solche Maßnahmen dienen gleichzeitig der Gesundheit und damit der Widerstandsfähigkeit der Menschen, die dadurch resilienter werden.

Geoinformationssysteme, künstliche Intelligenz und Big Data bieten große Möglichkeiten, die Resilienz einer Organisation zu steigern. Die raum-zeitliche Verschneidung von den unterschiedlichsten Daten (Bevölkerungsstruktur, sozioökonomische, ökologische Daten, Überflutungssimulationen usw.) liefern neue Erkenntnisse für Planungsprozesse (z. B. Stadtplanung oder Einsatzplanung).

Für eine umfassende Vorbeugung und Vorbereitung ist es notwendig, möglichst das gesamte Wissen dieser Welt zu nutzen. Kein Mensch – und auch kein Computer – verfügt auch nur annähernd über dieses »Weltwissen«. Deshalb ist es notwendig, dass Wissen geteilt wird. Dazu müssen Wissens-Netzwerke, die auf gegenseitiges Vertrauen aufgebaut sind, etabliert werden. Um nicht dem Informations-Overflow zu erliegen, ist nur nützliches Wissen zu teilen. Dazu müssen als erstes die Informationen, die dem Wissen zu Grunde liegen valide und verifiziert sein. Und als zweites bedarf es eines gemeinsamen Situationsbewusstseins, um beurteilen zu können, was wirklich nützliches Wissen ist.

Ausbildung und Training

Eine wesentliche Fähigkeit des Menschen ist die zum kontinuierlichen, lebenslangen Lernen. Dabei darf nicht mehr spezielles Faktenwissen im Mittelpunkt stehen. Die Zeit der »Fachspezialisten« geht dem Ende entgegen. Künstliche Intelligenz wird zukünftig auch viele kognitive Standardprozesse (z. B. Übersetzungen) von Menschen übernehmen, wie es die Roboter in der herstellenden Industrie bereits getan haben. Den Herausforderungen der Zukunft können nicht mit den Lernmethoden der Vergangenheit begegnet werden.

Für die Zukunft müssen Menschen in die Lage versetzt werden, schnell ihre Fähigkeiten an die Herausforderungen durch veränderte Rahmenbedingungen anzupassen. Die Menschen müssen in der Lage versetzt werden, multi-domain und effekt-basiert zu denken. Adaptives, skalierbares und agiles Lernen muss sich auf die einzigartigen menschlichen Fähigkeiten konzentrieren:

1 Allgemeine Betrachtungen

- **Empathie:**
  Zwischenmenschliches Interaktiveren und Erkennen von neuen Bedürfnissen
- **Verstehen und Weisheit:**
  Fähigkeit in schwierigen, neuen Situationen schnell Entscheidungen zu treffen und Strategien einer Domäne in andere anzuwenden
- **Divergentes Denken:**
  Erkennen von neuen, bisher noch nicht bekannten Problemstellungen
- **Das große Bild sehen:**
  Erkannte Bedürfnisse in nachhaltige Werte verwandeln
- **Soziale und emotionale Intelligenz:**
  Menschliche Interaktionen, um auch in einer unbeständigen, ungewissen, komplexen und mehrdeutigen Welt gedeihen zu können
- **Kollektive Intelligenz:**
  Lösungsfindung in – ggf. virtuellen – Gruppen aus Experten unterschiedlichster Fachrichtungen und Computern (»Human-Cyber-Groups«)

Sicherstellung von Robustheit
Robust gegenüber einer Störung ist ein System, wenn es Belastungen standzuhalten vermag. Dabei kann das System die Belastung sowohl starr abwehren (Steinwand) oder aber die Energie flexibel auffangen (Gummiwand). Im Unterschied zur Anpassung verändert sich das System aufgrund der Belastung nicht.

Adaption/Selbstregulation
Adaption ist die Fähigkeit eines Systems, sich kurzfristig so den Belastungen einer Störung anzupassen, dass es weiterhin die lebenswichtigen Aufgaben erfüllt. Für eine Adaption ist es notwendig, dass man in der Lage ist, die Abweichung eines Systems zu identifizieren und dann entsprechend so auf das System einzuwirken, dass der Normalzustand möglichst schnell wieder erreicht wird. Zwei verschiedene Arten von adaptiven Systemen können unterschieden werden: Systeme die kontinuierlich auf Abweichungen reagieren und solche, die ab einen Schwellenwert reagieren. In beiden Fällen ist es wichtig, dass auch die Gegenmaßnahmen überwacht werden, um ein Übersteuern zu verhindern.

Bereitstellung von Redundanzen
Redundanzen sind alternative technische und/oder organisatorische Möglichkeiten zur Erfüllung lebenswichtiger Aufgaben eines Systems. Während mit der Zunahme

C	Möglichkeiten zur Steigerung der Resilienz

von Prozessschritten in Serie die Resilienz abnimmt, steigt sie mit der Zunahme paralleler Prozessschritte.

Redundante Systeme können allerdings auch sich entwickelnde Krisen über eine gewisse Zeit verbergen und so dazu beitragen, dass geeignete Gegenmaßnahmen zu spät eingeleitet werden.

Einfallsreichtum und Innovation
Ein resilientes System muss zu kreativen Reaktionen auf eine eingetretene Störung fähig sein. Diese Eigenschaft ist besonders bei hochkomplexen, vernetzten Systemen, in denen die Abhängigkeiten und somit mögliche Kaskadeneffekte nicht oder nur teilweise vorab zu bestimmen sind, entscheidend. Aber auch beim Auftreten von »Schwarzen Schwänen« (siehe Kapitel D.1.2)-Ereignissen ist Einfallsreichtum die entscheidende Fähigkeit, um eine Krise zu überwinden.

Das notwendige Wissen muss für jeden Entscheider in jeder Domäne zum einen im entscheidenden Moment zur Verfügung stehen und was noch wichtiger ist, es muss auch von ihm anwendbar für eine Entscheidungsfindung sein.

Das resiliente System sollte wie die Natur alle entstehenden Vorteile aus den sich verändernden Rahmenbedingungen nutzen. Dazu müssen die Veränderungen erkannt werden, danach müssen Optionen erarbeitet und letztendlich entsprechend implementiert werden. Und dies alles muss so schnell geschehen, dass die Vorteile noch eintreten können bevor sich diese Rahmenbedingungen schon wieder verändert haben.

Da sich die Rahmenbedingungen immer schneller verändern, bedeutet Resilienz zukünftig, die Zukunft zu gestalten, wenn nicht gar zu erfinden.

Vertrauen
Vertrauen gilt als resilienzfördernder Faktor; zu großes Vertrauen macht allerdings anfällig für das Unerwartete. Vertrauen sollten Sie den Menschen in Ihrem Netzwerk. Vertrauen muss von Ihnen ausgehen, dann vertraut Ihnen auch Ihr Gegenüber. Sie bauen es unter anderem durch Transparenz, Informationsaustausch und allgemein durch Gespräche auf.

Misstrauen sollten Sie allen Prozessen, Standard Operation Procedures, technischen Lösungen und den Organisationen, die behaupten, Probleme alleine lösen zu können und die Lösung für komplexe Probleme zu kennen.

Ethik und Kultur
Jeder Mensch und jede Organisation müssen bereit sein, sich auf Krisensituationen vorzubereiten und sich in solchen zum Wohle der anderen sozialen Gebilde zu

verhalten. Eine entsprechende Vorbereitung der/des Einzelnen bedeutet, dass man seine Notfallausrüstung immer aktuell, funktionstüchtig und in der Krise, in der man sich eventuell unter großem Stress befindet, leicht auffindbar bereithält. Entsprechende Empfehlungen finden sich zum Beispiel im der Broschüre »Für den Notfall vorgesorgt« des Bundesamtes für Bevölkerungsschutzes und Katastrophenhilfe.

Aber auch das Miteinander der Menschen ist in Krisensituation ein entscheidender Faktor. So sollte es selbstverständlich sein, dass die Starken den Schwachen helfen.

Zusätzlich wird die Resilienz einer Organisation durch eine optimistische, lernbereite, fehlertolerante, aber auch konfrontationsbereite Kultur erhöht.

Kurzfristige versus langfristige Folgen von Maßnahmen
Es kann ohne weiteres vorkommen, dass eine Maßnahme zwar die Resilienz eines Systems gegenüber kurzfristigen und/oder begrenzten Belastungen steigert und gleichzeitig gegenüber mittel- und langfristigen ggf. Grenzen überschreitenden senkt. Beim Einsatz von Einsatzkräften ist dieses Phänomen zu beachten. Bei räumlich und zeitlich begrenzten Lagen erzeugt der Einsatz von vielen, für die Lage ausreichende Ressourcen (Personal und Material) die Fähigkeit, das System schnell wieder in seinem Ursprungszustand zurückzuführen »die öffentliche Sicherheit und Ordnung sind wieder gewährleistet«. Bei Großschadenslagen wie einem Wintersturm, kann ein massiver Ressourceneinsatz dazu führen, dass der Einsatz vor dem Erreichen des Ursprungszustands zusammenbricht und die Situation dann eskaliert.

Einzelpersonen versus Gesellschaft
Maßnahmen, die die Resilienz eines Teilbereiches der Gesellschaft – z. B. der staatlichen Organe – steigern, können die Resilienz anderer Bereiche – z. B. einzelner Menschen oder der Wirtschaft – durchaus verringern. Es ist deshalb immer das Gesamtsystem zu betrachten und es gilt Kompromisse zu finden, die zu einer Maximierung der Resilienz des Gesamtsystems führen. Im Extremfall kann es dazu führen, dass der Totalausfall eines Teilbereiches toleriert wird.

Politische Maßnahmen, die die Resilienz verringern
Kritische Infrastrukturen sind dann resilient, wenn sie in Stresssituationen und Schockeffekten ihre Leistungen sicher, bequem, verlässlich und erschwinglich allen Menschen in Deutschland zur Verfügung stellen können. Aber die Versorgung ist schon in Nicht-Krisenzeiten sehr unterschiedlich: alte Stromverteilernetze in alten Stadtvierteln (häufig leben in diesen Gebieten gerade alte oder sozial schwache und damit vulnerable Menschen) oder schwache Internetnetze in ländlichen Gebieten.

Diese Minderleistungen können in Krisensituationen schnell zu dem entscheidenden vulnerablen Glied in der Prozesskette werden.

Schlechte Ver- und Entsorgungs- sowie Verkehrsinfrastrukturen verringern die Resilienz. Dies gilt auch für »schlechte« Kindergärten, Schulen und Universitäten, die nicht in der Lage sind, junge Menschen adäquat auf Krisensituationen vorzubereiten.

2 Resilienz durch Partizipation – Herausforderungen auf zivilgesellschaftlicher und organisatorischer Ebene

Bo Tackenberg, Ramian Fathi, Patricia M. Schütte, Frank Fiedrich

Einleitung

Im Zuge des schnellen sozialen, ökonomischen und ökologischen Wandels sehen sich moderne Gesellschaften multipler Problemlagen und somit einem permanenten Anpassungs- und Widerstandsdruck ausgesetzt. Regierung und Wissenschaft sind bemüht, diese Probleme multiperspektivisch und interdisziplinär anzugehen. Das zeigt sich insbesondere in der Vielzahl unterschiedlicher Resilienzkonzepte und -strategien. Unlängst hat sich die Rhetorik im Katastrophenschutz vom negativ konnotierten Vulnerabilitätsbegriff ab- und dem deutlich positiver besetzten, proaktiven Begriff der Resilienz zugewandt. So betont Resilienz weniger die Verletzlichkeit von Personen oder Gruppen in Anbetracht existenzieller Bedrohungen, sondern versteht sich vielmehr als ein Konzept, mit dem sich individuelle und systemische Herausforderungen und Krisen besser bewältigen lassen (Weiß/Hartmann/Högl 2018, 14; Tackenberg/Lukas 2019). Doch angesichts der im Kontext des Klimawandels steigenden Häufigkeit und Intensität katastrophaler Ereignisse und Großschadenslagen fällt es Regierungen, Katastrophenschutz- und Hilfsorganisationen zunehmend schwerer, der Bevölkerung in Krisen- und Katastrophensituationen unmittelbar und überall sofortige Hilfe leisten zu können. Das im Abschnitt D.2.1 beschriebene Wintersturmszenario verdeutlicht, vor welchen Herausforderungen organisationale Akteure bei der Bewältigung von Krisen und Katastrophen stehen können. So können, wie im genannten Beispiel, extreme Wetterereignisse großflächige Infrastrukturausfälle auslösen und mögliche Kaskadeneffekte provozieren, die verheerende und längerfristige Folgen verursachen können. Aus diesem Grund sind Organisationen zunehmend mehr auf die Unterstützung durch die Bevölkerung selbst angewiesen, und das nicht nur während und in der unmittelbaren Phase nach einer Katastrophe, sondern bereits davor, also im gesamten Katastrophenzyklus.

Konzepte wie das der Community Resilience zielen daher darauf ab, die Selbsthilfefähigkeit einer in der Praxis der Katastrophenbewältigung kaum erfahrenen Bevölkerung zu steigern. In diesem Kontext wird Community Resilience in der Regel mit dem Ausbau lokaler Kapazitäten, der Förderung von sozialer Unterstützung und Ressourcen, dem Abbau von Risiken sowie der Verbesserung der Risikokommunikation in Verbindung gebracht.

Im folgenden Artikel werden Überlegungen darüber angestellt, wie an lokale Alltagsstrukturen gekoppelte Ressourcen und Kapazitäten Zivilgesellschaften resilienter gegenüber externen Herausforderungen und Bedrohungen machen und wie Bevölkerungsschutzorganisationen auf diese Potenziale zurückgreifen und sie effektiv nutzen können. Im Fokus dieser Überlegungen steht die zivilgesellschaftliche Partizipation, die sich als Komponente sozialen Zusammenhalts bereits im alltäglichen Miteinander von Menschen ausbildet, auf die aber im Krisen- und Katastrophenfall in Form einer kollektiven Bewältigungskapazität zurückgegriffen werden kann.[29] Es wird darüber hinaus diskutiert, welche Probleme bei der Einbindung zivilgesellschaftlicher Potenziale in bestehende, zum Teil unflexible Strukturen etablierter Hilfsorganisationen im Bevölkerungsschutz auftreten und welche Lösungsstrategien in diesem Kontext ergriffen werden können.

Community Resilience
Bisweilen war in der Hazardforschung ein eher technisches Begriffsverständnis von Resilienz als eine Art Bounce-Back-Mechanismus richtungsweisend, mit dem resiliente Systeme in der Lage sind, nach externen Störungen in das ursprüngliche Equilibrium »zurückzuspringen« (Schnur 2013). Resilienz wird dabei mit einer materiellen Robustheit verbunden, die sich als Engineering Resilience insbesondere auf die Entwicklung resilienter Designs und Konstruktionsweisen etwa für Kritische Infrastrukturen bezieht (Acatech 2014, S. 8). Entgegen der Annahmen eines technischen Verständnisses liegt der Fokus einer zweiten (ökologischen) Perspektive auf der Analyse adaptiver, dynamischer Systeme. Hierbei wird komplexen Systemen die

---

29 Seit dem 01.10.2017 wird das Forschungsprojekt » durch sozialen Zusammenhalt – Die Rolle von Organisationen« (ResOrt) im Rahmen des Forschungsprogramms »Geistes-, Kultur- und Sozialwissenschaften« vom Bundesministerium für Bildung und Forschung (BMBF) gefördert. Hierbei handelt es sich um ein Verbundprojekt des Lehrstuhls für Bevölkerungsschutz, Katastrophenhilfe und Objektsicherheit der Bergischen Universität Wuppertal (Projektkoordination), dem Deutschen Roten Kreuz und dem Institut für Friedenssicherungsrecht und Humanitäres Völkerrecht der Ruhr-Universität Bochum. Das übergeordnete Ziel des Projekts ist die Ausarbeitung von Handlungsempfehlungen für Organisationen, wie Aspekte des sozialen Zusammenhalts als wesentlicher Resilienzfaktor in die Strategieentwicklung miteinbezogen werden können und sozialer Zusammenhalt gefördert werden kann (www.projekt-resort.de; FKZ: 01UG1724AX).

Fähigkeit zugeschrieben, nach externen Störungen nicht nur in alte Gleichgewichtszustände zurückzukehren, sondern sich an veränderte Umweltbedingungen anpassen und in neue über gehen zu können. Das Konzept der Community Resilience, dessen Verständnis und Kontext im Folgenden dargelegt wird, argumentiert aus dieser zweiten (sozial-)ökologischen Perspektive heraus und legt sein Hauptaugenmerk auf die transformative Bestanderhaltung sozialer Einheiten (Tackenberg/Lukas 2019). Resilienz versteht sich in diesem Kontext als Anpassungsleistung und Bewältigungs- bzw. Lernfähigkeit dynamischer sozialer Systeme hinsichtlich unerwarteter existenzieller Herausforderungen und Störungen, beispielsweise Naturkatastrophen wie der in D.2.1 genannte Wintersturm, aber auch ökonomische Krisen oder soziale Umbrüche wie die Flüchtlingsbewegungen 2015/2016 in der deutschen Bundesrepublik. Diese Anpassungs- und Bewältigungspotenziale verortet das Konzept der Community Resilience in gesellschaftlichen (alltäglichen) Prozessen und der individuellen sowie kollektiven Leistungsfähigkeit der Gesellschaftsmitglieder (Ross/Berkes 2014, 788). Es wird also weniger die Resilienz von Kritischen Infrastrukturen selbst in den Fokus gestellt, sondern vielmehr Bezug genommen auf die resiliente Zivilbevölkerung gegenüber dem Ausfall vulnerabler Kritischer Infrastrukturen. Community Resilience ist somit ein Konzept, das auf die Selbsthilfefähigkeit der Bevölkerung abzielt, in dem der einzelne Akteur auf kollektive Bewältigungskapazitäten zurückgreifen kann.

Mitglieder einer resilienten Gemeinschaft sind miteinander verbunden und kooperieren auf eine Art und Weise, dass die Gesellschaft auch in Krisen und Katastrophen ihre Grundfunktionen aufrechterhalten kann. Eine resiliente Gesellschaft zeichnet sich darüber hinaus durch ihre Anpassungsfähigkeit an eine sich wandelnde soziale, physische oder wirtschaftliche Umwelt aus. Sie nutzt ihr Potenzial, aus Erfahrungen zu lernen, um das daraus entstandene Wissen für sich nutzbar zu machen (Price-Robertson/Knight 2012, S. 4).

Resilienz durch soziale Partizipation
Zwar wurden bisher verschiedene Dokumente zum Schutz Kritischer Infrastrukturen vom BBK herausgegeben. Diese beziehen sich jedoch in allererster Linie auf die Aufrechterhaltung systemischer Funktionen und richten sich vor allem an die privatwirtschaftlichen Betreiber Kritischer Infrastrukturen und Organisationen des Bevölkerungsschutzes (Lorenz/Voss 2013, 55 f). Auch die im Rahmen der »Neuen Strategie« BMI umgesetzten Maßnahmen zur Förderung der Selbsthilfe der Bevölkerung in Krisen- und Katastrophensituationen beziehen sich bislang größtenteils auf die Sensibilisierung der Zivilgesellschaft durch verbesserte Risikokommunikation. Das BBK bietet beispielsweise eine Broschüre mit Hinweisen und Handlungsempfeh-

lungen an, wie sich in Krisen- und Katastrophensituationen verhalten werden und wie die Vorbereitung auf solche Ausnahmesituationen im Idealfall aussehen sollte (in etwa durch Bevorratung von Lebensmitteln etc.). Indessen fokussiert der vorliegend skizzierte Ansatz weniger die individuelle Notfallvorsorge, sondern den Ausbau und die Stärkung von Kapazitäten, die an die lokale Sozialstruktur geknüpft sind. Denn die Mitglieder einer resilienten Gemeinschaft profitieren in einer Krisen- bzw. Katastrophensituation von kollektiven Bewältigungskapazitäten, die sich bereits im alltäglichen Miteinander in Form von gemeinsamen Werten und Normen, Reziprozität, sozialen Netzwerken, sozialem Vertrauen und gesellschaftlicher Partizipation herausbilden. Ressourcen, die zusammengenommen den sozialen Zusammenhalt einer Gemeinschaft bilden. Doch was genau ist sozialer Zusammenhalt und wie macht er sich in Krisen- und Katastrophensituationen bemerkbar?

Sozialer Zusammenhalt wird gemeinhin als »Kitt der Gesellschaft« bezeichnet. Er beschreibt also ganz allgemein etwas, das Menschen miteinander verbindet und zusammenhält. Damit sozialer Zusammenhalt entstehen kann, müssen Menschen in soziale Netzwerke eingebunden sein. Das können einerseits Netzwerke sein, die aus engen Freundschaftsbeziehungen bestehen. Andererseits werden auch jene formalen Zusammenschlüsse angesprochen, die auf der Zugehörigkeit zu spezifischen sozialen Gruppen basieren, deren Mitglieder aufgrund gemeinsamer Interessen und Ziele vernetzt sind, beispielsweise Mitgliedschaften in Vereinen, Parteien oder diversen Organisationen (etwa Katastrophenschutz- und Hilfsorganisationen). Soziale Netzwerke sind eine wesentliche Voraussetzung für die Herausbildung von Reziprozitätsnormen (Gegenseitigkeitsnormen) und sozialem Vertrauen, durch die eine bessere Handlungskoordination in der Gesellschaft gewährleistet werden kann (Adloff/Mau 2005). Besonderes Interesse gilt hierbei der Form der generalisierten Reziprozität, da sie im Kontext von Gruppenzugehörigkeit entsteht und eine Gabe beinhaltet, ohne die Verpflichtung und Erwartung einer direkten Gegengabe (Stegbauer 2011, 29; vgl. Tackenberg/Lukas 2019). Das Soziale steht hierbei im Vordergrund, weshalb eine Gegengabe häufig weder erwartet noch gefordert wird, dennoch in aller Regel zeitversetzt stattfindet. Reziprozität schafft auf diese Weise gegenseitige Verpflichtungen, die sich in sozialen Beziehungen zeigen. So kann eine Gabe irgendwann, wenn sich der Geber beispielsweise in einer Notfallsituation befindet, erwidert werden. Darüber hinaus können Reziprozitätsnormen, so die Annahme, auch auf andere Personen und Kontexte übertragen werden. Beispielsweise, wenn Menschen, die in einer Notsituation Hilfe durch andere erfahren haben, in späteren Notsituationen wiederum anderen Bedürftigen Hilfe leisten. Die damals erhaltene Gabe wird demnach als Motivation genommen, anderen etwas zu geben.

| C | Möglichkeiten zur Steigerung der Resilienz |

Soziales Vertrauen lässt sich als Resultante der Zugehörigkeit zu sozialen Netzwerken und den sich daraus formierenden Reziprozitätsnormen konzeptualisieren (Zmerli 2013, S. 135). Denn soziales Vertrauen ist eine logische Konsequenz aus den Beziehungen zwischen Individuen und ihren gegenseitigen Verpflichtungen. Es basiert auf geteilten Werten und Normen sowie Erwartungen (Sampson 2012, S. 135), was wiederum ein Zugehörigkeitsgefühl und Vertrauenswürdigkeit gegenüber anderen schafft. Indem soziales Vertrauen die Erwartung erzeugt, dass andere im Sinne des Gemeinwohls handeln, bildet es die Basis für soziale Kooperation (Zmerli 2013, S. 136) und gesellschaftlicher Partizipation (Tackenberg/Lukas 2019). Denn es vereinfacht die Aufnahme sozialer Interaktion und den Aufbau neuer sozialer Netzwerke (Gundelach 2014, S. 20). Als Teil eines sozialen Netzwerks teilen seine Mitglieder die gleichen Werte und Normen und handeln im Sinne dieser, was sich u. a. in Form von ehrenamtlichen oder politischen Engagement zeigen kann. Mit anderen Worten, sozialer Zusammenhalt fördert Unterstützungs- und Hilfsbereitschaft innerhalb der Zivilgesellschaft.

Strukturen des Bevölkerungsschutzes – Herausforderungen für die Entfaltung von Community Resilience
Zivilgesellschaftliche Akteure und Netzwerke sind in Krisen- und Katastrophenlagen zwar wichtig, spielen aber im Rahmen von Katastrophenmanagementansätzen im Bereich der inneren Sicherheit – zumindest in Deutschland – bislang meist keine zentralen Rollen. Hier sind es vielmehr Behörden und Organisationen mit Sicherheitsaufgaben (BOS), d. h. der (nicht-polizeilichen und polizeilichen) Gefahrenabwehr, die aufgrund ihrer Zuständigkeiten und Verantwortungsbereiche in der Pflicht stehen, bei Katastrophen aktiv zu werden. Deutlich wird das in Modellen wie jenen des Katastrophenzyklus. Die angedachten vier Phasen (Quarantelli 2003, 27): 1. Vorbeugung/Prophylaxe (»Mitigation«), 2. Vorbereitung/Einsatzbereitschaft (»Preparedness«), 3. Einsatz/Hilfsmaßnahmen (»Response«) und 4. Wiederherstellung/Erholung (»Recovery«) beziehen sich auf Maßnahmen, die zwar die Bevölkerung berücksichtigen, aber lediglich in einer eher passiven, reaktiven Rolle. Das hat seine Ursachen u. a. in den Strukturen und der Historie des Bevölkerungsschutzes bzw. der Organisationen, welche im gesetzlich angelegten »Verfahren« des Katastrophenschutzes (wie auch des Zivilschutzes) in koordinierter Weise als Ressourcen eingesetzt werden, um ein als Katastrophe definiertes oder ausgerufenes Ereignis zu bewältigen (Bundesamt für Bevölkerungsschutz und Katastrophenhilfe (BBK) 2014; Dombrowsky 2014, S. 26).

Aufgrund des föderalistischen Systems bestehen insgesamt 16 (teilweise stark differierende) Gesetze, die den Katastrophenschutz jeweils bundeslandspezifisch regulieren und entsprechend viele Organisationen, Führungs- sowie Organisationsansätze, die im Katastrophenfall tätig werden. Diese Strukturen wurden nach dem Zweiten Weltkrieg mit Gründung der Bundesrepublik Deutschland auf- und ausgebaut und haben sich seitdem etabliert und verfestigt (Dombrowsky 2014, S. 26; Geier 2017, S. 9). Es handelt sich somit um relativ nachhaltige (i. S. v. haltbare und stabile) Sicherheitsstrukturen. Einerseits stehen sie damit für Zuverlässigkeit und Berechenbarkeit, führen zu Unsicherheitsreduktion und Systemvertrauen in der Bevölkerung und bieten Möglichkeiten für langfristige Lösungsansätze bei der Bewältigung von Krisen und Katastrophen; andererseits gehen strukturelle Persistenzen und Stabilität oft einher mit Formen der Inflexibilität, verzögerten Reaktionspotenzialen, sachlich und sozial eingeschränkten Handlungsspielräumen, welche nicht nur bestimmte Pfade vorgeben, sondern teilweise sogar Abweichungen, Innovationen, Lernen o. ä. verhindern. Vor diesem Hintergrund finden sich auch Stimmen, die einen Modernisierungs-, Rationalitäts- und Rationalisierungsrückstand des Katastrophenschutzes anprangern. Demnach ist das System des Katastrophenschutzes, d. h. insbesondere seine Strukturen, Regelungen und Problemlösungsansätze, nicht mehr passfähig für die Bedrohungen und Gefahren des 21. Jahrhunderts, weil sie sich multilokal verteilen. Aufgrund des föderalistischen Systems haben sich »Egoismen« unter den verschiedenen Organisationen ausgeprägt, welche ein Neben- und Durcheinander der Akteure sowie ihrer jeweiligen Zuständigkeiten bedingen, als »Fessel des Fortschritts« (Dombrowsky 2014, S. 25) bezüglich systemischen Veränderungen wirken und letztlich u. U. eine kooperative und adäquate Bewältigung bestimmter Schadenslagen behindern. Vor diesem Hintergrund scheint der bestehende Katastrophenschutz in Deutschland für multilokale oder massiv grenzüberschreitende Katastrophen, die zu einem Strukturkollaps führen können, nicht mehr angemessen aufgestellt zu sein (Dombrowsky 2014, S. 25 ff.).

Die verdichteten Flüchtlingsbewegungen 2015/2016 sind ein Beispiel für eine Situation, in welcher die genannten »Rückstände« des Katastrophenschutzes teilweise sichtbar wurden.[30] Im Oktober 2015 kamen mehr als eine Million Flüchtlinge und Migranten nach Europa und suchten Asyl; 476.000 davon in Deutschland

---

30 Den AutorInnen ist bewusst, dass es sich bei dem Beispiel der Flüchtlingsbewegungen 2015/2016 nicht um einen Katastrophenfall im eigentlichen rechtlichen Sinne handelt, sondern um einen »unausgerufenen« Katastrophenfall, welcher insgesamt als Krise, medial auch als »Flüchtlingskrise« behandelt wurde (Schütte-Bestek/Pudlat/Wendekamm 2017). Da Krisen allerdings Katastrophenpotenzial beinhalten und es sich bei der genannten Situation um ein multilokales und zeitlich ausgedehntes Ereignis handelte, welches die Kräfte der polizeilichen und nicht-polizeilichen Gefahrenabwehr extrem strapazierte, wird dieses Szenario ergänzend zum Wintersturm herangezogen.

(Bundesamt für Migration und Flüchtlinge (BAMF) 2016; 2017). Aufnahme, Registrierung und Weiterleitung der täglich ankommenden Menschen wurden in erster Instanz im Bereich (grenz-)polizeilicher Zuständigkeiten verortet, während Unterbringung, Betreuung und Versorgung bis zur Prüfung der Asylanträge von Kommunen, Hilfsorganisationen und Freiwilligen aus der Bevölkerung übernommen wurden. Wenngleich ähnliche Phänomene bereits aus den 1990er Jahren bekannt waren[31], schien es, dass sämtliche beteiligten Akteure an ihre Belastungsgrenzen stießen. Ein Grund dafür war, dass ihnen anscheinend das Wissen aus den o. a. vorherigen Situationen fehlte, Strukturen (noch aus Zeiten des Kalten Krieges) für die Lage nicht angemessen waren, Ressourcen nicht ausreichten sowie Koordinationsprobleme zwischen den beteiligten Organisationen bestanden. Öffentliche Gefahrenabwehr und Hilfsorganisationen auf der einen Seite sowie neue Formen, wie die so genannten Spontanhelfer und ad hoc gebildete Gruppen auf der anderen Seite, wirkten teilweise wenig kompatibel (Roth 2017). Auch die vorherige Vorbereitung der Bevölkerung auf die damit verbundenen Herausforderungen i. S. des Aufzeigens von Unterstützungsmöglichkeiten, des Erkennens von Gefahren etc. wurde vernachlässigt. Die Akteure schienen von den Dimensionen der sich entwickelnden Lage so sehr überrascht worden zu sein, dass sie sich auf die störungsfreie Abwicklung in den eigenen Reihen konzentrieren mussten. Insbesondere bei der aktiven Integration der Bevölkerung im Umgang mit dem o. a. Szenario deutet sich hier ein Problem an, welches auch eine potenzielle Barriere für die weitere Entfaltung einer Community Resilience darstellt. Rückzuführen ist dies auf die vorfindbaren Organisationstypen, die sich teilweise nur schwer vereinbaren bzw. koordinieren lassen (Quarantelli 1983; 2003). Etablierte Organisationen des Katastrophenschutzes zeichnen sich durch recht stabile und über Jahrzehnte gewachsene Strukturen und Aufgaben aus, welche sich auch bei der Bewältigung kritischer Lagen nicht verändern. Gruppen, die hingegen ad hoc in Katastrophen beispielsweise aus der Bevölkerung heraus entstehen, bilden sich allerdings gerade deswegen, weil übergeordnete Koordinierungsstrukturen nicht hinreichend funktionieren oder vorhanden sind und es an entsprechender Anleitung sowie Organisation von akut notwendigen Handlungen zu fehlen scheint. Sie sind häufig von den BOS in der Planung nicht mit bedacht, wenngleich sie sich – aufgrund fehlender hierarchischer und zentraler Steuerung – situativ bedingten Erfordernissen widmen können, für welche die anderen Akteure nicht zuständig sind und oder wofür diese keine Kapazitäten haben (Quarantelli

---

31 Bei den angesprochenen Phänomenen handelt es sich um verdichtete Personenbewegungen aufgrund der Deutschen Wiedervereinigung sowie der Balkanunruhen, wobei jeweils hunderttausende Menschen Zuflucht und neue Heimat in der Bundesrepublik suchten.

1983). Zudem laufen sie außerhalb der klassischen Strukturen, weshalb sie schwer von den etablierten Organisationen des Katastrophenschutzes einzuordnen sind. Da vielen Freiwilligen aus der Bevölkerung entsprechende Qualifikationen und Hintergründe im Katastrophenschutz fehlen, ist zudem davon auszugehen, dass sie lediglich als Laien wahrgenommen und innovative Potenziale und Entlastungsmöglichkeiten dieser Gruppen womöglich »verschenkt« werden. Neben negativen Erfahrungen der Flüchtlingsbewegungen 2015/2016, die derzeit allerdings noch systematisch aufbereitet und reflektiert werden müssen[32], lassen sich auch positive Beispiele der Zusammenarbeit zwischen Organisationen des Katastrophenschutzes und der Zivilbevölkerung identifizieren, welche durchaus Chancen für die zukünftige Bewältigung komplexer Lagen bieten.

Verschiedene Organisationstypen der ungebundenen Helferinitiativen
In den vergangenen Jahren hat sich beispielsweise ein Phänomen entwickelt, das eng mit der Verbreitung des Web 2.0 und der Vernetzung durch die sozialen Netzwerke zusammen zuhängen scheint. So formieren sich zunehmend häufiger Gruppen von sogenannten Spontanhelfern während einer Großschadenslage über das Internet mit dem Ziel, kurzfristig Schäden zu beseitigen und Menschen zu helfen. Hierbei ist zu beobachten, dass sich diese Gruppen unabhängig vom Szenario bilden – sei es die oben beschriebene Flüchtlingssituation in Deutschland 2015/16 oder das Hochwasser 2013 in Mitteleuropa – und zahlreiche Helfer, zum Teil sogar mehrere tausend, an den Einsatzorten erscheinen.

Das Besondere hierbei ist, dass anders als bei der aktiven, ehrenamtlichen Arbeit innerhalb einer BOS, spontane Helfergruppen keinen festen Strukturen und keinem hierarchischen Organisationsaufbau unterworfen sind. Sie scheinen deshalb deutlich flexibler zu sein, weshalb es ihnen möglich ist, sich erst unmittelbar in der spezifischen Einsatzlage zu bilden. In der Vergangenheit ließ sich beobachten, dass spontane Helfergruppen in der Regel projektorientiert, also einsatzbezogen arbeiten. Die Erfahrungen vergangener Großschadenereignisse zeigen darüber hinaus, dass sich

---

32 Der Lehrstuhl Bevölkerungsschutz, Katastrophenhilfe und Objektsicherheit wird zusammen mit der Deutschen Hochschule der Polizei, dem Deutschen Roten Kreuz und dem Unternehmen time4you im Rahmen des durch das Bundesministerium für Bildung und Forschung geförderten Projektes »Sicherheitskooperationen und Migration (SikoMi; FKZ: 13N14741) mit der Aufarbeitung der Flüchtlingssituation 2015/2016 in Deutschland beginnen. Im Fokus der Arbeit stehen die Perspektiven der beteiligten BOS, Hilfsorganisationen sowie privater Akteure, die zusammen an der Bewältigung der damaligen Lage gearbeitet haben. Ziel ist es, Wissen zu identifizieren, zu sammeln und so zu verstetigen, dass es in der Organisation bleibt und für ähnliche Situationen in der Zukunft nutzbar ist.

Gruppen von Spontanhelfern vollständig neu gründen können. Sie zeigen aber auch, dass sich bereits etablierte, jedoch kontextunabhängige Organisationen (beispielsweise Fußballmannschaften oder studentische Vertretungen) Helferinitiativen anschließen und somit einen aktiven Part in der Katastrophenbewältigung einnehmen können.

Spätestens als sich bei dem mitteleuropäischen Hochwasser 2013, das in Deutschland vor allem Überschwemmungen in Bereichen der Donau und Elbe verursachte, zahlreiche Gruppen von Spontanhelfern bildeten, rückte das Thema zunehmend in den Fokus der BOS. Im Juni 2014 verursachte dann das Tiefdruckgebiet »Ela« in Teilen Nordrhein-Westfalens, Hessens und Niedersachsens massive Schäden. Aufgrund dieser Gewitterfront starben sechs Personen in Nordrhein-Westfalen. Auch hier bildeten sich eine Vielzahl von spontanen Helferinitiativen, primär durch die Vernetzung in den sozialen Netzwerken. In der vom Tiefdruckgebiet »Ela« stark getroffenen Stadt Essen formierte sich innerhalb von wenigen Tagen eine spontane Helferinitiative, die fortan unter dem Namen »Essen packt an« agierte. Die Mitglieder dieser Gruppe übernahmen verschiedene Aufgaben, die zu Teilen das originäre Aufgabengebiet der BOS abdeckten (Fathi/Rummeny/Fiedrich 2017).

Aufgabenfelder der spontanen Helfergruppen
Spontanhelfer übernehmen in der Vergangenheit überwiegend allgemeinere Aufgaben, die im Detail jedoch stark vom vorliegenden Szenario abhängig waren. Allerdings können grundsätzlich und szenariounabhängig vier verschiedene Beteiligungsmöglichkeiten beobachtet werden:

1. Allgemeine Aufgaben, wie zum Beispiel Aufräumarbeiten und das Beseitigen von Sturmschäden, das Befüllen von Sandsäcken, Essensausgabe uvm.
2. Spezielle Tätigkeiten, für die sie z. B. durch ihre berufliche Qualifikation befähigt sind, wie zum Beispiel Forstarbeiten oder Kochen
3. Bereitstellen und Koordinieren von Ressourcen, wie zum Beispiel die Koordination und die Ausgabe von Sachspenden
4. Digitales Engagement (Digitalfreiwillige), wie zum Beispiel die Kartierung des Schadensgebietes oder die Koordination von Spontanhelfern (Schulte 2014).

Welche der Aufgabenfelder von (wie vielen) Spontanhelfenden ausgeübt werden, richtet sich an der spezifischen Einsatzlage aus. So kann es sein, dass in bestimmten Szenarien nur einzelne Aufgabenbereiche von Spontanhelfern abgedeckt werden, in anderen wiederum nahezu alle. Beispielsweise übernahmen während der Flüchtlingsbewegung 2015 in Deutschland spontane Hilfsinitiativen sowohl allgemeine Aufgaben (z. B. Essensausgabe), spezielle Tätigkeiten (z. B. Dolmetschern) oder aber auch das Bereitstellen und Koordinieren von Ressourcen (z. B. Spenden von Kleidung). Auch digital agierende Helfer versuchten, zum Beispiel durch die Massendatenauswertung von Hilfeersuchen bei der Familienzusammenführung zu helfen.

Die Entwicklung der Professionalisierung von zunächst spontanen Helfergruppen lässt sich besonders deutlich an den digitalen Helfern darstellen. Im internationalen Kontext haben sich mit der Digitalisierung und der Verbreitung des Internets zahlreiche Gruppen spezialisiert, die bei verschiedenen Katastrophenlagen in Erscheinung treten. Allgemein handelt es sich bei Digitalfreiwilligen um Personen, die während einer Katastrophe mittels unterschiedlicher Online-Tools Hilfe leisten. Sie handeln meist nicht als Teil einer Gefahrenabwehrbehörde, sondern organisieren sich selbstständig und bauen darüber hinaus eigene Organisationen auf. Digitalfreiwillige haben Kenntnisse und Fähigkeiten im Umgang mit sozialen Netzwerken, Geographischen Informationssystemen, Datenbanken, Online-Kampagnen und mehr (Friedrich/Fathi 2018, 523).[33]

Organisatorische Strukturunterschiede von ungebundenen Helferinitiativen
Wie bereits erwähnt, lassen sich bei den verschiedenen Helferinitiativen, die keine feste Einbindung in der Sicherheitsarchitektur Deutschlands haben, Unterschiede aufweisen. Hierbei können zunächst drei verschiedene Fälle unterschieden werden (Forschungsprojekt KOKOS 2018):

1. **Spontane Entwicklung in der Einsatzlage:**
   Während bestimmter Einsatzlagen bilden sich spontan, in der Regel über soziale Netzwerke und persönliche Kontakte, Helferinitiativen. Diese sind ungebunden, das heißt, sie gehören keiner etablierten Organisation an. Die Einbindung in die behördlichen Hierarchien der BOS ist herausfordernd, da keine festen Strukturen etabliert sind.
2. **Vorregistrierung von potentiellen Helfern:**
   Potentielle Helfer, die keiner BOS angehören, haben seit 2007 in Österreich die Möglichkeit, sich durch eine Vorregistrierung als potentielle

---

33 Der Lehrstuhl Bevölkerungsschutz, Katastrophenhilfe und Objektsicherheit erarbeitet im Forschungsprojekt »Motivation und Digitaler Freiwilliger Helfergruppen in der Humanitären Hilfe: Modelle und Anreize für die engere Verknüpfung mit den Einsatzkräften« Möglichkeiten und Methoden zur engeren Einbindung von digitalen Helfern in der Katastrophen- und Humanitären Hilfe (Projektnummer 314672086). Das Projekt ist im DFG Schwerpunkt Programm 1894 »Volunteered Geographic Information: Interpretation, Visualisierung und Social Computing« eingebettet.

Helfer eintragen zu lassen. Diese Initiative, die in Österreich durch den Radiosender Ö3 und das Österreichische Rote Kreuz initiiert wurde, hat mittlerweile auch in Deutschland Abnehmer finden können. So konnten in Bayern und in Westfalen bereits registrierte Helfer in den Einsatz gebracht werden. Vor allem in der Flüchtlingshilfe wurde der Mehrwert dieses Prinzips deutlich. Diese Initiativen agieren unter dem Namen »Team Österreich« oder »Team Westfalen«. Im »Team Österreich« sind momentan ca. 50.000 Personen registriert, im »Team Westfalen« ca. 5300 Personen.

3. **Organisierte Helfer in Vereinen bzw. mit vereinsähnlichen Strukturen:**
Bürgerinitiativen und Vereine, die sich als Ziel gesetzt haben, Menschen in Not zu helfen und Schäden abzuwenden bzw. zu beseitigen, haben den höchsten organisatorischen Grad der drei genannten Fälle. Hier haben sich feste, zum Teil hierarchische Strukturen etabliert, wodurch eine Zusammenarbeit mit den etablierten Hilfskräften der BOS erleichtert werden kann.

Motivation dieser spontanen Helfer

In den vergangenen Jahren konnte und kann noch immer eine Veränderung des ehrenamtlichen Engagements bei Teilen der Organisationen des Bevölkerungsschutzes beobachtet werden. Dabei ist unter anderem festzustellen, dass Neuzugänge ausbleiben. Die Gründe hierfür sind mannigfaltig: Einerseits wiegt in einigen Bereichen der Wegfall des Wehr- und Zivildienstes schwer, andererseits haben gesellschaftliche Faktoren, wie zum Beispiel der demographische Wandel oder das geringere Interesse an einer langfristigen Bindung an eine Hilfsorganisation Einfluss auf die Ehrenamtsstrukturen der Hilfsorganisationen. Der Zuwachs von spontanen und ungebundenen Hilfsangeboten kann also eine Chance darstellen, die entstehenden Lücken zu füllen. Jedoch ist hierfür essentiell, zu verstehen, warum sich Spontanhelfer einbringen wollen. Bei einer Befragung, die der Lehrstuhl Bevölkerungsschutz, Katastrophenhilfe und Objektsicherheit der Bergischen Universität Wuppertal und das Institut für Rettungsingenieurwesen und Gefahrenabwehr der Technischen Hochschule Köln 2015 durchgeführt haben, wurden deshalb die Motivationsfaktoren von Spontanhelfern in Deutschland untersucht. Die Ergebnisse lassen erste Schlüsse auf die Motivationslage der Helfer zu (Fathi et al. 2016). Auf Ebene der Motivationsfaktoren konnte festgestellt werden, dass vor allem innere Wertvorstellungen wie z. B. Nächstenliebe eine Person veranlassen, tätig zu werden. Aber auch die Verbundenheit zur Stadt und ihren Einwohnern war eine wichtige Motivation. Fast alle Befragten (94 %) gaben an, dass sie sich erneut als Spontanhelfer engagieren würden. Der Großteil der 49 Befragten gab darüber hinaus an, dass sie primär allgemeine Aufgaben, wie z. B. Räumarbeiten, ausgeführt haben (70 %). Fast die Hälfte der Befragten (49 %) wohnte in dem betroffenen Schadensgebiet, bei 39 % grenzte der Wohnort unmittelbar an das betroffene Gebiet an. Erste Studien deuten bereits darauf hin, dass sich die Motivationslage bei spezifischen Szenarien, wie der Flüchtlingssituation 2015/16 in Deutschland, wahrscheinlich verschieben wird. Gründe hierfür sind in erster Linie in den politischen Einstellungen der Bevölkerung zu suchen, welche in vielen Schadenslagen, wenn überhaupt nur eine untergeordnete Rolle spielen.

Partizipativer Ansatz durch Mittlerorganisation
Einen ersten Ansatz, wie die partizipative Integration solcher neuen Helferinitiativen in die Strukturen der BOS gelingen kann, zeigen weitere wissenschaftliche Studien. Beispielsweise zeigt ein Forschungsprojekt, wie durch sogenannte »Mittlerorganisationen« die langfristige und strukturierte Partizipation von gesellschaftlichen Akteuren in die Einsatzstrukturen der Hilfsorganisationen gelingen kann. Dabei treten spezifische Akteure aus den Gruppen der ungebundenen Helferinitiativen als Vermittler zwischen spontanen Helfern und etablierten Organisationen auf (Forschungsprojekt KOKOS 2018). Durch ihre praktische Einbindung in die Arbeit etablierter Organisationen, z. B. durch das Definieren von Ansprechpartnern und dem Austausch von Informationen, können Mittlerorganisationen vorhandenes zivilgesellschaftliches Potenzial innerhalb der Bevölkerung strukturiert und koordiniert in den Einsatz bringen. Mit anderen Worten, sie unterstützen die Einsatzkräfte, indem sie in erster Linie koordinative Aufgaben übernehmen. Bei anderen Lösungsansätzen aus der Forschung wird auf Mittlerorganisationen verzichtet. In diesen Fällen wird die Einbindung der Helfer unmittelbar durch die Einsatzkräfte bewerkstelligt. Hierbei werden die spontanen Helfer an die Einsatzstrukturen gebunden, indem sie z. B. als sogenannte Verwaltungshelfer integriert werden. In der Vergangenheit ließ sich ein positiver Nebeneffekt beider Beteiligungsmodelle jedoch nur in Einzelfällen beobachten. So sind einige Mitglieder spontaner Helfergruppen in die Hilfsorganisation eingetreten, mit der sie im Einsatz positive Erfahrungen gemacht haben. Darüber hinaus ließ sich beobachten, dass durch eine aktive Zusammenarbeit erste Hemmschwellen (wie z. B. Vorurteile, fehlendes Vertrauen usw.) abgebaut werden konnten. Sind diese erst abgebaut, ist eine zukünftige Kooperation differenzierter möglich.

C Möglichkeiten zur Steigerung der Resilienz

Fazit

Der Schutz des Menschen und die Stärkung seiner Selbsthilfefähigkeit bzw. Förderung individueller Bewältigungskapazitäten spielte bislang im Diskurs um Kritische Infrastrukturen allenfalls eine passive Rolle (Lorenz/Voss 2013, S. 56). Im Fokus stand und steht noch immer der Schutz Kritischer Infrastrukturen selbst vor möglichen Störungen, Ausfällen oder gar Angriffen. Es geht also in erster Linie um das Design robuster Systeme und der Aufrechterhaltung bzw. Wiederherstellung ihrer (Grund-) Funktionen. Dahinter steht womöglich die Annahme, die Bevölkerung würde gerade dadurch geschützt, dass Kritische Infrastrukturen vor deren Ausfall geschützt werden (ebd.). Doch »auch das reibungslose Funktionieren von Infrastrukturen bedeutet keine Teilhabe« (Lorenz/Voss 2013, S. 78): Dass die soziale Beschaffenheit einer Gesellschaft in größerem Maße über den Zugang zu Kritischen Infrastrukturen mitentscheidet, bleibt also im Diskurs weitestgehend unberücksichtigt. Sozialen Vulnerabilitäten bzw. der Stärkung sozialer, kollektiver Bewältigungskapazitäten innerhalb der Bevölkerung scheint derzeit noch vergleichsweise marginal Aufmerksamkeit geschenkt zu werden. Diesem Sachverhalt versucht der vorliegende Beitrag Rechnung zu tragen, indem er auf in der Bevölkerung verortete Potenziale verweist, welche es für den Bevölkerungsschutz zur Bewältigung von Krisen und Katastrophen fruchtbar zu machen gilt. Der soziale Zusammenhalt, der vorliegend den theoretischen Kern bildet, stellt gleich in zweifacher Hinsicht eine vielversprechende Ressource für den Bevölkerungs- und Katastrophenschutz dar. So trägt die Förderung und Stärkung des sozialen Zusammenhalts zu einer gesteigerten Selbsthilfefähigkeit der Zivilbevölkerung bei, sowohl während eines Katastrophenereignisses als auch in der längerfristigen Wiederherstellungsphase (Recovery). Ist der soziale Zusammenhalt in einer Gesellschaft hoch, so die Annahme, ist auch die zivilgesellschaftliche Partizipation deutlich ausgeprägter. Hingegen zeigte sich u. a. an Ereignissen wie den Flüchtlingsbewegungen 2015/2016, dass die damit verbundenen Potenziale oftmals nur begrenzt abrufbar sind oder sogar hinderlich wirken. Wenn Katastrophenschutzorganisationen und ihre Mitglieder nicht genügend für die bedeutende Rolle der Zivilbevölkerung im Katastrophenmanagement sensibilisiert sind bzw. werden, wird es zukünftig schwierig sein, hier starke Verbindungen zu schaffen und Synergieeffekte zu nutzen. Dabei könnten Bevölkerungsschutzorganisationen, die einen stetigen Mitgliederschwund beklagen, einerseits von einem gesteigerten ehrenamtlichen Engagement und andererseits von der Zunahme ungebundener Helferinitiativen durchaus profitieren.

Insgesamt bleibt festzuhalten, dass sich klassische und neue Formen des Katastrophenschutzes und zivilgesellschaftlichen Engagements im Bevölkerungsschutz stärker aneinander annähern können, als dies beispielsweise in der »Flüchtlingskrise«

der Fall war. Weder sind stabile Strukturen der etablierten Organisationen und damit einhergehende Persistenzen hier lediglich als Hindernisse zu sehen noch spontane und flexible Ansätze aus der Zivilbevölkerung heraus ausschließlich als Potenziale. Der Bedarf, mehr bzw. bessere und effizientere Zusammenarbeitsmöglichkeiten zu schaffen sowie sich einander anzunähern, liegt auf beiden Seiten. Wie die Bevölkerung partizipativ – über die Grenzen verankerter, starrer Organisationsstrukturen hinweg – in das Katastrophenmanagement etablierter Organisationen eingebunden werden kann, beschreiben u. a. Modelle wie das der Mittlerorganisationen oder der Vorregistrierung von freiwilligen Helfern. Diese gilt es, für zukünftige Krisen- und Katastrophenlagen nur noch weiter auszubauen und zu verstetigen. Denn dadurch gelingt eine gegenseitige tragfähige und gewinnbringende Unterstützung, welche zur Entlastung aller Akteure beiträgt und schließlich zu einer ressourcen- und bedarfsorientierten Bewältigung kritischer Ereignisse führt.

3 Einbindung von Unternehmen in das operative Krisenmanagement

Andreas H. Karsten

Die Diskussionen von passierten bzw. durchdachten Krisensituationen (z. B. die LÜKEX-Übungen) zeigen, dass entscheidend für eine resiliente Gesellschaft, einen resilienten Staat und eine resiliente Wirtschaft die kontinuierliche und enge Kooperation aller Stakeholder ist. Dies wird heute unter dem Stichwort »Integriertes Risiko – und Krisenmanagement« diskutiert (Bevölkerungsschutzmagazin 3/2018). Dabei ist entscheidend, dass der Staat dem Bürger und der Wirtschaft in Krisensituationen hilft (zum Beispiel bei einem Brand durch die Feuerwehr), aber dass auch umgekehrt die Bürger und die Wirtschaft dem Staat helfen (zum Beispiel bei der Versorgung von Flüchtlingen). Leider ist in den Köpfen von einigen für Krisensituationen zuständigen staatlichen Verantwortlichen die zweite Seite des modernen Krisenmanagements noch nicht verankert. Sie glauben immer noch, dass sie die besten Lösungen kennen und den Bürgern und Unternehmen erklären müssen, wie man sich in Krisen richtig verhält. Dass derzeit ein Umdenken stattfindet, zeigen die Forschungsprojekte zu Spontanhelfern.

Bei der Einbindung von Privatpersonen und Unternehmen mag es rechtliche Fragen (z. B. Haftungsfragen) zu klären geben, die u. a. mit der Möglichkeit, die Helferinnen zu Verwaltungshelfern zu erklären, gelöst werden können. Es lohnt sich allemal auf diese Kapazitäten zurückzugreifen. So gibt es in der freien Wirtschaft bessere Logistiker und mehr und vielfältigere Transportkapazitäten, als die staatlichen Gefahrenabwehrbehörden vorhalten. Das fängt beim weltweit größten Logistikunternehmen DHL, das bei der weltweiten Krisenbewältigung eng mit UN OCHA zusammenarbeitet, an und hört bei Fahrradkurieren nicht auf.

Die Gefahrenabwehrbehörden sollten frühzeitig mit im eigenen Zuständigkeitsbereich befindlichen Unternehmen Kontakt aufnehmen, um bei Bedarf auf deren Fachexpertise zurückgreifen zu können. Hier sollte der Empfehlung der Bundesakademie für Sicherheitspolitik »In Krisen Köpfe kennen« gefolgt werden. So verfügen Mitarbeiterinnen und Mitarbeiter der Mineralölwirtschaft über Expertise, die im Fall einer Treibstoffverknappung sehr nützlich sein können.[34] Als erster Ansprechpartner hierfür können die Industrie- und Handelskammern sowie die Handwerkskammern dienen.

In Evakuierungslagen können die örtlichen Hotels, Restaurants (besonders diejenigen mit Lieferservice) und Airbnb sowie Bus-, Taxiunternehmen wertvolle Unterstützung liefern.

Auf Initiative des BBK wird gerade an einer DIN SPEC 91390 »Integriertes Risiko- und Krisenmanagement im Bevölkerungsschutz – Risikomanagement« gearbeitet. Ziel ist es, Vorgaben für die Verknüpfung des Risikomanagements staatlicher Akteure mit dem von Betreibern Kritischer Infrastrukturen zu erarbeiten. Das Projekt soll Mitte 2019 beendet sein.

Der Staat ist heute in Krisensituationen auf die Hilfe von Privatunternehmen angewiesen. Nur in Ausnahmefällen (z. B. BSI-Gesetz) hat er gesetzliche Möglichkeiten, die Unternehmen dazu zu zwingen, resilienter zu werden. Bei der Mehrzahl von Unternehmen (nicht nur bei denen der Kritischen Infrastrukturen) sollten alle staatlichen Stellen, Anreize schaffen, damit diese in die Stärkung ihrer Resilienz investieren. Und sie sollten die Firmen mit ihrer speziellen Fachexpertise unterstützen, wie es zum Beispiel das BSI macht.

---

34 Ein gutes Beispiel liefert die NATO, die zur Unterstützung ihrer militärischen und humanitären Operationen rund 500 zivile, ehrenamtliche Experten als Berater vorhält

4 Einführung eines resilienten operativen Krisenmanagements

Andreas H. Karsten

Aufgabe von Krisenmanagement ist es, ein festgelegtes Ziel – z. B. die Lebenssituation von Betroffenen einer Krise verbessern – zu erreichen. Die Auswirkung – der Output – der Handlungen ist entscheidend, nicht die Handlungen an sich.

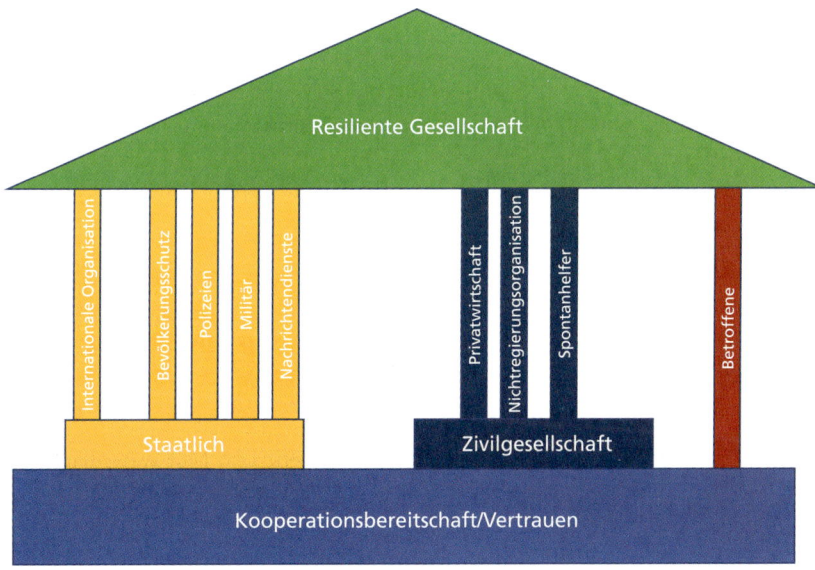

Bild 4: *Stakeholder Approach der Gefahrenabwehr (»9-Säulen-Modell«)*

Nach Boin et al. (2017) ist ein Krisenmanagement dann effektiv, wenn es folgende Aufgaben erreicht:
- eine aufkommende Krise wird schnell bemerkt,
- agierende Akteure (Responders) verstehen, was vor sich geht,
- kritische Entscheidungen werden von den richtigen Personen getroffen,
- die Bemühungen der agierenden Akteure sind untereinander abgestimmt,
- die Verantwortlichen kommunizieren mit der Bevölkerung
- und im Nachgang einer Krise: Es existieren klare Verantwortlichkeiten und jedermann ist bereit, aus der Krise zu lernen.

Standard Operation Procedures (Standardeinsatzregeln, Planentscheidungen, Lehrmeinungen usw.) haben sich in vielen Bereichen etabliert. Dabei ist zu beachten, dass diese Regeln für klar definierte »Standardsituationen« gelten, die in realen Einsätzen eher selten auftreten. Deshalb müssen die Standardeinsatzregeln jeweils – mal mehr, mal weniger – an den realen Einsatz angepasst werden. Gerade in komplexen Krisen können Routinen und eine inflexible Krisenmanagementorganisation den Anfang des Scheiterns bedeuten. Kreativität, Improvisationsvermögen, Inkompetenzkompensationskompetenz unter extremen psychischen Druck und in Zeitnot sind Schlüsselfähigkeiten für ein erfolgreiches operatives Krisenmanagement.

Dazu ist es notwendig, ein flexibles, agiles, schnell zu implementierendes und resilientes Gesamtsystems zu nutzen. Solch ein System ist besonders in hochdynamischen und komplexen Schadenslagen resilienter als die hergebrachten Systeme, zumindest wenn es beherrscht wird.
Dies kann mittels eines »Network of Networks« erreicht werden.
Die Entitäten dieses Netzwerkes schließen sich während einer Krise je nach der eigenen Lagebeurteilung zur Reaktion auf die Krise zusammen:

- In der Phase »Lagefeststellung« registrieren die unterschiedlichen Entitäten gemeinsam oder eigenständig, dass ein Ereignis stattgefunden hat bzw. stattfindet, was zum Beispiel bei Cyber-Attacken nicht so ganz einfach ist.
- Bei der Lagebeurteilung tauschen sich die Entitäten untereinander aus. Dabei sind Vertrauen, Transparenz und Mut wesentliche Faktoren. Nur wenn alle ein weitestgehend identisches Lagebewusstsein haben, ist eine gemeinsame Reaktion auf das Ereignis möglich. Neben dem Bilden eines gemeinsamen Lagebewusstseins werden auch die Reaktionsmöglichkeiten (Einsatzplanung) gemeinsam erarbeitet.
- Ob und ggf. wie jede einzelne Entität auf das Ereignis reagiert, entscheidet sie selber. Es gibt keinen übergeordneten Einsatzleiter.
- Die Reaktion kann nun gemeinsam oder getrennt erfolgen bzw. in jeglicher Mischform aus diesen beiden Grundarten.

Um eine solche Gefahrenabwehr zu realisieren, die neben den etablierten Entitäten aus dem Bevölkerungsschutz, den Polizeien, der Bundeswehr, den Nachrichtendiensten und der Wirtschaft auch die Betroffenen und die Spontanhelfer als Responder berücksichtigt, bedarf es einigen Umdenkens bei den verantwortlichen Autoritäten. Notwendig ist ein neues Verständnis von Government, das von Community-Ebene (Stadtteile, Ortsteile etc.) über die regionale und multistaatliche bis zur internationalen Ebene reicht.

Wesentlich für eine erfolgreiche Umsetzung in einer Krisensituation sind: Vertrauen, Transparenz und Mut. Nur wenn sich alle Beteiligten gegenseitig trauen, werden sie ohne größere Reibungsverluste miteinander zum Wohle der Betroffen arbeiten können. Vor und während des Einsatzes ist Transparenz wichtig. Nur wenn die Beteiligten verstehen, warum welche Entscheidung getroffen wurde, werden sie diese auch akzeptieren. Und dazu bedarf es – neben einer offenen Kommunikation – Mut bei den Behörden. Denn eins wird immer geschehen: Die Entscheidungen werden quasi in Realtime durch selbst ernannte Experten kritisiert.

Wenn man nicht oder nur schwer kalkulierbare Einsatzkapazitäten wie Spontanhelfer in die Einsatzplanung einbinden möchte, kann man nicht auf vorgefertigte detaillierte Einsatzstandardregeln zurückgreifen. Vielmehr muss man die Einsatzpläne während des Einsatzes erarbeiten. Kurze Feedback-Loops und die Trial-and-Error-Methode sind vielversprechende Ansätze.

Um diese neue Einsatzphilosophie zu verinnerlichen, bedarf es neben der theoretischen Beschäftigung damit entsprechender Übungen. Solche sind aber – u. a. aufgrund der unvorhersehbaren Zusammenstellung der Spontanhelfer – schwierig durchzuführen. Hier bieten Stabsübungen mit Unterstützung von Simulationsprogrammen (sogenannte Computer Assisted Exercises – CAX) adäquate Lösungen.

Beispielszenario[35]
Bevor der Wintersturm das Bundesgebiet erreicht, identifiziert die zuständige Katastrophenschutzbehörde aufgrund der zu erwartenden Überschwemmungen den Bedarf, eine Ortschaft zu evakuieren. Die Aufgabe wird in Teilaufgaben aufgeteilt und im Internet »ausgeschrieben« (im gewerblichen Bereich gibt es hierfür eine Reihe von Internetplattformen, mittels derer auch kognitive Arbeit weltweit ausgeschrieben werden können):

- Unterstützung der Bewohner bei der Vorbereitung der Evakuierung innerhalb der nächsten zwei Stunden.
- Zurverfügungstellung von Notunterkünften in 3 Stunden.
- Entwerfen eines Evakuierungszeitplanes einschließlich Routenplanung innerhalb der nächsten 1,5 Stunden.
- Transport der Bewohner zu den Notunterkünften, beginnend in 2 Stunden.

---

35 siehe Kapitel D.2.1

C Möglichkeiten zur Steigerung der Resilienz

- Betreuung der Evakuierten in den Notunterkünften für die nächsten 3 Wochen.

Folgende Angebote werden abgegeben:
- Ein lokales Unternehmen bietet an, die Teilaufgabe 1 zu übernehmen. Es kann 10 Mitarbeiterinnen und Mitarbeiter sowie einen Planungs- und Steuerungsraum (Stabsraum im Wort des Bevölkerungsschutzes) einschließlich Ausstattung zur Verfügung stellen. Aber es kann nicht abschätzen wie viele Helfer benötigt werden, um das Zwei-Stunden-Ziel zu erreichen.
- Ein Bürgermeister, dessen Ort bereits früher einmal evakuiert wurde, gibt den Bedarf für Teilaufgabe 1 mit 100 Helferinnen und Helfern an.
- Folgende Anzahl an Helferinnen und Helfern werden angeboten:
    - vom Roten Kreuz: 34
    - von der Heilsarmee: 23
    - vom örtlichen Ruderclub: 18
    - von einer Spontanhelfergruppe: 16
- Krankenschwestern und -pfleger
- Folgende Notunterkünfte werden angeboten:
    - Stadt XY für 200 Personen
    - Hotel A für 50 Personen

und so weiter.

Die unterschiedlichen Anbieter koordinieren sich mittels Social Media selbständig untereinander und entscheiden, wer welche Aufgaben wahrnimmt.

Anders als andere Staaten kennt Deutschland im operativ-taktischen Bereich keine gemeinsame Führung. Vielmehr sind die Führungsorganisationen von Bevölkerungsschutz, Polizei, Bundeswehr und den anderen beteiligten Entitäten voneinander getrennt. Die Koordination findet mittels Verbindungspersonen statt. Dabei ist jede Entität entsprechend ihrer Dienstvorschrift 100 hierarchisch organisiert. Mit der Einführung der oben skizzierten resilienten Gefahrenabwehrorganisation muss auch das Führungssystem der etablierten Organisationen entsprechend angepasst werden. David S. Alberts und Richard E. Hayes beschreiben in ihrer Arbeit »Power to the Edge – Militärische Führung im Informationszeitalter«[36] verschiedene Führungssysteme nach folgenden Kriterien:

---

36 Die deutsche Übersetzung (Alberts/Hayes 2006) kann unter www.luftwaffe.de abgerufen werden (Stand: August 2019).

- Verteilung des Rechts auf Entscheidung im Kollektiv
- Art der Zusammenarbeit der Entitäten
- Informationsverteilung an die Entitäten

Je nach Ausprägung dieser Parameter können Führungssysteme bestehend aus verschiedenen Entitäten in vier Bereiche einsortiert werden:
- voneinander unabhängig agierend
- kooperierend agierend
- kollaborierend agierend
- »Edge«.

Mit der Nutzung eines »Edge-Führungssystems« kann die skizzierte Führungsorganisation umgesetzt werden, d. h. die Entitäten arbeiten uneingeschränkt zusammen, die Information wird breit an alle Entitäten verteilt und das Recht auf Entscheidung im Kollektiv ist ebenfalls breit verteilt. Voraussetzung für solch ein Führungssystem ist die Fähigkeit vieler Entitäten, miteinander unmittelbar und schnell kommunizieren zu können. Dies ist dank Social Media heute möglich. (Sollte überhaupt keine Kommunikation möglich sein, sind diese Entitäten dem heutigen System ebenfalls überlegen, da sie gewohnt sind, überwiegend selbstständig zu agieren.)

Die heutigen Führungsgremien (Stäbe) sind durchaus bei entsprechender Schulung der Mitglieder imstande, ein agiles, resilientes, dezentrales Gefahrenabwehrsystem zu koordinieren und zu kultivieren. Im deutschen Bevölkerungsschutz können grundsätzlich zwei Arten von Stabsorganisationen unterschieden werden:
- Aufteilung der Stabsmitglieder in zwei nahezu unabhängige, mehr homogene Gruppen (Verwaltungs- und Führungsstab) oder
- Zusammenfassen dieser beiden Komponenten zu einer mehr heterogenen Gruppe (Gesamtstab).

Je nach zu bewältigenden Aufgaben führt einmal die eine oder die andere Organisationsform zu besseren Resultaten. Die Aufgaben eines Stabes können danach unterschieden werden, ob sie sinnvollerweise
- in Teilaufgaben unterteilt werden können (»divisible tasks«) oder
- eben nicht (»unitary tasks«).

Erstere sind uns aus der operativ-taktischen Stabsarbeit bekannt: Die Gesamtaufgabe wird auf die Stabsbereiche S1 bis S6 aufgeteilt (siehe Kapitel A.4.2).
Unitary Tasks werden entweder von allen oder nur von einer Person bearbeitet. Ersteres trifft zum Beispiel bei Verwaltungsstäben auf, wenn etwaige Kaskaden-

effekte gedanklich durchgespielt werden, letzteres, wenn ein Experte oder Fachberater ein spezielles Problem löst.

Die Aufgaben können weiter unterschieden werden in
- **kompensatorische:**
  Das Ergebnis einer Person kann Fehler anderer ausgleichen, z. B. unabhängiges Schätzen der Anzahl von Murmeln in einem Marmeladenglas
- **konjunktive:**
  Das schwächste Gruppenmitglied bestimmt die Leistung der Gruppe, z. B. Laufen in einer Gruppe
- **additive:**
  Die Leistung aller Gruppenmitglieder summiert sich, z. B. Schneeschaufeln
- **disjunktive:**
  Das stärkste Gruppenmitglied ist entscheidend, z. B. Lösen eines mathematischen Problems.

Bei kompensatorischen und additiven Aufgaben werden in der Regel die besten Ergebnisse erzielt, wenn die Gruppenmitglieder bzw. Teilgruppen zusammenarbeiten, disjunktive sollten voneinander unabhängig bearbeitet werden und konjunktive nicht von Gruppen, sondern eher von Personen, die über die erforderlichen Fähigkeiten in einem herausragenden Maße verfügen.

Nun können Aufgaben noch entsprechend der folgenden Kategorien eingeteilt werden:
- Generierende Aufgaben: Kreative und planerische Aufgaben
- Auswahl bzw. Entscheidung: Selektion zwischen mehreren Möglichkeiten bei Vorhandensein einer objektiv korrekten Lösung (intellective) bzw. dessen Nichtvorhandensein (judgement).
- Verhandlungen
- Ausführende Aufgaben

Generierende Aufgaben werden von heterogenen Gruppen[37] besser gelöst als von homogenen, da mehr unterschiedliche Ideen entstehen können. Noch mehr Alternativen werden entwickelt, wenn mehrere voneinander unabhängige Gruppen Lösungsvorschläge erarbeiten. Umgekehrt sind homogene Gruppen für ausführende

---

[37] Die Heterogenität sollte sich eher auf das Fachwissen als auf Erfahrung, Status oder demographische Aspekte beziehen.

Aufgaben besser geeignet. Zusätzlich zeigen letztere bessere Anfangsleistungen, da heterogene Gruppen mehr Zeit für Teambildungsprozesse benötigen.

Im Cynefin Framework nach Snowden und Boone werden Entscheidungssituationen nach chaotischen, komplexen, komplizierten und einfachen Situationen unterschieden, bei denen unterschiedliche Vorgehensweisen bevorzugt werden sollten:
- Chaotisch: Schnelle Entscheidungen treffen
- Komplex: Kreative Lösungen finden
- Kompliziert: Expertenwissen nutzen
- Einfach: Standardprozeduren ausführen

Entsprechend dem obigen Erkenntnissen sollte deshalb mit den besten Ergebnissen zu rechnen sein, wenn
- in chaotischen Situationen homogene Gruppen,
- in komplexen Situationen heterogene Gruppen,
- bei komplizierten Aufgaben Einzelpersonen und
- bei einfachen Aufgaben homogene Gruppen

zum Einsatz kommen.

Zu Einsatzbeginn (während der Chaosphase) sollte eine homogene Gruppe die Einsatzleiterin dabei unterstützen, den Einsatz in den Griff zu bekommen. Alle vorgeplanten Einsatzmaßnahmen sollten von homogenen Gruppen (z. B. den Führungsstab) abgearbeitet werden. Für komplizierte Fragestellungen sind die entsprechenden Fachberater hinzuzuziehen. Die komplexen Aufgaben sind durch heterogene Gruppen zu bearbeiten. Dies kann mittels des Gesamtstabes oder durch eine gemeinsame Sitzung des Verwaltungs- und Führungsstabes erfolgen. Die Ausführung sollte dann wieder von homogenen Gruppen erfolgen, das heißt, Verwaltungs- und Führungsstab getrennt oder für den Gesamtstab durch Bildung von möglichst homogenen Arbeitsgruppen.

Der Bereich S3-Einsatzplanung ist die eigentliche kreative Arbeitszelle im Stab. Bei vorhersagbaren Schadenlagen kann die kreative Einsatzplanung vor deren Eintritt erfolgen und Einsatzpläne, Standardeinsatzregeln usw. entwickelt werden. Bei unvorhersehbaren Ereignissen muss die kreative Phase von der Lage induziert, parallel zur Schadenabwehr erfolgen. Dabei muss zwischen dem Vorteil von vielen unabhängigen Meinungen und dem Aufwand zur Koordination und Konsensbildung abgewogen werden. Das beste Expertenteam, das der Einsatzleiterin nicht rechtzeitig Lösungsvorschläge zur Entscheidung vorlegen kann, ist nichts wert.

Eine Verbesserung der Einsatzplanung kann erreicht werden, wenn mehrere voneinander unabhängige Gruppen am gleichen Problem arbeiten. Hierzu reichen in der Regel die Kapazitäten einer Behörde nicht aus. Deshalb sollte überlegt werden, ob man nicht andere um Mithilfe bittet. Auch Gruppen außerhalb des Bevölkerungsschutzes (z. B. Universitäten, Forschungseinrichtungen) können in die Einsatzplanung eingebunden werden.

Abschließend soll noch auf einen menschlichen Aspekt eingegangen werden. In den Krisenorganisationen arbeiten Menschen. Und jede von der Krise betroffene Person übt unmittelbar (bei direkten Verwandten, engen Freunden usw.) oder über Umwege (unbekannte Personen) Einfluss auf die Menschen aus, die in den Krisenorganisationen der Kritischen Infrastruktur arbeiten. Letztere werden in der Regel nur dann effektiv in der Krise arbeiten, wenn sie sicher sein können, dass ihre Familienangehörigen auch gute Aussichten haben, die Krise ohne große Beeinträchtigungen zu überstehen. Da nicht alle diese Angehörigen besonders behandelt werden können, muss die Bevölkerung als Gesamtes so behandelt werden, dass sie möglichst hochgradig resilient in der Krisensituation bleibt. Nur wenn die für das Betreiben der Kritischen Infrastrukturen wichtigen Personen sicher sind, dass ihren Angehörigen geholfen wird, werden sie über einen längeren Zeitraum an der Behebung der Krise arbeiten.

5 Einfluss neuer Technologien

Stefan Voßschmidt & Andreas H. Karsten

Die heutigen und zukünftigen Sicherheitsherausforderungen an die Betreiber der Kritischen Infrastrukturen können nur Menschen meistern, die moderne Technologien nutzen. Würde man sich allein auf die Technik verlassen, so würde dies zwangsläufig in den Ausfall der Kritischen Infrastrukturen führen. Allerdings gilt dies umgekehrt genauso. Früher konnten die großen Probleme noch von einzelnen Personen gelöst werden. Man legte sehr viel Wert darauf, Führungspersönlichkeiten zu finden und ihnen Entscheidungsfindung bis zur Exzellenz beizubringen (individuelle Intelligenz). Heute sind die Probleme dermaßen komplex, dass einzelne Personen nicht mehr in der Lage sind, Kritische Situationen erfolgreich zu beherrschen. Vielmehr bedarf es dafür ein Team aus Experten (kollektive Intelligenz). Wir Menschen mussten lernen, Entscheidungen in Gruppen unter hohen Zeitdruck treffen zu können.

Im Moment befinden wir uns in einem weiteren Umbruch. Aufgrund der hohen Dynamik bedarf es nun vielmehr dezentraler Strukturen – einem Team aus Teams. Dezentrale kollektive Intelligenz ist gefragt. Es stellt sich die Frage, wie können

5 Einfluss neuer Technologien

verschiedene Teams erfolgreich miteinander Probleme lösen (siehe Kapitel C.4). Und die nächste Revolution pocht schon an der Tür: Künstliche Intelligenz.

Zukünftig werden Computer Teil unserer Krisenteams werden. Wir Menschen müssen lernen, gemeinsam mit Maschinen an Problemen zu arbeiten (human-cyber kollektive Intelligenz). Und dabei müssen wir die Aufgaben, die Maschinen besser erledigen können, diesen überlassen und uns auf diejenigen Tätigkeiten konzentrieren, die wir Menschen besser beherrschen. Es ist notwendig, dass wir die neuen technischen Möglichkeiten in allen Bereichen des Risiko- und Krisenmanagements nutzen: bei der Vermeidung, während der Vorbereitung, in Operationen und im Wiederaufbau.

Rosenberg, Geschwendt beleuchten im ersten Teil aus Sicht von Unternehmensberatern die technischen Möglichkeiten, die heute und morgen die Privatwirtschaft prägen werden.

Die Forschergruppe Marterer, Habig, Sauerland der Universität Paderborn zeigen beispielhaft im zweiten Teil, an welchen Projekten die Wissenschaftler aktuell arbeiten.

Und im dritten Teil wagt Karsten ein Ausblick, inwieweit die Künstliche Intelligenz, das operative Einsatzgeschehen im Bevölkerungsschutz verändern könnte.

Von den Einsatzkräften und Krisenmanagern kann nicht verlangt werden, dass sie die wissenschaftlichen Ergebnisse im Detail verstehen. Aber sie müssen ihnen gegenüber offen sein. Und übrigens: Der Satz »Das haben wir schon immer so gemacht!« sollte endgültig der Vergangenheit angehören.

5.1 Technische Möglichkeiten von heute und morgen

Matthias Rosenberg & Astrid Geschwendt

Technische Revolutionen folgen seit der Erfindung des Buchdruckes in immer kürzeren Abständen und haben aktuell ein atemberaubendes Tempo angenommen. »Alexa« und Co. organisieren unser Smart Home, wir können von unterwegs den Kühlschrankinhalt checken, bezahlen mit einem Körperchip oder zumindest elektronisch und die Kaffeemaschine hat den Kaffee bei unserer Ankunft zu Hause bereits gekocht.

Handy und Smartphone sind weltweit verbreitet. In einigen Ländern haben mobile Geräte bereits den klassischen Fernseher abgelöst und werden zum immer verfügbaren Arbeits- und Konsumgerät, das nicht nur die Lieblingsfernsehserien jederzeit verfügbar macht, sondern auch unseren Arbeits- und Lebensrhythmus bestimmt. Und das nicht nur in den nördlichen Industrieländern, sondern weltweit: das Projekt

»loon« beispielsweise verbindet entlegenere Gebiete über Gasballons mit dem Internet (Sri Lanka ist bereits seit 2015 vernetzt, in Kenia startet 2019 ein Mobilfunktestbetrieb).

IT und Digitalisierung bieten nicht nur für Kreative und Individualisten neue Möglichkeiten, sondern auch bessere Chancen zur Inklusion. Standortunabhängige und flexible Arbeitsformen verbessern die Möglichkeiten für sozialverträgliches Arbeiten (z. B. bei Pflege und Kindererziehung) und können damit auch die Motivation, Leistungsbereitschaft und Zufriedenheit erhöhen.

Aber auch hier entstehen Ambivalenzen und neue Fragestellungen:

- Unsere **Arbeitswelt** verändert sich erheblich. Die Zusammenarbeit von Teams auf IT-Basis verändert die Sozialkontakte am Arbeitsplatz, der Umgang von räumlich getrennten Teams (z. B. bei Homeoffice) bedingt veränderte Anforderungen.
- Das **Sozialgefüge** insgesamt wandelt sich in den Bereichen Bildung, Fortbildung (Stichwort »lebenslanges Lernen«) und Arbeitsmarktanforderungen. Es gibt bei allen großen Firmen momentan einen Rückwärtstrend: Wurde vor 5 Jahren noch der dynamische Hochschulabsolvent im Alter von 25 Jahren und mit mindestens 3 Jahren Berufserfahrung gesucht, gewinnen heute sogenannte weiche Faktoren (Flexibilität, Teamfähigkeit, Sozialkompetenz) an Bedeutung, gerade auch im Hinblick auf die veränderte Arbeitswelt.
- Neue Formen der **Mobilität** erfordern neue Verkehrskonzepte. Erste Reaktionen im begrenzten Platzangebot großer Ballungszentren sind beispielsweise Carsharing und die Förderung des Fahrradverkehrs. Autonomes Fahren wird in absehbarer Zeit zu erheblichen Veränderungen im Bus- und Bahnverkehr führen.
- Die Möglichkeit der **ständigen Erreichbarkeit** steht dem bewussten Rückzug entgegen. Ferienressorts bieten ganze Hotels ohne WLAN und Mobilnetz an. Die persönliche Ruhezone ist also bereits ein Luxusgut geworden.
- Die **ungefilterte Informationsflut** führt uns in den komplexen Bereich der Informationsblasen und Fake News, die eine objektive Informationsbeschaffung erschweren oder sogar verhindern. Wir erleben aktuell eine Erstarkung des Populismus, der einfache Antworten auf komplizierte Fragen gibt und damit eine wesentliche politische und gesellschaftliche Herausforderung darstellt.
- Jeder Einzelne wird vor die persönliche Herausforderung gestellt, die die **Nutzung sozialer Netzwerke** hinsichtlich ihrer Vor- und Nachteile

abzuwägen: Zum einen der schnelle, unkomplizierte und direkte Austausch, zum anderen die Aufgabe von Persönlichkeitsrechten und ein fast unbestimmbarer Datentransfer. Hier sind die politischen und gesellschaftlichen Auswirkungen erheblich (Beispiele sind u. a. die letzte US Wahl, Nachrichtensteuerung aus Syrien und anderen Krisengebieten und die Ereignisse in Chemnitz im Sommer 2018).

Wie halten wir insgesamt mit dem digitalen Fortschritt mit? Neue Modelle (beispielsweise neue Smartphonemodelle) verfügen über immer mehr Funktionen, die es erschweren, den (Gesamt-)überblick zu behalten. Zeitgleich steigt aber auch die Bedienerfreundlichkeit der meisten Geräte. Wie halten Schulen und Institutionen mit dem technischen Fortschritt mit? Können wir Cyberkriminalität noch effektiv bekämpfen und haben wir die Experten auf der richtigen Seite?

Mit den neuen Möglichkeiten muss die Gesellschaft Schritt halten können. Im Moment leben wir auch in einer Zeit mit veralteten Fahrzeugparks bei Feuerwehr und Polizei und Krankenhäusern mit veralteter Technik oder langen Wartezeiten bei hochtechnisierter Apparatemedizin.

Die Abhängigkeit und Verwundbarkeit gerade in den Bereichen der zentralen Infrastruktur (aber auch in allen globalen Wirtschaftsunternehmen) ist gewachsen. Die Möglichkeit unsere technisierte und digitalisierte Welt (bewusst oder unbewusst) zu stören, sind vielfältiger geworden. Heute reicht ein kleiner Eingriff aus, um z. B. die Strom- oder Wasserversorgung ganzer Städte und Regionen lahmzulegen. Dann spielt Alexa nicht mehr mein Lieblingslied und hoffentlich ist noch kalter Kaffee von gestern da, wenn ich bei Kerzenschein doch mal wieder selbst über die Welt nachdenke. Wo ist meine Resilienz?

5.2 Nutzung moderner Technologien

Torben Sauerland, Robin Marterer, Therese Habig

1. Moderne Technologien

Unter modernen Technologien werden hier Innovationen im Informationstechnologie-Bereich der letzten 15 Jahre verstanden. Moderne Technologien nehmen vielfältigen Einfluss auf die Arbeit der zivilen Gefahrenabwehr. Einerseits wird die Arbeit der zivilen Gefahrenabwehr durch die Technologien unterstützt und verbessert. Andererseits wird die zu schützende Gesellschaft durch eine zunehmende Ver-

C Möglichkeiten zur Steigerung der Resilienz

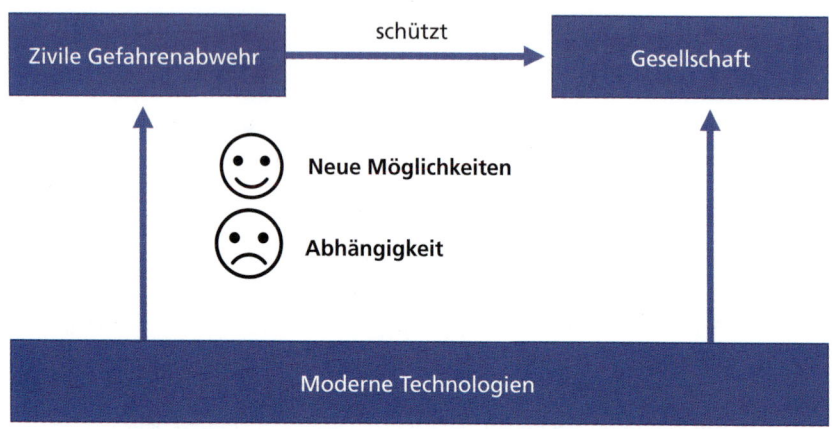

Bild 5: *Neue Möglichkeiten und Abhängigkeiten Moderner Technologien*

netzung und technische Unterstützung verändert. Die positiven Effekte der modernen Technologien gehen mit neuen Herausforderungen und Gefahren insbesondere durch die Abhängigkeit von diesen Technologien einher (Bild 5).

Betrachtet man die Entwicklung moderner Technologien der letzten Jahre (Bild 6), fällt die enorme Entwicklungsgeschwindigkeit im Vergleich zu älteren Technologien auf.

Bild 6: *Moderne Technologien bis 2019 (Quelle: Universität Paderborn – C.I.K)*

Während die Zeit von der Erfindung bis zur Verbreitung einer Technologie, beispielsweise beim Telefon, noch 50 Jahre betrug, schrumpfte diese Zeit beim Internet auf 7 Jahre und bei aktuellen Trends wie neuen Sozialen Netzwerken auf wenige Monate (www.steveanderson.com). Glaubt man amerikanischen Futuristen wie dem technischen Direktor von Google – Ray Kurzweil, geschieht diese Entwicklung

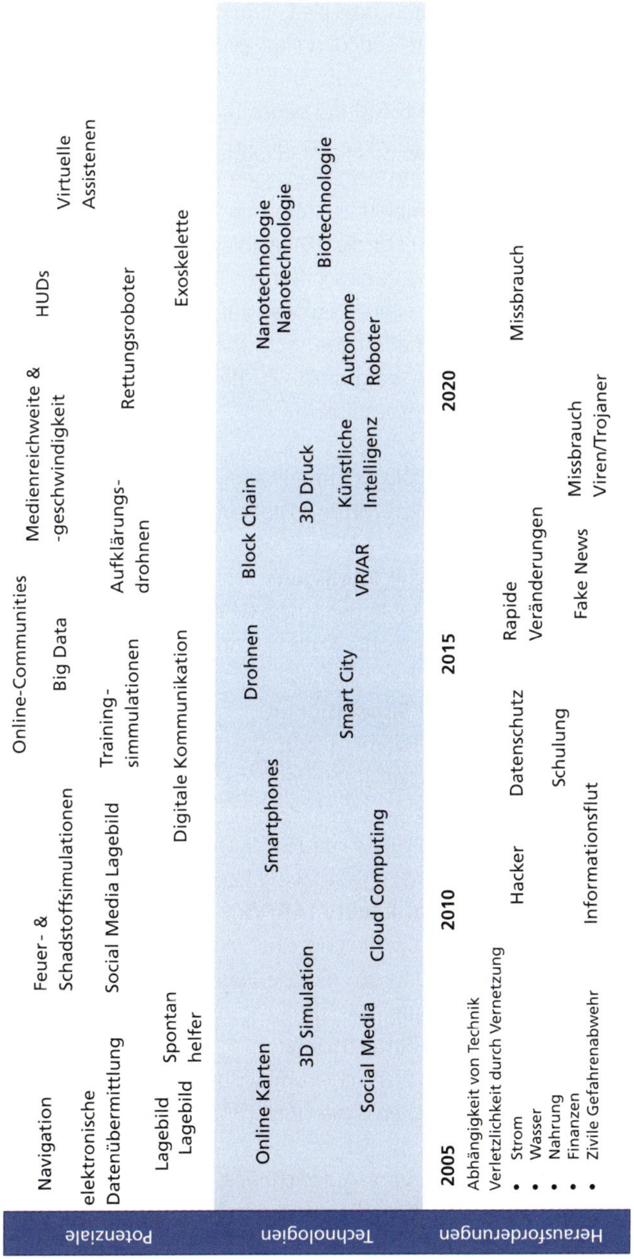

5 Einfluss neuer Technologien

Bild 7: *Einfluss neuer Technologien auf die Resilienz (HUD = Head-Up-Display/VR/AR = Virtual/AugmentedReality)*

	2005	2010	2015	2020
Potenziale	Navigation, elektronische Datenübermittlung, Lagebild, Spontanhelfer	Feuer- & Schadstoffsimulationen, Social Media Lagebild, Digitale Kommunikation	Online-Communities, Big Data, Trainingssimulationen	Medienreichweite & -geschwindigkeit, HUDs, Virtuelle Assistenen
Technologien	Online Karten, 3D Simulation, Social Media	Smartphones, Cloud Computing	Drohnen, Smart City, Block Chain, VR/AR	Aufklärungsdrohnen, 3D Druck, Künstliche Intelligenz, Autonome Roboter, Rettungsroboter, Nanotechnologie, Nanotechnologie, Biotechnologie, Exoskelette
Herausforderungen	Abhängigkeit von Technik, Verletzlichkeit durch Vernetzung: • Strom • Wasser • Nahrung • Finanzen • Zivile Gefahrenabwehr	Hacker, Datenschutz, Schulung, Informationsflut	Rapide Veränderungen, Fake News, Missbrauch, Viren/Trojaner	Missbrauch

C Möglichkeiten zur Steigerung der Resilienz

exponentiell. Das würde bedeuten, dass die Entwicklungsgeschwindigkeit moderner Technologien langsam beginnt und dann ab einem bestimmten Zeitpunkt sehr schnell zunimmt.

Dies führt dazu, dass die Entwicklung neuer Technologien nach einem anfänglichen Hype häufig überschätzt wird, um einige Zeit später umso stärkere Veränderungen hervorzurufen. Diese Veränderungen können zu Disruptionen führen, also alte Verfahrensweisen komplett zerstören und durch neue Prozesse ersetzen.

Bei Erscheinen dieses Buches ist die »Digitalisierung« in aller Munde. Moderne Technologien und die Verbreitung dieser werden in Deutschland mit Digitalstrategien, Digitalräten und Digitalen Modellregionen auf allen Ebenen gefördert. In Bild 7 sind angelehnt an den »Gartner's hype cycle for emerging technologies 2017« aktuell relevante Technologien dargestellt. Zu den aktuell relevanten modernen Technologien zählen wir hier insbesondere:

- **Soziale Medien:**
  Plattformen für digitale Kommunikation und interaktiven Informationsaustausch (Facebook, Twitter, Instagram, Youtube, Pinterest, LinkedIn, Xing etc.)
- **Schwache Künstliche Intelligenz:**
  Algorithmen, die selbst lernen, spezielle Aufgaben möglichst gut zu lösen (Bild- und Videoerkennung, Schach- und Go-Programme, Virtuelle Assistenten etc.)
- **Fortschrittliche 3D Simulationen:**
  Dreidimensionale Simulation und Darstellung komplexer Sachverhalte (Videospiele, Vorherberechnungen, Trainingssimulationen etc.)
- **Cloud Computing:**
  Speicherplatz- Infrastruktur- und Softwarebereitstellung über das Internet (Dropbox, Google Docs, OneDrive, Sharepoint etc.)
- **Augmented/Virtual Reality (AR/VR):**
  Interaktive virtuelle Darstellung einer Wirklichkeit oder Erweiterung der Realitätswahrnehmung um digitale Elemente (VR-Brillen, Google Glass, IKEA Möbelplatzierung, AR-Spiele etc.)
- **Internet of things/SmartHome:**
  Digitale Vernetzung physischer und virtueller Gegenstände und Informationsaustausch zwischen diesen (SmartHome, Smart City, Smart Grid etc.)
- **Blockchain:**
  Digitale, nicht-änderbare Aufzeichnung einer Reihe von Transaktionen (Bitcoin, Etherum, Smart Contracts etc.)

2. Potenziale & Herausforderungen moderner Technologien

Die Potenziale und Herausforderungen moderner Technologien für die zivile Gefahrenabwehr sind vielfältig.

Diverse Verbesserungen der Arbeit der zivilen Gefahrenabwehr sind mittlerweile selbstverständlich geworden. So sind die einfache Navigation und Nutzung von Online-Kartendiensten zur Erkundung einer kalten Lage und Aufzeichnung heißer Lagen gängige Praxis. Die digitale Kommunikation mittels TETRA Funk oder Apps sind genauso in das Tagesgeschäft integriert wie die Nutzung von Simulationen zur Berechnung von Feuer- und Schadstoffausbreitungen. An der Schwelle zur gängigen Nutzung stehen VR-gestützte Trainingssimulationen, Drohnen zur Lageerkundung und Big-Data-Analysen. Die Vernetzung in den Sozialen Medien ermöglicht eine sehr schnelle Übertragung und Verbreitung von Informationen sowie die Bildung von Online-Communities zur schnellen und semi-strukturierten gegenseitigen Hilfeleistung. Das Cloud Computing ermöglicht darüber hinaus die dezentrale Speicherung von Daten an ungefährdeten Standorten sowie einen freien Zugang auf komplexe Software und leistungsstarke Infrastruktur von jedem beliebigen Standort aus. In naher Zukunft werden voraussichtlich SmartHome-Daten und virtuelle Assistenten sowie Rettungsroboter, Augmented-Reality-Brillen und Head-up-Displays die zivile Gefahrenabwehr unterstützen.

Mit diesen Veränderungen gehen zahlreiche neue Herausforderungen einher. Eine der größten Herausforderungen stellt die Abhängigkeit aller Kritischer Infrastrukturen sowie der zivilen Gefahrenabwehr selbst von den modernen Technologien dar. Die Versorgung der Bevölkerung mit Strom und Nahrung ist weitgehend abhängig von funktionierenden IT-Systemen. Ohne diese wäre keine schnelle Abstimmung unter Stromerzeugern und Infrastrukturbetreibern und somit kein stabiler Betrieb des europäischen Stromnetzes möglich. Die Nahrungsversorgung hängt ebenso wie die zugrundeliegende Logistik ebenfalls von einer funktionierenden IT ab. Eine spannende Frage stellt sich hier: Wie lange lässt sich eine Abhängigkeit der zivilen Gefahrenabwehr von modernen Technologien vermeiden? Oder ist diese Abhängigkeit unvermeidbar und wir sollten uns besser darauf konzentrieren, diese Technologien zuverlässig zu machen? Die Nutzung moderner Technologien in der zivilen Gefahrenabwehr führt regelmäßig zu erhöhtem Schulungsaufwand, der Notwendigkeit von Datensicherheitskonzepten und komplexen Fragestellungen des Datenschutzes, insbesondere hinsichtlich der Datenschutz-Grundverordnung. Neben diesen inhärenten Herausforderungen erhöht sich die Verletzlichkeit für böswillige Angriffe sowohl der Kritischen Infrastrukturen, als auch der zivilen Gefahrenabwehr: Schon einfache Computerviren können ganze Krankenhäuser

| C | Möglichkeiten zur Steigerung der Resilienz |

innerhalb von Stunden weitgehend außer Betrieb nehmen. Gezielte Angriffe können Kraftwerke mittelfristig herunterfahren und potenziell gewaltige Schäden anrichten. Über derartige physische Ziele hinaus, können Desinformation oder »Fake News« in Verbindung mit der enormen Reichweite und Geschwindigkeit von Social Media Nachrichten der Bevölkerung und den Einsatzkräften falsche Lagebilder vermitteln. Dies kann zu Fehlreaktionen und Massenhandlungen führen, welche eine sowieso schon angespannte Lage weiter verschlimmern.

Bild 7 visualisiert die modernen Technologien sowie die Herausforderungen und Potenziale für die Arbeit der zivilen Gefahrenabwehr. Im Folgenden werden konkrete Potenziale und Herausforderungen neuer Technologien anhand der drei Beispiele Community Technologien, Serious Gaming und SmartHome- Technologien veranschaulicht.

2.1 Am Beispiel von Community Technologien

Die Einbeziehung der Zivilbevölkerung in die zivile Gefahrenabwehr hat vielfältige Potenziale. Neben den bekannten Ansätzen der Spontanhelfer und dem plattformbasierten Online-Wissensaustausch gibt es die Möglichkeit, digitale Unterstützung zu erhalten. »Digital Volunteers« können online von Zuhause aus bei vielfältigen Aufgaben der zivilen Gefahrenabwehr unterstützen. Darüber hinaus haben sich in anderen Gebieten sogenannte »Hackathons« bereits seit längerem etabliert. Ein Hackathon ist laut Wikipedia eine Wortschöpfung aus »Hack« und »Marathon«. Es handelt sich um eine kollaborative Software- und Hardwareentwicklungsveranstaltung. Ziel eines Hackathons ist es, innerhalb der Dauer dieser Veranstaltung gemeinsam nützliche, kreative oder unterhaltsame Softwareprodukte herzustellen oder Lösungen für gegebene Probleme zu finden.

2.2 Am Beispiel von Serious Gaming (Forschungsprojekt TEAMWORK)

Das Forschungsprojekt TEAMWORK verfolgt das Ziel, die Sicherheit der Bevölkerung zu erhöhen, indem Einsatzkräfte und Bevölkerung mit einer neuen Methode auf langanhaltende Krisenereignisse vorbereitet werden. TEAMWORK verwendet ein innovatives Serious-Gaming-Konzept, welches verschiedene Szenarien, basierend auf Erfahrungen aus realen Krisenereignissen oder Übungen, in einer virtuellen Umgebung simuliert.

Serious-Gaming-Konzepte ermöglichen dabei spielerisches Lernen in einer simulierten Umgebung. Erfahrungen aus realen Krisenereignissen oder Übungen können in Form von Szenarien in vorbereitende Schritte (Training, Planung) einfließen. Spielerische Lösungen können auf »good practices« untersucht werden und damit auch im Einsatz unterstützen. TEAMWORK erforscht ein integriertes, spielbasiertes und kreativitätsorientiertes Konzept, das Einsatzkräfte und Bevölkerung auf langanhaltende Krisenereignisse vorbereitet und bei der gemeinsamen Bewältigung dieser unterstützt.

Aufgaben und Rolle der TEAMWORK-Community
In der TEAMWORK-Community versammeln sich Mitglieder aus den Reihen beruflicher und freiwilliger Einsatzkräfte sowie aus der allgemeinen Bevölkerung. Der Aufruf zur Teilnahme erfolgt über unterschiedliche Kanäle wie zum Beispiel soziale Netzwerke. Community-Mitglieder können sich ihren Interessen und Fähigkeiten gemäß an unterschiedlichen Aktivitäten beteiligen. Sie können

- im Sinne des »crowd sourcing« die sonst sehr aufwändige Gestaltung von Szenarien in Zusammenarbeit unterstützen,
- im Sinne der »wisdom of the crowd« und des »out of the box«-Denkens durch kreative Ideen zum Finden von Lösungen zur Bewältigung realer und simulierter Krisenereignisse beitragen sowie
- durch die Auseinandersetzung mit Krisenereignissen den Umgang mit diesen lernen.

Vorgehen im Projekt
Das Vorgehen im Projekt TEAMWORK kann als Kreislauf aufgefasst werden. Die Formalisierung ermöglicht es, die Szenarioidee eines Initiators in die Simulation zu überführen. Die Auswertung dient dazu, Erkenntnisse aus Simulationsdurchläufen zu gewinnen. Diese stehen anschließend den Simulationsteilnehmern und dem Initiator zur Verfügung.

Sowohl die Formalisierung als auch die Auswertung sind aktuell aufwändige und kostenintensive Prozesse, die im Projekt durch die Einbindung der Community und die vernetzte Verwendung von Informationstechnik optimiert werden sollen. Alle Daten, die bei der Formalisierung und der Auswertung anfallen, werden zentral gespeichert und stehen damit für spätere Lernzwecke, Schulungen und auch im Einsatz zur Verfügung.

Von der Szenario-Idee zur Simulation: Formalisierung
Der Formalisierungsprozess dient dazu, ein Krisenereignis zunächst in eine strukturierte Szenariobeschreibung und im Anschluss daran in eine ausführbare Simulation zu überführen. Dabei wird die anfangs formlose Szenarioidee des Initiators sukzessive mit allen Informationen angereichert, die für das Erreichen seiner Ziele notwendig sind. Der Initiator stößt den Formalisierungsprozess an, indem er erste Informationen zusammenstellt. Dazu zählen Basisinformationen (z. B. »Unwetter in

Dortmund im Hochsommer«), Informationen zur Umgebung (z. B. Topologie, Vegetation, Bebauung, Wetter), eigene Ressourcen (z. B. Einsatzkräfte und -mittel), Schadensereignisse (z. B. Eintreten von Starkregen) und Wirkungszusammenhänge. Wirkungszusammenhänge beschreiben die Abhängigkeiten zwischen Szenarioelementen (z. B. Eintreten von Starkregen → Wasserpegel steigt → mehr Menschen sind in Gefahr). Die Community unterstützt den Initiator dabei, die Szenariobeschreibung weiter zu detaillieren. Durch den Informationsaustausch zwischen Initiator und Community und die Verwendung passender Informationsquellen während der Formalisierung wird die Qualität der Szenariobeschreibung fortlaufend sichergestellt. Die Dokumentation erfolgt anhand von Vorlagen, deren Struktur mit der von »Übungsdrehbüchern« für Stabsübungen vergleichbar ist.

Bild 8: *Formalisierung (Quelle: Universität Paderborn – C.I.K)*

Interaktive Krisensimulation
Sobald ein Szenario durch den Formalisierungsprozess in die Simulation überführt wurde, kann diese im Mehrspielermodus ausgeführt werden. Die Teilnehmer nehmen in der Simulation über die Hierarchieebenen verteilte Rollen der zivilen Gefahrenabwehr ein.

Die niedrigste »spielbare« Ebene besteht aus einer Interaktion mit der 3D-Simulationsumgebung. Die hier eingenommene Rolle lässt sich am ehesten mit

5 Einfluss neuer Technologien

der mehrerer Zugführer vergleichen. In der Ebene darüber (vergleichbar mit Verbandsführern) kann auf einer interaktiven Lagekarte der Einsatz der zugeordneten »Zugführer« koordiniert werden. Zusätzlich lässt sich eine Leitstellenfunktion zur Disposition der Einsatzkräfte anbinden.

Bild 9: *Übungsdurchlauf mit Simulation (Quelle: Universität Paderborn – C.I.K)*

Die in der Simulationsumgebung hinterlegten Wirkungszusammenhänge beeinflussen das Geschehen und führen im Unterschied zu vordefinierten Ereignisfolgen zu dynamischen Verläufen. Es werden beispielsweise physikalische Effekte, der Ausfall von Infrastrukturen oder das Verhalten von Menschen realistisch simuliert. Die verschiedenen Optionen für das Vorgehen zur Bewältigung des Krisenereignisses sollen es den Simulationsteilnehmern erlauben, möglichst frei zu agieren und dadurch kreative Lösungen anzuwenden.

Die Simulation lässt sich in reale Übungen einbinden. Wird beispielsweise eine Stabsübung durchgeführt, kommunizieren mehrere »Verbandsführer« mit der Einsatzleitung bzw. dem Führungsstab. Dies geschieht eingebettet in die gewohnten Strukturen der Übungssteuerung. Ein »Spielleiter« in der Übungssteuerung über-

C   Möglichkeiten zur Steigerung der Resilienz

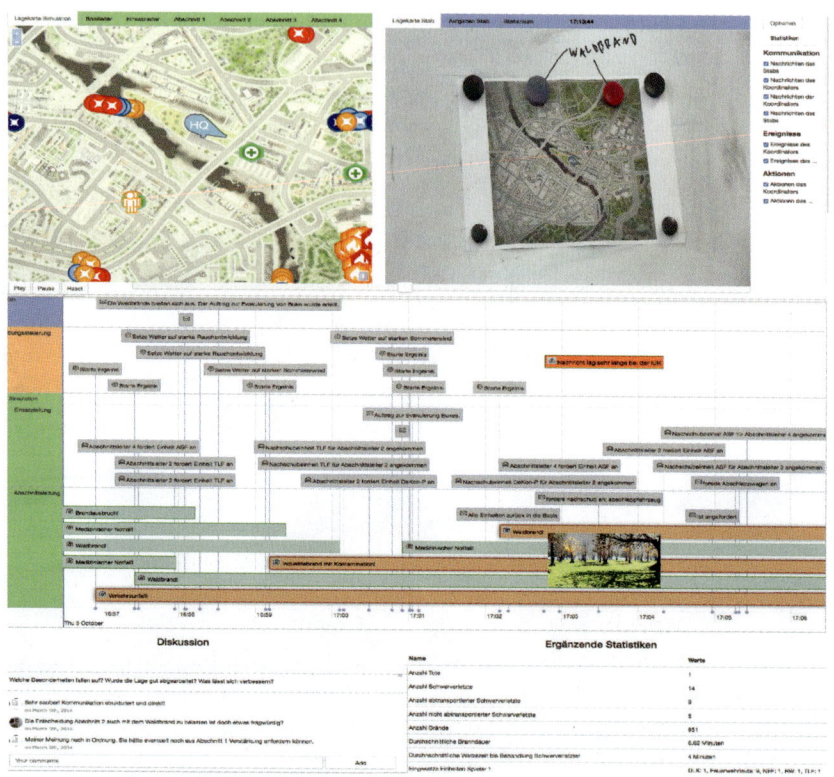

Bild 10: *Simulationsgeschütze Übungsnachbesprechung (Quelle: Universität Paderborn – C.I.K)*

nimmt die Steuerung von Einlagen in der Simulation und die Kommunikation mit den Simulationsteilnehmern. Das in der Simulation entstehende Lagebild kann anschließend als Grundlage für die Bespielung des übenden Stabes dienen. Der übende Stab selbst erfährt keine direkte Änderung seiner gewohnten Abläufe – profitiert jedoch von einer konsistenten und realitätsgetreuen Simulation im Hintergrund.

Erkenntnisgewinn aus der Simulation: Auswertung
Nachdem das Szenario in der Simulationsumgebung bewältigt wurde, erfolgt die Auswertung der Simulationsdurchläufe. Das Ziel dieser Auswertung wurde zuvor vom Initiator festgelegt.

Jeder Simulationsdurchlauf wird automatisiert protokolliert. Neben auftretenden Ereignissen (z. B. Beginn einer Überschwemmung) und Aktionen der Simulationsteilnehmer (z. B. Evakuierung von Krankenhäusern) werden auch die Kommunikation unter den Teilnehmern, sowie Kommentare und Bewertungen zu den eigenen Durchläufen festgehalten.

Einzelne Durchläufe können im Detail analysiert und diskutiert werden. Die erhobenen Daten werden genutzt, um neben allgemeinen auch spezifische Kennzahlen (z. B. Wartezeiten bis zum Abtransport Verletzter, Reaktionszeiten) zur Verfügung zu stellen. Um die detaillierte Nachbesprechung des Durchlaufs zu ermöglichen, werden Aktionen, Ereignisse und Kommunikation im Zeitverlauf abgebildet. Hierdurch lassen sich auch spezielle Fragestellungen wie die exakten Fahrtwege oder kritische Zeitpunkte feststellen, analysieren und diskutieren. Es werden interdisziplinär (z. B. aus dem »eSport«) Ansätze aufgegriffen und an die Gefahrenabwehrdomäne angepasst.

War die Simulation an eine Stabsübung angebunden, kann die detaillierte Analyse inklusive des entstehenden Lagefilms und der Aufzeichnung der Kommunikation unter den Teilnehmern für eine fundierte Übungsnachbesprechung genutzt werden.

Das Projekt wurde im Zuge der Bekanntmachung »Zivile Sicherheit – Erhöhung der Resilienz im Krisen- und Katastrophenfall« des Bundesministeriums für Bildung und Forschung (BMBF) im Rahmen des Programms »Forschung für die zivile Sicherheit« der Bundesregierung über einen Zeitraum von drei Jahren mit rund 2,1 Millionen Euro gefördert.

2.3 Am Beispiel von SmartHome-Technologie (Intelligente Rettung im SmartHome (IRiS))

Die Akzeptanz und Verbreitung des SmartHome nimmt stetig zu (Grieger, 2016). Die integrierten Sensoren und Haussteuerungsmechanismen ermöglichen innovative Anwendungsmöglichkeiten für Feuerwehren und weitere Sicherheitsdienstleister.

Ziel des Forschungsprojektes »Intelligente Rettung im SmartHome« (IRiS) ist es, Daten und Funktionen des SmartHome für die zivile Gefahrenabwehr nutzbar zu machen. Partner aus der zivilen Gefahrenabwehr und der SmartHome-Branche untersuchen Fragestellungen zur Technik, Einsatztaktik, Akzeptanz und zum Datenschutz (siehe Bild 11).

Es werden von der Branddetektion über die Alarmierung und Anfahrt bis zur Einsatzbewältigung neue Einsatzmöglichkeiten untersucht. Dazu zählen beispielsweise die automatische Generierung eines Gebäudegrundrisses mit Statusinformationen aus dem SmartHome für die Einsatzkräfte oder die Lenkung des Brandrauchs durch die automatische Steuerung von Fenstern und Türen. Die Ergebnisse werden in Realübungen evaluiert.

Pro Jahr sterben in Deutschland ca. 400 Menschen durch Brandrauch (www.rauchmelder-lebensretter.de, 2016). Die Reanimationsgrenze eines Menschen im Brandrauch liegt bei 17 Minuten nach Eintritt des Schadenereignisses. In diesem Zeitraum enthalten sind die Meldefrist, die Gesprächs- und Dispositionszeit, die Ausrückzeit sowie die Anfahrtszeit (AGBF Bund, 1998). Die Zeit für die anschließende Menschenrettung ist entsprechend knapp bemessen. Der Einsatzleiter muss sich nach der Ankunft am Einsatzort ein Bild von der Schadenslage machen (Erkundung). Nach dem Entschluss für einsatztaktische Maßnahmen befiehlt er diese und die Umsetzung beginnt (Ausschuss für Feuerwehrangelegenheiten, Katastrophenschutz und zivile Verteidigung, 1999).

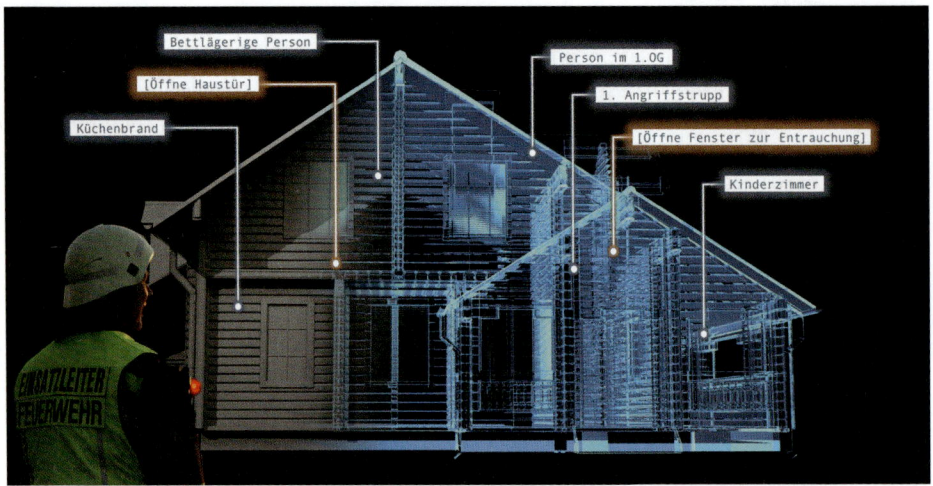

Bild 11: *Forschungsprojekt Intelligente Rettung im SmartHome (Quelle: Universität Paderborn – C.I.K)*

Daten, die in einem SmartHome potenziell verfügbar sind, könnten bereits auf der Anfahrt der Einsatzkräfte verwendet werden, um die Erkundungsphase zu verkürzen. Auch nach der Ankunft am Einsatzort könnten die Daten aus einem SmartHome zu Zeitersparnissen führen und so die Erfolgswahrscheinlichkeit bei der Rettung von Menschen, Tieren und Sachwerten erhöhen. Aktive Steuerelemente an Fenstern und Türen, wie sie teilweise schon heute verbaut sind, könnten genutzt werden, um einsatztaktische Maßnahmen zu ergreifen. Diese Steuerelemente ermöglichen z. B. eine Eingrenzung bzw. Lenkung des Brandrauchs und eine gezielte Türöffnung. Auch

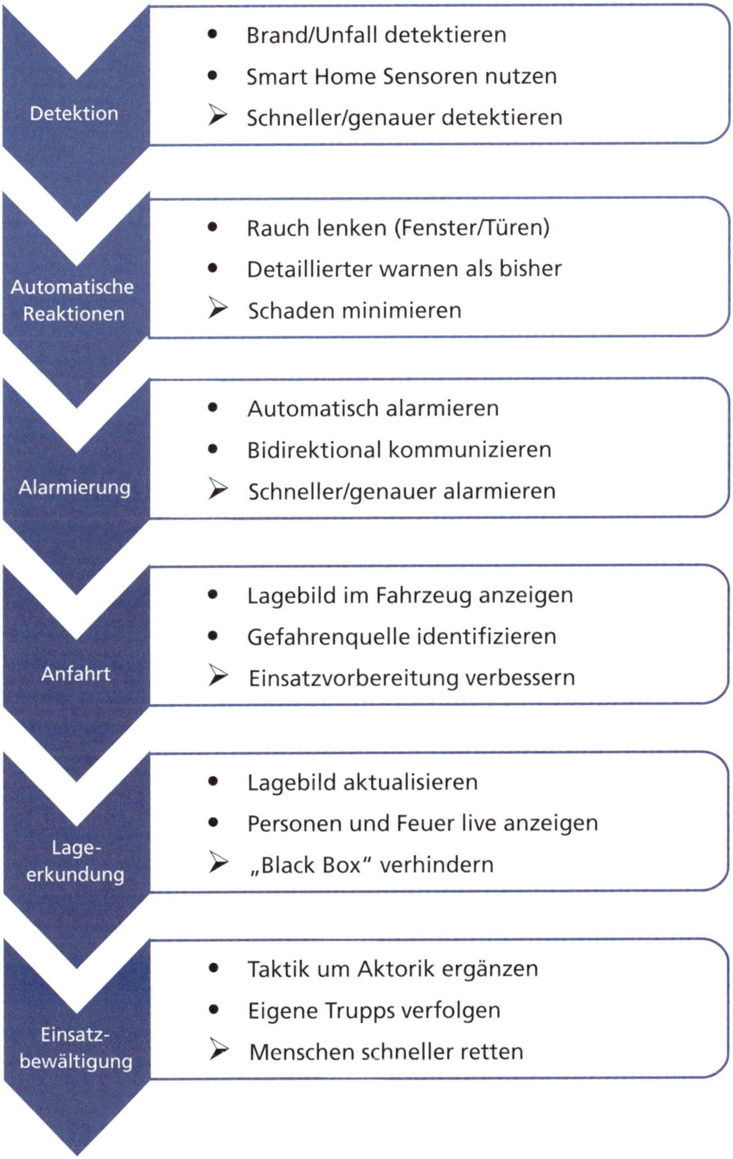

5 Einfluss neuer Technologien

Detektion
- Brand/Unfall detektieren
- Smart Home Sensoren nutzen
- ➢ Schneller/genauer detektieren

Automatische Reaktionen
- Rauch lenken (Fenster/Türen)
- Detaillierter warnen als bisher
- ➢ Schaden minimieren

Alarmierung
- Automatisch alarmieren
- Bidirektional kommunizieren
- ➢ Schneller/genauer alarmieren

Anfahrt
- Lagebild im Fahrzeug anzeigen
- Gefahrenquelle identifizieren
- ➢ Einsatzvorbereitung verbessern

Lageerkundung
- Lagebild aktualisieren
- Personen und Feuer live anzeigen
- ➢ „Black Box" verhindern

Einsatzbewältigung
- Taktik um Aktorik ergänzen
- Eigene Trupps verfolgen
- ➢ Menschen schneller retten

Bild 12: *Potenziale von SmartHome-Technologien (Aktorik = Aktive Steuerelemente eines SmartHome (Fenster, Türen, Beleuchtung etc.) (Quelle: Universität Paderborn – C.I.K)*

| C | Möglichkeiten zur Steigerung der Resilienz |

»automatische Reaktionen« des SmartHome noch vor der Intervention durch BOS sind denkbar. In der gezielten Kombination von SmartHome- mit anderen Daten, z. B. aus Einsatzleitsystemen oder digitalen Bauakten, verbergen sich heute noch Potenziale, die durch IRiS erschlossen werden sollen. Ein weiteres Beispiel ist die Rückmeldung von Bewohnern an die Leitstelle bzgl. ihres Aufenthaltsorts oder des Schadensfalls. IRiS wird im Zuge der Bekanntmachung »KMU-innovativ: Forschung für die zivile Sicherheit« des Bundesministeriums für Bildung und Forschung (BMBF) im Rahmen des Programms »Forschung für die zivile Sicherheit 2012–2017« der Bundesregierung mit 0,8 Mio. € gefördert (www.sifo.de, letzter Zugriff 17.10.2019).

Berücksichtigt man die aktuellen Entwicklungen, lassen sich ähnliche Potenziale zur Lageerkundung und Einsatzbewältigung nicht nur in SmartHomes, sondern ebenso in der kompletten »Smart City« finden. Durch die zunehmende Vernetzung und das Internet of Things stehen Verkehrs-, Sicherheits-, Handels- und viele weitere Daten zur Verfügung, um im urbanen Bereich ein Lagebild für Einsatzkräfte zu generieren, Anwohner zu warnen und die Einsatzbewältigung zu verbessern – mit allen dabei zu beachtenden Missbrauchsrisiken und Datenschutzerwägungen.

3. Fazit & Ausblick

Zusammenfassend bleibt festzuhalten, dass die modernen Technologien enorme Potenziale für die zivile Gefahrenabwehr bieten und in Zukunft potentiell noch wesentlich mehr Einfluss auf die althergebrachten Verfahrensweisen nehmen werden. Die neuen Potenziale werden jedoch durch neue Herausforderungen komplementiert. Dies macht es unumgänglich, die neuen Potentiale zu nutzen, um Kapazitäten für die Bewältigung der neuen Herausforderungen zu schaffen. Wenn die Theorie des exponentiellen Wachstums stimmen sollte, werden die zukünftigen Technologien die heutigen Potenziale und Herausforderungen bei weitem übersteigen und eine schnelle Adaption dieser Technologien wird entscheidend auch für die zivile Gefahrenabwehr sein.

Bild 13: *Moderne Technologien der Zukunft (Quelle: Universität Paderborn – C.I.K)*

5 Einfluss neuer Technologien

Dieses Resilienzpotential auszuschöpfen ist aber nur mit einer Allianz aus Nutzern (Zivilbevölkerung, Forscher, IT-Kundige und BOS) möglich.

5.3 Künstliche Intelligenz – Chancen für die nächsten 10 Jahre

Andreas H. Karsten

Die Künstliche Intelligenz wird in den kommenden Jahren den Gefahrenabwehrorganisationen eine Reihe von hilfreichen Werkzeugen zur Verfügung stellen können. Dazu müssen nicht nur die Maschinen (Hard- und Software) entsprechend entwickelt werden, sondern auch die Menschen müssen eine neue Fähigkeit erlernen: den Umgang mit intelligenten Maschinen. Aber auch umgekehrt müssen die Maschinen »lernen« bzw. sie müssen so konstruiert werden, dass die Einsatzkräfte und Krisenmanagerinnen im Stande sind, diese in kritischen Situationen, unter Zeitdruck bei schlechten Wetter – in der Einsatzlage – zu beherrschen. Ein Werkzeug, das im Einsatzfall nicht beherrscht wird, ist nichts wert. Und da sich die meisten Einsatzkräfte und Krisenmanager auf eine Vielzahl von Einsatzfälle vorbereiten müssen, benötigen sie eine Vielzahl unterschiedlicher Werkzeuge. Daraus folgt, dass sie entsprechend wenig Zeit aufbringen können, um den Umgang mit einem speziellen Werkzeug so zu erlernen und so zu trainieren, dass sie es blind beherrschen.

Dieses Dilemma kann Künstliche Intelligenz lösen. Autonome Maschinen »bedienen« sich selber. Der Mensch muss die Maschine noch einschalten, u. U. das Ziel vorgeben und im Bedarfsfall so ausschalten können, dass keine Gefährdungen von Personen durch die Maschinen auftreten. Daraus folgt ein hoher Anspruch an die Fähigkeiten der Maschine und ein hoher ethisch-moralischer Anspruch an den Menschen.

Denkbare Einsatzmöglichkeiten von künstlicher Intelligenz sind:
- **Detektion von Ereignissen:**
  Mittels Big Data Analysen können quasi alle verfügbaren Daten rund um die Uhr auf Anomalien untersucht werden. Denkbare Datenquellen sind: CCTVs, Social Media, das Internet of Things.
- **Unterstützung der Notrufabfrage:**
  Computer Programme können analysieren, wie der Stresspegel des Anrufers ist und dem Disponenten Ratschläge geben, wie er am besten, die benötigten Informationen vom Anrufer erhalten kann.

Mittels Natural Language Processing kann ein Computer eine Sprache erkennen, sie wahrnehmen (verstehen) und Antworten generieren. Damit ist der Computer in der Lage:
- Fremdsprachige Anrufer abzufragen,
- Bagatelleinsätze (»Katze-auf-Baum«) zu erkennen und selbständig zu disponieren,
- Anrufe zu bereits disponierten Einsätze zu bearbeiten,
- Anrufer, die Verhaltenshinweise wünschen, entsprechend zu beraten.

- **Nutzen von Massendaten einer Smart-City** (z. B. aktuelle Verkehrslage) zum Disponieren von Einheiten und zur Optimierung derer Anfahrtswege.
- Unterstützung der Erkundung durch **autonome Drohnen** mit entsprechenden Bildanalyse-Programmen.
  Drohnen-Schwärme werden autonom in der Lage sein, im Meer vermisste Personen zu finden. Mit entsprechenden Lastdrohnen und Unmanned Vessels kann auch die Rettung der Personen autonom erfolgen.
- **Autonomes Anleitern von Drehleitern:**
  Die Weiterentwicklung der autonomen Einparksysteme wird es ermöglichen, dass Drehleitern zur Menschenrettung schneller in Stellung gebracht werden können. Die Zielfestlegung kann von Menschen mittels Lasermarkierung oder mittels entsprechender Bildanalyse-Programme autonom erfolgen.
- **Lösch- und Suchroboter bei Wohnungsbränden:**
  Roboter, die in der Lage sind, Treppen zu steigen und Wohnungstüren zu öffnen, bringen zwei Arten Robotern in die Brandwohnung:
  - Suchroboter, die eigenständig die Wohnung nach Personen absuchen und bei einem Fund die Stelle markieren. Mit entsprechender Technologie kann der Roboter auch feststellen, ob eine Person noch lebt oder schon vor einiger Zeit verstorben ist und dies den Einsatzkräften mitteilen.
  - Erstangriff-Löschroboter, die autonom den Ort mit der größten Brandintensität finden und dort ein Löschmittel (z. B. Compressed Air Foam) ausbringen und so die Brandintensität verringern, um den Angriff der Feuerwehreinsatzkräfte zu erleichtern.
- **Smart Helmet mit Augmented Reality:**
  Informationen aus Datenbanken der Smart Cities, aus den Smart Home Applications oder von den oben genannten Robotern werden entspre-

chend aufbereitet den Einsatzkräften direkt in die Sichtscheibe der Atemschutzmaske eingeblendet.
- **Triage bei einem Massenanfall von Verletzten:**
Bildanalyse-Programme (z. B. ADA Health) unterstützen heute schon Ärzte bei der Diagnose. Bei entsprechender Weiterentwicklung wird es möglich sein, die Triage von Computern durchzuführen oder durch Nicht-Ärzte und Computer den Verletzten zu helfen. Diese Computer können auf autonome Drohnen verladen werden und somit vollständig selbstständig die Triage durchführen. Die Notärzte können sich vollständig auf die lebenserhaltende Erstversorgung konzentrieren.
- Der Ge- bzw. Verbrauch von Schläuchen, Atemschutzgeräten und Verbrauchsmittel wird mittels eines **Codesystems** erfasst und der Feuerwache übermittelt. Dort sammelt ein Roboter die zu tauschenden bzw. aufzufüllenden Geräte und Materialien aus den Lagern zusammen und bringt sie selbständig zur Parkposition des entsprechenden Fahrzeuges. Nach der Rückkehr kann dieses dann unmittelbar bestückt werden und ist somit schneller wieder einsatzbereit.

Dies sind nur einige Beispiele, deren zugrunde liegende Technologie heute schon in anderen Bereichen eingesetzt wird.

Auch die Stabsarbeit wird sich in den nächsten Jahren durch die Verwendung von Künstlicher Intelligenz wesentlich verändern.

6 Resilienzsteigerung durch Ausbildung und Training

Voßschmidt & Karsten

Lebenslanges Lernen wird seit nunmehr über 50 Jahren gefordert, wenn diskutiert wird, wie die Menschen die Probleme der heutigen Welt beherrschen können. Neben dem Lernen der einzelnen Menschen wird auch von Organisationen gefordert, ein Leben lang zu lernen. Hierfür sind unter anderem das organisationsinterne Wissensmanagement und die Organisations(fehler)kultur entscheidend.

Aus Sicht einer Business Continuity- und Krisenmanagerin beleuchtet Zisgen im ersten Beitrag die Notwendigkeit von Ausbildung und Training, um die Resilienz einer Organisation stetig zu steigern. Dabei verdeutlicht sie, dass das Ende einer Schulungsmaßnahme, eines Trainings oder einer Übung der Startpunkt der nächsten Maßnahme darstellt.

Im zweiten Beitrag konkretisiert Kleinebrahn diese Überlegungen für eine organisationsübergreifende Stabsübung. Solche Übungen stellen aus Sicht der Herausgeber den entscheidenden – leider sehr oft vernachlässigten – Stresstest – für den Grad der Resilienz einer Organisation dar.[38]

6.1 Allgemeine Überlegungen zum kontinuierlichen Steigerungsprozess

Julia Zisgen

Einleitung
Resilienz ist in den letzten Jahren ein zunehmend interessantes Thema für unterschiedlichste Disziplinen geworden. Dies mag sicherlich auch damit zusammenhängen, dass wir unser Umfeld als immer komplexer, schnelllebiger und auch bedrohlicher wahrnehmen. Jedenfalls scheinen alle Bereiche der Gesellschaft in immer kürzeren Abständen von Krisen heimgesucht zu werden, die darüber hinaus immer katastrophaler werden und immer neue Bedrohungen hervorbringen.

Für alle, die beruflich oder ehrenamtlich mit der Vorbereitung auf und dem Management solcher Krisen zu tun haben, sollte dies ein Anlass dafür sein, einmal einen Schritt zurückzutreten und die Lage nüchtern zu betrachten. Denn: Bedrohungen sehen wir beruflich bedingt sowieso überall. Aber wir sind es eben auch gewohnt, diese Bedrohungen realistisch zu bewerten und eine Entscheidung zu treffen, welche Auswirkungen sie haben könnten und wie wahrscheinlich der Eintritt dieser Bedrohungen überhaupt ist.

Kurz gesagt: Wir wissen, dass Notfälle und Krisen durch gute Vorbereitung ihren Schrecken vielleicht nicht komplett verlieren. Wer jedoch gut vorbereitet ist und die möglichen Bedrohungen sowie die Abläufe und Verantwortlichkeiten im Unternehmen kennt und sich in Übungen eine Handlungssicherheit erworben hat, gewinnt Vertrauen in sich und auch in die Widerstandsfähigkeit seiner Organisation. So kann eine entsprechende Vorbereitung auch für Mitarbeiterinnen, Kundinnen und Dritte

---

38 Welchen Einfluss regelmäßige Stabsübungen auf die Einsatzqualität von Organisationen haben kann, zeigten schon die Übungen des Großen Generalstabes der Preussischen Armee im 19. Jahrhundert.

das Sicherheitsgefühl stärken: Nämlich dann, wenn sie merken, dass die entsprechenden Strukturen funktionieren und die Organisation oder das Unternehmen so gut wie möglich geschützt ist.

Die zahlreichen und auch neuen Bedrohungen sind auch der Grund, dass Resilienz ein Zyklus ist, der nie beendet ist. Gut für diejenigen, die damit ihr Geld verdienen, denn die Arbeit wird hier so schnell nicht ausgehen. Aber auch, wenn keine neuen Bedrohungen dazu kommen würden: Strukturen ändern sich, Wissen verblasst, Mitarbeiterinnen wechseln ihren Arbeitsplatz und es kommen neue Kolleginnen hinzu. Auch das ist ein Grund, warum der »Kreislauf« eigentlich gar kein Kreislauf ist, sondern eher aus unterschiedlichen Abläufen besteht, die häufig auch parallel zueinander laufen. Wo man sich für einen Bereich, eine Abteilung oder ein Thema erst in der Planungsphase befindet, gilt es für andere Bereiche bereits, Erkenntnisse aus Übungen oder Tests zu sichern.

Das zugrundeliegende Schema ist unter dem Namen Plan – Do – Check – Act (PDCA) sicherlich den Allermeisten bereits bekannt. Daher möchte ich nicht einfach durchdeklinieren, was man auch in vielen anderen Büchern findet. Dieser Beitrag soll weniger ein Kochbuch oder eine Checkliste sein denn eine Anregung für Praktikerinnen oder Interessierte. Lesen Sie gerne einzelne Abschnitte oder picken Sie sich einzelne Punkte heraus. Einige Fragen und Probleme werden Sie als drängender empfinden als sie hier beschrieben sind; wieder andere tauchen bei Ihnen in der Organisation in dieser Form nicht auf. Sie bemerken außerdem eventuell einen gewissen Fokus auf die Sicherheit in Unternehmen. Ich habe aber versucht, möglichst

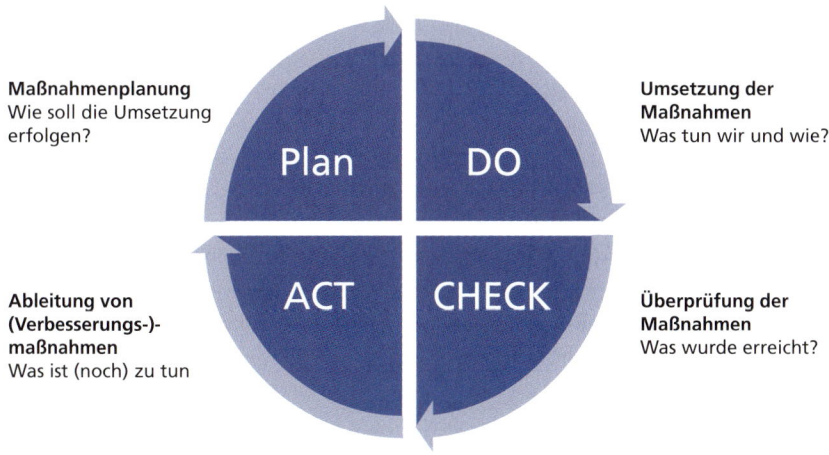

Bild 14: *PDCA-Prozess*

C Möglichkeiten zur Steigerung der Resilienz

viele Ideen zu formulieren, die sich relativ einfach auf jede Form der Organisation adaptieren lassen.

Letzten Endes ist eine Idee wichtig und allgemeingültig: Es läuft immer wieder darauf hinaus, die Strukturen innerhalb der Organisation zu betrachten und vor allem das Interagieren der einzelnen Mitarbeiterinnen und Rollenträgerinnen zu analysieren. Wie Informationen ausgetauscht werden, wie miteinander gesprochen wird (oder eben auch nicht) und welche Strukturen dieses vereinfachen oder sogar behindern, wird immer wieder eine Erkenntnis aus jedem Planungs- und Übungsprozess sein.

Außerdem möchte ich aufzeigen, wie mit einer sich ständig ändernden Umwelt umgegangen werden kann, indem neuen technologischen Entwicklungen Rechnung getragen wird. Dass dies eine zentrale Herausforderung ist, der sich alle Organisationen in irgendeiner Form stellen müssen, ist nichts Neues. Sich diesen Entwicklungen verweigern, ist keine Option mehr (wenn es denn jemals eine gewesen ist); es ist allerdings auch keine unlösbare Aufgabe, sich auf neue Gegebenheiten einzustellen und sich angemessen auf weitere Entwicklungen vorzubereiten.

Analyse: Bedrohung – Risiko – Folgen – Kritikalität
Eine gute Analyse der aktuellen (und, soweit möglich, der zukünftigen) Situation macht es leichter, darauf aufzubauen und die nächsten Schritte zu planen. Ich möchte meinen Fokus hier auf Bedingungen innerhalb der Organisation legen, die wichtig sind, um den Grundstein zu legen für einen umfassenden und effektiven Resilienzprozess. Dazu zähle ich auch solche »weichen« Faktoren wie eine gute Fehlerkultur und eine gute Basis für Kommunikation zwischen den einzelnen Stakeholdern. Diese Themen tauchen nicht nur im ersten Absatz der Analyse auf, sondern ziehen sich durch alle Schritte des Zyklus.

Wenn Sie einmal nachdenken, welche Bedrohungen vor, sagen wir 10 Jahren, ganz an der Spitze gestanden haben und wie diese Top Ten heute aussieht, dann haben sich einige Dinge geändert. Denken wir nur an Cyber-Bedrohungen oder gewisse politische Verwerfungen, die sich in einer Zunahme von terroristischen Akten auch in Europa niederschlagen. Insbesondere die Bedrohung durch Terror ist sicherlich nicht für alle Branchen und Standorte gleichermaßen gegeben; eine Hysterie ist hier nicht angebracht, dennoch sollte diese Thematik auch mit Blick in die Zukunft nicht komplett aus den Augen verloren werden, selbstverständlich auch ohne die klassischen Themen zu ignorieren. Dies zudem, weil sich auch diese klassischen Bedrohungen durch neue Entwicklungen verändern können: Informationssicherheit ist ein wichtiges Thema, seit es Computer gibt, jedoch änderte und ändert sich der Fokus durch das Internet, die Vernetzung und (in der sehr nahen Zukunft) durch Themen wie IoT oder Künstliche Intelligenz stetig.

Der »Blick in die Zukunft« verdeutlicht: Wichtig ist eine Beschäftigung mit aktuellen Themen, um daraus eine mögliche Bedrohung für die eigene Organisation zu erkennen. Technologische Entwicklungen dürfen hier insbesondere nicht vergessen werden. Tauschen Sie sich daher mit den Praktikern in diesen Bereichen aus, schauen Sie vor allem auch einmal über die Landesgrenzen hinaus – häufig sind andere Länder schneller darin, sich ernsthaft und ohne die hierzulande üblichen lähmenden Vorbehalte mit neuen Technologien zu befassen und diese sowohl gewinnbringend zu nutzen, als auch die damit einhergehenden Risiken zu antizipieren und entsprechend zu behandeln.

Was sich ebenfalls regelmäßig ändert, sind in vielen Branchen rechtliche und regulatorische Anforderungen. Diese greifen zwar nicht in die Bedrohungslage ein, können aber entscheidend dafür sein, wie mit bestimmten Fragestellungen umgegangen wird oder ob eventuell aus manchen Bedrohungen finanzielle oder rechtliche Risiken entstehen können, (die wiederum durch Geldstrafen schnell zu einem finanziellen oder Reputationsrisiko führen können. Auch diese sollten also bei einer gründlichen Analyse mit einbezogen werden.

Möglicherweise müssen wir mit sich ändernden technologischen Voraussetzungen und neuen Entwicklungen auch neue Methoden finden, wie (und auf was!) wir uns vorbereiten und wie wir üben.

Um das Beispiel Social Media zu nehmen: Ein Szenario an sich ändert sich nicht durch Social Media. Der Sturm weht trotzdem, egal ob darüber getwittert wird oder nicht. Doch kommt ein entscheidender Faktor hinzu: Der Umgang mit dieser Lage, die Bewältigung und die Wahrnehmung dieses Ereignisses wird entscheidend durch neue Medien verändert. Und damit ändert sich dann doch das Gesamtszenario auf signifikante Weise. Die Bevölkerung organisiert gegenseitige Hilfe über soziale Medien, es kommen zusätzlich zum Hörensagen auf der Straße, das früher auf die Nachbarschaft beschränkt blieb, Gerüchte und im schlimmsten Fall Halb- oder Gar-Nicht-Wahrheiten in Umlauf – und diese Nachrichten kursieren vollkommen losgelöst von offiziellen Informationen. Schlimmer noch: Sie können kaum mehr aufgehalten oder umgedeutet werden. Wenn ein Stab nicht gelernt hat, mit diesen neuen Situationen umzugehen, wird er im Ernstfall dem weitgehend hilflos gegenüberstehen.

Auf Social Media sind die allermeisten inzwischen recht gut vorbereitet, jedenfalls besteht ein Bewusstsein, dass es diese (gar nicht mehr so neuen) Medien nun einmal gibt. Aber so schnell sich diese Medienwelt ändert, so schnell muss sich auch die Gefahrenabwehr mit verändern oder jedenfalls diese neuen Gegebenheiten annehmen und sich darauf vorbereiten. Die Fehler der Vergangenheit sollten nicht wiederholt werden – bei den sozialen Medien wurde zu lange gewartet, bis man sich wirklich darauf vorzubereiten begann, obwohl es sich klar abgezeichnet hatte, dass diese Entwicklung keine flüchtige und vorübergehende sein sollte. So manch eine wurde dann von den ersten Spontanhelferinnen und den frühen Falschmeldungen über Twitter kalt erwischt.

Die technologische Entwicklung geht vonstatten, egal ob wir mitmachen oder nicht. Wenn jetzt bei der nächsten großen Lage Künstliche Intelligenz eine wichtige Rolle spielt und möglicherweise das Krisenmanagement in irgendeiner Weise beeinflusst – sind wir dann darauf vorbereitet? Kennen wir überhaupt die aktuellen Technologieentwicklungen, die für uns in welcher Form auch immer wichtig werden können? Auch diese Fragen müssen in dem ersten Schritt gestellt werden: Denn neue technologische und gesellschaftliche Entwicklungen können nicht nur neue Bedrohungen für unsere Organisation bedeuten, sondern können sich auch entscheidend auf unsere Vorbereitungs- und Bewältigungsstrategien auswirken.

Planen: Mit allen Stakeholdern
Selbst in Plattitüden ist ja immer ein Fünkchen Wahrheit: Gut geplant ist halb gewonnen. Warum die Planung ein wichtiger Teil des Resilienzzyklus ist, will ich in diesem Abschnitt erläutern.

Zunächst ist eine gründliche Zeitplanung wichtig. Es bietet sich an, hier auf zwei verschiedenen Ebenen zu planen. Zum einen sollte man das große Ganze im Blick behalten. In den meisten Organisationen haben wir es mit unterschiedlichen Ausfallszenarien zu tun, die im Laufe eines längeren Zeitraums beübt werden müssen. Darüber hinaus haben verschiedene Abteilungen mit ihren spezifischen Prozessen und unterschiedliche Anforderungen. Mit einer Mehrjahresplanung (in der Regel wird es sich um zwei oder drei Jahre handeln) stellt man sicher, dass man sich nicht im Klein-Klein verliert und hat eine Richtschnur, um dann in einem weiteren Schritt eine stringente genauere Übungsplanung zu erstellen. Neuere Entwicklungen können dann in der detaillierteren Jahresplanung berücksichtigt werden.

Von Anfang an ist es nötig, alle betroffenen Personengruppen und Bereiche der Organisation mit einzubinden. Dies ist aus unterschiedlichen Gründen wichtig:

Für eine Übung braucht es ein besonders realistisches Szenario. Dies ist jedoch nur in Zusammenarbeit mit den tatsächlich übenden Bereichen möglich. Gerade in Unternehmen ist die Konzernsicherheit in der Regel eine separate Abteilung, die in erster Linie koordinierend, überwachend und beratend tätig ist. Vom eigentlichen Tagesgeschäft, von den Abläufen und Prozessen haben die Abteilungen am meisten Ahnung, die diese auch tagtäglich ausführen. Daher sollte man mit genau diesen

Kolleginnen zusammen überlegen, wie man ein realistisches Szenario entwerfen und ein forderndes Drehbuch erarbeiten kann. Wichtig ist hier jedoch: Die tatsächlich Beübten sollten vorher möglichst wenig von dem eigentlichen Szenario wissen. Daher sollte im Vorfeld bestimmt werden, wer die Übung mit plant und wer tatsächlich aktiv mit übt. Alternativ können Fachberaterinnen herangezogen werden, die beratend tätig werden und ihr Fachwissen einbringen. Diese können ggf. auch später in der Übungssteuerung tätig werden.

Auch zentrale Dienste (Gebäudemanagement, Sicherheitsdienste, Technik usw.) in der Organisation oder im Unternehmen sollten zumindest informiert werden. Mit hoher Wahrscheinlichkeit werden am Übungstag oder zur Vorbereitung zusätzliche Räumlichkeiten, spezielle technische Ausstattung uvm. benötigt. Gerade bei Vollübungen sollten zumindest die sicherheitsgebenden Bereiche, wie Sicherheitsdienste, informiert sein und idealerweise auch eine gesonderte Information zum Start und zum Ende der Übung erhalten.

Nicht zuletzt sollte überlegt werden, welche Hierarchien mit einbezogen werden müssen. Gegebenenfalls haben Inhaberinnen von Führungspositionen sogar eine eigene Rolle in der Bewältigung von Notfällen und Krisen und müssen daher direkt in die Übung mit eingebunden werden. Je nach Umfang der Übung kann es ausreichen, diese durch die Übungssteuerung zu simulieren, aber oft wird zumindest eine Information mit kurzen Lageupdates durch die Übenden erwartet oder erwünscht. Hier sollte jedenfalls rechtzeitig vor der Übung abgeklärt werden, wie hier die Situation in der eigenen Organisation ist.

Ein Klassiker der Übungsnachbereitung (um dem entsprechenden Kapitel schon einmal kurz vorzugreifen) ist die folgende Aussage: »Wir haben viel zu wenig miteinander geredet!«. Alle, die schon einmal an Übungen teilgenommen haben, werden diese Aussage schon in irgendeiner Form gehört oder sie schon selbst einmal getätigt haben. Meist bezieht sich das auf die Durchführung der Übung selbst. Ich plädiere jedoch dafür, die Kommunikation als wichtigstes Glied entlang jedem Punkt des Prozesses mitzudenken. Bloß weil man mit Menschen zusammenarbeitet, die einen ähnlichen Erfahrungshintergrund haben, muss nicht jede das Gleiche verstehen, wenn bestimmte Begriffe benutzt werden. Und bloß, weil eine Rolle in irgendeiner Richtlinie schriftlich dokumentiert ist, muss es nicht bedeuten, dass jede Rolleninhaberin auch dieses Dokument genau kennt.

Also: Informieren Sie rechtzeitig über Scope und Ansatz der Übung, sprechen Sie auch einmal direkt mit den einzelnen Funktionsträgerinnen. Sorgen Sie auch außerhalb von konkreten Übungsplanungen dafür, dass entsprechende Dokumente allen Rolleninhaberinnen zugänglich gemacht werden und bieten Sie bei Bedarf separate Schulungen an. Ob diese nun in Form von Workshops, Kurzvorträgen oder Onlineschulungen stattfinden oder ob die wichtigsten Punkte in einer Präsentation zusammengefasst werden, ist eine Frage des Einzelfalls. Entscheidend ist, dass dadurch die Handlungssicherheit der Protagonistinnen gestärkt wird und sie mit den Abläufen und Begriffen vertraut sind, die ihnen im Ernst- (oder Übungs-)Fall begegnen werden. Denken Sie auch an eine Einweisung in benötigte Tools, Formulare o. Ä.

Nichtsdestotrotz ersetzt das Durchlesen eines Dokuments natürlich nicht die praktische Übung, kann aber ein Baustein sein, um alle Handelnden optimal auf ihre Aufgaben vorzubereiten.

Gerade, wenn man mit Menschen arbeitet, die sich alle mit ähnlichen Themen befassen, wird häufig wenig Zeit darauf verwendet, Begriffe und Rollenverständnisse zu klären. Doch vor allem, wenn zusätzliche Beteiligte dazukommen, die bisher selten oder nie geübt haben, macht es oft Sinn, am Anfang nicht direkt in medias res zu gehen, sondern allen erst Gelegenheit zu geben, ein gemeinsames Verständnis von den bevorstehenden Aufgaben zu bekommen. Und wenn dies heißt, dass wirklich erst einmal Begriffe erklärt werden, Organigramme aufgemalt und Verantwortlichkeiten zugewiesen werden müssen, weil sich herausstellt, dass nicht alle den gleichen Wissensstand zu diesem Thema haben (und selbst, wenn alle Beteiligten einen ähnlichen fachlichen Hintergrund haben, kann man sich über die Bedeutung von Begriffen oder Verantwortlichkeiten uneinig sein!). Nicht zuletzt kann dies durchaus auch eine erste Erkenntnis aus einer Übung sein: Wir müssen intern über unsere Notfallorganisation informieren, darüber, was wir machen und wer alles beteiligt ist!

Im vorangegangenen Abschnitt wurde bereits erwähnt, dass neue Technologien wie Social Media in den gesamten Resilienzzyklus eingreifen. Gerade wenn der Scope der Übung sowie das genaue Szenario erarbeitet werden, sollte hierauf Rücksicht genommen werden. Stellen Sie sich die Frage, inwiefern soziale Medien oder andere Technologien Ihre Prozesse in Zukunft beeinflussen könnten oder bereits beeinflussen. Lassen Sie sich beraten von Expertinnen, die sich mit dieser Thematik auskennen. Je nach Ergebnis sollte der Umgang mit neuen Technologien auch geübt werden.

Am Beispiel von Social Media lässt sich aufzeigen, welche Möglichkeiten es gibt:
- Für den Anfang lassen sich einzelne Meldungen als Einspieler in den Stab geben.
- So lassen sich soziale Netzwerke außerdem mit verschiedenen Tools direkt im Stab simulieren oder es werden direkt Posts in den Netzwerken geschrieben und auch die Nutzerinnen eingebunden (siehe beispielsweise die Facebookseite von »Bad Übungsstadt«). Allerdings muss hier auf eine deutliche Kennzeichnung als »Übung« geachtet werden.

- Im Szenario kann das Auftauchen von Spontanhelferinnen simuliert werden.
- Nicht ignorieren sollte man auch das Thema Fake News. Im Vorfeld sollte man sich die Frage stellen, inwieweit dieses Thema für die eigene Organisation zu einem Problem werden kann und bei welchen Lagen dies vor allem der Fall sein dürfte. Aber natürlich ist dies nicht nur ein Thema während einer konkreten Übungsvorbereitung. Sprechen Sie mit Ihren Kolleginnen, die für Kommunikation zuständig sind: Wird dort Social-Media-Monitoring betrieben? Wie wird vorgegangen, um Falschmeldungen zu erkennen? In die Übungsprozesse sollte die Kommunikations-/PR-Abteilung (und alle weiteren Stellen in der Organisation, die hier Berührungspunkte haben) auf jeden Fall mit eingebunden werden.

In jeder Organisation gibt es andere Herausforderungen und nicht überall sind soziale Medien eine zentrale Frage. Dafür gibt es unter Umständen andere technologische Entwicklungen, die in den Blickpunkt rücken und beübt werden sollen. Analog zur gerade aufgestellten Liste lassen sich sicherlich einzelne Möglichkeiten finden, auch diese in Tests und Übungen zu integrieren.

Testen: Testen und Üben
In diesem Kapitel möchte ich genauer darauf eingehen, welche Rahmenbedingungen für eine erfolgreiche Übung gegeben sein sollten. Dabei kommt es natürlich auf den Übungsumfang an und auch auf die Frage, ob die Übung angekündigt ist oder nicht.

Falls die Übung, was oft vorkommen wird, im laufenden Betrieb stattfindet, sollte man sich im Vorfeld Gedanken machen, wie und was man intern kommunizieren sollte. Natürlich ist dies bei einer unangekündigten Übung nicht einfach, aber selbst dann ist es immer möglich, eine grundsätzliche Awareness für Übungen und Tests zu schaffen: Etwa, dass regelmäßig intern (beispielsweise über das Intranet o. Ä.) darüber berichtet wird, warum diese nötig sind, wie sie ablaufen, wer sie organisiert und welche Arten von Übungen es gibt. Man sollte sich vergegenwärtigen, dass Übungen durchaus eine Einschränkung für andere Beteiligte darstellen können: Wenn andere Aufgaben liegenbleiben, wenn ganze Teams oder einzelne Mitarbeiterinnen nicht erreichbar sind oder wenn Kolleginnen Aufgaben für die in der Übung Eingebundenen miterledigen müssen. Hier schadet es nicht, für Verständnis zu werben, und das gelingt besser, wenn alle Bescheid wissen, dass es sich nicht um »Spaßveranstaltungen« handelt, sondern um notwendige Vorgänge, um die Sicher-

C Möglichkeiten zur Steigerung der Resilienz

heit und Krisenfestigkeit der ganzen Organisation zu erhöhen – etwas, das allen zugutekommt!

So gut es möglich ist, ohne den Übungsablauf zu kompromittieren, sollten frühzeitig alle relevanten Stakeholder informiert werden. Vor allem, wenn die Übung größere Ausmaße annimmt und ggf. die Öffentlichkeit oder Anlieger etwas mitbekommen könnten, das unter Umständen zu Missverständnissen führen kann, sollten entsprechende Maßnahmen eingeplant werden. Ein kleines, aber wichtiges Detail ist hier, alle Materialien (Eingaben, Meldungen, Schriftliches etc.) deutlich als zur Übung zugehörig zu kennzeichnen – sowohl für die Übenden als auch zur Sicherheit, falls etwas doch in die Hände von nicht an der Übung Beteiligten gerät.

Versichern Sie sich auch, dass Sie im Vorfeld relevante Kommunikationswege für die Übenden, aber auch für andere Beteiligte (Übungsbeobachterinnen, Mitarbeiterinnen, Externe etc.) definiert und auch bekanntgegeben haben. Dazu zählt, dass die Übenden wissen, wie sie mit der Übungsleitung kommunizieren können und welche Posten im Zweifelsfall simuliert werden. Auch hilft eine Klarheit darüber, welche Telefonnummern, E-Mail-Adressen etc. genutzt werden können, sich auf die wesentlichen Aufgaben während der Übung konzentrieren zu können. Immerhin ist ja eine Übungssituation oft nicht minder stressig als ein tatsächliches Ereignis.

Wenn es sich um eine Übung handelt, die mit einiger Außenwirkung verbunden sein könnte, sollte auch hier eine Kontaktmöglichkeit im Vorfeld kommuniziert werden. Sei es, dass die zentralen Dienste (Verwaltung, Pforte o. Ä.) als Ansprechpartner fungieren und im Vorfeld eine Zusammenstellung von Informationen bekommen für den Fall, dass Rückfragen kommen, sei es, dass die Übungsleitung auch für Nicht-Übende erreichbar ist – was tatsächlich davon umgesetzt wird und benötigt wird, ist Sache des Ermessens und von der Übungssituation abhängig. Sicher ist, dass sich auch hier eine gute Informationspolitik auszahlt: Wenn eine Übung nicht als geheimnisvolle Veranstaltung angesehen wird, sondern als normaler Teil des Betriebes, können alle die besten Ergebnisse erzielen und die Resilienz der Organisation bestmöglich verbessern.

Ein weiterer Punkt, der im folgenden Kapitel noch einmal aufkommt, der aber bereits während der Übung beherzigt werden sollte, ist eine gute Fehlerkultur. Wenn eine Übung auskommt, ohne dass Fehler passieren, ohne dass es hakt oder ohne, dass bei den Beteiligten (große) Fragezeichen stehenbleiben, muss man sich wohl eher fragen, ob diese Veranstaltung überhaupt etwas gebracht hat, wenn alles ja so perfekt gelaufen ist. Also: Fehler gehören dazu und sind sogar erwünscht, weil nur sie aufzeigen, wo nachgebessert werden muss.

Dazu ist es jedoch nötig, dass dies auch schon vor der Übung klar kommuniziert wird. Natürlich will jede ihren Posten bestmöglich ausfüllen und möchte nicht der

Grund sein, warum wichtige Abläufe nicht funktionieren. Aber machen Sie deutlich, dass es nicht um die persönliche Beurteilung einzelner geht, sondern um das Testen der zugrundeliegenden Prozesse. Schließlich geht es in erster Linie darum, dass die Prozesse so gut dokumentiert sind, dass es nicht an einzelnen Personen hängt, ob sie gut ausgefüllt werden. Wenn eine gute Fehlerkultur im Hause etabliert ist, können sich alle Beteiligten ganz auf die Übung konzentrieren ohne Angst, persönliche Nachteile zu haben, falls einzelne Schritte nicht optimal funktionieren.

Umsetzen: Lessons learnt
Bei der Frage der Nachbereitung einer solchen Übung kommt es auf unterschiedliche Faktoren an:
- Welchen Umfang hatte die Übung?
- Gibt es gesetzliche oder regulatorische Anforderungen an die Übungsdokumentation und müssen hier bestimmte Fristen beachtet werden?

Auf jeden Fall sollte klar sein, dass eine Übung nicht nur ein Selbstzweck ist: Natürlich lernen alle Beteiligten bereits während der Übung und steigern idealerweise ihre Routinen in der Ausübung ihrer jeweiligen Aufgaben und Positionen. Zentral dafür, dass die Erkenntnisse jedoch wirklich nachhaltig sind und die Resilienz tatsächlich steigern, ist die Nachbereitung und Umsetzung der Maßnahmen.

Es stehen verschiedene Möglichkeiten zur Verfügung, möglichst viele Erkenntnisse zu sammeln:
- **Übungsbeobachtung während der Übung:**
  Lassen Sie die Übenden während der Übung von Dritten beobachten. Die Übungsbeobachterinnen sollten nicht aktiv in das Übungsgeschehen eingreifen, sondern lediglich – wie der Name schon sagt – das Geschehen beobachten und dokumentieren. Dazu können Sie beispielsweise Fragebögen oder Leitfragen zur Verfügung stellen. Stellen Sie jedoch im Vorfeld klar, dass dies nicht der persönlichen Bewertung der Übenden dient, denn dieses ist ja sowieso nicht das Übungsziel. Sie möchten vielmehr überprüfen, wie die Zusammenarbeit der Übenden im Team oder im Stab funktioniert, wie kommuniziert wird und wie (und ob) Informationen ausgetauscht werden, ob die Notfallplanung bekannt ist und so ausgeführt wird wie gedacht. Und wenn nicht, wo es hakt.
- **Nachbesprechung direkt nach der Übung:**
  Es kann interessant sein, direkt nach der Übung eine Nachbesprechung zu machen, wenn alle Eindrücke noch frisch sind, und direkt zu erheben, wie sich jede Einzelne in ihrer Rolle gefühlt hat und was aus ihrer Sicht gut und

weniger gut gelaufen ist. Der Vorteil davon ist natürlich die Frische und Unmittelbarkeit der Eindrücke. Allerdings braucht es manchmal auch etwas Zeit, um Erkenntnisse in Ruhe sacken zu lassen.
- **Nachbesprechung mit einigem Abstand:**
  Dies kann gerade bei komplexeren Übungen interessant sein. So können sich auch Teams (einzelne Stabsfunktionen, Fachstäbe o. Ä.) zunächst einmal intern in kleinerem Kreis austauschen, ehe dann wieder alles im Plenum mit allen Übungsteilnehmerinnen besprochen und ausgewertet wird.

Egal, welche Form(en) der Nachbereitung gewählt werden: Immer sollten alle Ergebnisse dokumentiert werden und die Umsetzung nachgehalten werden.

Zusätzlich dazu ist es oft erkenntnisreich, wenn Maßnahmen aus Übungen längerfristig gesammelt werden. So lassen sich auch Muster erkennen: Welche Probleme tauchen immer wieder auf, welche Maßnahmen haben offenbar noch nicht zufriedenstellend zu einem Ergebnis geführt oder waren unter Umständen sogar kontraproduktiv?

Auch in der Nachbereitungsphase sollte darauf geachtet werden, dass es hierbei nicht darum geht, einzelne Personen anzuschwärzen, sondern darum, abstrakte Erkenntnisse darüber zu gewinnen, wie im Stab zusammen gearbeitet wird. Natürlich kann ein Ergebnis sein, dass Kollegin X ihre Rolle nicht so ausgefüllt hat wie vorgesehen – aber dann sollte dennoch auf das Vermeiden persönlicher Schuldzuweisungen geachtet werden. Womöglich war Kollegin X gar nicht bewusst, dass sie bestimmte Aufgaben, die von ihrer Rolle eigentlich ausgeführt werden sollten, in dieser Form erledigen musste? Oder es war zeitlich nicht möglich, weil in der Chaosphase zu viel zu tun war und die Lage war zu unklar oder die Verteilung der Posten innerhalb des Stabes war nicht klar genug oder von den Vorkenntnissen nicht ideal aufgeteilt. Also: Nicht direkt Kollegin X beschuldigen, dass sie ihre Arbeit nicht gemacht hat, sondern versuchen, die Gründe dafür herauszuarbeiten.

Je nach Art der Übung kann es auch interessant sein, mit anderen Übungsbeteiligten zu sprechen: Zentrale Dienste, betroffene Mitarbeiterinnen und andere, die ggf. eingebunden wurden und die beispielsweise auch Aussagen treffen könnten über Zusammenarbeit und Kommunikation mit den Übenden.

Wie schon in den anderen Phasen des Resilienzzyklus schadet es auch in der Nachbereitungsphase nicht, über die Übung zu berichten und die Erkenntnisse zu teilen. Dies kann (und sollte) innerhalb der Organisation geschehen, interessant könnten einzelne Punkte aber auch für andere Organisationen oder Unternehmen der Branche sein. Wieso also nicht einen Vortrag oder einen Artikel für eine

Fachzeitschrift ausarbeiten? Man muss sicherlich keine Interna verraten, um interessante Punkte zu teilen. Aber auf diese Weise hat man die Möglichkeit zu Diskussionen und Austausch – und wahrscheinlich ist man nicht die Erste, die diese Erkenntnisse gewonnen hat! Gut möglich, dass andere schon ähnliche Erfahrungen gemacht haben und mit ihren Bewältigungsstrategien schon weiter sind. Und auch unter dem Gesichtspunkt mit neuen Entwicklungen Schritt zu halten ist es nicht verkehrt, sich auch einmal rechts und links umzuschauen. Dies auch gerne außerhalb der eigenen Branche – denn viele neuen Technologien sind eher eine gesamtgesellschaftliche Frage als eine, die nur einzelne Segmente betrifft. Warum also als Sicherheitsverantwortliche nicht einmal zu einem Meetup-Treffen zum Thema Open Data gehen oder zu einer Konferenz über Künstliche Intelligenz?

Schluss
Ich hoffe, dass einige Punkte während des Lesens deutlich geworden sind:

Neue technologische Entwicklungen sind zentral in jedem Abschnitt des Resilienzzyklus. Wer diese Entwicklungen ignoriert, läuft Gefahr, neue Bedrohungen nicht rechtzeitig zu erkennen und damit kein aktuelles und umfassendes Risikobild für die eigene Organisation zu haben. Auf diese Weise kann keine adäquate Vorbereitung und Notfallplanung stattfinden und man wird im schlimmsten Fall kalt erwischt, wenn ein solches Ereignis tatsächlich eintrifft. Dann kann man nur hoffen, dass die jeweiligen Akteurinnen so gut vorbereitet sind, dass sie auch auf Unverhofftes (siehe auch Kapitel D.1.2) gut reagieren können.

Kommunikation ist entscheidend. Sowohl innerhalb der Notfallorganisation als auch innerhalb der Organisation oder des Unternehmens an sich. Nur, wenn Sie sich innerhalb der Notfallorganisation regelmäßig austauschen, können Sie auf lange Sicht die Resilienz Ihrer Organisation nachhaltig stärken. Dabei ist nicht nur der Austausch während und nach Übungen gemeint: Dokumentieren Sie Erwartungen an die einzelnen Rollen und machen Sie diese transparent. Informieren Sie auch andere in Ihrem Unternehmen oder Ihrer Organisation über Ihre Arbeit. So entstehen ein besseres gegenseitiges Verständnis und insgesamt ein besseres Sicherheitsgefühl bei allen Beteiligten.

Nicht zuletzt ist der Austausch über Branchen und Organisationen hinweg enorm wichtig, um von neuen Entwicklungen zu erfahren und sich über Bewältigungsstrategien auszutauschen.

Natürlich herrscht oft genug ein großer Zeitdruck, der bedingt ist durch eine sowieso schon große Aufgabenvielfalt und gegebenenfalls eine gewisse Dichte an regulatorischen Anforderungen. Da mag es eine kaum zu bewältigende Aufgabe darstellen, sich jetzt auch noch mit zusätzlichen Themen wie neuen Technologien zu befassen oder sich grundlegend über Kommunikation und Strukturen Gedanken zu machen und diese auch noch in der eigenen Organisation zu etablieren. Das ist definitiv keine leichte Aufgabe, und auch keine, die sich alleine und innerhalb eines Jahres bewältigen lässt.

Jedoch ist der erste Schritt zunächst nur das Bewusstsein, dass diese Themen wichtig sind und zunehmend wichtiger werden. Wenn es am Anfang vielleicht nur kleine Schritte sind – gut. Manchmal ist ein langsamer, aber dafür stetiger Wandel, bei dem alle mitgenommen werden, nachhaltiger als eine große und gewaltige Änderung. Versuchen Sie doch einfach, bei der nächsten Jahresplanung oder der nächsten Übungsvorbereitung auch diesen neuen Themen Zeit einzuräumen und vielleicht von da aus Schritt für Schritt für mehr Resilienz in Ihrer Organisation oder Ihrem Unternehmen zu sorgen.

6.2 Organisationsübergreifende Ausbildung und Übungen als wichtige Faktoren zur Steigerung der Resilienz

Anja Kleinebrahn

Im Umgang mit und zur Bewältigung von Krisensituationen sind neben der Vorhaltung von materiellen und personellen Ressourcen v. a. auch Ausbildung und Übung wesentliche Faktoren zur Steigerung der Resilienz. Dies betrifft nicht nur eine jeweilige Organisation für sich, sondern ist insbesondere auch dann von großer Bedeutung, wenn eine Krisensituation über die eigene Organisationsgrenze hinaus wächst und eine enge Zusammenarbeit mit anderen Akteuren notwendig ist, um eine Krise zu bewältigen.

Dieser Beitrag soll eine Anregung dafür sein, sich einerseits mit dem eigenen Kommunikations- und Kooperationsbedarf und den Abhängigkeiten mit und von anderen Akteuren im Krisenfall zu beschäftigen und in diesem Zusammenhang zu hinterfragen, ob diesem Thema in Form von Ausbildung und Übung ein ausreichend großer Stellenwert beigemessen wird. In diesem Zusammenhang sollen Bereiche skizziert werden, die bei organisationsübergreifender Zusammenarbeit besonders wichtig sind und/oder zu Problemen führen können.

Außerdem soll ein Überblick über Übungsarten sowie dem möglichen Herangehen beim Planen, Organisieren und Durchführen einer Übung gegeben werden.

Notwendigkeit von organisationsübergreifender Zusammenarbeit

Je entwickelter eine Gesellschaft ist, desto anfälliger ist sie für Krisen. Begründet ist dies in erster Linie durch die zunehmende Abhängigkeit von Technologie bzw. Kritischen Infrastrukturen. Deren Verfügbar- und Zuverlässigkeit sind unabdingbare Voraussetzungen für die Sicherstellung der Daseinsvorsorge. Ihr Ausfall und – aufgrund der starken und komplexen Vernetzung untereinander – damit womöglich einhergehende Kaskadeneffekte können somit erhebliche negative Auswirkungen mit sich bringen.

Auch Ereignisse mit weniger fatalen Folgen können Krisensituationen verursachen bzw. darstellen. Mögliche Ursachen und Ausprägungen sind vielfältig; ihr plötzliches und i. d. R. nicht vorhersehbares Auftreten hingegen ist ihnen gemein.

In Anbetracht dessen, aber auch aufgrund der Tatsache, dass in den vergangenen Jahren vermehrt aufkommende, unterschiedliche Krisenerscheinungen zu beobachten waren, hat der Umgang damit, also das Thema Krisenmanagement, in der jüngeren Vergangenheit zunehmend Aufmerksamkeit erfahren. Innerhalb von Organisationen existieren somit inzwischen vielfach Pläne und Strukturen, um mit möglichen Krisen umzugehen – zumindest theoretisch.

Schon allein der Umgang mit den komplexen und dynamischen Umständen in Krisensituationen an sich erfordert innerhalb einer jeweiligen Organisation Ausbildung und Übung. Aufgrund der Tatsache, dass Krisen nicht selten über Organisationsgrenzen hinaus reichen, bedarf es neben einem »individuellen« Umgang mit der Situation zusätzlich auch organisationsübergreifender Absprachen. Denn wie rasch und erfolgreich eine Krisensituation bewältigt werden kann, ist maßgeblich von der Zusammenarbeit der beteiligten Akteure abhängig.

An gemeinsamen Abstimmungen mangelt es jedoch häufig. Neben dem »Sachproblem« stellt die Zusammenarbeit mit anderen Akteuren somit schnell eine weitere, nicht unerhebliche Schwierigkeit dar, welche den Umgang mit der Situation noch komplexer macht. Mangelnde Kooperation kann Unstimmigkeiten und taktisches Fehlverhalten zur Folge haben. Krisensituationen werden oft dadurch verschärft, dass die beteiligten Organisationen nur über unzureichendes Wissen über den jeweils anderen Akteur und wechselseitige Abhängigkeiten verfügen.

Ist eine Krise eingetreten, ist häufig der Einsatz eines Krisenstabes das Mittel der Wahl, mit Hilfe dessen dieser begegnet werden soll. Die ohnehin schon anspruchsvolle Tätigkeit der Stabsarbeit wird durch die Notwendigkeit der organisationsübergreifenden Zusammenarbeit zusätzlich erschwert.

Aufgrund
- der Komplexität der Aufgaben,
- der nur eingeschränkt zur Verfügung stehenden Ressourcen und Informationen,
- der mitunter großen Anzahl an unterschiedlichen Akteuren,
- der Heterogenität von Strukturen und Abläufen,
- der verteilten Zuständigkeiten (auf die verschiedenen Akteure und Handlungsebenen) und
- der starken Vernetzung der unterschiedlichsten Akteure bei der Aufgabenbewältigung

besteht im Rahmen des Krisenmanagements ein enorm hoher Bedarf an Kooperation, Kommunikation und Koordination.

»*Nur wenn alle Kräfte schnell, planvoll und koordiniert zusammenwirken und ein einheitliches Führungsverständnis haben, ist ein wirksames und effizientes Krisenmanagement möglich.*«
(MI BW 2004: 2.)

Probleme organisationsübergreifender Zusammenarbeit
Mangelnde Kooperation und Koordination sind nicht (zwangsläufig) auf mangelnde Bereitschaft zurückzuführen, sondern ihre Ursachen sind vielmehr in den jeweils organisationsspezifischen »Eigenschaften« der Beteiligten und den damit einhergehenden Schwierigkeiten und Problemen bei der Zusammenarbeit zu finden. Denn grundsätzlich agieren auch in solchen Situationen unterschiedlich strukturierte und voneinander unabhängige Akteure.

Wenn eine Krisensituation eintritt und die Zusammenarbeit erforderlich wird, treten häufig folgende Probleme auf:
- **Keine Routine bei der Zusammenarbeit:**
  Ein grundliegendes Problem ist zunächst die Tatsache, dass es im Alltag bzw. im Regelbetrieb eher selten zur Zusammenarbeit verschiedener Organisationen (wie Behörden und Unternehmen) kommt, wodurch im Falle einer Krise zumeist auf keine Routine hinsichtlich der Zusammenarbeit zurückgegriffen werden kann. Zudem sind betroffene Organisationen im Krisenfall zunächst in erster Linie mit der Bewältigung ihrer eigenen Aufgaben beschäftigt und dadurch ausgelastet. Eine Abstimmung mit anderen Betroffenen erfolgt oft nicht rechtzeitig.

- **Mangelnde Kenntnis über andere Akteure:**
  Von grundlegender Bedeutung für das Entstehen von Problemen bei der gemeinsamen Bewältigung von Krisensituationen ist außerdem, dass oftmals gegenseitig mangelnde Kenntnis über die jeweiligen Strukturen und Besonderheiten der Krisenbewältigung in den einzelnen Unternehmen und Behörden herrscht.

»*Die Krisenmanagementstrukturen innerhalb der einzelnen beteiligten Institutionen sind unterschiedlich und diese Unterschiede sind gegenseitig nicht im Detail bekannt. Hierdurch entsteht ein falscher Eindruck vom Umfang bzw. der Dauer von Zuständigkeiten und organisationsinternen Handlungsabläufen (Arbeitsschritte, Alarmierungsroutine etc.)*« *(Schmidt/ Scharf 2017, 39.)*

- **Unterschiedliche Aufbau- und Ablauforganisation:**
  Auch die Divergenzen hinsichtlich Aufbau- und Ablauforganisation, Zielsetzungen, Zusammensetzung und Funktionen der eingesetzten Krisenstäbe und deren Tätigkeitsbereiche und Zuständigkeiten sowie weitere organisationsspezifische Faktoren der Organisationen lassen auf verschiedene Probleme rückschließen, welche im Falle des notwendigen organisationsübergreifenden Krisenmanagements auftreten können. (Vgl. Netten/Van Someren 2011, 75 ff; Queck/Gonner 2016, 183.)
- **Unterschiedliche Zuständigkeits- und Tätigkeitsbereiche:**
  Die jeweiligen Zuständigkeits- und Tätigkeitsbereiche der Sachgebiete oder auch Stabsfunktionen sind für Außenstehende oft nicht offensichtlich oder nicht allein anhand ihrer Bezeichnungen in Gänze intuitiv klar. Zwar lassen sich durch die Bezeichnungen die darunterfallenden Zuständigkeits- und Tätigkeitsbereiche erahnen, eine notwendige bzw. hilfreiche Kenntnis über die genaue Zuordnung ergibt sich dadurch jedoch nicht. Dies macht es schwierig, den für das jeweilige Anliegen richtigen Ansprechpartner zu finden und eine adäquate Antwort zu erhalten. Erschwert wird dies zusätzlich, wenn Entscheidungs- und Weisungskompetenzen nicht klar sind. Insbesondere wenn beteiligte Akteure von ihrer Aufbau- und Ablauforganisation her unterschiedlich strukturiert sind, kann dieser Aspekt verstärkt werden. Andersherum kann ein mangelndes Zuständigkeitsgefühl dazu führen, dass keine oder wenige explizite Rückmeldungen auf bestimmte Anliegen gegeben werden, was für den anderen Akteur (bleibende) Unklarheiten bedeuten kann.

- **Fehlende Ansprechpartner:**
Probleme hinsichtlich einer schnellen und effektiven organisationsübergreifenden Zusammenarbeit können auch dadurch hervorgerufen werden, dass neben dem Krisenstab für einige Aufgaben mitunter auch »normale« Abteilungen in das Krisenmanagement involviert werden müssen (da diese nicht als Stabsmitglieder vorgesehen bzw. keine entsprechenden Funktionen im Stab vorhanden sind). Dies kann bspw. den Bereich Presse- und Medienarbeit oder Rechtsfragen betreffen. Auch hier ist das Suchen und Finden des richtigen Ansprechpartners schwierig und kann teilweise nur über Umwege oder verschiedene, nicht eindeutige Instanzen erfolgen. Dies kann wertvolle Zeit kosten.
- **Konflikte mit dem Prinzip der Hierarchie:**
Zwar befinden sich an der Krisenbewältigung beteiligte Organisationen aufgrund gegenseitiger Vernetzung und Abhängigkeit auch hinsichtlich der Führung und der dieser zugrundeliegenden Entscheidungen zunehmend in Wechselwirkungsbeziehungen, doch kommen die Prinzipien der Hierarchie und Führung im Rahmen der notwendigen Zusammenarbeit insofern an ihre (formalen) Grenzen, als dass diese (i. d. R.) jeweils nicht organisationsübergreifend sind. Gegenseitige Einflussnahme kann hier also nicht über Weisungen, sondern nur über Absprache und Kooperation erfolgen. Nach Freudenberg (2016 a, 342 f) erweist sich die hierarchische Ausrichtung von Stäben dann als nachteilig, wenn in komplexen Lagen zuständigkeitsübergreifend andere Akteure bei der Entscheidungsfindung berücksichtigt werden müssen.
- **Unterschiedliche Begrifflichkeiten und Sprachbarrieren:**
Bei der organisationsübergreifenden Zusammenarbeit spielt die Kommunikation eine außerordentlich wichtige Rolle. In Anlehnung daran lässt sich als ein weiteres Problemfeld das Vorhandensein organisationsspezifischer Begrifflichkeiten und sich dadurch ergebene fachspezifische Sprachbarrieren nennen. Oftmals existiert eine Vielzahl an Begriffen und Abkürzungen, die für Außenstehende schwer oder gar nicht zu verstehen sind. Die vielfach geforderte Anpassung bzw. Vereinheitlichung der im Katastrophen- bzw. Bevölkerungsschutz verwendeten Terminologie lässt sich schon innerhalb der Behörden und Organisationen mit Sicherheitsaufgaben (BOS) schwer umsetzen. (Vgl. AGBF Bund 2005: 4, 18; Lauwe/Geier 2016: 202.) Eine Angleichung von behördlicher und unternehmerischer »Sprache« aber ist, allein wegen der unzähligen verschiedenen Branchen, nahezu undenkbar.

> »Es kann zu Missverständnissen bei der Zusammenarbeit führen, wenn in den unterschiedlichen Organisationen gleiche Begriffe allzu verschieden interpretiert werden. (...) [Hier] darf man sich keine Missverständnisse und Unschärfen leisten, denn diese bergen bereits weitere Gefahrenumstände in sich.« (Schroeter 1996, 27.)

- **Mangelndes gemeinsames Situationsbewusstsein:**
  Auch fehlendes oder mangelhaftes gemeinsames Situationsbewusstsein und gemeinsame mentale Modelle sowie eine unterschiedliche Wahrnehmung der Lage bergen Problempotential in sich. Dies kann sich auf unterschiedliche Vorstellungen und (übergeordnete) Ziel- und Prioritätensetzungen zurückführen lassen.

Das folgende Zitat fasst die beschriebenen Probleme gut zusammen:

»Es fehlt [gegenseitig] schlicht an Wissen um Ansprechpartner, Strukturen, Fähigkeiten und Interessen auf der Gegenseite. Dementsprechend fällt es wiederum vielen Unternehmen noch schwer, sich in Krisen (...) in das behördliche Krisenmanagement einzubinden und ihre Interessen und Fähigkeiten ziel- und wirkungsorientiert einzubringen.« (Freudenberg 2015c: 5.)

Damit Entscheidungen und Maßnahmen nicht aneinander vorbei und auf Grundlage unvollständiger Informationen getroffen und dadurch womöglich negative Folgen verursacht werden, muss es zu einer gelingenden Abstimmung kommen. Um den genannten vorhandenen und potentiellen Problemen, die einer solchen im Weg stehen, begegnen zu können, bedarf es also in erster Linie Wissen über die anderen Akteure und Erfahrung in der Zusammenarbeit. Beides lässt sich nicht erst in der Krisensituation generieren, sondern muss im Vorfeld angeeignet bzw. gesammelt werden, um im Krisenfall darauf zurückgreifen zu können. So können die unterschiedlichen Fähigkeiten, Instrumente und Ressourcen möglichst abgestimmt in das auf den Gesamtzweck ausgerichtete Gesamtgefüge eingebracht und koordiniert werden.

Damit dies gelingt und mit den bestehenden Divergenzen und Problemen umgegangen und die Resilienz gesteigert werden kann, bedarf es vor allem: Vorbereitung in Form von Ausbildung und Übung.

C Möglichkeiten zur Steigerung der Resilienz

Vorbereitung als Bestandteil des Krisenmanagements
Krisenmanagement ist Ausdruck eines systematischen Umgangs mit Krisen. Es setzt sich aus den Bereichen Vorbereitung, Bewältigung und Nachbereitung zusammen. Dabei ist die Krisenvorbereitung eine kontinuierliche Aufgabe des Krisenmanagements. Zum einen ist ihr Ziel, durch geeignete Maßnahmen zu verhindern, dass Krisen überhaupt entstehen. Zum anderen sind vorsorgende Strategien und Maßnahmen zu entwickeln und umzusetzen, um dadurch Schadensbegrenzung und eine rasche und effiziente Krisenbewältigung zu ermöglichen, wenn ein Schaden (doch) eingetreten ist. Im Zuge der Krisenvorbereitung sind zentrale Schwächen zu identifizieren und zu beseitigen, Stärken »zu erhalten und auszubauen, wichtige bestehende Umweltbeziehungen sind zu sichern und neue sind zu entwickeln. Die dafür notwendigen Strategien und Maßnahmen sind zu operationalisieren, um die Nachvollziehbarkeit und Erfolgsmessung zu ermöglichen.« (Gareis 1994: 28 f., 213.) Krisenvorbereitung ist demnach von einem antizipativen Charakter geprägt und dient der Steigerung von Resilienz.

Vorbereitung durch Ausbildung und Übung
Vorbereitungen sind grundsätzlich notwendig, damit gewisse Fähigkeiten aufgebaut, erhalten und verbessert und somit bei Bedarf entsprechend genutzt bzw. angewendet werden können. Vorbereitung ist ein kontinuierlicher Prozess, im Rahmen dessen Dinge auch geprüft, aktualisiert bzw. überarbeitet werden.

Gleichwohl den allermeisten aus vielen Sprichwörtern und altbekannten Redewendungen ihre Bedeutung eigentlich bekannt ist, werden Ausbildung und Übung oftmals vernachlässigt.

Tragende Säule eines funktionierenden und effektiven Krisenmanagements sind letztlich v. a. die Mitarbeiter. Je besser sie auf Krisensituationen vorbereitet sind, desto schneller kommen sie »vor die Lage«. Misst man diesen beiden zentralen Instrumenten der Vorbereitung einen entsprechenden Stellenwert zu, so zahlt sich dies in Krisen mannigfach aus.

In Krisensituationen werden die Alltagstätigkeiten bzw. -prozesse unterbrochen, gewohnte Reaktionen und Arbeitsprozesse reichen nicht mehr aus. Das Ziel von Ausbildung und Übung sollte es also sein, die Handlungsfähigkeit in Krisensituationen zu erhöhen bzw. zu verbessern.

Aufgrund der Seltenheit von Ereignissen wie in dem beschriebenen Szenario des Wintersturms »Erebos« (Kap. D.2.1) und der damit einhergehenden, bereits erwähnten nicht oder kaum vorhandenen Routine, wird die Relevanz von Ausbildung und Übung auch im Bereich des Krisenmanagements deutlich. Sie sind Voraussetzung für eine abgestimmte Zusammenarbeit und somit auch für die erfolgreiche Bewältigung von Krisenlagen.

Wichtig ist jedoch: Mit ein oder zwei Übungen bzw. Übungen mit großem zeitlichen Abstand ist es nicht getan. »Regelmäßigkeit« sollte die Devise sein. Denn Wissen wird selektiv aktiviert; d. h., das was häufig vorkommt und gemacht wird, wird besser erinnert. Das bedeutet im Umkehrschluss: Was nicht häufig vorkommt und gemacht wird, wird i. d. R. weniger gut erinnert – und dann oftmals auch weniger gut gemacht.

Regelmäßige Übungen erhalten oder steigern einerseits Kenntnisse und erzeugen anderseits Vertrautheit. Nicht nur die »praktische«, sondern auch die mentale Vorbereitung auf Krisensituationen spielt eine Rolle.

Darüber hinaus fordert und fördert das Üben von ungewöhnlichen Situationen (also das Agieren unter Loslösung von standardisierten Alltagsprozessen und Arbeitsweisen) gleichzeitig auch den flexiblen, kreativen und auf individuellen Erfahrungen und Kenntnissen der einzelnen Mitarbeiter beruhenden Umgang mit ebendiesen. Ein entsprechend adaptives Vorgehen trägt ebenfalls zur Steigerung der Resilienz bei.

Wichtige Voraussetzung dabei ist jedoch, dass die Übungen in einem sicheren Umfeld stattfinden. Es ist es notwendig, dass eine entsprechende (Fehler-)Kultur vorherrscht, in der es darum geht, gemeinsam aus Fehlern zu lernen.

Relevanz von organisationsübergreifenden Übungen
Gerade bei Szenarien wie den diesem Buch zugrunde liegenden ist nicht nur eine einzelne, sondern eine Vielzahl von Organisationen betroffen. Die Herausforderung und das Ziel bestehen dann in einer möglichst abgestimmten und wirksamen Zusammenarbeit und somit in der gemeinsamen Bewältigung der Lage. Damit dies gelingen kann, bedarf es konsequenter Weise nicht »nur« organisationsinternen, sondern auch organisationsübergreifenden Übungen.

Organisationsübergreifende Übungen zielen einerseits auf Ermöglichung, Überprüfung und entsprechende, stetige Verbesserung der Zusammenarbeit ab. Neben der Fähigkeit, sollte dabei andererseits auch der Wille, sich in Krisenlagen gegenseitig und partnerschaftlich zu unterstützen, gefördert werden.

Mit wem genau muss ich zusammenarbeiten? Welche Kompetenzen haben die anderen? Welche Ressourcen? Welche Ziele verfolgen sie und welche Rechte und Pflichten haben sie zu erfüllen – und wie wirkt sich das auf ihre Arbeitsweise aus?

Damit die Zusammenarbeit verschiedener Akteure in der Krise möglichst reibungslos funktioniert, benötigt man zunächst ausreichendes Wissen von- bzw. übereinander. Wissen über die anderen Akteure kann maßgeblich dazu beitragen, typische organisationsübergreifende Handlungen, nämlich das Abschätzen von wechselseitigen Betroffenheiten, die Maßnahmenplanung bzw. -koordination sowie die Planung von zur Verfügung stehenden Kräften und Mitteln besser aufeinander abstimmen zu können.

Wichtig ist auch Kenntnis über die interne »Denk«- und Sprachkultur der anderen Akteure. Dies kann Kommunikationshemmnissen und Verständnisproblemen entgegenwirken bzw. solche abbauen. Ebenfalls bedeutsam ist ein Verständnis für die Zeithorizonte verschiedener Prozesse, damit diese bei Maßnahmenergreifung berücksichtigt werden können.

Organisationsübergreifende Übungen bieten allen Beteiligten einerseits die Gelegenheit, bereits etablierte bzw. festgeschriebene Verfahren der Zusammenarbeit kritisch zu überprüfen und anderseits Verbesserungspotenziale zu identifizieren bzw. den jeweiligen Handlungsbedarf festzustellen (insbesondere in Bereichen, in denen Verfahren der Zusammenarbeit oder Abstimmungswege bislang nicht festgelegt sind).

Positiver Nebeneffekt gemeinsamer Übungen ist der damit einhergehende persönliche Kontakt der Übungsteilnehmer. Dieser kann wiederum dazu beitragen etwaige Vorurteile abzubauen und/oder Bewusstsein über bzw. Vertrauen in die Fachkompetenzen der jeweils anderen Akteure zu entwickeln. Dieser Aspekt ist keinesfalls zu unterschätzen.

Übungsarten und -formate
Es gibt zahlreiche Arten bzw. Formate von Übungen. Sie können einerseits auf verschiedenen Ebenen stattfinden:

- **Taktisch:** Üben des konkreten Arbeitens und Vorgehens auf Umsetzungsebene.
- **Operativ:** Fokus auf Koordination und Zusammenarbeit zwischen verschiedenen Organisationen und Organisationsstrukturen.
- **Strategisch:** Fokus auf langfristige Entscheidungen und deren Folgen und das Trainieren von komplexen Zusammenhängen auf oberster Führungsebene.

In Abhängigkeit von Schwerpunkt und Ziel(en) der Übung lassen sie sich andererseits hinsichtlich der Ausgestaltung unterscheiden. Hier seien lediglich einige Übungsarten genannt:

- **Planübung:**
  - Wofür: Theoretisches Durchspielen eines vorgegebenen Szenarios
  - Ebene: Taktisch/Strategisch
  - Eigenschaften:
    - Eignet sich bei nahezu jeder Komplexität
    - Einsetzbar bei jedem Wissensstand der Teilnehmenden
    - Kann auch mit Moderation bzw. Leitfragen im Rahmen einer konstruktiven Diskussion ablaufen
  - Arbeitsaufwand: Gering
  - Kosten: Gering
- **Stabsübung:**
  - Wofür: Trainieren der Abarbeitung einer Lage in Realzeit unter Berücksichtigung von Handlungen weiterer Stellen und Personen (jedoch nur simuliert).
  - Ebene: Taktisch/Strategisch
  - Eigenschaften:
    - Organisationsintern oder -übergreifend
    - Kombinierbar mit Vollübung
  - Arbeitsaufwand: Mittel bis Hoch (je nach Komplexität)
  - Kosten: Mittel
- **Kommunikationsübung:**
  - Wofür: Trainieren und Überprüfung der Kommunikation bzw. von Informations- und Entscheidungsverläufen zwischen verschiedenen Führungs-/Hierarchieebenen
  - Ebene: Operativ/Taktisch
  - Eigenschaft:
    - Geeignet für Rollentausch bzw. Perspektivwechsel (zur Förderung gegenseitigen Verständnisses)
    - Organisationsintern oder -übergreifend
  - Arbeitsaufwand: Gering bis Mittel
  - Kosten: Gering
- **Vollübung:**
  - Wofür: Trainieren von Abläufen auf bzw. der Zusammenarbeit von verschiedenen Führungs-/Hierarchieebenen unter möglichst realen Bedingungen mit den real handelnden Personen
  - Ebene: Operativ/Taktisch/(Strategisch)

- Eigenschaften:
  - I. d. R. verteilte Übungsorte und Beteiligung vers. Ebenen
  - Realitätsnah
  - Organisationsintern oder -übergreifend
- Arbeitsaufwand: Hoch
- Kosten: Hoch

Ausbildungsstufen
Die verschiedenen Übungsarten und -formate greifen letztlich ineinander und dienen in Kombination und/oder aufeinander aufbauend dem »Passen« des Gesamtgefüges. Sie sollten idealerweise im Rahmen eines mittel- bis langfristigen, strategischen Übungsprogramms durchgeführt werden.

Übungen können von sehr unterschiedlicher Intensität sein. Die Übungsintensität lässt sich beispielsweise in folgende drei Stufen unterteilen:
1. Anlernstufe
2. Festigungsstufe
3. Anwendungs-/Übungsstufe

Herausforderung und Kunst der Übungsplanung ist die richtige »Dosierung« für die beteiligten Übenden; nämlich passend zum jeweiligen Ausbildungsstand. Das Motto sollte lauten: Fordern aber nicht überfordern!

Durchführung von (organisationsübergreifenden) Übungen
Wurde auf Führungsebene die Durchführung einer organisationsübergreifenden Übung beschlossen und ein Planungsverantwortlicher bzw. ein verantwortliches Planungsteam festgelegt, gliedert sich das weitere Vorgehen in die folgenden vier Phasen des Übungsablaufes:
1. Übungsplanung (Konzeption),
2. Übungsvorbereitung,
3. Übungsdurchführung,
4. Übungsnachbereitung.

Dabei nehmen die Übungsplanung sowie Vor- und Nachbereitung natürlich einen weitaus größeren Teil der Zeit ein, als die eigentliche Übungsdurchführung.

Übungsplanung (Konzeption)
Zunächst erfolgt die Grobplanung. Hier geht es darum, konzeptionelle Vorbereitungen zu treffen bzw. das Grundgerüst für die Übung aufzustellen.

Bei Bedarf kann zunächst ein Übungsname festgelegt werden. Dieser macht die Planung und diesbezügliche Kommunikation ggf. etwas eingängiger und hat einen gewissen Wiedererkennungseffekt zur Folge.

Dann folgt einer der wesentlichsten Aspekte, nämlich das Festlegen der Übungsziele.

Übungsziel kann bspw. die Überprüfung
- der Praxistauglichkeit bzw. Kompatibilität der Aufbau- und Ablauforganisationen,
- des Ausbildungstandes der Mitarbeiter,
- der Kenntnisse über die ›formalen‹ Prozesse der Stabsarbeit,
- der Funktionalität, Kompatibilität und Effektivität von Einsatzmitteln, oder auch Lernen/Erproben oder Üben/Festigen
- der Zusammenarbeit mit jeweils internen und externen Akteuren oder
- (neuer) Kommunikations- und Abstimmungsprozesse

sein.

Wie auch immer das oder die Ziele heißen, sie sollten grundsätzlich eindeutig, spezifisch und messbar sein und den angestrebten Zustand realistisch darstellen, um so eine dokumentierte und nachvollziehbare Aussage über den Übungserfolg zu ermöglichen.

In Anlehnung an die Übungsziele, aber natürlich (leider) auch an die verfügbaren personellen, materiellen und finanziellen Ressourcen, werden die geeignete Übungsart sowie ein passendes, realitätsnahes Szenario ausgewählt. Sinnvoll ist natürlich auch, frühzeitig eine Kostenkalkulation durchzuführen.

Daran schließt sich die, zunächst grobe, Planung der Übungsbeteiligten an. Dies sind in erster Linie die Übungsteilnehmer, die Übungsbeobachter, die Übungsleitung, ggf. Statisten und Mimen und natürlich diejenigen, die bei den weiteren Planungen und Vorbereitungen involviert sind (Planungsgruppe). Außerdem gilt es zu überlegen, welche möglichen Risiken zu beachten und was mögliche Abbruchszenarien sind; d. h., was wären Gründe für die vorzeitige Beendigung der weiteren Planungen (bspw. mangelnde Teilnahmebereitschaft) bzw. der Übung selbst (bspw. ein Realeinsatz) und entsprechende Maßnahmen getroffen werden. Wesentlicher Aspekt ist dann natürlich auch die detaillierte Personal- und Ressourcenplanung – sowohl für die Vorbereitung, als auch die Durchführung und die Nachbereitung. Beides hängt u. a. unmittelbar mit den Übungszielen zusammen.

Übungsvorbereitung

Während der Vorbereitungszeit werden alle wichtigen Übungsunterlagen wie das Drehbuch (inkl. Ausgangslage), der Kommunikationsplan und der zeitliche Übungsablauf erstellt. Außerdem müssen in dieser Phase verschiedenste Aspekte/Dinge erledigt bzw. organisiert werden – angefangen bei der Planung und Durchführung von Vorbereitungstreffen mit verschiedenen Beteiligten, über die Planung der Verpflegung, das Anfertigen von Beschilderung, Einwilligungserklärungen, Namensschildern etc., das Erstellen von Beobachter- und/oder Auswertungsbögen, einer Gefährdungsbeurteilung bzw. eines Sicherheitskonzepts, das Durchführen von Ortsbegehungen und Techniktests, die Planung von Transfers bis hin zum Abschließen von Versicherungen, etwaigen Absprachen mit Behörden und Ämtern (wie dem Ordnungsamt bei vorhandener Notwendigkeit von Straßensperren) und natürlich dem Beschaffen von diversen Materialien (Warnwesten, Aufnahmegeräte, Absperrband, ...).

In Abhängigkeit von den Übungsteilnehmern und -zielen ist es mitunter ratsam, im Zuge der Übungsvorbereitung Schulungsmaßnahmen zu planen und durchzuführen. Genügend Zeit sollte dann noch für die Vorbereitung der Übungsumgebung (Szenerie, Stabsraum, Absperrungen etc.) eingeplant werden. Je nach Übungsart und -ort ist dies manchmal erst unmittelbar vor der Übung möglich und muss dann umso besser vorgeplant sein. Außerdem sollten kurz vor Übungsbeginn noch letzte (Technik-)Tests – sowohl für die Übungsdurchführung an sich (PCs, Laptops, Telefone, Internetverbindung etc.) als auch für die Kommunikation untereinander – durchgeführt werden.

Drehbucherstellung

Das Drehbuch (inkl. Ausgangslage) ist wesentlicher Bestandteil für die Durchführung einer Übung. Es beschreibt den gedachten chronologischen Verlauf und die Steuerungsmaßnahmen nach Zeit, Art und Ort. D. h., wann wird was wie von und an wen eingespielt.

Insbesondere bei organisationsübergreifenden Übungen ist die (große) Herausforderung, eine geeignete Ausgangslage bzw. ein stimmiges Gesamtszenario zu finden, welches es ermöglicht, dass alle Teilnehmer gleichermaßen ausgelastet werden, ein umfangreicher organisationsübergreifender Kommunikations- und Kooperationsbedarf erzeugt wird und zugleich möglichst realitätsnah gestaltet ist.

Für die Erstellung eines komplexen Drehbuchs und um den Bedürfnissen aller beteiligten Akteure gerecht werden zu können (»Fordern aber nicht überfordern«), sollten in jedem Fall Vertreter ebendieser an der Erstellung beteiligt werden.

6 Resilienzsteigerung durch Ausbildung und Training

Um in einem ersten Schritt organisationsspezifische Bedürfnisse und gegenseitige Abhängigkeiten aufzudecken und übergeordnete Ereignisse bzw. Handlungsstränge festzulegen, die einer organisationsübergreifenden Abstimmung bedürfen, sollten mit den Vertretern der beteiligten Organisationen gemeinsame Vorbesprechungen und im Rahmen dessen bspw. themenbezogene »Speeddatings« durchgeführt werden. Im Rotationssystem treffen so jeweils zwei Organisationen zusammen, die in einem bestimmten Zeitfenster ein gemeinsames Brainstorming durchführen und Anregungen und Schnittmengen für das Drehbuch sammeln können.

Generell kann das Drehbuch in folgende drei Stufen gegliedert sein:
1. Übergeordnete Handlungsstränge
2. Einzelne Ereignisse (Vorkommnisse, Störungen etc.)
3. Dynamische Einspielungen (Realistische Einzelmeldungen)

Den übergeordneten Handlungssträngen werden verschiedene, im Rahmen dessen stattfindende, Ereignisse zugeordnet. Diese wiederum werden durch einzelne Einspielungen (Informationen, An- und Nachfragen, Pläne, fiktive Medienberichte etc.) »unterfüttert«, die über die vorhandenen Kanäle (z. B. Telefon, E-Mail, Funkgerät, Mediensimulationen) einzuspielen sind.

Sollten die Übungsziele besser mit einer teilweisen Überzeichnung oder Abweichung von tatsächlichen Gegebenheiten erreicht werden können, so ist auch dies in

Bild 15: *Dreistufiges Drehbuch*

Ordnung (da der Übungseffekt wichtiger ist als eine vollständige Abbildung der realen Gegebenheiten).

Bei Tätigkeiten, die in erster Linie Aufwand bedeuten, aber einen sehr geringen Übungseffekt haben, sollte überlegt werden, diese auszulassen. Anderseits ist es denkbar, einen stärkeren Fokus auf Tätigkeiten zu legen, die selten/wenig vorkommen, aber von hoher Relevanz sind.

Wichtig ist es außerdem im Hinterkopf zu haben, dass die Übung anders verlaufen kann, als durch die Planenden gedacht; natürlich weiß man vorher nie genau, zu welchen Lösungsansätzen die Übungsteilnehmer kommen. Hier muss also bei der späteren Übungsdurchführung genug Flexibilität vorhanden sein und vorbereitete Einspielungen entsprechend angepasst oder ersetzt werden.

Alle mit der Übung zusammenhängenden Dokumente sollten entsprechend kenntlich gemacht, also bspw. mit der Aufschrift »Dies ist eine Übung« o. Ä. versehen werden.

Übungsdurchführung
Da der Ablauf einer Übung ein Zusammenspiel der verschiedenen Beteiligten und Umstände ist, gibt es entsprechende Unwegsamkeiten und Eigendynamiken, die jede Übung sehr spezifisch machen. Eine allgemeine Beschreibung der Übungsdurchführung ist deswegen nur bedingt möglich. Hier seien deswegen nur einige Aspekte genannt, die eine Rolle spielen sollten (und können).

Vor Übungsbeginn sollten in jedem Fall letzte Briefings bzw. Einweisungen durchgeführt werden, und zwar sowohl mit Übungsteilnehmern, als auch mit den Beobachtern, dem Organisations-Team und weiteren relevanten Personengruppen. Hier sollten noch einmal Dinge wie Aufgabenaufteilung, Ablauf oder ein Stichwort zur Neutralisation der Übung besprochen werden.

Werden Funkgeräte für die Kommunikation untereinander (Übungsleitung, Organisations-Team) genutzt, so sollte auf die Beachtung von Funkregeln hingewiesen bzw. diese (nochmals) erläutert werden. Es muss sichergestellt werden, dass alle Beteiligten einen Kommunikationsplan mit entsprechenden Funkgruppen oder Handy-/Telefonnummern haben. Ebenso sollte eine Sicherheitseinweisung erfolgen und das Verhalten bei ungeplanten Vorkommnissen besprochen werden.

Sofern im Rahmen der Übung Aufzeichnungen gemacht werden sollen, empfiehlt es sich, hier die Einwilligungserklärungen auszuhändigen und unterschreiben zu lassen. Im Verlauf der Übung ist dies nur noch schwer und weniger übersichtlich nachzuholen.

Der Übungsleitung obliegt die stetige Kontrolle des Übungs- und Drehbuchsverlaufs bzw. entsprechender Intervention, sollte es zu (größeren) Abweichungen kommen.

Um später Aussagen hinsichtlich der Erreichung der festgelegten Übungsziele treffen zu können, sollten Übungen, mit Fokus auf die jeweils relevanten Aspekte, beobachtet und protokolliert werden. Dies kann durch Foto-, Video- oder auch Audioaufnahmen ergänzt werden.

In manchen Fällen kann es sinnvoll und zielführend sein, dass während Zwischenreflexionen auf das bisherige Geschehen und Agieren eingegangen und mögliches Verbesserungspotential (individuell oder gruppendynamisch) bereits während der Übung verdeutlicht wird. Dies hat den Vorteil, dass die Übenden ihre Verhaltensweisen so schon während der aktuellen Übung bzw. deren weiteren Verlauf anpassen und anwenden können.

Generell sollte während einer Übung stets darauf geachtet werden, dass der eigentliche Übungsablauf sowie die Übungsteilnehmer so wenig wie irgendwie möglich gestört werden.

Übungsnachbereitung
Die Nachbereitung ist ganz wesentlicher und sehr wichtiger Bestandteil des Übungsprozesses. Dennoch wird sie häufig vernachlässigt. Dabei kann fehlende oder mangelnde Nachbereitung jedoch den potentiellen Mehrwert von Übungen deutlich verringern.

Es lässt sich unterscheiden zwischen einem ersten Debriefing, also einer Art »Sofortanalyse«, unmittelbar nach Beendigung der Übung und einer ausführlichen Auswertung und Nachbereitung zu einem späteren Zeitpunkt.

Auch letzteres sollte möglichst zeitnah durchgeführt werden. In der Praxis liegen jedoch oftmals viele Wochen zwischen Übung und Auswertung bzw. (gemeinsamer) Nachbesprechung. Das hat zur Folge, dass zu diesem Zeitpunkt Erinnerungen oftmals bereits verblast sind und eine neutrale/objektive Auswertung entweder nicht mehr richtig möglich, oder/und der persönliche Bezug etwas verloren gegangen ist. Das wiederum kann dazu führen, dass bestehende Defizite nicht oder unzureichend aufgearbeitet und demzufolge keine Verbesserungsmaßnahmen umgesetzt werden. Sollte es sich partout nicht anders einrichten lassen, gilt aber trotzdem: Besser spät als nie.

Vor der Durchführung eines Nachbereitungs-/Auswertungsworkshop mit verschiedenen Übungsbeteiligten sollten alle schriftlichen und (audio-)visuellen Aufzeichnungen gesichtet, ausgewertet und aufbereitet werden, um diese anschließend präsentieren zu können. Dabei sollte auch der Bezug auf die vor Übungsbeginn festgelegten Ziele deutlich erkennbar sein.

C Möglichkeiten zur Steigerung der Resilienz

> **Merke:**
> Wichtige Voraussetzung für eine wirkungsvolle Nachbereitung ist: Es sollte offen über Fehler und wie daraus gelernt werden kann, gesprochen werden können; also eine fehlerfreundliche Lernkultur ohne »name, blame, shame« vorherrschen.

Letztlich ist es im Sinne aller, gemeinsam Verbesserungsbedarfe und -möglichkeiten zu erkennen und umzusetzen. Damit dies gelingen kann, sollten insbesondere Schwachstellen und Missverständnisse und deren Ursachen herausgearbeitet werden. Möglichkeiten, wie diese hätten verhindert werden können bzw. alternative Herangehensweisen und Lösungsstrategien sollten ebenfalls diskutiert werden. Umgekehrt ist es aber natürlich genauso wichtig auch Situationen in denen die Zusammenarbeit gut gelungen ist genauer zu betrachten und zu analysieren, was die Gründe dafür waren und ob diese auch auf andere Situationen angewendet werden können.

Durch eine gemeinsame Übungsnachbereitung können Geschehnisse rekapituliert und Informationen ausgetauscht und so, im übertragenem Sinne, verschiede Puzzleteile zusammengefügt werden. Dies ist natürlich am besten möglich, wenn verschiedene Übungsbeteiligte beisammen sind und jeweils aus ihrem Blickwinkel die Sicht der Dinge und des Erlebten widergeben. Dabei wird nicht selten festgestellt, dass ein und dieselbe Situation mitunter sehr unterschiedlich wahrgenommen wurde und unterschiedliche Reaktionen hervorgerufen hat. Durch das subjektive Wahrnehmen und Empfinden bzw. deren Darstellung lassen sich so auch Unterschiede in der Reaktion und im Handeln erklären bzw. verstehen. Für die Beteiligten kann sich ein Überblick des Gesamtgeschehens ergeben. Ziel der gemeinsamen Auswertungen sollte es letztlich auch sein, durch den Austausch, im doppelten Sinne, Verständnis für die jeweils anderen und deren Handeln zu gewinnen.

Im Anschluss an den Nachbereitungs-/Auswertungsworkshop erfolgt dann die Erstellung eines Ergebnisprotokolls, in welchem die besprochenen Ergebnisse sowie insbesondere Aufgaben und klare Zuständigkeiten für deren Umsetzung festgehalten werden, oder nach Möglichkeit die Erstellung eines ausführlichen Übungsberichts mit Handlungsempfehlungen und/oder konkreten Maßnahmen. Bei der Erstellung eines solchen Berichts sollte auf ein gewisses Augenmaß hinsichtlich der Darstellung der Ergebnisse geachtet werden. Einerseits ist natürlich eine möglichst objektive Beurteilung wichtig. Diese kann am besten erfolgen, wenn, wie zuvor beschrieben, vor Übungsbeginn klare Ziele definiert und das Maß der Erreichung betrachtet wird. Falsche, d.h. in diesem Fall zu positive bzw. unrealistische Beurteilungen können ein falsches Gefühl scheinbarer Sicherheit und Resilienz geben.

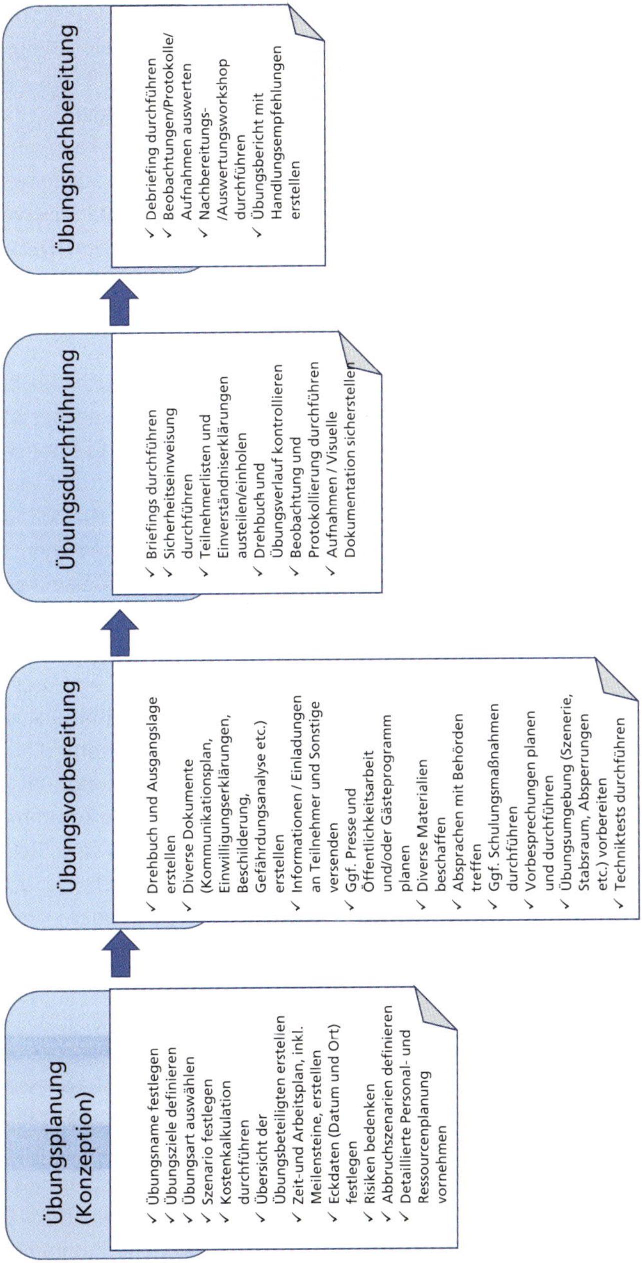

6 Resilienzsteigerung durch Ausbildung und Training

Übungsplanung (Konzeption)

- ✓ Übungsname festlegen
- ✓ Übungsziele definieren
- ✓ Übungsart auswählen
- ✓ Szenario festlegen
- ✓ Kostenkalkulation durchführen
- ✓ Übersicht der Übungsbeteiligten erstellen
- ✓ Zeit- und Arbeitsplan, inkl. Meilensteine, erstellen
- ✓ Eckdaten (Datum und Ort) festlegen
- ✓ Risiken bedenken
- ✓ Abbruchszenarien definieren
- ✓ Detaillierte Personal- und Ressourcenplanung vornehmen

Übungsvorbereitung

- ✓ Drehbuch und Ausgangslage erstellen
- ✓ Diverse Dokumente (Kommunikationsplan, Einwilligungserklärungen, Beschilderung, Gefährdungsanalyse etc.) erstellen
- ✓ Informationen / Einladungen an Teilnehmer und Sonstige versenden
- ✓ Ggf. Presse und Öffentlichkeitsarbeit und/oder Gästeprogramm planen
- ✓ Diverse Materialien beschaffen
- ✓ Absprachen mit Behörden treffen
- ✓ Ggf. Schulungsmaßnahmen durchführen
- ✓ Vorbesprechungen planen und durchführen
- ✓ Übungsumgebung (Szenerie, Stabsraum, Absperrungen etc.) vorbereiten
- ✓ Techniktests durchführen

Übungsdurchführung

- ✓ Briefings durchführen
- ✓ Sicherheitseinweisung durchführen
- ✓ Teilnehmerlisten und Einverständniserklärungen austeilen/einholen
- ✓ Drehbuch und Übungsverlauf kontrollieren
- ✓ Beobachtung und Protokollierung durchführen
- ✓ Aufnahmen / Visuelle Dokumentation sicherstellen

Übungsnachbereitung

- ✓ Debriefing durchführen
- ✓ Beobachtungen/Protokolle/ Aufnahmen auswerten
- ✓ Nachbereitungs-/Auswertungsworkshop durchführen
- ✓ Übungsbericht mit Handlungsempfehlungen erstellen

Bild 16: *Übersicht Übungsdurchführung*

Andererseits kann, wenn die Auswertung schlecht ausfällt und von großen Defiziten die Rede ist, bei den Beteiligten womöglich ein schlechtes Gefühl verursacht bzw. zurückgelassen werden. Das kann Frust und Unsicherheit nach sich ziehen – also Faktoren, die gerade nicht zur Steigerung der Resilienz beitragen.

Es geht keineswegs darum Dinge schön zu reden. Dennoch kann mit der Art der gewählten Formulierungen Einfluss auf die Auffassung/Reaktion genommen werden – sowohl auf Führungsebene als auch bei den Übungsbeteiligten. Deswegen sollte immer darauf geachtet werden, auch Übungserfolge darzustellen. Dazu kann man sich vor Augen führen: Jede Übung ist ein Erfolg, denn gelernt wird immer etwas.

Zusammenfassung und Fazit

Um Krisensituationen – wie beispielsweise die in diesem Buch beschriebenen – bewältigen zu können, bedarf es der Zusammenarbeit verschiedener Akteure und somit einem hohen Maß an Kommunikation, Kooperation und Koordination. Das stellt für die Beteiligten i. d. R. eine große Herausforderung dar und lässt sich nicht »mal eben« bzw. erst im Ernstfall erlernen.

Wenn diese Aspekte nicht frühzeitig ausgebildet und geübt werden, besteht die Gefahr, dass in der Praxis die organisationsübergreifende Zusammenarbeit nur mangelhaft funktioniert und es zu verschiedenen Schwierigkeiten und Problemen kommt. Um dies zu verhindern, benötigen die zusammenarbeitenden Akteure zunächst ausreichendes Wissen von bzw. übereinander. Was sind bspw. die originären Aufgaben, Interessen, Prozesse, Zuständigkeiten, Befugnisse, Ausstattungen aber auch Betroffenheiten und Informationsbedarfe der anderen?

Ausbildung und Übungen sind von grundlegender Bedeutung, um Handlungssicherheit und -fähigkeit sowie abgestimmte und zielgerichtete Zusammenarbeit zu fördern, zu verbessern und zu erhalten und somit auch um eine Steigerung der Resilienz zu erzielen. Sie sind insbesondere auch hinsichtlich der vorhandenen Charakteristika von Krisen, bspw. ihrer i. d. R. Unvorhersehbar-, Neuartig- und Einmaligkeit, bedeutsam. Denn neben dem Üben bestimmter Maßnahmen an sich spielt auch der Umgang mit und das Agieren in unerwarteten Situationen eine wichtige Rolle.

Es gibt verschiedene Arten von Übungen, die sich in Abhängigkeit der Übungsziele anwenden bzw. aufeinander aufbauen lassen. Wichtig ist insbesondere, dass Übungen nicht als eine einmalige Sache, sondern viel mehr als stetiger Prozess betrachtet und gehandhabt werden.

Der mit dem Durchführen von Übungen einhergehende persönliche Kontakt und das Knüpfen von Netzwerken ist dabei ein äußerst positiver Nebeneffekt. Denn dieser schafft Vertrauen und führt somit letztlich i. d. R. zu besserer Zusammenarbeit.

Neben einer gründlichen Planung und Vorbereitung sowie der eigentlichen Durchführung ist insbesondere auch die Übungsnachbereitung von großer Bedeutung. Es gilt, Fehler bzw. Verbesserungspotential zu erkennen, daraus zu lernen und gemeinsam entsprechende Anpassungen vorzunehmen und Maßnahmen umzusetzen.

Das alles ist oft mit großem Arbeitsaufwand und hohen Anforderungen verbunden. An dieser Stelle kommt es zu einem Paradoxon der Krisenvorsorge: Einerseits ist die Notwendigkeit für Ausbildung und Übung vielen bewusst, anderseits wird deren Umsetzung aber immer wieder aufgrund der einzusetzenden Ressourcen hinterfragt und vernachlässigt.

»Es gibt nur eins, was auf Dauer teurer ist als Bildung, keine Bildung.« (J. F. Kennedy) – Gleiches gilt für Ausbildung und Übung.

D Schockereignisse/Szenario-basierte Diskussion

Stefan Voßschmidt & Andreas H. Karsten

Im folgenden Kapitel D werden ausgewählte Szenarien von Expertinnen und Experten diskutiert. Die Auswahl orientiert sich dabei an der Relevanz für die Diskussionen, die derzeit in Bezug auf die Resilienz der Kritischen Infrastrukturen geführt werden.

Zu Beginn stellen Karsten und Voßschmidt die Methodik und deren Grenzen dar.

Im zweiten Teil beschäftigen sich Karsten, Bernstein, Voßschmidt und Weber mit den Herausforderungen, die wetterbedingte Katastrophen und Pandemien stellen (vgl. Kapitel D.2).

Anschließend beschäftigen sich Uelpenich, Brodala und Karsten mit Katastrophen, die durch menschliches Handeln ausgelöst werden (vgl. Kapitel D.3).

1 Die Methodik und ihre Grenzen

Stefan Voßschmidt & Andreas H. Karsten

In diesem einführenden Kapiteln beschreibt zunächst Karsten kurz die Methodik der szenario-basierten Diskussion und Voßschmidt deren Grenzen, wobei er sowohl auf die sogenannten Know-Unknowns – das sind Erkenntnislücken, die wir kennen – und auf Unkown-Unknowns – das sind Erkenntnislücken, von deren Existenz wie noch nicht einmal wissen – eingeht.

1.1 Einführung der Methodik

Andreas H. Karsten

Bei der szenario-basierten Diskussion wird ein komplexes Problem nach einer festgelegten Grundsystematik in seinem realistischen oder in einem fiktiven Umfeld[39]

---

[39] Gerade die Diskussion eines Problems in einem fremden Umfeld ergibt häufig vollkommen neue, sehr kreative Antworten.

1 Die Methodik und ihre Grenzen

diskutiert. Die eigentliche komplexe Fragestellung wird in einzelne nicht so komplexe Fragestellungen nach dem Muster »Wenn – dann«[40] zerlegt und in einer möglichst realistischen chronologischen Reihenfolge nacheinander beantwortet. Die Folgen des »wenn« werden reflektiert und analysiert. Dabei werden sowohl Einsatzerfahrungen wie auch wissenschaftliche Erkenntnisse genutzt.[41] Für eine gute Simulation bedarf es der interdisziplinären Zusammenarbeit zwischen Einsatzkräften, Krisenmanagern und Wissenschaftlern unterschiedlicher Disziplinen. In besten Fall entsteht so eine realistische Entwicklung des Problems immer wieder unterbrochen durch Reflektions- und Analysephasen.

Gibt es mehrere Antworten, die entweder hinreichend wahrscheinlich oder plausibel sind, wird die Diskussion in mehreren Alternativsträngen weitergeführt. Als Ergebnis erhält man so mehrere Antworten unterschiedlicher Eintrittswahrscheinlichkeit bzw. Plausibilität. In den einzelnen Alternativsträngen können unterschiedliche »Einlagen« relevant werden.

Szenario-basierte Diskussionen können sowohl in der Vorbereitung von Einsätzen, bei der Aufstellung von Einsatz- und Notfallplänen und in der Ausbildung wie auch bei dem Treffen von Entscheidung während eines Einsatzes oder einer Krise eingesetzt werden. So können bei einem Stromausfallszenarium Eskalationsstufen und Alarmierungskriterien festgelegt und kritische Schlüsselprozesse oder Prozesse, die vorübergehend eingestellt werden können, identifiziert werden. Während vor einer Krise für die szenario-basierte Diskussion nahe beliebig viel Zeit zur Verfügung steht, muss sie im Einsatz unter Zeitdruck erfolgen. Wenn man in der Lage ist, das Krisenszenario zu modellieren, können auch Computersimulationen verwendet werden, wodurch die Diskussion erheblich schneller und in einer größeren Tiefe erfolgen können.

---

40 »Wenn dieses Ereignis eintritt, dann wird mit großer Wahrscheinlichkeit jenes passieren.« bzw., »Wenn wir dieses unternehmen, dann wird mit großer Wahrscheinlichkeit jenes passieren.«
41 Das in diesem Buch verwendete Szenario (Kapitel D.2.1) und deren Folgen wurde anhand von realen Ereignissen kreiert.

1.2 Chancen der Methodik – Unkalkulierbare Entwicklungen und Schwarze Schwäne

Stefan Voßschmidt

Schwarze Schwäne

Schwarze Schwäne, d. h. Ereignisse, die als höchst unwahrscheinlich angesehen werden, gibt es häufiger, als gedacht. Der 11. September 2001 wurde genauso wenig vorhergesehen, wie der Börsencrash am 19. Oktober 1987, wie Tschernobyl oder die Pleite von Lehmann-Brothers, der Siegeszug des Internets, die Erfolge von Google und Wikipedia, die Flüchtlingskrise 2015, der Brexit oder der Wahlerfolg von Donald Trump. Die ebenso wenig hervorgesehene Flüchtlingskrise in Deutschland wird von Daniel Müller (2016 S. 264 ff. und Untertitel) allerdings als »eine angekündigte humanitäre Katastrophe in Europa« bezeichnet und wäre somit kein Schwarzer Schwan-Ereignis.

Den Begriff führte Nassim Nicholas Taleb (Wallstreet Banker und Professor für die Wissenschaft der Unsicherheit) mit seinem gleichnamigen Buch 2007 in die Wissenschaftstheorie ein und stellte damit die Auswirkung des Unbekannten neben die auf dem Schema von Ursache und Wirkung beruhende Katastrophentheorie. Diese Katastrophentheorie beinhaltet die Vorbereitung auf künftige Ereignisse anhand von Lagen/Szenarien der Vergangenheit. Dies ist wichtig, aber nicht ausreichend. Im Moment des Geschehens kann etwas Unbekanntes eintreten. Dieser »Schwarze Schwan« kann genauso gut ein Produkt des Zufalls sein, wie das (nicht vorhergesehene) Ende einer Kausalitätskette, ein sogenanntes known unknown (Rumsfeld, 2018). Dabei geht es Taleb nicht so sehr um die Frage, ob das Nichtvorhergesehene nicht doch vorhersehbar war, sondern um die Auswirkungen der Schwarzen Schwäne. Vor der Entdeckung Australiens kannten die Europäer nur weiße Schwäne. Schwan und weiß waren synonym. Der Truthahn der jeden Tag gefüttert wird, erwartet, dass es immer so weitergeht. Doch dann kommt der Tag vor Thanksgiving. Wie Taleb an Aktienindizes nachweist und wie moderne Historiker beschreiben, wurde der Ausbruch des ersten Weltkrieges gerade im August 1914 von den Zeitgenossen nicht vorhergesehen, die Bewertung seiner Zwangsläufigkeit beruht auf späteren Zuschreibungen. Sechs friedliche Sommerwochen vergingen zwischen Attentat und Kriegsausbruch. Die Menschen genossen einen herrlichen Sommer, wie Schlafwandler setzten sie in dieser Zeit Schritt für Schritt in die falsche Richtung (vgl. die Beschreibung in Clark 2013, passim).

Vom juristischen Denken her, läge die Unterscheidung nahe, zwischen dem, was ein objektiver Beobachter hätte wissen/erwarten können und was auch dieser objektivierte Mensch nicht wissen konnte. Doch dies ist lediglich für Schuldzuweisungen (auch Haftungsfragen) von zentraler Bedeutung.

Wichtig ist für Taleb, den Gedanken an eine totale Vorhersehbarkeit über Bord zu werfen und auf das Unvorhergesehene, d. h. auf alle Eventualitäten, vorbereitet zu sein. Es gibt Dinge, die nicht vorhersehbar sind bzw. die tatsächlich nicht vorhergesehen werden. Resilienz heißt aber nicht nur, alle Negativa möglichst gut zu bewältigen und aus dieser Bewältigung gestärkt hervorzugehen, sondern auch, bereit und in der Lage zu sein, die positiven schwarzen Schwäne, die unkalkulierbaren günstigen Gelegenheiten zu nutzen und die Chancen auf ihr Eintreffen, d. h. die Schadensbewältigungsfähigkeit in jeder Hinsich,t zu erhöhen. Nicht auf die Wahrscheinlichkeit des Ereignisses kommt es an, wichtiger sind die Auswirkungen der Ereignisse. Hierauf ist das Augenmerk zu richten (Taleb 2007, S. 259). Damit wird auch die gängige Formel der Gefahrenabwehr: »Risiko/Gefahr = Eintrittswahrscheinlichkeit multipliziert mit Schaden« in Frage gestellt.

Nicht vorhergesehene Ereignisse haben gravierende Auswirkungen. Resilienz bedeutet daher auch auf diese vorbereitet zu sein. Dabei müssen die Grenzen der Vorhersehbarkeit beachtet werden. Taleb fasst das mit dem Imperativ zusammen: »Seien sie auf alle relevanten Eventualitäten vorbereitet«. Den Begriff Resilienz benutzt er nicht. Er wählt die Anlehnung an den »Zufall« (als Beschreibungsmuster für die Begründung des Nicht-Vorhergesehenen) und die Unterscheidung zwischen positiven und negativen Zufällen. Für Branchen wie das Militär, den Zivilschutz oder Versicherungen gegen Katastrophen (damit auch für den Bevölkerungsschutz) sind die negativen Zufälle relevant. »Das Unerwartete [kann] hart zuschlagen und sehr schmerzhaft sein« (Taleb 2013, S. 12 f., 250 f., 254, 372).

Als »graue Schwäne« werden Ereignisse bezeichnet, die wir bis zu einem gewissen Grad berücksichtigen können (Erdbeben, Börsencrashs), deren Eigenschaften aber nicht vollständig ermittelt werden können. Hier können keine präzisen Berechnungen angestellt werden (Taleb 2007, S.368).

Resilienz als Vorbereitung auch auf Schwarze Schwäne bedeutet auch, neben der gesamtgesellschaftlichen Ebene die individuelle Ebene gleichberechtigt mit zu betrachten. Der Terror beispielsweise ist seit 2001 ein globales politisches Problem, aber genauso ein innerer psychologischer Mechanismus, der schlicht Angst hervorruft (Harari 2018, S. 14). Mag das Risiko an einem Terroranschlag zu sterben oder dabei verletzt zu werden auch noch so klein sein, die erzeugte Angst wirkt. Und das gerade ist die Absicht der Täter und der Tatinitiatoren, sie nutzen Terror als Mittel der Kommunikation, Propaganda und Einschüchterung. Die westliche, liberale Gesellschaft soll sich verändern, negativer werden. Diese Veränderung (Einschränkung der Freiheitsrechte) rechtfertigt im Nachhinein (für die Auftraggeber) den Terror selbst, dessen Apologeten behaupten »Freiheit« gebe es in Demokratien ohnehin nicht für die Masse. Eine Auswirkung der Angst vor weiteren Anschlägen auf den Luftverkehr nach dem 11. September war, dass in den USA sehr viele Menschen den Pkw benutzten und nach kurzer Zeit weit mehr Menschen zusätzlich im Straßenverkehr umgekommen sind, als beim Zusammenbruch der Twin-Tower. In der globalisierten Welt hängt alles mit allem zusammen. Akte persönlicher Verzweiflung (die Selbstverbrennung des Gemüsehändlers Mohamed Bouazizi in Sidi Bouzid/Tunesien führte zum Sturz des Langzeit-Präsidenten und zum arabischen Frühling) oder Empörung (#Me-Too-Bewegung) können weltweite Auswirkungen haben. Gleichzeitig droht der Masse der Menschen die Bedeutungslosigkeit. Denn die Verschmelzung von Informationstechnologie, Künstlicher Intelligenz (KI), Blockchain-Revolution und Biotechnologie könnte sie aus dem Arbeitsmarkt drängen und Freiheit und Gleichheit untergraben. Big-Data-Algorithmen könnten stärker als jede Norm Verhaltensmuster schaffen, die Entscheidungen gegen das Votum der Algorithmen ausschließen. Das Internet hat seit den 1990er Jahren die Welt stark verändert, wahrscheinlich stärker als jeder andere Faktor. Gelenkt wurde dieser Weg aber nicht von Entscheidern z. B. aus der Politik, sondern von Technikern (Hariri 2018, S. 14f., 27). Mittlerweile kann KI den Menschen bei vielen Aufgaben, selbst bei denen die Intuition erfordern (z. B. bei Wahrscheinlichkeitsrechnung und Mustererkennung mit neuronalen Netzwerken), überflügeln. Der Computer besiegt nicht nur den Menschen im Schach, sondern das Programm AlphaZero von Google, das sich in vier Stunden selbst das Schachspielen beigebracht hat, besiegte Ende 2017 das Programm Stockfish 8, das jahrhundertelange Schacherfahrung und jahrzehntelange Computererfahrung akkumulierte und pro Sekunde 70 Millionen Stellungen berechnete. AlphaZero nutzt demgegenüber die neuesten Prinzipien menschlichen Lernens und brachte sich autodidaktisch Schach bei, indem das Programm gegen sich selbst spielte (Hariri 2018, S. 59).

Wertungen verändern sich radikal. Der Erfolg ist davon abhängig auf der Google-Liste ganz oben zu stehen. Verlage nutzen Fachleute, um eine bessere Platzierung beim Google-Algorithmus für ihr Buch zu erreichen. Das Ranking entscheidet auch, wer das meiste Eis verkauft. Die erfolgreichsten Eisverkäufer sind diejenigen, die der Google Algorithmus oben nennt, nicht die, die das schmackhafteste Eis produzieren. Derartiges reduziert die Wahrscheinlichkeit von Zukunftsprognosen.

Alte Fragen der Philosophie werden in neuem Gewand erscheinen. Wird Tesla das selbstfahrende Auto so programmieren, das es möglichst wenig Schaden anrichtet, also wenn Kinder auf die Straße laufen in jedem Fall ausweicht und Verletzung und Tod des (vielleicht schlafenden) »Fahrers« in Kauf nimmt. Oder wird das Fahrzeug

1 Die Methodik und ihre Grenzen

schwerpunktmäßig seine Insassen schützen? Vielleicht wird es zwei Modelle geben: T Altruist und T Egoist (Hariri 2018, S. 96).

Das Grundproblem ist die Unmöglichkeit, die Zukunft vorherzusehen. Die Veränderungen in der globalisierten Welt geschehen so schnell und sind so fundamental, dass niemand sagen kann, wo z. B. China in dreißig Jahren steht, was dann notwendig ist, was Menschen dann können müssen. Ein Großteil von dem, was Menschen heute lernen, könnte dann überflüssig sein. (Hariri 2018, 342, Welzer 2013, 68). Aber es ist völlig unklar, was überflüssig sein wird, was nicht. Ist auf Kompetenzen, z. B. Handlungskompetenz abzustellen? Oder eher auf die Fähigkeit, eine Sache analytisch von allen Seiten zu durchdenken. Werden 2049 nur mehr Naturwissenschaftler benötigt oder erleben Philosophen eine Renaissance? Wer hätte es noch vor zehn Jahren für möglich gehalten, dass der Vorsitzende einer im Bundestag vertretenden Partei ein promovierter Philosoph ist (Robert Habeck, Grüne)? Noch vor 25 Jahren waren in Deutschland Diktaphon und Schreibbüro »state of the art«. Schon heute werden wir von Unmengen an Daten und Informationen überflutet. Aber steigern sie unser »Wissen«?

Zwar bleibt gute Bildung und Ausbildung ein zentraler Resilienz Faktor. Aber wir wissen nicht, was wir brauchen werden. Sind Sprachen notwendig? Oder übersetzt eine App bald alles und jedes in jede Sprache der Welt in Sekundenschnelle? Lebenslanges Lernen dürfte gleichwohl in der Relevanz steigen. Mit der Steigerung der Lebenserwartung, mehren sich die Veränderungen die der Mensch erlebt. Zwischen den verschiedenen Lebensphasen wird immer weniger Kontinuität bestehen. Die Frage »wer bin ich« und wie viele Ichs bin ich, wird komplizierter und dringlicher (Hariri 2018, S. 348).

Wie kann trotz dieser Unsicherheit eine nachhaltige Steigerung der Resilienz gelingen? Durch die klassische Methode des Übens, des Trainings. Übung und Training werden aber nicht reduziert auf die bessere immer wiederholte Bewältigung vergangener Lagen, sondern erweitert um den Gedanken des Unbekannten. Trainiert wird an sich entwickelnden interaktiven Szenarien, in Verbindung von Unbekanntem und Bekanntem die Grenzen des Möglichen und der Resilienz hinausschiebend. Möglicherweise wird dann die Captain Kirk Variante aus der Fernsehserie Raumschiff Enterprise/Star Trek relevant. Alle Menschen und Computer hatten ihn und seine Crew zu Trainingszwecken in eine ausweglose Lage gebracht, damit er derartige Situationen akzeptiere. Kirk verweigerte diese Akzeptanz und fand eine unorthodoxe, kreative, eigentlich unmögliche Lösung aus dem Dilemma und der eigentlich ausweglosen Lage (Kobayashi-Maru-Test 2018). Gibt es bald derartige Trainings, mit oder ohne Einsatz von KI?

Ein wichtiges »Agens« um mit Schwarzen Schwänen umzugehen, könnte Situationsbewusstsein bzw. Situationssensibilität sein, möglicherweise auch als Situative Intelligenz oder Intuition zu umschreiben. Der gedankliche Ansatz ist vergleichbar mit der Apollo 13 Situation, als eine Bodencrew mit den im Raumschiff vorhanden Materialien die notwendigen Geräte baute und die Baupläne an die Crew funkte (Apollo 13, 2018). Ein ganzheitliches oder integriertes Krisenmanagement erfordert eine umfassende ganzheitliche (Länder)-Grenzen überschreitende Lageerkennung (Situational Awareness). Das Forschungsprojekt SAYSO entwickelt szenario-basiert Tools, um eine zuverlässige gemeinsame Nutzung von Informationen zur Lageerkennung zu gewährleisten (SAYSO 2018).

Dazu stellt sich die Frage: In wie vielen Welten muss der Mensch sich bewegen? Was bedeutet virtuelle Realität? Haben die Maschinen bereits das Sagen? Das Lager von Amazon ist nicht nach menschlicher Logik zusammengesetzt, sondern nach der Logik der zufällig vergebenen Barcodes und Black Box-Algorithmen. Dazu kommt die Regel, allzu Ähnliches nicht nebeneinander zu platzieren, da derartige Ähnlichkeiten die Fehlerhäufigkeit (des Menschen) erhöht. Hat der Mensch seine Macht schon an opake intransparente digitale Plattformen und Black Box-Algorithmen weitergereicht? – Virtual reality als Trainingsroutine, die Menschen an eine Welt gewöhnen soll, in der sie zunehmend von unsichtbaren Systemen ersetzt werden. Es gibt ein Patent für ein Armband, das in den Amazon-Lagern, die Mitarbeiter durch Vibration anleiten soll, in das richtige Fach zu greifen, um die bestellte Ware zu finden (Steyerl 2018, S.46). Der Discounter »Netto« experimentiert mit Brillen, die denselben Zweck haben. Den Einfluss von maschinengesteuerten Verhaltensoptimierungs-Maschinen (Brillen) beschreibt Marc Elsberg anschaulich in seinem Roman Zero (Elsberg 2014 passim). Das nächste Buch desselben Autors beschäftigt sich mit dem Thema Genetik. Werden die Menschen ersetzt (Elsberg 2016)? Aber verlässliche Zukunftsprognosen »was wann möglich ist« sind dies nicht. Werden die Computer irgendwann intelligenter sein als Menschen, und diesen trotzdem aufs Wort gehorchen, wie es die Serie Raumschiff Enterprise/Star Trek prognostiziert?

Weder die Flüchtlingskrise 2015 wurde vorhergesehen, noch die Mittelmeer-Flüchtlinge oder der »EU-Türkei-Deal«. Ende 2018 wurde der Migrationspakt verhandelt. Seine Auswirkungen sind ebenfalls schwer abschätzbar. Es handelt sich um ein politisches Rahmendokument, das rechtlich nicht bindend ist, aber im nationalen Interesse liegt. Eine wirksame Steuerung von Migration ist nur auf internationaler Basis möglich. Der dafür gefundene Begriff lautet »koordiniertes Grenzmanagement«. Dem dient die gemeinsame Definition von Zielen in diesem Dokument. Weltweit soll Migranten der Zugang zu einer Gesundheitsgrundversorgung (vgl. die Lager der aufgegriffenen Bootsflüchtlinge in Libyen, wo noch im November 2018 mehr als

1 Die Methodik und ihre Grenzen

30.000 Menschen diese verweigert wird) und zum Arbeitsmarkt gewährt werden. Der Menschenhandel und die Schleuserkriminalität sollen bekämpft, die Identitätsfeststellung erleichtert werden. Die Migranten müssen die Gesetze der Ziel- und Transitländer beachten. Der Bundestag hat dem Migrationspakt mit großer Mehrheit zugestimmt (Harbarth 2018, 8, Bubrowski 2018, 4). Es ist weder vorhersehbar, ob dieser Vertrag zu strukturierten Dauerlösungen führt, noch welche weiteren Entwicklungen in dieser Frage eintreten. Nicht einmal die im Dezember 2018 auftretenden Verwerfungen und Auseinandersetzungen in vielen europäischen Regierungen wurden vorhergesehen. Ein besonders stark involvierter Protagonist wird bald Richter am Bundesverfassungsgericht. Über Jahrzehnte hat sich die Berufung ehemaliger Politiker an das Gericht bewährt (Bubrowski 2018a S. 31). Die Kanzlei von Stephan Harbarth hat Volkswagen gegen Investorenklagen verteidigt. Wenn auch kein Zweifel an der individuell notwendigen Sensibilität bei der Entscheidung über derartige Fragen besteht, bleibt die Frage nach der Akzeptanz innerhalb der Bevölkerung. Ebenso unberechenbar sind die Auswirkungen des Klimawandels, gemein ist allen Szenarien der Vergangenheit lediglich, dass sie von der Realität überholt wurden. Ungerecht verteilte Risiken erhöhen die Unvorhersehbarkeit. Lessenich ist der Ansicht, die Gesellschaft des Jahres 2018 sei als Externalisierungsgesellschaft zu betrachten und habe sich von jeglichem Gerechtigkeitsdenken verabschiedet. Neben uns geschieht die Sintflut (Lessenich 2017, S. 183).

Welche Bedeutung wird KI insgesamt erlangen? Die Bundesregierung will ein nationales Forschungsnetzwerk KI aus zwölf Kompetenzzentren schaffen, ein europäisches Wissenschaft-Cluster gründen, mehr Wagniskapital, Hilfe für Mittelständler. Mindestens 100 neue Professuren sollen eingerichtet werden. »Alles, was digitalisierbar ist, wird auch digitalisiert«, so Bundeskanzlerin Angela Merkel auf dem Digitalisierungsgipfel 2018 in Nürnberg (Armbruster/Heeg 2018, S. 40). Im Hasso Plattner Institut der Universität Potsdam wird die Managementmethode »Design Thinking« unterrichtet, kreatives Denken. Bis zum Jahre 2025 will die Bundesregierung 3 Milliarden Euro in die Erforschung künstlicher Intelligenz (KI) investieren. Unter KI versteht man selbstlernende Algorithmen, die z. B. Fahrzeugen beibringen sich ohne Fahrer unfallfrei im Verkehr zu bewegen oder (Gesundheits- und andere) Massendaten auszuwerten. Werden Computer so intelligent wie Menschen? Können menschliche Gehirne mit Computern verbunden werden? Die öffentliche Hand wird Unternehmen große Datenmengen in anonymisierter Form zur Verfügung stellen, anhand derer die Algorithmen lernen können. Mit 12 Milliarden Euro soll die Produktion von Batteriezellen für Elektroautos unterstützt werden. Unternehmen wie BMW und Daimler beziehen zurzeit sämtliche Batteriezellen aus China, Südkorea und Japan. Der deutsche Wirtschaftsminister Peter Altmaier rechnet damit, dass sich der Bedarf an Batteriezellen

D Schockereignisse/Szenario-basierte Diskussion

bis zum Jahre 2030 verzehnfachen werde, 30 % sollen dann aus Europa kommen. »Jetzt ändert sich etwas, weil die Unternehmen inzwischen verstanden haben, dass wir es ernst meinen mit den Klimazielen 2030« sagt der Wirtschaftsminister (Milliarden 2018, S.15). Aber passen positive Erwartungen in das Umfeld?

Die Gesellschaft ist stark marktwirtschaftlich geprägt. 40 % des weltweiten Unternehmenswertes werden von lediglich 147 transnational agierenden Unternehmen gehalten. Der Mensch des 21. Jahrhunderts bzw. nach dem Zusammenbruch des Ostblocks kann alles zugleich haben, alles ist immer verfügbar, löst Widersprüche im Konsum auf (Welzer 2013, S. 40 ff.). Die neue Gesellschaft, der Konsumismus kennt keine Feinde, Arme werden nicht als Konkurrenten betrachtet, sondern als potentielle Kunden. Der Erfolg des Systems hängt davon ab, dass alle mitmachen. Für diese Kunden werden »Kaufen« und »Mobilität« zum Selbstzweck. Signifikante Quoten der erworbenen Lebensmittel werden nicht gegessen, sondern unausgepackt weggeworfen, Kleidung wird gekauft und nie getragen entsorgt. Riesige Autolawinen bewegen sich an Wochenenden von Ort zu Ort, Schwerpunkt des Zeitansatzes bildet die Zeit im Pkw, nicht am vermeintlichen Zielort. Da Konsum Zeit verlangt, Zeit aber als Mangelressource nicht zur Verfügung steht, dürfte kaufen ohne zu konsumieren an Bedeutung gewinnen. Klugheit wird durch Smartness ersetzt (Welzer 2013, 81, 88). Dabei bedarf gerade die sich schnell wandelnde Welt der Klugheit und der klugen Entscheidungen. Und natürlich auch der klugen Fragen und der Phantasie kluge Fragen zu stellen.

Welche Auswirkungen werden allein in Europa folgende Neuerungen haben:
- ECall: Fahrzeug sendet nach Unfall Daten selbständig an Leitstelle, die so sofort alarmiert ist
- Advanced Mobile Location (AML): Wenn die »112« gewählt wird sendet das Smartphone seine genaue Position per SMS oder HTTPS an die Leitstelle, wenn diese das empfangen kann. Allerdings funktioniert dies System nicht, wenn das Netz des Mobilfunkbetreibers am Standort nicht verfügbar ist. Auch bei einem älteren Handy Modell funktioniert es nicht. Die EU unterstützt die Verbreitung von AML (ec.európa.eu, EU-Maßnahmen zu 112,.2018).

Oder bleibt Social Media die Herausforderung der nächsten Jahre. Wie allein die Möglichkeit, dass Galileo Galilei recht haben könnte und die Erde sich um die Sonne drehen könnte – gleichgültig ob es stimmt oder nicht – dem Denken neue Bahnen gab, tun dies heute die Social Media. Wir wissen nicht genau, wohin die Reise geht, aber es ist besser nicht bei den letzten zu sein. Bei der Vorbereitung auf die Zukunft sind Wissen, Handlungsorientierung, Klugheit weiter von großer Bedeutung. Von steigender Bedeutung dürfte aber die Vorbereitung auf das Unbekannte und Phantasie sein. Die dazu herausgearbeiteten Fragen und Prämissen lassen sich nur in szenario-orientierten aber auch handlungsoffenen Trainings durchdringen, nur auf diese Weise ist die notwendige Situations- und Selbsterkenntnis zu erlangen. Je komplexer, schwieriger und realitätsnäher das Szenario ist, umso besser trainiert es für alle Lagen, auch die Schwarzen Schwäne.

Die alten Grundsätze genügen nicht mehr. Wissenschaftlich kann behauptet werden, der moderne Führungskreislauf und die aktuellen Prinzipien der Wirtschaftswissenschaften sind nichts anders als (allenfalls erweiterte) Auftragstaktik preußischer Couleur? Die Auftragstaktik mit der Betonung der Selbständigkeit kleinerer Einheiten lässt sich auf die Manipel-Taktik der Römer zurückführen, die Manipel und Zenturien zu kleinsten taktischen Einheiten formten die lageangepasst reagieren konnten. Aber reines Lernen-Wollen aus Vergangenem wird weder der Gegenwart, noch der Zukunft gerecht. Nehmen wir den Klimawandel als Beispiel. Führt der Klimawandel zu ungeahnten Veränderungen? Wegen der vorherrschenden Westwinde werden die Atomkraftwerke der Nachbarn an der deutschen Westgrenze vorrangig als Risiko für Deutschland gesehen. Der Klimawandel könnte aber den Ostwind zur vorherrschenden Windrichtung machen. Besser ist es, sich auf alle möglichen Windrichtungen einzustellen.

2 Naturgefahren

Voßschmidt & Karsten

In diesem Kapitel werden Naturgefahren beleuchtet. Der Mensch kann im Gegensatz zu den anthropogenen Gefahren den Ausbruch der natürlichen nicht verhindern. Sie sind gottgegeben und die Kritis-Betreiber können sie nie außer Acht lassen. Der Mensch ist aber in der Lage, die Stärke und die Häufigkeit der hier vorgestellten Naturgefahren zu beeinflussen (siehe dazu Kapitel B.1).

Im ersten Teil diskutiert Karsten das Szenario eines Wintersturms über Deutschland. Er beschreibt vorab die allgemeine Stresssituation in denen einzelnen Kritis-Sektoren und mögliche Ereignisse innerhalb der ersten Woche, von den ersten Warnungen durch die Wetterdienste, über den Landfall[42] in Irland drei Tage später, und dem Erreichen der deutschen Westgrenze weitere 8 Stunden später. Die Ereignisse

---

42 Landfall, der Sturm trifft aufs Festland ober eine Insel.

D   Schockereignisse/Szenario-basierte Diskussion

beruhen auf Geschehnissen, die bei anderen Stürmen und in Winterzeiten in Deutschland aufgetreten sind und sollen beispielhaft die gegenseitigen Abhängigkeiten der Kritis-Betreiber voneinander und mögliche Kaskadeneffekte aufzeigen.

Anschließend beschreibt Karsten für Kommunen und Bernstein für Polizeien die Herausforderungen, die bei einem Wintersturm auf die Behörden zukommen und diskutieren mögliche Lösungsansätze.

In dem vierten und fünften Abschnitt diskutieren Voßschmidt und Karsten die Folgen von Unwettern.

Abschließend thematisiert Weber die Folgen einer Pandemie und stellt Möglichkeiten vor, diese zu bekämpfen und einzudämmen.

Alle in diesem Kapitel dargestellten Lösungsansätze lassen sich – ggf. angepasst – auf eine Vielzahl weiterer Naturkatastrophen aber auch auf anthropogene Katastrophen verallgemeinern.

2.1 Wintersturm »Erebos«

Andreas H. Karsten

Mittelfristige Lage der einzelnen Sektoren der Kritischen Infrastrukturen

Gesundheit

Seit 14 Tagen grassiert eine Grippe-Epidemie in Deutschland. Viele Mitarbeiterinnen und Mitarbeiter im Gesundheits- und Pflegebereich fehlen aufgrund von eigener Erkrankung oder der häuslichen Pflege von erkrankten Familienmitgliedern. Zusätzlich wird das Gesundheitssystem durch die hohe Anzahl von zusätzlich Grippe bedingten Erkrankten (50.000 im Bundesgebiet) stark belastet.

Energie

Die Stresssituation ist deutlich erhöht. Der Winter zeichnet sich durch eine lange frostige Trockenperiode aus. Folge davon ist eine verringerte Stromerzeugung durch die Wasserkraftwerke in Bayern und Baden-Württemberg. Dies verschärft die bereits durch die in Folge der politischen Lage angespannte Stromversorgung in Europa. Russland hat wegen der extremen Kälte im eigenen Land die Gaszufuhr in die Europäische Union um 40 % gedrosselt. Die angespannte Sicherheitslage am arabischen Golf hat zu einer Einschränkung der Erdölversorgung der Europäischen Union geführt.

Viele Bewohner steigen auf mit Holz befeuerte Kamine und kleine Elektroöfen um, um zumindest einen Raum beheizen zu können.

2 Naturgefahren

Die Grippe-Epidemie hat zur Folge, dass das Personal (Leitstellen-, Kraftwerks- und Wartungspersonal) ausgedünnt ist.

Staat und Verwaltung
Die Auswirkungen der Grippe-Epidemie sind besonders in den Bereichen der öffentlichen Sicherheit und Ordnung groß. Schichtverlängerungen und Sonderschichten bei Polizei, Feuerwehr und Rettungsdienst werden angeordnet.

Transport und Verkehr
Aufgrund der großen Anzahl von Grippeerkrankten fallen Verbindungen des öffentlichen Personennah- und Fernverkehrs aus. Zusätzlich verweigern erste Mitarbeiterinnen und Mitarbeiter aufgrund des besonderen Ansteckungsrisikos in Fahrzeugen des ÖPNV die Arbeit.
Der Straßenverkehr ist durch die aktuellen Winterbedingungen und zahlreiche winterbedingte Beschädigungen behindert.
Ernährung, Finanz- und Versicherungswirtschaft, Information- und Kommunikation, Medien und Kultur, Wasserversorgung sind beeinträchtigt.
Die Stresssituation ist aufgrund der Grippe bedingten Personalausfälle angespannt.

Tabelle 4: *Akute Lageentwicklung aufgrund des Wintersturms »Erebos« (Beispielhafte Schadenlagen und fiktive erste Maßnahmen)*

		FIKTION
Zeit	**Ort**	**Ereignis**
Sa	Atlantik	Erste Modelle sagen einen Orkan für Mitteleuropa voraus
Mo	Niederlande	Das nationale Krisenzentrum gibt für Dienstag (ab Mittag) eine landesweite Unwetterwarnung heraus und fordert die Bevölkerung auf, nach Möglichkeit nicht ins Freie zu gehen.
Di 01:00	Atlantik	Der Orkan nimmt an Stärke zu – Route wird für nördliches Deutschland vorausgesagt
Di 07:00	Irland	Landfall
Di 07:00 – 09:00	Irland Nordirland	Folgende Schäden werden gemeldet: 10 Menschen kommen ums Leben. In weiten Teilen fällt der Strom aus. Der Fährverkehr zwischen dem englischen Fishguard und dem irischen Rosslare Harbour kommt zum Erliegen. In

D Schockereignisse/Szenario-basierte Diskussion

Tabelle 4: *Akute Lageentwicklung aufgrund des Wintersturms »Erebos« (Beispielhafte Schadenlagen und fiktive erste Maßnahmen) – Fortsetzung*

		FIKTION	
Zeit	Ort	Ereignis	
		Dublin muss der Hafen vollständig geschlossen werden. In der Irischen See sinken zwei Fischerboote. Dabei kommen sieben Fischer ums Leben.	
Di 09:00 – 13:00	Großbritannien	Folgende Schäden werden gemeldet: 10 Menschen kommen ums Leben. Bei den Londoner Flughäfen werden 192 Flüge gestrichen, Der Flughafen Manchester wird geschlossen. Weitere Flugstreichungen in anderen Flughäfen. In weiten Teilen Großbritanniens fällt der Strom aus. Betroffen sind hier vor allem die Grafschaften Surrey, Yorkshire, Lincolnshire und Lancashire sowie große Teile von Wales. Auch von Schließungen betroffen sind der Eisenbahnverkehr und verschiedene Abschnitte der Autobahnen M1 und M25. Im Ärmelkanal gerät das Containerschiff MSC Napoli in Seenot und wird von der Besatzung aufgegeben. Der Fährverkehr zwischen Dover und Calais wird zeitweise eingestellt, auch auf den anderen Fährverbindungen im Ärmelkanal kommt es zu Behinderungen.	
Di 13:00 – 15:00	Niederlande	Folgende Schäden werden gemeldet: 7 Menschen kommen ums Leben. Auf dem Universitätsgelände der Universität von Utrecht stürzt ein Kran auf ein Gebäude. In Den Haag gehen aufgrund der hohen Windgeschwindigkeiten Schaufensterscheiben zu Bruch. In Amsterdam wird der Hauptbahnhof wegen Schäden am Dach gesperrt. Am Abend bricht der Eisenbahnverkehr komplett zusammen. Auch zahlreiche Autobahnen müssen wegen Schneeverwehungen, Eisglätte und aufgrund umgestürzter Lkw gesperrt werden. Der Fährverkehr zu den Inseln Terschelling und Vlieland wird komplett eingestellt.	
Di 15:00	Aachen/ Rheinland	Erste Schäden werden gemeldet, erhöhtes Einsatzaufkommen für die Gefahrenabwehrbehörden	

2 Naturgefahren

Tabelle 4: *Akute Lageentwicklung aufgrund des Wintersturms »Erebos« (Beispielhafte Schadenlagen und fiktive erste Maßnahmen) – Fortsetzung*

	FIKTION	
Zeit	**Ort**	**Ereignis**
Di 16:00	Ruhrgebiet	Zwischen Bochum und Dortmund verunglückt ein ICE. Er fährt in einen umgestürzten Baum — die Oberleitung ist beschädigt. DB AG sperrt erste Bahnstrecken.
	Offenbach	Auf eine Großbaustelle stürzt ein Kran ein und verschüttet 5 Arbeiter unter sich. Die Feuerwehr unterstützt vom THW beginnt mit der Rettung.
	A5 Frankfurt/Köln	Die Bereiche Niederhausen – Idstein und Limburg – Montabaur sind aufgrund von Baumbruch total versperrt.
	B49 Weilburg	Die B49 ist aufgrund von Baumbruch total versperrt.
	Nordseeküste	Die Fährverbindungen zu den deutschen Nordseeinseln werden eingestellt.
	Norddeutschland	Aufgrund von Schneeverwehungen sind eine Vielzahl von Straßen und Schienenverbindungen unterbrochen.
Di 17:00	Bundesweit	Die Fernzüge setzen ihre Fahrt nur bis in den nächsten geeigneten Bahnhof fort, wo für die Reisenden Notunterkünfte, Decken und Tee bereitgestellt werden.
		Der Regionalverkehr in Hessen wird vollständig unterbrochen, ebenso wie in Teilen Nordrhein-Westfalens. Der S-Bahn-Verkehr wird so lange wie möglich aufrechterhalten. Die Anzahl der Fake News steigt rasant an.
	Rheinland-Pfalz/Hessen	Auf der Rheinschiene kommt es zu einer Kollision zweier Güterzüge. Es kommt zum Austritt von Flüssiggas einschließlich Explosion und weiteren Freisetzung von Gefahrgütern
	NRW/Norddeutschland	Zwischen Hannover und Hamburg verunglückt ein ICE. Auf zahlreichen Fernstraßen kommt der Verkehr zum Erliegen. Tausende Personen sitzen in ihren Fahrzeugen fest und müssen betreut werden.
Di 18:00	Bundesweit	In Teilen des Bundesgebietes fällt der Strom aus, weil Hochspannungsleitungen der Kraft des Orkans bzw. der Schneelast nicht standhalten oder umstürzende Bäume

D Schockereignisse/Szenario-basierte Diskussion

Tabelle 4: *Akute Lageentwicklung aufgrund des Wintersturms »Erebos« (Beispielhafte Schadenlagen und fiktive erste Maßnahmen) – Fortsetzung*

		FIKTION
Zeit	**Ort**	**Ereignis**
		Leitungen beschädigen: in Nordrhein-Westfalen, dem Westerwaldkreis, in großen Teilen Thüringens und Hessens. In Brandenburg, Sachsen und Sachsen-Anhalt sind über 150.000 Haushalte ohne Strom. U. a. in Teilen der Städte Köln, Frankfurt/Main, Stuttgart und einigen Hofschaften im Oberbergischen Kreis.
		Der Straßenverkehr in den Großstädten kommt aufgrund ausgefallener Ampelsteuerungen zum Erliegen. Eine Vielzahl von Personen muss aus stehengebliebenen Aufzügen und U-Bahnen befreit werden.
		Das Telefon-Festnetz fällt großflächig aus. Alle modernen Telefone sind nicht mehr nutzbar.
		Das Internet fällt großflächig aufgrund Überlastung aus. Besonders die Server der Gefahrenabwehrbehörden sind stark belastet.
	Loreley	Ein Binnenschiff sinkt auf Höhe der Loreley und versperrt die Fahrrinne. Durch die Sperrung des Rheins fällt die Transportkapazität von 90.000 Lkw pro Tag aus.
Di 19:00	Wittenberg	Es bildet sich ein Tornado, der sich von Westen kommend parallel der Elbe bewegt: Im Stadtteil Wittenberg-West werden über 20 Mehrfamilienhäuser sowie mehrere Pkw stark beschädigt. In den südlichen Wallanlagen werden eine Vielzahl alter Bäume in einer Höhe von fünf Metern abgeschert.
	Köln	Der Flughafen Köln/Bonn wird gesperrt.
Di 20:00	Dortmund, Frankfurt, Hamburg	Die Flughäfen werden gesperrt.
	Bundesweit	Spontanhelfer organisieren sich.
		Die Stimmung in der Bevölkerung ist gelassen – nahezu ausgelassen. Einzelne Events »Happy Without Electricity«

2 Naturgefahren

Tabelle 4: *Akute Lageentwicklung aufgrund des Wintersturms »Erebos« (Beispielhafte Schadenlagen und fiktive erste Maßnahmen) – Fortsetzung*

		FIKTION
Zeit	**Ort**	**Ereignis**
		werden spontan organisiert. Allgemein erwarten die Menschen, dass der Stromausfall demnächst beendet sein wird.
		Zahlreiche Führungs-, und Verwaltungsstäbe auf allen Verwaltungsebenen und in vielen Organisationen und Unternehmen haben die Arbeit aufgenommen.
Di 21:00	Lüdenscheid	Erhebliche Schäden richtete der Orkan auf der Bundesstraße 54 zwischen Schalksmühle und Brügge (Lüdenscheid) an. Auf der B54 kommt durch entwurzelte Bäume ein Steilhang ins Rutschen und verschüttet die Straße und drei Fahrzeuge unter sich.
	Leverkusen	Aus einer Produktionsanlage der chemischen Industrie treten Gefahrstoffe unter hohem Druck aus. Aufgrund des starken Windes kommt es zu keiner gesundheitsgefährdenden Konzentrationen in der Luft, allerdings zu einer großflächigen Ausbreitung der Gefahrstoffe.
Di 22:00	Hessen	Der Krisenstab der Landesregierung Hessen ruft alle Bauunternehmen/Forstfirmen auf, sich beim Krisenstab des Regierungspräsidiums Gießen zu melden, um am nächsten Tag bei der Räumung der Straßen nördlich von Frankfurt zu unterstützen.
	NRW/Norddeutschland	Zahlreiche Menschen machen sich zu Fuß auf dem Weg von ihren festliegenden Fahrzeugen, um eine warme Unterkunft sowie Trinkwasser und Nahrung zu bekommen. Die Autos bleiben verschlossen vor Ort.
	Bundesweit	In Bahnhöfen, Flughäfen (besonders Nürnberg und München aufgrund umgeleiteter Flüge) und Busbahnhöfen sind tausende Menschen gestrandet.
		Die Gefahrenabwehrbehörden verschiedener Gebietskörperschaften melden eine vollkommene Überlastung der Einsatzkräfte.

D Schockereignisse/Szenario-basierte Diskussion

Tabelle 4: *Akute Lageentwicklung aufgrund des Wintersturms »Erebos« (Beispielhafte Schadenlagen und fiktive erste Maßnahmen) – Fortsetzung*

		FIKTION
Zeit	**Ort**	**Ereignis**
		Einsatzeinheiten aus dem Süden und dem Südosten Deutschlands sowie der Bundeswehr werden auf den Weg in die Krisengebiete entsandt.
Di 23:00	Bundesweit	Erhebliche Waldschäden werden gemeldet. Es kommt aufgrund von unbeaufsichtigten Kerzen zu vermehrten Wohnungsbränden.
Di 24:00	Bundesweit	Stand Mitternacht: 13 Menschen sind zu Tode gekommen. Das Telefon-Mobilnetz fällt großflächig aus. Viele Kommunen haben »Strominseln« in öffentlichen Gebäuden eingerichtet. Dort können weiterhin Notrufe abgegeben werden. Besonders betroffene Personen (Schwangere, Babys, Ältere, Kranke etc.) können sich dort aufwärmen und werden notdürftig versorgt. Einige Radio- und Fernsehsender sind ausgefallen. Nur noch eine sehr eingeschränkte Krisenkommunikation ist möglich. Erste Katastrophenschutzbehörden hängen »Wandzeitungen« aus.
Mi 04:00	Hessen	Der Krisenstab der Landesregierung schließt alle Kindergärten und Schulen bis auf weiteres. Einheiten zur Unterstützung stecken aufgrund der Straßen- und Verkehrssituation fest.
Mi 08:00	Bundesweit	In allen Bereichen ohne Stromversorgung sind eine Vielzahl von Wohnungen zwischenzeitlich aufgrund der ausgefallenen Heizungen vollkommen ausgekühlt. Menschen treffen sich in den Häusern mit Kaminen oder Öfen, um sich aufzuwärmen. Dort werden auch Informationen und Gerüchte ausgetauscht. Erste Verschwörungstheorien verbreiten sich. Die Stimmung wird zunehmend gereizt.

2 Naturgefahren

Tabelle 4: *Akute Lageentwicklung aufgrund des Wintersturms »Erebos« (Beispielhafte Schadenlagen und fiktive erste Maßnahmen) – Fortsetzung*

		FIKTION
Zeit	**Ort**	**Ereignis**
		Viele Mitarbeiterinnen und Mitarbeiter der BOS erscheinen nicht oder verspätet zum Dienst, da sie erst eine Betreuung ihrer Kinder organisieren müssen.
	Hessen	Die Stadt Frankfurt bittet Erzieherinnen und Erzieher, deren Partner bei der Feuerwehr arbeiten, zu den jeweiligen Feuerwachen zu kommen, um »BOS-Kindergärten öffnen zu können.
Mi 12:00	Köln	Wasserwerke der Stadt Köln melden, dass die Wasserversorgung in ca. 12 Stunden gefährdet sein könnte.
	Bundesweit	Erste Menschen versuchen sich auf einen längeren Stromausfall einzurichten. Es kommt vereinzelt zu Hamsterkäufen. Besonders geht der Vorrat an Batterien zur Neige. Vermehrt werden Probleme bei der Versorgung von Dialyse-Patienten gemeldet. Mindestens 50 Heimbeatmungsgeräte fallen aufgrund des Stromausfalls aus. Die europäischen Börsen öffnen mit Kursstürzen.
	Hessen	Der Krisenstab des Landes Hessen bittet die niedergelassenen Ärzte, deren Praxen vom Stromausfall betroffen sind, sich zu Gerätehäusern der Freiwilligen Feuerwehren zu begeben, da diese über eine Notstromversorgung verfügen. In den Großstädten Frankfurt und Wiesbaden möchten sie sich in die Krankenhäuser begeben, um dort die Ambulanzen zu verstärken.
	Wiesbaden	Die Anzahl der Mitarbeiterinnen und Mitarbeiter der Stadtverwaltung, die in der Lage waren, zur Arbeit zu erscheinen, ist sehr gering. Die Verwaltungsspitze entschied, die Mitarbeiterinnen und Mitarbeiter in den Bereichen, die für die Krisenbewältigung wichtig sind, zu konzentrieren. Die anderen Bereiche werden bis auf weiteres geschlossen.

D Schockereignisse/Szenario-basierte Diskussion

Tabelle 4: *Akute Lageentwicklung aufgrund des Wintersturms »Erebos« (Beispielhafte Schadenlagen und fiktive erste Maßnahmen) – Fortsetzung*

FIKTION		
Zeit	**Ort**	**Ereignis**
Mi 16:00	Berlin	Im Bezirk Reinickendorf fällt der Strom aus. Betroffen sind damit auch die ca. 40.000 Bewohner des Märkischen Viertels, die teilweise in Hochhäusern mit bis zu 20 Etagen leben.
	Köln/Frankfurt	Die Krisenstäbe beider Städte beschließen, wenige »Intensiv- und Frühgeborenen-Zentren« zu bilden, in denen die verbliebenen Ressourcen gebündelt werden.
		Die Tageszeitungen bringen Notausgaben heraus, die u. a. als Wandzeitungen an ausgesuchten Orten ausgehängt werden.
	Bundesweit	Die Landesregierungen verhängen nächtliche Ausgangssperren für die Gebiete, in denen der Strom ausgefallen ist.
		In den Gebieten mit Stromausfall kann die Trinkwasserversorgung nur noch aus Reservoirs mit Gravitationsbetrieb (Höhenunterschied zwischen Reservoir und Verbraucher vorhanden, so dass kein Pumpenbetrieb notwendig ist) betrieben werden.
		Die deutschen Börsen stellen den Handel ein.
Mi 20:00	Bundesweit	Nur noch wenige Radiosender senden einen Notbetrieb mit Informationen für die Bevölkerung.
		Die Hamsterkäufe sind lawinenartig angestiegen. Es kommt zu ersten Plünderungen. Gleichzeitig steigt die Anzahl an Strafdelikten (Einbrüche, Überfälle auf den dunklen Straßen etc.). Erste Bürgerwehren organisieren sich.
		In den landwirtschaftlichen Betrieben verenden unzählige Tiere (Kühe, Geflügel, Schweine). Entsprechende Abdeck- und Kühlmöglichkeiten existieren nicht mehr. Die Bezirksregierungen ordnen die Verbrennung der Tierkadaver an. In den ländlichen Gebieten sind diese Feuer kilometerweit zu sehen.

2 Naturgefahren

Tabelle 4: *Akute Lageentwicklung aufgrund des Wintersturms »Erebos« (Beispielhafte Schadenlagen und fiktive erste Maßnahmen) – Fortsetzung*

		FIKTION
Zeit	**Ort**	**Ereignis**
	Duisburg	Die Gebiete, die unterhalb des Rheinpegels liegen, drohen aufgrund der ausgefallenen Pumpen vom Grundwasser überflutet zu werden.
	GMLZ/Auswärtiges Amt	Zahlreiche Hilfeangebote aus der EU sowie weiteren Staaten (u. a. der USA, Russland und aus Nordafrika) sind eingegangen.
Mi 24:00	Bundesweit	Die Krankenhäuser in den Regionen, in denen Stromausfall herrscht, arbeiten im Notbetrieb mit verringerten Kapazitäten.
	Bayern/ Baden-Württemberg	Der Rhein ist weiterhin für die Schifffahrt gesperrt. Zusammen mit den Straßensperrungen besteht somit eine erhebliche Beeinträchtigung der Rohstoffversorgung für die Bundesländer Bayern und Baden-Württemberg.
	Berlin	Im Märkischen Viertel gehen Polizisten und Soldaten von Wohnung zu Wohnung, um Hilfsbedürftige (besonders Ältere und Kranke) zu finden und den Notaufnahmestellen zuzuführen.
Do 08:00	Bundesweit	Bewohner aus den Bereichen ohne Stromversorgung verlassen das Gebiet. Es bilden sich lange Staus, in denen mehr und mehr Fahrzeuge aufgrund von Treibstoffmangel liegen bleiben. Hilfsorganisationen und THW versuchen die festsitzenden Menschen zu versorgen. Menschen, die in den betroffenen Gebieten verbleiben müssen (Kranke und deren Angehörige) und vor allem alleinlebende (ältere Menschen) werden zunehmend verzweifelt oder depressiv. Die Verschwörungstheorien (vom Angriff Außerirdischer bis zum Weltuntergangsphantasien) verbreiten sich lawinenartig und können von den Behörden aufgrund der eingeschränkten Kommunikationsmöglichkeiten nur sehr rudimentär bekämpft werden.

Tabelle 4: *Akute Lageentwicklung aufgrund des Wintersturms »Erebos« (Beispielhafte Schadenlagen und fiktive erste Maßnahmen) – Fortsetzung*

		FIKTION
Zeit	**Ort**	**Ereignis**
	Köln	In Köln ist die zentrale Trinkwasserversorgung zusammengebrochen.
		Die Bezirksregierung Köln bittet auf private Autofahrten zu verzichten. Fahrzeuge mit ausreichend Treibstoff sollten für Notfälle zurückgehalten werden. Minaralölhändler und -spediteure werden gebeten, sich umgehend in ihre Betriebe zu begeben. Vertreter der Stadt werden mit ihnen Kontakt aufnehmen, um die Treibstoffversorgung für die wichtigen Bereiche zu organisieren. Speditionen werden gebeten, ihre Lkw mit Fahrern dem Krisenstab zur Verfügung zu stellen.
Do 16:00	Berlin	Es gehen zahlreiche Anfragen aus dem Märkischen Viertel ein, wie sich die Bewohner versorgen sollen. Besonders Bewohner ab der 10. Etagen klagen über die Unzumutbarkeit, die Versorgung über den Treppenraum sicherzustellen.
	Frankfurt/ München/ Nürnberg,/ Leipzig	Der Flughafen Frankfurt öffnet für Notflüge. Die Stadt Frankfurt beginnt mit Hilfe der Bundeswehr (MedEvac) und der Lufthansa Patienten nach München, Nürnberg und Leipzig zu evakuieren. Die entsprechenden Rettungsdienste führen die Transporte zwischen Krankenhäusern und Flughäfen durch.
	Großstädte	Besonders die Bioabfalltonnen der Hochhäuser sind mit verderbenden Lebensmitteln überfüllt, die die Menschen aufgrund der nicht mehr funktionierenden Kühlschränke entsorgen. In vielen Großstädten kommt es zu einer erheblichen Reduzierung des Drucks in den zentralen Wasserversorgungssystemen, was zu weiteren Einschränkungen der Trinkwasser- und Löschwasserversorgung führt.
	Bundesregierung	Die Bundesregierung bittet die EU die Koordinierung der medizinischen Hilfe aus dem Ausland zu übernehmen. Entsprechende Einweisungsstellen für Hilfseinheiten werden an den deutschen Grenzen und Flughäfen eingerichtet. Gleichzeitig bittet sie die NATO, die strategische (Lang-

2 Naturgefahren

Tabelle 4: *Akute Lageentwicklung aufgrund des Wintersturms »Erebos« (Beispielhafte Schadenlagen und fiktive erste Maßnahmen) – Fortsetzung*

\multicolumn{3}{c}{FIKTION}		
Zeit	Ort	Ereignis
		strecken) Versorgung aus der Luft zu übernehmen. Verschiedene Luftbrücken werden eingerichtet. Die taktische (Hubschrauber) Verteilung der Versorgungsgüter organisiert die Bundeswehr.
Do 24:00	Bundesweit	Erste Krankenhäuser melden erhebliche Einschränkungen in der medizinischen Versorgung. Erste Engpässe bei der Bargeldversorgung treten auf. Schwarzmärkte etablieren sich.
Fr 12:00	Hochsauerland	Engpässe bei der Lebensmittelversorgung. Zufahrtstraßen zu einigen Gebieten sind weiterhin gefährdet. Hubschrauberflüge sind aufgrund des weiterhin schlechten Wetters nur eingeschränkt möglich.
	Berlin	Die Anzahl von Rettungseinsätzen im Bereich Märkisches Viertel steigt. Insbesondere Kranke, Kinder und alte Menschen müssen mit Folgen der Mangelversorgung eingeliefert werden. Die Bezirksverwaltung Reinickendorf öffnet zusätzliche Versorgungsstellen. Die Wasserver- und -entsorgung ist komplett ausgefallen. Die Bevölkerung in den Hochhäusern wird gebeten, Chemietoiletten zu nutzen, die die Bezirksverwaltung auf Plätzen und Straßenkreuzungen aufstellen lässt. Vermehrt verlassen Bewohner mittels ihrer privaten Kfz das Märkische Viertel. Die Stimmung in der Bevölkerung beruhigt sich – die Situation wird von mehr und mehr Menschen akzeptiert. Die Solidarität innerhalb der Bevölkerung steigt. Das Leben ohne Strom spielt sich ein.
Fr 24:00	Süddeutschland	Aufgrund der Sperrung des Rheines und der Störungen auf den Bundesstraßen kommt es zu ersten Defiziten bei der Ressourcen-Versorgung der Industrie.

Tabelle 4: *Akute Lageentwicklung aufgrund des Wintersturms »Erebos« (Beispielhafte Schadenlagen und fiktive erste Maßnahmen) – Fortsetzung*

	FIKTION	
Zeit	**Ort**	**Ereignis**
	Großstädte	In einigen Bereichen fangen die Menschen an, die Bioabfälle im öffentlichen Bereich zu verbrennen. Dabei kommt es vor, dass die Feuer auf benachbarte Gebäude übergreifen, was die Feuerwehren aufgrund der allgemeinen Einsatzbelastung und der Löschwasserknappheit vor erhebliche Probleme stellt.
	Mannheim	Nachdem die Dieselreserven der Notstromaggregate erschöpft sind, kommt es in einem Betrieb der Chemischen Industrie zu einer Explosion, in deren Folge eine die Augen reizende Wolke austritt, die sich über das westliche Stadtgebiet ausbreitet.
Sa 12:00	Bundesregierung	Die Bundesregierung ordnet an, Dieselreserven für eine weitere Woche für die Notkühlsysteme der deutschen AKW zu bevorraten.

2.2 Herausforderungen und Lösungsansätze für eine Kommunalverwaltung

Andreas H. Karsten

Den Gemeinden und Kreisen kommt die entscheiden Rolle bei der staatlichen Bewältigung der Lage zu. Sie sind diejenigen, die die praktischen Leistungen für die Betroffenen zur Verfügung stellen müssen. Landes- und Bundesverwaltungen obliegen überwiegend unterstützende Aufgaben. Deshalb sollen im Folgenden beispielhaft einige Lösungsansätze für das beschriebene Szenario Wintersturm für die Kommunalverwaltungen aufgezeigt werden. Die Lösungsansätze sind weder vollständig noch sind sie speziell auf dieses Szenario zugeschnitten. Entsprechend dem Resilienzansatz sind die Lösungsansätze allgemeiner gehalten (All Hazard Approach), so dass sie möglichst für alle Szenarien einschließlich eines Black Swan Ereignisses geeignet sind.

Ausgangspunkt aller Überlegungen ist die Frage nach den Leistungen, die die kommunalen Verwaltungen auf jeden Fall aufrechterhalten müssen. Diese Leistungen lassen sich direkt aus dem Grundgesetz ableiten (siehe Kapitel A.4.1): sie müssen in der Akutlage das Leben der Menschen schützen bzw. retten und eine Lebensqualität der Betroffenen garantieren, die so wenig wie möglich vom Normalzustand abweicht. Mittelfristig in der Recovery-Phase müssen sie möglichst eine höhere Lebensqualität als vor der Krise erreichen.

Wesentliche Leistungen, die sichergestellt werden müssen, sind in Anlehnung an die Bedürfnispyramide nach Maslow[43] (Mayer 2018):

- Öffentliche Sicherheit und Ordnung
- Trinkwasser- und Lebensmittelversorgung
- Abwasser und Abfallentsorgung
- Unterbringung, Wohnungen
- Medizinische, einschließlich psychologische Versorgung
- Betreuung von Hilfsbedürftigen (ohne Wertung durch die Reihung: Kinder, ältere Menschen, Menschen mit Einschränkungen (einschließlich sprachlichen), Obdachlose usw.).

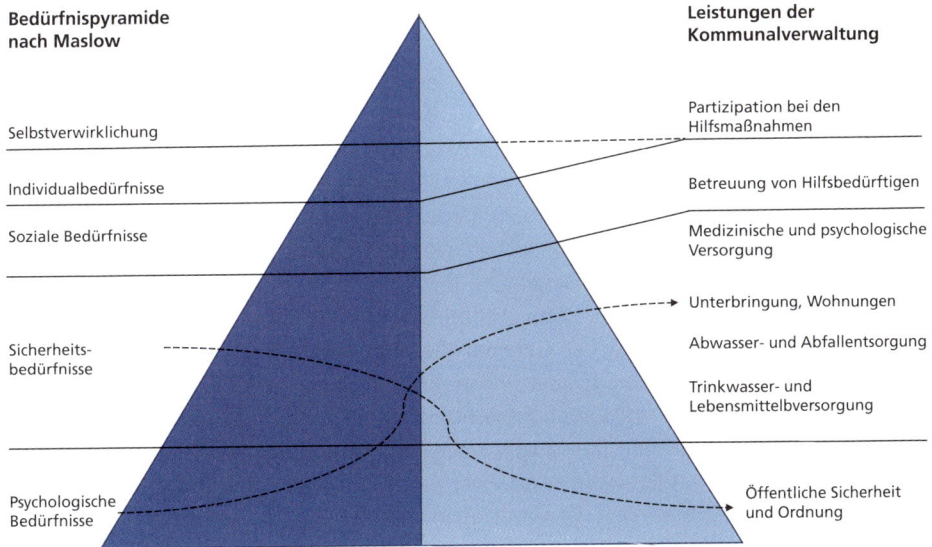

Bild 17: *Vergleich der Bedürfnispyramide nach Maslow mit den Leistungen der Kommunalverwaltung, die sichergestellt werden müssen.*

---

43 Abraham Maslow (1908–1970) beschreibt in dieser hierarisch aufgebauten Pyramide die verschiedenen Grundbedürfnisse des Menschen. Hieraus lässt sich auch ein Rückschluss auf die Motivation einer Person schließen.

Grundsätzlich sind die physiologischen Bedürfnisse die wichtigsten für das Überleben der Menschen. Menschen können sehr lange ohne Sicherheit (z. B. in einem Krieg) überleben, wenn sie über Nahrung und Trinkwasser verfügen. In einer modernen Wohlstandsgesellschaft wie in Deutschland kann aber der Verlust des Sicherheitsgefühls noch vor dem Eintreten einer Mangelversorgung an Trinkwasser und Lebensmitteln eine Krisensituation erheblich verschlechtern. Daher sind die physiologischen und die Sicherheitsbedürfnisse in unserer Gesellschaft am Anfang einer Krisensituation gleichrangig zu beachten. Die sozialen Bedürfnisse sollten z. B. bei der Wahl der Notunterkünfte berücksichtigt werden. Und das Bedürfnis der Wertschätzung kann durch die Einbindung in die Krisenbewältigung befriedigt werden. So sollten die Betroffenen nicht als Opfer, sondern als wertvolle Helfer in der Krise von den Gefahrenabwehrbehörden betrachtet werden.

Öffentliche Sicherheit und Ordnung
Das erste wesentliche Rechtsgut, das in dem beschriebenen Szenario gefährdet sein wird, ist vermutlich die öffentliche Sicherheit und Ordnung. Eine Vielzahl von Reisenden befinden sich gestrandet auf Straßen, in Bahnhöfen und Flughäfen. Und aufgrund des Stromausfalles werden Wohngebiete des Nachts vollkommen dunkel sein.

Neben den Polizeien, die für die Akutlagen zuständig sind (siehe Kapitel D.2.3), fällt dem Ordnungsamt die wesentlichen Aufgaben zur Sicherstellung der öffentlichen Sicherheit und Ordnung zu. Diese Aufgabe muss 24/7 sichergestellt sein. So muss das Ordnungsamt z. B. auch in der Nacht in der Lage sein, Platzverweise oder Ausgangssperren zu verhängen.

Dass die Eigentümer bzw. Nutzer von Grundstücken, Bauwerken, Schiffen, Fahrzeugen usw. diese den Gefahrenabwehrbehörden für den Einsatz zur Nutzung zur Verfügung stellen müssen, ist in den jeweiligen Katastrophenschutzgesetzen bzw. Sicherheits- und Ordnungsgesetzen der Länder festgeschrieben (siehe Kapitel A.4.1). Aber einer entsprechenden schriftlichen Anordnung durch das Ordnungsamt dürfte eher gefolgt werden als einer mündlichen Anordnung der Einsatzleiterin. Obwohl Letzteres nach der Gesetzeslage ausreichend ist.

Unterbringung, Wohnungen
Fundamentale Anforderung bei der Unterbringung von Personen ist das Prinzip, dass die üblichen sozialen Strukturen so weit wie möglich erhalten bleiben sollen. Das heißt:
- Familien werden zusammen untergebracht
- Nachbarn werden nebeneinander untergebracht

- Stadtviertel, Ortsgemeinden, Dörfer werden zusammen untergebracht
- usw.

Dies ist entscheidend, um den Stress und die Gefahr von Traumata für die Betroffenen zu minimieren. Deshalb sollten die »natürlichen« nichtkommunalen Führungs-, Vertrauens- und Respektpersonen der Gemeinschaften wie Geistliche, Elternsprecher, Leiter der Schulen und Kindergärten, Vorsitzende von lokalen Vereinen (z. B. Sport- oder Kleingartenverein), Ärzte, Apotheker bei der Verwaltung/dem Betreiben der Unterkünfte mit eingebunden werden. Im besten Fall hat man dies im Vorfeld in einem »örtlichen Resilienz-Rundentisch« bereits vorbereitet. Die Zivilgesellschaft kann den entscheidenden Unterschied zwischen Versagen in einer Krise und deren Beherrschung ausmachen.

Das Unterbringungskonzept sollte drei unterschiedliche Unterkunftsarten unterscheiden:
- dezentrale Auffanglager
- zentralisierte Durchgangslager
- Langzeitunterkünfte

Die dezentrale Unterbringung in kleinen Unterkünften bringt neben den psychologischen Vorteilen auch eine leichtere innere Organisation und leichtere Aufrechterhaltung von Sicherheit und Ordnung mit sich. Nachteilig sind der erhöhte Personalbedarf und der größere Aufwand an Logistik und externer Organisation sowie Sicherstellung der medizinischen Versorgung.

Wie genau solche Unterkünfte zu betreiben sind, ist ausführlich in der Literatur über Betreuungsdienste (z. B. Bayrisches Rotes Kreuz 1991, Peter 2001, KatS-DV 600 HE 2012) beschrieben. Als Mindeststandard in extremen Ausnahmesituationen kann das UNHCR Emergency Handbook angesehen werden. Denken Sie bitte bei der Einrichtung an Ihre eigene Familie: was benötigt diese? Spielende Kinder gehen in der Regel den Erwachsenen weniger auf die Nerven (und vergrößern dadurch nicht die allgemeine Stresssituation in einer Unterkunft) als gelangweilte. Ein »Kinderspielplatz« sollte noch vor einer »Raucherecke« eingerichtet werden.

Von diesem Grundsatz der dezentralen, sozialverträglichen Unterbringung ist unter anderem aufgrund des Schutzes vor einer Pandemie oder Epidemie abzuweichen. Hier stehen Quarantänefragen im Vordergrund. Für deren Anordnung ist das Gesundheitsamt zuständig. Für deren Umsetzung bedarf es die Zusammenarbeit vieler Ämter und ggf. die Hilfe von Landes- und Bundesbehörden, wie den Polizeien.

D Schockereignisse/Szenario-basierte Diskussion

Auch sollte überlegt werden, ob spezielle »Versorgungsunterkünfte« für Menschen, die eine regelmäßige medizinische oder psychologische Behandlung benötigen (z. B. für Dialyse- und Heimbeatmungspatienten) eingerichtet werden sollten. Zudem kann es notwendig sein, spezielle »Rolli-Unterkünfte« für gehbehinderte Menschen einzurichten, da der Aufwand jede Unterkunft auch barrierefrei herzurichten, schwer umzusetzen ist.

Eine besondere Herausforderung sind Haustiere, die eine wesentliche psychologische Stütze für ihre Besitzer – besonders natürlich in Krisensituationen – darstellen können. Sie sollten deshalb nicht von ihren Besitzern getrennt werden. Gleichzeitig ist aber zu beachten, dass viele Menschen Angst vor Tieren haben oder allergisch auf bestimmte Tiere reagieren. Deshalb sind – abweichend vom obigen Grundsatz – Tierbesitzer mit ihren Tieren in speziellen Unterkünften zusammenzuführen. Dabei ist darauf zu achten, dass die Tierarten so nebeneinander untergebracht werden, dass sie sich gegenseitig möglichst wenig beeinflussen. Eine »Hund-und-Katz-Atmosphäre« ist zu vermeiden.

Bei allen Unterbringungen ist ein Ordnungsdienst und ein Reinigungsdienst vorzusehen. Dabei kann in weiten Teilen die Zivilgesellschaft eingebunden werden. Für besonders sensible Bereiche (Küchen, Essenausgabe, Sanitäreinrichtungen und medizinische Behandlungsbereiche) sind solange wie möglich professionelle Reinigungsdienste einzusetzen.

Umso länger eine Unterbringung andauert, je eher muss die Lebensqualität in ihnen dem Normalzustand in Deutschland ähneln. Dazu ist es notwendig, die Betroffenen in Durchgangslagern und dann abschließend in Langzeitunterkünfte unterzubringen. Dabei gilt wieder der Grundsatz so dicht wie möglich, ohne die Stresssituation in dem Katastrophengebiet unverhältnismäßig zu erhöhen. Betroffene wollen möglichst nah zu ihrem Zuhause verbleiben, ist dies nicht möglich, sollten auch hier soziale Strukturen möglichst erhalten bleiben. Auch ist es sinnvoll Städter in vergleichbare Städte und Betroffene aus Dörfern in Dörfern unterzubringen.

Damit ein Gebäude als Notunterkunft verwendet werden kann, muss es einige Voraussetzungen zwingend erfüllen.
- Es muss auch bei Ausfall der zentralen Stromversorgung über eine ausreichende Notstromversorgung verfügen. Wichtig ist, dass eine Notstromversorgung für jede Unterkunft einsatzmäßig zur Verfügung steht. Sich darauf zu verlassen, dass im Einsatzfall, Stromaggregate beim örtlichen Baumarkt beschafft werden können oder die Generatoren

von den Einsatzfahrzeugen der Feuerwehr, des THWs oder der Hilfsorganisationen genutzt werden können, wäre grob fahrlässig.
- Es muss ausreichend, über die geplante Nutzungsdauer beheizbar sein. Im besten Fall, ohne dass Brennstoff oder Kraftstoff für die Notstromversorgung einer Elektroheizung in dieser Zeit nachgeliefert werden muss.
- Als Unterkünfte sind Gebäude auszuwählen, die gut mit Transportfahrzeugen für die Anlieferung von Trinkwasser und Lebensmitteln zu erreichen sind. Zusätzlich ist die Befahrbarkeit der Zuwege sicherzustellen.
- Ein entsprechender Lieferservice und Lagermöglichkeit im Gebäude sind auch für die Versorgung mit Medikamenten und Hygieneartikel vorzusehen.
- Eine Notunterkunft muss über eine gute Zugänglichkeit und sichere Umfriedung verfügen. Sie sollten zentral gelegen sein, damit sie für die Betroffenen leicht zu erreichen sind und über ausreichend Parkmöglichkeiten verfügen.
- Im Idealfall kann das Abwasser der Unterkunft in eine Sickergrube ohne Einsatz von Pumpen (nur die Gravitation nutzend) umgeleitet werden.
- Der Abfall ist so zu lagern, dass er zum einen keine Seuchengefahr für die Bewohner der Notunterkunft darstellt und zum anderen gut durch Fahrzeuge der Abfallwirtschaft erreicht werden kann.
- Für alle Unterkünfte ist ein Wartungs- und Instandhaltungsdienst vorzusehen. Grundsätzlich sollten hierfür kommunale Bedienstete vorgesehen werden. Die entsprechenden Fachgruppen zum Beispiel des THW sind für nicht planbare Einsatzaufgaben (von denen es im Krisenfall eine Menge geben wird) vorzuhalten.
- Auch Notunterkünfte sollten so lange wie möglich in einer Krise den baurechtlichen und hygienischen Vorschriften entsprechen. Eine entsprechende Abnahme vor der Inbetriebnahme und regelmäßige Überprüfungen während des Betriebes durch das Bauordnungs- und das Gesundheitsamt sollte vorgesehen werden.

Trinkwasser- und Lebensmittelversorgung
Die Trinkwasserversorgung aus Notbrunnen sowie eine Lebensmittelversorgung mittels Langzeit lagerfähiger Lebensmittel darf nur die Ultima Ratio darstellen. Deshalb ist eine entsprechende Lagerhaltung (z. B. Kühlung) in den Notunterkünften und eine entsprechende Logistik zu den Unterkünften vorzusehen bzw. vorzuplanen. Für die Logistik bieten sich Kooperationen mit der Privatwirtschaft an.

Bei der Lebensmittelversorgung ist an alle Menschen in dem Zuständigkeitsbereich zu denken (den Sesshaften und den beim Ausbruch der Krise zufällig Anwesenden). So sollten Baby- und Kindernahrung genauso vorgehalten werden, wie veganes Essen oder koscheres bzw. Halal. Ein Blick in die Einwohnermelderegister gibt einen guten ersten Überblick über den Bedarf.

Bei längeren Unterbringungen sollte auf eine gesunde und abwechslungsreiche Nahrungsversorgung geachtet werden. Neben den gesundheitlichen Folgen hat Essen auch einen nicht zu unterschätzenden Einfluss auf das psychische Wohlergehen von Menschen. Manche Konflikte können mittels eines guten Kochs schon im Entstehen entschärft werden.

Muss doch auf Notbrunnen oder auf mobile Wasseraufbereitungsanlagen zurückgegriffen werden, ist die Wasserqualität durchgehend z. B. durch die staatlichen chemischen Untersuchungsämter zu überprüfen. Das nicht den EU-Kriterien für Trinkwasser entsprechende »Rohwasser« der Notbrunnen muss durch Zusätze (Chlor) zum Trinkwasser nach der Trinkwasser-Verordnung veredelt werden.

Gesundheitsversorgung

Die Gesundheitsversorgung stellt eine weitere Herausforderung für die Kommunalverwaltungen da. Viele niedergelassene Ärzte dürften über keine Notstromversorgung für ihre Praxen verfügen. Damit die Krankenhäuser nicht überlaufen und für Notfälle weiterhin zur Verfügung stehen, sollten die Kommunalverwaltungen »Not-Ärztehäuser« mit angeschlossenen Apothekenbereichen einrichten, in denen die niedergelassenen Ärzte und Apotheker ihre Dienstleistungen weiterhin der Bevölkerung zur Verfügung stellen können. Die Kombination Ärzte – Apotheker in einem Gebäude entlastet zusätzlich die Verkehrssituation, die in unserem Beispielszenario angespannt ist und reduziert gleichzeitig die Stresssituation für die Bevölkerung.

Wie die Hitzeperiode in Frankreich 2003 zeigte (siehe Kapitel D.2.5), versterben in Extremsituation eine Vielzahl von Menschen (besonders ältere) unbemerkt in ihren Wohnungen. Diesen Mangel an familiärer und nachbarschaftlicher Sorge müssen die Kommunalverwaltungen ausgleichen. Dazu ist es erforderlich, alle Wohnungen regelmäßig zu begehen und nach dem Wohlergehen der Bewohner zu schauen. Ggf. müssen sie unter Anwendung von Zwangsmittel den Notaufnahmeeinrichtungen zugeführt werden. Da die meisten Gefahrenabwehrbehörden nicht über das notwendige Personal für solch eine Aufgabe über eine längere Zeitspanne verfügen, ist auch hier die Einbindung der Zivilgesellschaft angezeigt.

Einige besonders gefährdete Personen können anhand der Daten der Sozialämter ermittelt werden und dann besonders beobachtet und ggf. betreut werden.

Bei dem betrachteten Wintersturmszenario sind naturgemäß die Obdachlosen unmittelbar und besonders betroffen. Diese Gruppe wird als erste Hilfe benötigen.

Sicherstellung der Handlungsfähigkeit und unterstützende Maßnahmen

Neben den Feuerwehren benötigen die Kommunalverwaltungen weitere – rund um die Uhr arbeitsfähige – Ämter, wie z. B

- das Personalamt,
- Rechtsamt,
- Kämmerei und Stadt- bzw. Kreiskasse,
- Sozial- und Einwohnermeldeamt,
- das Schulverwaltungsamt, Gesundheitsamt und Bauordnungsamt,
- Stadtreinigung, Grünflächenamt, Forstamt, Tiefbauamt und Schlacht- und Viehhof
- sowie Presseamt.

Das Personalamt muss die notwendigen Mitarbeiterinnen zur Verfügung stellen. Dazu bedarf es unter Umständen einer Änderung der Arbeitszeiten, Anordnung von Mehrarbeit oder das Zurücknehmen von Urlaubsgenehmigungen oder Abordnungen. Im besten Fall geschehen diese Maßnahmen einvernehmlich mit den betroffenen Mitarbeitern und den Personalvertretungen. Dabei sind die besonderen Arbeitsschutzbestimmungen wie Jugendarbeitsschutz-, Mutterschaftsschutz- und Behindertenschutzgesetze und die entsprechenden Verordnungen zu beachten.

Bei allen Anordnungen, die gravierend in die Rechte von Bürgern eingreifen, ist es sinnvoll, sie mit dem Rechtsamt abzusprechen. Auch sollte zusammen mit dem Rechtsamt Bürgerinformationen (z. B. bei der Inanspruchnahme eines Hotels als Notunterkunft über Vergütungs- und Haftungsfragen) angefertigt werden.

In dem beschrieben Szenario werden schnell die finanziellen Mittel der unterschiedlichen Ämter (z. B. der Feuerwehr oder des Rettungsdienstes), die für Notlagen eingeplant sind, erschöpft sein. Dann muss die Kämmerei weitere Finanzmittel zur Verfügung stellen. Häufig ist es leichter, Güter und Dienstleistung mittels Bargeld einzukaufen. Deshalb sollte auch die Stadtkasse eine entsprechende Arbeitsfähigkeit in einer Krisensituation sicherstellen. In diesem Zusammenhang ist darauf hinzuweisen, dass das kommunale Beschaffungsrecht und das Haushaltsrecht durch eine Krisenlage nicht automatisch außer Kraft gesetzt werden. Im Idealfall entsprechen die Beschaffungsvorgänge in der Krise den üblichen. Im Notfall können natürlich Güter und Dienstleistungen auch mittels Zwangsmaßnahmen der Katastrophenschutzgesetze, der Brandschutz- und Feuerwehrgesetze bzw. der Sicherheits- und Ordnungsgesetze angefordert werden (siehe Kapitel A.4.1).

D   Schockereignisse/Szenario-basierte Diskussion

Die Daten der Sozial- und Einwohnermeldeämter bieten viele Informationen über die soziale Zusammensetzung der betroffenen Menschen. Anhand dieser Daten lassen sich Gebiete identifizieren, in denen besonders viele vulnerable Menschen leben und die deshalb eine hohe Priorität bei Versorgungs- und Unterbringungsfragen bekommen müssen.

Nicht nur das Schulverwaltungsamt ist bei der Bereitstellung und Herrichtung von Notunterkünften gefragt, sondern auch wie oben beschrieben das Gesundheits- und das Bauordnungsamt. Ohne deren Expertise ist eine längerfristige Unterbringung von Menschen nicht möglich.

Eine Reihe von Ämtern müssen Primär- und Sekundärschäden eines Sturmes beheben, um die allgemeine Situation zu verbessern. So müssen die Stadtreinigung, das Grünflächenamt und das Forstamt sowie das Tiefbauamt die Straßen und Wege von Schnee, Eis und Sturmschäden befreien, damit der Verkehr zum Beispiel zur Versorgung der Notunterkünfte aufrechterhalten werden kann. Der Schlacht- und Viehhof muss versuchen, zum einen die Lebensmittelversorgung zu unterstützen und zum anderen die verendeten Tierkadaver zu entsorgen, um Seuchen zu vermeiden.

Last but not least muss das Presseamt die Arbeit der anderen Ämter durch eine entsprechende Krisenkommunikation unterstützen. Ziel muss es sein, frühzeitig die Informations- und Deutungshoheit zu bekommen. Sollten Teile der Bevölkerung den kommunalen Verwaltungen nicht mehr vertrauen, wird es für diese schwierig, notwendige (Zwangs-)Maßnahmen um- bzw. durchzusetzen. Erforderlich für eine erfolgreiche Krisenkommunikation ist, dass die Kommunalverwaltung den Menschen schon während des Alltages stets media-präsent ist. Die Informationskanäle der kommunalen Verwaltungen müssen für den Bürger eine vertraute und glaubhafte Informationsquelle sein. Unterstützt werden sollte die Krisenkommunikation durch respektierte Personen der Zivilgesellschaft. Wenn diese in ihren Einflusskreisen die Informationen als wahre Tatsachen verbreiten, wird das Aufkommen von Fake News, Verschwörungstheorien u. ä. vermindert. Das Presseamt sollte auch vorbereitet sein, bei Ausfall der üblichen Kommunikationskanäle (Rundfunk, Printmedien, Internet, Social Media, etc.) die Information an die Bevölkerung zu übermitteln. Hier bieten sich »Wandzeitungen«, an strategischen Orten ausgehängt, an. Hierüber sollte die Bevölkerung regelmäßig vor der Krisensituation informiert werden.

Wie im Kapitel D.2.3 für die Polizeien näher ausgeführt, sollten die kommunalen Verwaltungen weitere Vorbereitungen treffen, um

- ggf. eigenes Personal nahe ihrem Dienstort unterzubringen, da die Verkehrslage angespannt ist,
- ggf. besondere Unterbringungs- und Versorgungsangebote für die Angehörigen der Kommunalverwaltung einzurichten («Mitarbeiterkindergar-

ten«, -pflegeeinrichtung). Nur wenn die Mitarbeiterinnen sicher sind, dass ihre Familienangehörigen in Sicherheit sind, werden sie ihre Aufgabe für die Kommune mit der notwendigen Qualität nachkommen können. Menschen, die sich Sorgen um ihre Lieben machen, bringen besonders in stressigen Situationen keine guten Leistungen,
- die Treibstoffversorgung für eigene Fahrzeuge auch bei Stromausfall sicherzustellen,
- die Telefonabfragekapazitäten des Notrufes 112 und des Behördentelefons 115 zu erhöhen und längerfristig sicherstellen zu können,
- eine kurzperiodisch aktualisierte interne Öffentlichkeitsarbeit zu etablieren,
- die Kommunikation innerhalb der eigenen Verwaltung und zu wichtigen Partnern aufrechtzuerhalten.

24/7 muss der Führungs- und der Verwaltungsstab bzw. der Gesamtstab arbeitsfähig sein. Aber auch das Büro des Bürgermeisters, Oberbürgermeisters oder Landrates sowie die oben angeführten anderen Ämter sollten arbeitsfähig bleiben. In diesem Zusammenhang ist auch sicherzustellen, dass man jederzeit auf benötigte Daten zugreifen kann, selbst wenn die eigene IT ausfallen sollte. Als Ultimo Ratio sollten die entscheidenden Daten als Hardcopy vorliegen.

2.3 Herausforderungen und Lösungsansätze für die Polizei im Szenario »Erebos«

Nicole Bernstein

Polizei in Deutschland
In Deutschland gibt es aufgrund des föderalistischen Staatssystems insgesamt neunzehn Polizeien: sechzehn Polizeien der Bundesländer, die Bundespolizei, das Bundeskriminalamt und die Polizei des Deutschen Bundestages. Allgemein ist die Aufgabe der Polizei die Aufrechterhaltung der öffentlichen Sicherheit und Ordnung. Grundsätzlich wird die Aufgabe von den Länderpolizeien wahrgenommen. Die Bundespolizei hat sonderpolizeiliche Aufgaben, die im Bundespolizeigesetz geregelt sind. Das Bundeskriminalamt ist eine international tätige Zentralstelle der deutschen Polizei. Es führt Ermittlungen durch, forscht, entwickelt, analysiert und hat Aufgaben im Bereich des Personenschutzes. Die Polizei beim Deutschen Bundestag ist die für den Bereich des Deutschen Bundestages zuständige Polizei. Sie übt für den Präsidenten

des Deutschen Bundestages die ihm nach Art. 40 Abs. 2 des Grundgesetzes übertragene Polizeigewalt in den Gebäuden und auf dem Gelände des Bundestages aus.

Der Personalbestand der Polizei ist ein »Querschnitt der Gesellschaft«, das heißt von einem Szenario wie dem hier zu Grunde gelegten Wintersturm »Erebos« sind die Mitarbeiter und Mitarbeiterinnen der Polizei genauso betroffen wie die Bürger und Bürgerinnen. In ihrer originären Funktion hat die Polizei Sicherheits- und Ordnungsaufgaben, so dass in einer derartigen Lage mit einem stark erhöhten Einsatzaufkommen zu rechnen ist, welches mit dem verfügbaren Personalbestand zu bewältigen ist.

In den zurückliegenden Jahren wurde die Polizei in die Einsparungsmaßnahmen der öffentlichen Haushalte einbezogen. Dies führte dazu, dass der Altersdurchschnitt in etlichen Dienststellen teilweise auf rund fünfzig Lebensjahre gestiegen ist. Durch den demografischen Wandel wurde Personal abgebaut, bei Pensionierungen wurden die freiwerdenden Stellen nicht nachbesetzt. Dies können auch die derzeitigen Einstellungs- und Ausbildungsoffensiven der Polizeien nicht wettmachen. Denn die Ausbildung eines Polizeibeamten/einer Polizeibeamtin im mittleren Polizeivollzugsdienst dauert – sofern diese Laufbahn in der Polizei überhaupt noch verfügbar ist – zweieinhalb Jahre, die eines Beamten/einer Beamtin im gehobenen Polizeivollzugsdienst drei Jahre und die eines Beamten/einer Beamtin im höheren Dienst sechs Monate bzw. zwei Jahre. Im höheren Dienst hängt die Dauer der Ausbildung von dem Vorabschluss ab. So nehmen Bewerber/Bewerberinnen mit einem 2. juristischen Staatsexamen überwiegend nur am sogenannten Studienkurs teil, welcher ihnen in sechs Monaten prüfungsfrei die inhaltlichen Besonderheiten des Polizeiberufs näher bringen soll. Die Terroranschläge der vergangenen Jahre haben dazu geführt, dass alle Polizeien einen nennenswerten Personalaufwuchs haben und versuchen, sich die besten Bewerber und Bewerberinnen auf dem Markt der Schul- und Studienabgänger zu sichern.

Darüber hinaus sind nicht alle Dienststellen mit 100 Prozent des vorgesehenen Personalsolls ausgestattet. Fremdverwendungen, Abordnungen und die Vereinbarkeit von Familie und Beruf wirken sich zusätzlich negativ auf das Personalsoll aus. So werden Beamte/Beamtinnen auf Planstellen geführt, die tatsächlich aber längerfristig abwesend sind. Einen Personalersatz gibt es nur teilweise.

Für bestimmte Szenare gibt es bereits bestehende Einsatzkonzeptionen, die jedoch ständig aktualisiert, überprüft und geübt werden sollten. Vor allem sind allgemeine Konzeptionen vorgesetzter Ebenen auf die jeweilige Dienststelle anzupassen.

1 Personal

In den örtlichen Polizeidienststellen sind das Streifen- und das Leitstellenpersonal im Wechselschichtdienst eingesetzt. Der Innendienst und der Ermittlungsdienst/die Kriminalpolizei sind im Regelfall im Tagesdienst tätig. Es gibt auch zahlreiche örtliche Kleinstdienststellen, die nur im Tagesdienst tätig sind bzw. Dienstverrichtungsräume, die lageabhängig mit Personal besetzt werden.

Darüber hinaus gibt es noch Komponenten der Bereitschaftspolizei auf Länder- und Bundesebene, die für besondere Einsatzanlässe vorgehalten werden. Der besondere Einsatzwert dieser Einheiten besteht im Regelfall im geschlossenen Einsatz. Durch Großeinsätze der vergangenen Jahre (z. B. G20, G7, Migrationslage) haben die Beamten/Beamtinnen in den Einsatzeinheiten zahlreiche Überstunden aufgebaut, so dass Teile dieser Dienststellen regelmäßig im Dienstfrei sind. Für die Bundespolizei mit ihren polizeilichen Sonderaufgaben sind die an der deutschen Südgrenze angeordneten vorübergehenden Grenzkontrollen ein Faktor, der Personal aus den geschlossenen Einheiten im gesamten Bundesgebiet bindet.

Des Weiteren gibt es in den Polizeien Spezialeinheiten mit unterschiedlichen Aufgaben. Diese werden in den vorliegenden Betrachtungen jedoch vernachlässigt.

Die nachfolgenden Gliederungspunkte werden mit Bezug auf die Mitarbeiter und Mitarbeiterinnen der Dienststellen betrachtet. Im weiteren Text wird die Betrachtung in Bezug auf die Lage der Öffentlichkeit vorgenommen.

1.1 Gesundheit

Die Grippeepidemie hat auch vor den Polizeidienststellen nicht Halt gemacht, so dass der Personalbestand zusätzlich ausgedünnt ist. Die Beamten/Beamtinnen sind entweder selbst betroffen oder nehmen Betreuungspflichten für ihre erkrankten Kinder und/oder Familienangehörigen wahr.

Um den Wach- und Wechseldienst mit Mindeststärke aufrecht erhalten zu können, wurden bereits Beamte aus dem Dienstfrei zurückgeholt und die kleineren Polizeidienststellen geschlossen. In etlichen Dienststellen wurde der Dienstbetrieb auf Zwölf-Stunden-Schichten umgestellt, um das fehlende Personal auszugleichen. Dies bedeutet, dass ein erhöhtes Einsatzaufkommen mit weniger Personal zu leisten ist. Ein Schichtdienst von zwölf Stunden, zu denen die persönlichen An- und Abreisezeiten zu den Dienststellen kommen, ist nur zeitlich befristet von den Beamten/Beamtinnen zu leisten, da dieser zu erheblichen körperlichen und mentalen Belastungen führt. Dies wiederum kann weitere Ausfallzeiten bei den Mitarbeitern und Mitarbeiterinnen auslösen.

D Schockereignisse/Szenario-basierte Diskussion

1.2 Transport und Verkehr

Polizeibeamte und Polizeibeamtinnen nehmen zum Dienst teilweise lange Anfahrtswege in Kauf: eine bis eineinhalb Stunden einfache Wegstrecke sind keine Seltenheit. Bei der Bundespolizei sind mit diesen Anfahrtszeiten manchmal auch weite Wegstrecken verbunden. Gerade in Ballungsräumen wie z. B. Frankfurt am Main gibt es eine nennenswerte Anzahl von Beamten und Beamtinnen, die die Schnellfahrverbindung mit dem ICE aus dem Köln-Bonner-Raum nutzen.

1.2.1 ÖPNV

Zahlreiche ÖPNV-Verbindungen fallen aufgrund der Grippeerkrankungen des Fahrpersonals aus. Dadurch verspäten sich Beamte und Beamtinnen zum Schichtbeginn, was die Dienstschichten im Wach- und Wechseldienst zusätzlich schwächt. Darüber hinaus haben Mitarbeiter und Mitarbeiterinnen Schwierigkeiten, nach dem Dienst reibungslos ihre Wohnorte zu erreichen.

Die Fahrzeiten verlängern sich insgesamt, was dazu führt, dass Mitarbeiter und Mitarbeiterinnen verspätet zum Dienst erscheinen und die Ruhezeiten der Beamten und Beamtinnen kürzer werden. Ein Umstieg auf die privaten Kraftfahrzeuge verbessert die Situation nicht, wie nachfolgend beispielhaft beschrieben wird. Diese Situation wirkt sich negativ auf die Stimmung der Mitarbeiter und Mitarbeiterinnen aus und führt teilweise dazu, dass die Stimmung während der Dienstschichten gereizt ist.

Durch uniformierte Polizeibeamte und -beamtinnen kann in vielen städtischen Bereichen der ÖPNV in Uniform kostenfrei genutzt werden. Im Gegenzug sind die Beamten und Beamtinnen verpflichtet, polizeiliche Maßnahmen im ÖPNV zu treffen. In dieser Lage ist davon auszugehen, dass die Beamten und Beamtinnen mit einem erhöhten Einsatzaufkommen während ihrer An-/Abfahrten zum Dienst zu rechnen haben. Auch dürfte mit einem erhöhten Aufkommen von Widerstandshandlungen gegen Vollstreckungsbeamte zu rechnen sein, da die Stimmung in der Bevölkerung ebenfalls ob der beschriebenen Situation gereizt ist.

1.2.2 Kraftfahrzeugverkehr

Schneeräumen und Abstreuen der Straßen erfolgt im Winter nach einer Prioritätensetzung der zuständigen Winterdienste. So werden vorrangig Autobahnen und Bundesstraßen geräumt, während die städtischen Bereiche nachrangig behandelt werden. Im ländlichen Bereich ist der Winterdienst teilweise eingeschränkt. In den Nachtstunden wird der Winterdienst zudem zeitweise eingestellt.

Das erhöhte Unfallaufkommen durch die Witterungslage beeinträchtigt zusätzlich die An- und Abreisezeiten zum und vom Dienst. Dadurch wird in Einzelfällen bereits Personal auf der An- und Abfahrt vom Dienst gebunden, da sich die Beamten/Beamtinnen lageabhängig in den Dienst versetzen müssen, um die öffentliche Sicherheit und Ordnung zu gewährleisten.

Weitere Schäden durch die Wetterlage, wie zum Beispiel Wind- oder Schneebruch wirken sich ebenfalls negativ auf die Personalverfügbarkeit aus und sind analog zum Unfallaufkommen zu betrachten.

Zudem wird ein (geringer) Teil der Mitarbeiter und Mitarbeiterinnen von Eigenunfällen auf dem Weg zur Arbeit betroffen sein, aus denen Verspätungen und/oder längere Dienstausfallzeiten resultieren können.

1.2.3 Schienenverkehr

Wie bereits oben angesprochen, planen insbesondere Beamte und Beamtinnen der Bundespolizei lange An- und Abfahrtswege zu den Dienststellen ein. Dies soll am Beispiel der Verkehrsverbindung von Köln nach Frankfurt am Main exemplarisch betrachtet werden. Mit regelmäßig verkehrenden Zugverbindungen ist diese Wegstrecke von Bahnhof zu Bahnhof in 40 bis 60 Minuten zurückzulegen. Die ICE fahren auf dieser Schnellfahrstrecke teilweise im dreißig Minuten Takt. Zu dieser Fahrzeit sind noch die individuellen Wege zum Bahnhof bzw. vom Zielbahnhof bis zur Dienststelle zu addieren.

Die »normalen« und eher milden Winter der vergangenen Jahre haben gezeigt, dass es auch in diesen zeitweise und ausnahmsweise zu Betriebsbeeinträchtigungen des Bahnverkehrs kommen kann. In dieser Wintersturmlage ist damit zu rechnen, dass der Bahnverkehr auch im Fernverkehr erhebliche Beeinträchtigungen erfahren wird. Dies können Behinderungen durch Schneefall und/oder Frost sein, aber auch durch Wind- oder Schneebruch oder aber durch Elektrizitätsausfall. Unabhängig von dem Einzelfall ist davon auszugehen, dass Züge aus unterschiedlichen Gründen mit Verspätung fahren, längere Fahrzeiten benötigen oder ausfallen werden.

Bei Unwetterlagen war es in den vergangenen Jahren erprobte Taktik der Bahn, den Bahnbetrieb regional oder sogar bundesweit einzustellen. In dieser Lage des Wintersturms »Erebos« ist dies ebenfalls der Fall. Folglich sind die Beamten und Beamtinnen der Bundespolizei, die Bahnverbindungen auf dem Weg zum Dienst nutzen, ebenfalls betroffen.

Die Beamten und Beamtinnen der Bundespolizei können in Uniform die Bahnverbindungen der Deutschen Bahn AG kostenfrei nutzen. Hierfür gibt es einen Vertrag zwischen der Deutschen Bahn AG und dem Bundesministerium des Innern. Dieser regelt einige Beförderungsbedingungen: z. B. dürfen die Beamten und Beamtinnen nur in der zweiten Klasse fahren. Sie haben keinen Anspruch auf einen Sitzplatz und sind verpflichtet, insbesondere auf Anforderung des Bahnpersonals

D   Schockereignisse/Szenario-basierte Diskussion

polizeiliche Maßnahmen zu treffen. Aufgrund der o. a. zeitlichen Rahmenbedingungen und der Tatsache der kostenfreien Beförderung werden diese Zugfahrstrecken von einem nennenswerten Teil der Mitarbeiter/Mitarbeiterinnen der Bundespolizeidirektion Frankfurt/Main Flughafen genutzt. Dies bedeutet bei Ausfall oder Verspätung eines Zuges, der zur Anfahrt zu den üblichen Tagesdienst- bzw. Schichtdienstzeiten genutzt wird, dass eine nicht unerhebliche Anzahl von Mitarbeitern/Mitarbeiterinnen verspätet oder gar nicht zum Dienst antreten wird.

Für diese exemplarisch dargestellte Wegstrecke ist das eigene Kraftfahrzeug keine realistische Alternative. Die Entfernung zwischen Köln und Frankfurt/Main über die Autobahn beträgt im Durchschnitt der drei üblichen Strecken bei rund 200 km. Bei normalen Verkehrsverhältnissen und normalem Verkehrsaufkommen ist von einer Fahrzeit von zwei bis zweieinhalb Stunden (einfacher Weg!) auszugehen. Die Fahrzeiten würden sich in der dargestellten Wintersturmlage entsprechend verlängern. Je nach Verkehrssituation kann es passieren, dass Mitarbeiter und Mitarbeiterinnen auf dem Weg zum oder vom Dienst im Stau feststecken.

Nicht nur diese besondere Situation von Mitarbeitern und Mitarbeiterinnen der Bundespolizei führt zu Verspätungen beim Erreichen der Dienststellen. Sofern die Bahn ihren Betrieb einstellt, werden auch Mitarbeiter/Mitarbeiterinnen anderer Polizeidienststellen ihre Dienststellen nicht oder nur mit erheblicher Verspätung erreichen. Ein Teil der Pendler und Pendlerinnen wird – genau wie die betroffenen Nutzer und Nutzerinnen der Bahn – auf Bahnhöfen stranden. Dort sind die Beamten und Beamtinnen dann in einer Zwitterposition: zum einen als Betroffene und zum anderen als Polizisten und Polizistinnen, die für öffentliche Sicherheit und Ordnung sorgen sollen.

1.2.4 Alarmierung zusätzlichen Personals
Wie bereits beschrieben, wird der Personalbestand der Polizeidienststellen von den Auswirkungen des Wintersturms »Erebos« erheblich betroffen sein. Aufgrund der angespannten Verkehrssituation in allen Verkehrsbereichen ist davon auszugehen, dass eine Alarmierung zusätzlichen Personals nicht erfolgversprechend ist. Damit können allenfalls singuläre Engpässe bei Spezialisten ausgeglichen werden. Eine kurzfristige Verstärkung des Wach- und Wechseldienstes durch dienststelleneigenes Personal ist nicht erfolgversprechend.

Bei einer länger andauernden Lage kann es allenfalls zielführend sein, Verstärkung aus den Bereitschaftspolizeien anzufordern, sofern diese Kräfte aus übergeordneter Sicht verfügbar sind. Hier ist mit möglichen Einschränkungen in der Verfügbarkeit zu rechnen. Selbst bei erfolgreicher Kräfteanforderung sind die längeren Anmarschzeiten zu bedenken, so dass die Verfügbarkeit einige Zeit benötigt.

1.2.5 Mögliche Maßnahmen zur Erhöhung der Resilienz der Polizei in Unwetterlagen

Die Polizeidienststellen des Einzeldienstes sollten in angemessenem Umfang Bereitschaftsräume und entsprechende Sanitäranlagen sowie Feldbetten bereithalten, um in außergewöhnlichen Unwetterlagen Notunterkunftsmöglichkeiten für ihre Mitarbeiter und Mitarbeiterinnen bereitstellen zu können. Dies ist ein operatives, möglicherweise sogar strategisches Ziel, da in bisherigen Raumnutzungsplänen derartige Räume regelmäßig nicht vorgesehen sind. Im Alltagsgeschäft könnten solche Räumlichkeiten als Besprechungs- und/oder Fortbildungsräume genutzt werden.

Sofern dies in eigenen Gebäuden nicht möglich ist, könnten Mietverträge für entsprechende Quartiere in Dienststellennähe geprüft werden. Synergien mit anderen BOS sollten dabei in die Betrachtungen einbezogen werden. Dies ist ein taktisches bis operatives Ziel, da eine Realisierung in einigen Dienststellen kurzfristig möglich ist.

Ein weiteres strategisches Ziel könnte die Wiedereinführung und Durchsetzung der örtlichen Residenzpflicht der Mitarbeiter und Mitarbeiterinnen sein. Dieses Ziel dürfte jedoch schwierig zu realisieren sein, da Widerstände der Mitarbeiter und Mitarbeiterinnen sowie von Personalvertretungen und Gleichstellungsbeauftragten zu erwarten sind.

Eine angemessenere Nähe zwischen Wohnort und Dienststelle könnte mittelbar dadurch erreicht werden, dass den Mitarbeiterinnen und Mitarbeitern die kostenlosen Beförderungsmöglichkeiten mit der Bahn gestrichen werden. Dieser Gedanke erscheint nicht praktikabel, da die Bahn an der Präsenz der Polizeibeamten und Polizeibeamtinnen in den Zügen und der damit verbundenen Steigerung des Sicherheitsgefühls der Benutzer der Bahnanlagen des Bundes ein eigenes Interesse hat. Zudem dürften bei einem solchen Ansinnen, weder die Zustimmung der Personalvertretung noch der Gleichstellungsbeauftragten zu erwarten sein.

2 Notrufe

In einer Unwetterlage wie dem Wintersturm »Erebos« ist mit einem erheblichen Aufkommen von Notrufen auch bei der Polizei zu rechnen. Dies bedeutet, dass sowohl die Notrufleitungen an ihre Kapazitätsgrenzen stoßen als auch die Leitstellendisponenten an ihre persönlichen Kapazitätsgrenzen kommen werden.

Als taktische Maßnahmen sollten die Kapazitätsgrenzen für Notrufleitungen festgestellt werden. Darüber hinaus muss sichergestellt sein, dass Notrufleitungen und die damit verbundenen Leitstellenarbeitsplätze mit einer ausreichenden und funktionierenden Notstromversorgung ausgestattet sind. Durch regelmäßige Probeläufe ist sicherzustellen, dass die Umschaltung auf Notstromversorgung reibungslos funktioniert. Ebenso ist die Versorgung der Notstromaggregate mit Treibstoff durch geeignete Maßnahmen sicherzustellen.

Neben dem üblichen Personalpool für die Leitstellentätigkeit sollten weitere Mitarbeiter und Mitarbeiterinnen für diesen Bereich fortgebildet werden, um eine personelle Unterstützung in entsprechenden Lagen zu gewährleisten. Im Zeitalter der digitalen Vernetzung ist auch denkbar, die Aufgaben von weniger betroffenen Dienststellen wahrnehmen zu lassen. Hierzu sind jedoch umfangreiche operative und teilweise auch strategische Entscheidungen zu treffen.

In Bezug auf die Treibstoffversorgung der Notstromaggregate sollten taktische Kooperationen mit anderen BOS vorgeplant und vertraglich vereinbart werden. Alternativ sind auch vertragliche Vereinbarungen mit geeigneten Betrieben aus der freien Wirtschaft denkbar. Hierbei handelt es sich um taktische Ziele, die kurzfristig realisierbar sind.

3 Öffentlichkeitsarbeit

Die Öffentlichkeitsarbeit der Polizei spielt in der heutigen digitalen Gesellschaft eine erhebliche Rolle. Dabei sind unterschiedliche Facetten wie interne und externe Öffentlichkeitsarbeit sowie der Umgang mit den sozialen Netzwerken zu betrachten.

3.1 Interne Öffentlichkeitsarbeit

Die interne Öffentlichkeitsarbeit wird heute überwiegend über das Intranet der jeweiligen Dienststellen und Behörden wahrgenommen. In herausragenden Lagen sollten wesentliche Informationen für die Mitarbeiter und Mitarbeiterinnen im Intranet bereitgestellt werden. Dies sollte an zentraler und übersichtlicher Stelle erfolgen. Um Mitarbeitern und Mitarbeiterinnen bereits von zuhause einen Informationszugang zu gewähren, könnte ein geschütztes Internetportal, ein Messengerdienst oder eine SMS-Information angedacht werden. Gerade Messengerdienste und SMS können auf den heute bei nahezu jedem Mitarbeiter/jeder Mitarbeiterin verfügbaren mobilen Endgerät empfangen werden. Daher dürften diese Informationswege vorrangig zu bedienen sein. Durch entsprechende Web-Applikationen ist dies über die Leitstelle und die für die Öffentlichkeitsarbeit zuständigen Bereiche praktikabel umsetzbar. Zur Vorbereitung derartiger Informationswege sind Dienstvereinbarungen unter Einbeziehung der Personalvertretungen und Gleichstellungsbeauftragten sowie weiterer Interessenvertretungen erforderlich. Derartiges sollte als taktische Führungsentscheidung vorbereitet werden; auch sollte die Nutzung regelmäßig geübt werden.

Falls die elektronischen Systeme in einer Dienststelle versagen, so sollten an zentralen Stellen in der Dienststelle Informationstafeln (»schwarze Bretter«) vorbereitet und gepflegt werden, um die Mitarbeiter und Mitarbeiterinnen auf diesem Wege angemessen zu informieren. Im Regelfall gibt es in Dienststellen bereits entsprechende Einrichtungen. Hierfür sollte dann für den Fall eines Ausfalles der digitalen Infrastruktur eine angemessene Informationsstruktur vorgeplant sein. Da vorhandene Ressourcen hierfür genutzt werden können, handelt es sich hier um taktische Vorplanungen.

3.2 Externe Öffentlichkeitsarbeit

Die externe Öffentlichkeitsarbeit wird heute überwiegend über die sozialen Netzwerke und das Internet durchgeführt. Für den Krisenfall sollten daher bereits Informationstexte vorbereitet sein, um diese schnell verfügbar zu haben und den Abstimmungsbedarf zu minimieren. Die Polizei sollte der Bevölkerung über die sozialen Netzwerke und ihre Internetseiten lageabhängige Verhaltensanweisungen bekannt geben.

Dabei hat die Polizei auch die Möglichkeit, auf die bereits vorhandenen Warn-Apps wie z. B. Katwarn und NINA zurückzugreifen. Hier sollten die Zugänge vorgeplant sein. Außerdem sollten verschiedene Warn-Apps genutzt werden, da in der Praxis wiederholt Probleme bei der Übermittlung von Warnmeldungen aufgetreten sind. Durch das Einspeisen in unterschiedliche Systeme wird die Wahrscheinlichkeit deutlich erhöht, dass die Informationen die Bevölkerung tatsächlich erreichen.

Dabei ist zu bedenken, dass im Fall eines Stromausfalles die Verfügbarkeit der Internetverbindungen limitiert sein kann. Je länger ein Stromausfall andauert, desto mehr wird der Mobiltelefonbetrieb beeinträchtigt.

Für den Fall des Ausfalls von Internetverbindungen sollten andere Informationsmöglichkeiten vorgeplant sein, wie z. B. die Nutzung von Lautsprecherkraftwagen oder Lautsprecherdurchsagen über die Streifenwagen. Auch sollten an zentralen Punkten deutlich erkennbar Streifenfahrzeuge aufgestellt werden, um so Ansprechstellen für die Bevölkerung zu schaffen. Dies sollte ebenfalls in Absprache mit anderen BOS geplant werden, um mögliche Synergien zu nutzen und damit den personellen und materiellen Aufwand zu minimieren. Derartige Absprachen sind taktische Entscheidungen, da diese kurzfristig im Rahmen von Kooperationen umgesetzt werden können.

3.3 Internetauswertung

Eine hohe Bedeutung kommt heute auch der Auswertung der Sozialen Netzwerke zu. Dies kann zum einen zum Zwecke der Informationsgewinnung und -verifizierung zum anderen zur Identifizierung von Falschinformationen (»Fake News«) erfolgen. Polizeidienststellen sind häufig personell nur bedingt in der Lage, eine umfassende Informationsauswertung vorzunehmen.

Dennoch sollte diese erfolgen, um erforderlichenfalls dafür zu sorgen, dass Fake News identifiziert werden und von polizeilicher Seite eine Richtigstellung der Falschinformation erfolgt.

Sofern die Polizei dies nicht durch eigenes Personal durchführen kann, ist eine Möglichkeit, ein Virtual Operations Support Team (VOST) zur Unterstützung in Amtshilfe anzufordern. Dies ist auch im Wege einer Alarmierung möglich. In Deutschland gibt es nach derzeitigem Stand bereits zwei VOST: eines in Baden-Württemberg und eines bei der Bundesanstalt Technisches Hilfswerk. Die ehrenamtlichen Mitglieder der VOST sind u. a. auf Internetauswertung und Verifikation von Informationen spezialisiert. Im Falle eines positiv entschiedenen Amtshilfeersuchens kommt ein technischer Berater oder eine technische Beraterin oder eine Verbindungsperson in den Stab der anfordernden Behörde. Die anderen Mitarbeiter und Mitarbeiterinnen des VOST arbeiten von ihren heimatlichen Rechnern aus. Im Fall eines Stromausfalls müssten allerdings Dienstgebäude aufgesucht werden, um die Stromversorgung längerfristig sicherzustellen.

Eine andere Möglichkeit besteht darin, mit anderen Polizeibehörden in sicherer Entfernung eine Kooperation zu vereinbaren. So kann die Behörde, die weniger betroffen ist, die andere Behörde aus ihren eigenen Dienstgebäuden unterstützen. Eine Präsenz vor Ort ist nicht erforderlich, da Internetauswertung von nahezu jedem mit dem Internet verbundenen Rechner durchgeführt werden kann.

Bei beiden angesprochenen Maßnahmen handelt es sich um taktische Maßnahmen, da diese kurzfristig zu realisieren sind.

4 Verkehr

In diesem Abschnitt soll der Verkehr im öffentlichen Verkehrsraum und das damit verbundene Aufkommen an Einsätzen der Polizei betrachtet werden.

4.1 Straßenverkehr

In dem geschilderten Wintersturm-Szenario kommt es im Straßenverkehr einiger Städte zu Behinderungen bzw. zum Erliegen des Verkehrs. Dies kann durch Wind-/Schneebruch, Stromausfälle und/oder winterbedingte Einschränkungen der Fall sein.

Unabhängig von der Ursache der Verkehrsbehinderung ist davon auszugehen, dass die Streifenfahrzeuge in Anbetracht der Gesamtlage Schwierigkeiten haben werden, die Einsatzorte zu erreichen. Dies hängt damit zusammen, dass sich im innerstädtischen Verkehr schnell der Verkehr aufstaut. Dann sind kaum Alternativen vorhanden, um diese Staus zu umgehen. Somit wird es vorkommen, dass Streifenfahrzeuge in den Staus stecken bleiben und dementsprechend längere Anfahrtszeiten haben.

Die betroffenen Menschen werden in ihren Fahrzeugen festsitzen. Dies bedeutet je nach Dauer ihres Aufenthalts, dass die Menschen betreut und zumindest mit warmen Getränken und Decken versorgt werden müssen. Dies ist nicht vorrangige Aufgabe der Polizei, dennoch wird diese mit anderen BOS zusammenarbeiten, um die Versorgung der Autofahrer zu gewährleisten und etwaige auftretende Konflikte zu deeskalieren.

In der heutigen Gesellschaft sind die Menschen oftmals nicht darauf eingestellt, Eigenverantwortung übernehmen zu müssen. Zu oft verlassen sie sich darauf, dass ihnen von staatlicher Seite Hilfe zukommt.

Im Straßenverkehr sollte die Polizei rechtzeitig ein Verkehrskonzept erstellen und umsetzen sowie die Veranlassung von Fahrverboten für den Individualverkehr erwägen, um den Straßenverkehr nicht längerfristig vollkommen zum Erliegen zu bringen.

4.2 Schienenverkehr

In der Lage Wintersturm »Erebos« wird der Schienenverkehr eingestellt. Die Züge und damit die Passagiere werden in unterschiedlichen Bahnhöfen ankommen und ihre Reise von dort aus nicht fortsetzen können: sie stranden. Dies bedeutet auch in diesem Bereich, dass die Menschen versorgt und gewärmt werden müssen. Dies ist nicht Aufgabe der Polizei, aber auch in diesen Bereichen wird sie mit anderen BOS kooperieren, um die Versorgung der gestrandeten Reisenden sicherzustellen. Bei einem (geringen) Prozentsatz von Menschen ist damit zu rechnen, dass sie aggressiv auf ihre unterbrochene Reise und die Gesamtsituation reagieren. Dies kann dazu führen, dass die Polizei einschreiten muss, um die Konfliktsituation zu befrieden.

Auf dem Gebiet der Bahnanlagen des Bundes ist die Bundespolizei originär zuständig, so dass die Mitarbeiter und Mitarbeiterinnen aus den Bahnhofsdienst-

D Schockereignisse/Szenario-basierte Diskussion

stellen durch die Situation personell gebunden werden. Die Ressourcen für Streifen in der Fläche werden gering ausfallen.

4.3 Luftverkehr

Starts und Landungen von Flugzeugen sowie der gesamte Betrieb auf dem Flughafengelände sind stark witterungsabhängig. Durch den Wintersturm wird der Flugverkehr erheblich beeinträchtigt und auf den Flughäfen stranden gleichfalls Personen, die ihre Reise nicht antreten oder fortsetzen können. Hier ist der Flughafenbetreiber in Kooperation mit der Polizei gefordert, die Situation für die gestrandeten Menschen zu organisieren.

Auf Flughäfen treten ähnliche Szenare immer wieder auf, z. B, wenn Streiks der Airlines oder des Bodenpersonals stattfinden. Daher ist die Versorgung der gestrandeten Passagiere vorgedacht und anhand vorhandener Konzepte leicht zu organisieren. Allerdings wird es aufgrund der Witterungslage und den damit verbundenen Einschränkungen des Straßenverkehrs zu möglichen Engpässen in der Organisation von Nachschub für die Betroffenen kommen.

Luftverkehr ist global. Das bedeutet, dass Einschränkungen im deutschen Luftraum und auf deutschen Flughäfen dazu führen, dass weltweite Auswirkungen auf den Luftverkehr entstehen. Folglich dauert es mehrere Tage, bis sich der Luftverkehr wieder normalisiert hat. Dies betrifft auch das Passagieraufkommen auf den Flughäfen. Dies benötigt ebenfalls einige Zeit, um sich zu normalisieren.

Durch krankheitsbedingte Ausfälle an den Check-In-Schaltern, im Bereich der Luftsicherheitskontrollen und bei den grenzpolizeilichen Kontrollen ist damit zu rechnen, dass sich Wartezeiten der Passagiere in diesen Bereichen deutlich verlängern. Dies kann dazu führen, dass die Passagiere im ungünstigsten Fall sogar ihre Flüge verpassen. Die Luftsicherheitskontrollen und grenzpolizeilichen Kontrollen sind nach internationalen Standards vorgeschrieben und können daher nicht entfallen oder abgekürzt werden.

Als taktische Maßnahmen sollten neben den gesetzlich vorgeschriebenen Übungen auf Flughäfen auch regelmäßig Übungen mit gestrandeten Passagieren stattfinden. So können etwaige Schwachstellen in der Zusammenarbeit identifiziert und minimiert werden.

Darüber hinaus sollte fortlaufend an einer Optimierung der die polizeiliche Aufgabenwahrnehmung betreffenden Prozesse gearbeitet werden, um personelle Defizite durch eine effiziente Aufgabenabwicklung annähernd kompensieren zu können.

5 Kraftstoffversorgung

Vor etlichen Jahren wurden aufgrund der notwendigen und kostenaufwendigen umweltgerechten Gestaltung behördeneigene Tankstellen abgeschafft und die Kraftstoffversorgung der Einsatzfahrzeuge erfolgt seitdem über das öffentliche Tankstellennetz. Nur wenige Behörden haben noch eigene Tankstellen, um die Versorgung ihrer Einsatzfahrzeuge sicherzustellen.

5.1 Einsatzfahrzeuge

Bei bestimmten Szenaren, wie z. B. einem längerfristigen Stromausfall, kann es jedoch dazu kommen, dass der überwiegende Teil der öffentlichen Tankstellen nicht mehr nutzbar ist, weil diesen ein Notstromanschluss bzw. eine Einspeisemöglichkeit fehlt. Damit kann der Kraftstoff nicht aus den Tanks gepumpt und in Fahrzeuge getankt werden.

Die Einsatzfahrzeuge werden sich somit an Tankstellen aufstauen, die mit einer Notstromversorgung ausgestattet sind. Aufgrund der chaotischen Verkehrslage dürfte es schwierig und zeitaufwendig werden, diese wenigen Tankstellen überhaupt zu erreichen.

Nach allgemeiner Lebenserfahrung ist davon auszugehen, dass sich an diesen Tankstellen ebenfalls Bürger einfinden werden, um ihre Kraftfahrzeuge zu betanken. Aufgrund des gesellschaftlichen Wandels und der gegenüber Einsatzkräften sinkenden Hemmschwelle ist damit zu rechnen, dass ein geringer Anteil von Bürgern und Bürgerinnen versuchen wird, das Betanken ihrer Fahrzeuge mit Gewalt durchzusetzen.

Somit erfordert es personellen Aufwand der Polizei, das Betanken von Einsatzfahrzeugen störungsfrei zu ermöglichen.

5.2 Notstromaggregate

Bei einem Stromausfall werden gleichzeitig Notstromaggregate in den Behörden anspringen. Je nach Menge des benötigten Stroms und nach den Lagerkapazitäten müssen diese Notstromaggregate regelmäßig betankt werden. Der Betankungszeitraum variiert stark. Die jeweils zuständigen Behörden müssen folglich ihre Notstromaggregate überwachen, um die rechtzeitige Betankung sicherzustellen.

Mit den Notstromaggregaten erhält die Polizei ihre technische Einsatzfähigkeit in Bezug auf die interne IT-Infrastruktur, das Digitalfunknetz und weiterer Kommunikationsstrukturen. Diese sind für eine effiziente Einsatzführung von immenser Bedeutung.

5.3 Lösungsansätze

Die BOS sollten für ihre Notfallkonzepte aufklären, ob es notstromversorgte Behördentankstellen in ihrem Bereich gibt. Zudem ist zu prüfen, welche öffentlichen Tankstellen über eine Notstromversorgung verfügen. Als taktische bzw. operative Maßnahme kommt in Betracht, ausgewählte Tankstellen für die Notstromversorgung zu ertüchtigen. Ein operatives bzw. strategisches Ziel kann darin bestehen, wieder eigene Behördentankstellen einzurichten. Diese könnten BOS-übergreifend genutzt werden. Solche Tankstellen haben den Vorteil, dass die Einsatzkräfte hier ungestört von der Öffentlichkeit ihren Kraftstoff tanken können.

Eine Alternative ist auch – ggf. in Kooperation mit anderen Behörden – mobile Tankstellen vorzuhalten, die die Kraftstoffversorgung von Einsatzfahrzeugen und Notstromaggregaten übernehmen können. Die Berliner Feuerwehr hat beispielsweise von 2009 bis 2012 das Forschungsprojekt TankNotStrom als Projekt im Rahmen des Programms »Forschung für die zivile Sicherheit« der Bundesregierung durchgeführt. Ziel des Forschungsprojektes war die Entwicklung eines »Systems zur Energie- und Kraftstoffversorgung von Tankstellen und Notstromaggregaten während eines langanhaltenden und flächendeckenden Stromausfalls«. Die Ergebnisse dieses Forschungsprojektes sollten fortgeschrieben und die Übertragbarkeit auf andere Bereiche in Deutschland geprüft werden.

6 Kommunikation

Moderne Kommunikationssysteme wie Digitalfunk und Mobilfunknetze sind heute von Strom abhängig. Ihre Laufzeit wird bei einem Stromausfall durch eine Batteriepufferung oder eine Notstromversorgung limitiert. Zudem hat die Häufigkeit der Nutzung Einfluss auf die Laufzeit der entsprechenden Funkmasten und Vermittlungsstellen.

An Orten mit hoher Personendichte werden nicht alle Personen gleichzeitig eine Funkzelle des Mobilfunknetzes nutzen können. Dies bedeutet, dass auch Polizeibeamte und Polizeibeamtinnen – sofern sie nicht über eine Vorrangschaltung ihrer Mobiltelefone verfügen – in ihrer Kommunikationsfähigkeit eingeschränkt werden. Dies wiederum hat Auswirkungen auf die Führbarkeit und die Koordination des gesamten Einsatzgeschehens.

In diesem Zusammenhang sind die Führungskräfte gefordert, entsprechende und abgestimmte Konzeptionen für die örtlichen Dienststellen zu erarbeiten, um auch mit Defiziten und Einschränkungen in der Kommunikation das Einsatzgeschäft geordnet abzuwickeln. Dies ist ebenfalls ein taktisches Ziel, da diese Maßnahmen kurzfristig realisierbar sind.

2.4 Unwetterlagen

Stefan Voßschmidt

Allgemeines
Unwetterkatastrophen sind in Deutschland eher die Ausnahme. Treten sie auf, werden sie wahrgenommen, in allen Einzelheiten in den Medien seziert (»durchgekaut«) und dann kollektiv vergessen. In Grimma in Sachsen hat das Hochwasser 2013 dieselben Schäden angerichtet wie 2003. Der als Gegenmaßnahme 2003 für notwendig erachtete Deich hatte seine Priorität zwischenzeitlich verloren. In der Tendenz und im Schadensausmaß ist eine Steigerung zu verzeichnen. Bedingt durch den Klimawandel könnten zukünftig auch Naturereignisse Deutschland prägen. Gute Vorbereitung und Absicherung der kritischen Infrastrukturen steigert die Resilienz der Einzelnen und des Staates.

Unwetter oder Extremwetterereignis bzw. Wetteranomalie ist ein Sammelbegriff für extreme Wetterereignisse. Derartige Wetterextreme verursachen häufig Katastrophen, Lebensgefahr für viele Menschen oder hohe Sachschäden. Ab 35 Liter Wasser pro Quadratmeter in sechs Stunden reden Meteorologen von einem Unwetter. Derartige Ereignisse weichen signifikant vom Durchschnitt ab (Unwetter, wikipedia 2019; Steininger u. a. 2005). Sie sind von hoher historischer oder wirtschaftlicher Bedeutung, als Klima-Indikatoren sind sie aber ungeeignet (zu den einzelnen Ereignissen vgl. Schrott/Glade 2008, 133–197). Der DWD klassifiziert Stürme, Schneeverwehungen, Regen, Dürre, Schnee und Eis nach definierten Kriterien, z. B. Menge und Dauer und nimmt sie in seine Unwetterwarnungen auf. Aufgrund des Klimawandels werden Extremwetterereignisse häufiger. Der Hurrikan Irma führte im September 2017 zu einer der größten Evakuierungsaktionen. Sechs Millionen Menschen waren betroffen. Beispiele in Deutschland sind die vier Jahrhundertfluten (1993, 1995, 2003/04 und 2013) sowie die Sturmfluten an der Nordsee, i. B. 1953 Flutkatastrophe hauptsächlich in den Niederlanden, Belgien und an der englischen Küste oder die »Hamburger Sturmflut« im Februar 1962. Die bekanntesten historischen Ereignisse sind die Kamikaze Stürme die zweimal (1274 und 1281) Invasionsversuche mongolischer Armeen in Japan vereitelten sowie der Untergang der spanisch-portugiesischen Armada 1588, der den Versuch Philipps II. England zu

D Schockereignisse/Szenario-basierte Diskussion

erobern, beendete. Schon an diesen Beispielen und Beschreibungen wird deutlich, dass vermeintliche Naturkatastrohen vor allen in ihrer Bedeutung für den Menschen zu betrachten sind. Auch menschliche Handlungen sind dabei zu berücksichtigen. Was hat z. B. die Flächenversiegelung zu den Flusshochwassern in Deutschland beigetragen? Daher wird der Begriff der Naturkatastrophe in der modernen Forschung durch »natural hazard« ersetzt, die Mensch-Umwelt-Interaktion betont. Wetterbeobachtungen vergangener Jahre zeigen, dass in Deutschland seit 1993 eine Tendenz zu Starkregenereignissen gibt. Es nehmen zu: Die Anzahl der Starkniederschlagtage, die Starkniederschlagsmenge insgesamt und pro Ereignis und die Starkniederschlagsintensität. Es ist sehr wahrscheinlich, dass Starkregen weltweit ein künftiger Trend wird, die Tendenz zu Hochwasser steigt, das Wasser kann nicht mehr im Boden versickern (IPCC, 8, Grieser/Beck 2002, 144 f, Rudolf/Simmer 2005, 11, Dingelreiter 2012, 92ff).

> **Beispiele: Ela, Starkregen in Münster, Simbach am Inn, Schnee**
>
> Auf einige aktuelle Unwetter sei besonders hingewiesen:
>
> An Pfingsten 9. und 10. Juni 2014 überzog das Tiefdruckgebiet »Ela« vor allem Nordrhein-Westfalen, Hessen und Niedersachsen mit Unwettern. Gewittersalven und Sturmböen knickten in wenigen Minuten Zehntausende von Bäumen um. Es kam zu schweren Zerstörungen und mehrere Tage anhaltenden Verkehrsbeeinträchtigungen, sechs Menschen kamen ums Leben. Der Bahnverkehr war über eine Woche erheblich eingeschränkt, der Essener Hauptbahnhof war fünf Tage vom Zugverkehr abgeschnitten. Der Landesbetrieb Wald und Holz spricht von landesweit 80.000 Festmetern beschädigten Bauholzes in den Wäldern, davon 61.000 Festmeter Schadholz in den Forstämtern Ruhr und Niederrhein. In den betroffenen Stadtgebieten wurde jeder vierte Baum entwurzelt oder abgeknickt (Schymiczek, Schäden Ela 2015Ela 2019). Der Schaden wird auf etwa 650 Millionen Euro beziffert. In Düsseldorf wurden mit 22.500 ein Drittel der Straßenbäume stark beschädigt. In Essen wurden 20.000 Bäume zerstört (z. B. am Baldeneysee im Essener Süden). Straßen, Schulhöfe, Spielplätze, Höfe/Spielflächen von Kindertagesstätten/Kindergärten waren nicht benutzbar. Neben Feuerwehr und Hilfsorganisationen übernahmen Spontanhelfer der Bürgerinitiative »Essen Packt An« (EPA) z. B. als »Spielplatzhelden« wichtige Aufgaben und halfen durch bürgerschaftliches Engagement die Infrastruktur in angemessener Zeit wieder nutzbar zu machen und zu ermöglichen, dass Waldgebiete wieder für die Naherholung geöffnet werden konnten. Für viele Menschen (Berufspendler, Kindergartenkinder) war diese Hilfe von elementarer Bedeutung. Seitdem übernimmt EPA wichtige Aufgaben für das Allgemeinwohl (»Obdachlosenbotschaft«, »Warm durch die Nacht«) und trägt so zur Steigerung der Resilienz in der Bevölkerung bei. Denn gerade Spontanhelfer können eine wichtige Brücke zwischen den Behörden und Organisationen mit

Sicherheitsaufgaben (BOS) und des Katastrophenschutzes sowie der Bevölkerung sein. Sie vermitteln, dass »selbst etwas tun« möglich, sinnvoll und notwendig ist und bringen Menschen teilweise erstmals in so unmittelbaren Kontakt zu Hilfsorganisationen, dass einige sich entscheiden, sich in ihnen zu engagieren. Ein ähnliches Verhalten von Teilen der Bevölkerung ist auch in unserem Szenario zu erwarten. Dies Tun entspricht dem von Kant formulierten Grundsatz des aufgeklärten Staates: »selbstdenken«.

An einem Tag im Juli 2014 fiel in der auch sonst nicht regenarmen Stadt Münster in Westfalen mehr Regen als sonst im ganzen Jahr, innerhalb von sieben Stunden waren es 300 Liter pro Quadratmeter, davon 220 Liter in einer Stunde. Ein Unwetter wie das am 28. Juli 2014 kommt statistisch nur alle einhundert Jahre vor. Schauer und Gewitterzellen über der Stadt konnten wegen der Wetterlage nicht abziehen und entluden sich über Stunden als sintflutartiger Regen (Umweltzentrale 2014). 40 Millionen Kubikmeter Regen fielen auf die 300.00 Einwohner Stadt. Von drei Uhr nachmittags bis Mitternacht schüttete es aus Kübeln. Allein in Münster betrugen die privaten Versicherungsschäden fast 60 Millionen Euro. Die meisten Schäden waren allerdings nicht versichert, der Gesamtschaden wird auf 300 Millionen Euro beziffert. Zwei Menschen kamen ums Leben.

Das öffentliche Leben in Münster brach weitgehend zusammen. Hunderte von Kellern und Souterrain-Wohnungen liefen voll und wurden unbewohnbar. Auf einigen Straßen stand das Wasser bis zu ½ Meter hoch. Polizei und Feuerwehr rückten zu 5.000 Einsätzen aus. In 24.000 Haushalten fiel der Strom aus. »Es ist ein existenzielles Gefühl für die Verletzlichkeit unseres Lebensraumes entstanden«, fasst Oberbürgermeister Markus Lewe die Situation zusammen. Er will künftig schon Kinder in der Schule auf mögliche Folgen von Klimaextremen vorbereiten. Die Stadt erarbeitete ein Klimaanpassungskonzept (Dame/Linnhoff 2015).

Feuerwehr, Katastrophenschutz und Hilfsorganisationen taten ihr Möglichstes, konnten aber nicht an allen Stellen helfen. Junge Menschen, vor allen Studentinnen, organisierten sich daraufhin noch in der Unwetternacht in einer Facebook Gruppe, gründeten »Regen in Münster«, um zu helfen. In einem privaten Wohnzimmer wurde eine telefonisch 16 Stunden/Tag erreichbare Leitstelle entwickelt und untergebracht. Dort wurden Not- und Hilferufe entgegengenommen, private Hilfe verabredet, Einsätze koordiniert, Hilfeleistungen organisiert und Hilfsteams zusammengestellt, die mit Tauchpumpen einen Keller nach dem anderen leer pumpten. Dann ging es ans ausräumen. Alles was durchfeuchtet war, musste als wertlos der Entsorgung zugeführt werden. Bei dem warmen Wetter entstand schnell die Gefahr, sich im Wasser mit Krankheiten zu infizieren. Nasse Wände mussten möglichst rasch trocknen, um Schimmelbildung zu verhindern (Etzkorn 2015, Regen in Münster 2015). In den ersten 24 Stunden hatte die Gruppe bereits 3000 Mitglieder, später doppelt so viele. Sie arbeitete eng mit der Stiftung »Bürger für Münster« zusammen, gemeinsam wurde versucht, bei dringender Not zu helfen. Einige hatten buchstäblich alles verloren. Insgesamt konnten die spontan Helfen-

D Schockereignisse/Szenario-basierte Diskussion

> den von »Regen in Münster« Tausenden helfen und zeigten auf, dass bürgerschaftliches Engagement die Resilienz der Gesellschaft und der Einzelnen stärkt.
> Am Mittwoch den 1. Juli 2016 kam es infolge heftiger Regenfälle in der niederbayrischen Stadt Simbach am Inn zu einem Hochwasser mit fünf Toten. 175 Liter pro Quadratmeter prasselten auf den Ort nieder. Der Simbach (linker Nebenfluss des Inn) trat über die Ufer. Am Simbach, der normalerweise einen Pegelstand von 50 Zentimetern ausweist, wurden 506 Zentimeter gemessen. Das Landesamt für Umwelt bewertete das Ereignis als 1000jähriges Hochwasser. Es kam zu einer Überlagerung der Hochwasserwellen mehrerer an sich kleiner Bäche. Durch angespülte Bäume wurde der Durchfluss des Wassers unter einer Straße verstopft. Die Fluten stauten sich, bis wegen des Wasserdrucks der Straßendamm auf einer Länge von 50 Metern brach. Die Stadt wurde überschwemmt (Wikipedia, Simbach 2019). Häuser wurden durch die Gewalt des Wassers umgerissen, teilweise die Fundamente so unterspült, dass sie abgerissen werden mussten. Insgesamt 500 Häuser konnten nicht mehr saniert werden. In einigen Fällen ist Heizöl in die Hauswände gelaufen. Vereinzelt kam es auch zu Hangrutschungen. Der Landrat schätzt die Schäden auf mehr als eine Milliarde Euro. Auch hier besitzen nur die wenigsten eine Elementarschadensversicherung, die für derartige Schäden aufkommt. Das Land Bayern übernahm bei Unversicherten 80 % der Schadensbeseitigungskosten, in Härtefällen bis zu 100 %. Um keine falschen Anreize in Hinsicht der Nichtversicherung zu setzen, will die bayrische Landesregierung ab Juli 2019 keine Schäden mehr ersetzen, die versicherbar gewesen wären.

Alle drei Beispiele zeigen, dass Hochwasserschutzmaßnahmen und Versicherungen geeignet sind, die Resilienz zu steigern (Farkas 2017). Wesentliche Voraussetzung dazu ist ein Bewusstsein der Bevölkerung und aller staatlichen Stellen für die gestiegenen Risiken von Unwetterschäden durch den Klimawandel. Dies gilt für alle Unwetter nicht nur Starkregen. Hilfreich wäre dazu eine Kommunikation über aktuelle Risiken, sowie die Nutzung aktueller Daten bei den Risikobewertungen. So werden heute z. B. die Hochwasserwerte eines 10-, 50, 100-, 200 jährigen Hochwassers in einem Dreißig-Jahre-Zyklus festgelegt. Der aktuell angewandte Zyklus endete 1990 und wird erst 2021 angepasst. Würden aktuelle Daten zugrunde gelegt, würden sich deutliche Änderungen ergeben, z. B. wäre ein 200jähriges Hochwasser mit diesen Daten nur mehr als hundertjähriges zu bewerten.

2.5 Hitze- und Dürreperioden

Andreas H. Karsten

In den letzten Jahren häufen sich die extremen Hitzewellen und Dürreperioden in Europa. Sie bedrohen die Gesellschaft und damit auch die Kritischen Infrastrukturen zweifach: Zum einen erhöhen sie den Stresspegel und zum anderen können sie als Schockereignis der Auslöser einer kaskadenartig ausbreitenden Belastung aller Kritischen Infrastrukturen sein.

Im Folgenden sollen nur einige beispielhafte Aspekte angeführt werden.[44]

Belastung des Gesundheitssystems

Während Dürre besonders ländliche Räume betrifft, sind Hitzewellen vor allem in städtischen Gebieten problematisch. Obwohl diese Hitzewellen als Schockereignisse zu betrachten sind, kommen sie (im Gegensatz zum Beispiel zu Überflutungen) nur sehr allmählich in das Bewusstsein der breiten Öffentlichkeit und der Katastrophenschutzbehörden. Laut der Weltgesundheitsorganisation war die folgenschwerste Naturkatastrophe in Europa in den letzten 100 Jahren die Hitzeperiode 2003. Betroffen waren Belgien, Deutschland, Frankreich, Italien, Österreich, Portugal, die Schweiz, die Slowakei, Slowenien, Spanien und das Vereinigte Königreich. Heute wird geschätzt, dass ca. 70.000 Menschen aufgrund der Hitzewelle starben. In Deutschland starben rund 3.500 Menschen. Betroffen waren besonders alte und kranke Menschen. Haupttodesursache war nicht eine Herz-Kreislauferkrankung, sondern Lungenversagen aufgrund der hohen Stickoxidkonzentrationen in den Städten. Der volkswirtschaftliche Schaden wird auf 13 Milliarden US-Dollar geschätzt.

Besonders betroffen war Frankreich. Aufgrund der großen Hitze konnten die Leichen nur gekühlt gelagert werden. Da die Leichenhallen überlastet waren, wurde eine Lebensmittellagerhalle eines Logistikzentrums in der Nähe von Paris zu einer Leichenhalle mit einer Kapazität von 700 Leichen umfunktioniert.

Diese Katastrophe zeigt auch eine besondere Vulnerabilität für die Menschen, die in westlichen Großstädten leben: die Anonymität, in der gerade viele alte Menschen leben. Zwei Wochen nach dem Höhepunkt der Hitzewelle hatten sich noch keine Angehörigen für 300 der Toten in Paris gemeldet. Anfang September wurden 57 Pariser Bürger beigesetzt, deren Angehörige sich bis dahin noch nicht gemeldet hatten.

---

44 für einen Überblick über die Schäden, die 2018 in Deutschland aufgetreten sind, siehe (Karlsruher Institut für Technologie (KIT) 2018).

Dass die Hitzewelle 2003 kein einmaliges Ereignis darstellt, zeigte sich 2010 in Russland. Eine weitere Hitzewelle dort verursachte vermutlich 50.000 Todesfälle, was in etwa den Verlusten der USA im Vietnamkrieg entspricht.

Neben der Bevölkerungsaufklärung, zum Beispiel mittels des 2009 vom BBK herausgegebene Informationsblatts »Hitze – Vorsorge und Selbsthilfe«, das vom Deutschen Wetterdienst und dem Deutschen Komitee Katastrophenvorsorge e. V. erstellt wurde, ist es für die Katastrophenschutzbehörden angezeigt, spezielle Einsatzpläne zu erstellen.[45]

Einfluss auf die Trinkwasserversorgung
Im Fokus der Diskussionen im Kritis-Sektor Trinkwasser standen für entwickelte Länder und besonders für deren Städte in der Vergangenheit die Fragen der Sauberkeit (Nitrate, Pestizide etc.) und Gefährdung durch Terroranschläge. Dieses Jahr kam eine neue Bedrohung hinzu: die Verfügbarkeit von Trinkwasser überhaupt. Die Problematik wurde zwar im Bereich der Sicherheitspolitik (z. B. im Nahen Osten) diskutiert – »Trinkwasser das Erdöl des 21. Jahrhunderts« –, aber die aktuelle Problematik des Austrocknens von Wasserressourcen aufgrund des Klimawandels (konkret aufgrund des El Niño) kam im Frühjahr 2018 ins Bewusstsein der breiten Öffentlichkeit, als die Stadt Kapstadt den »Day Zero« für Mitte des Jahres verkündete: Den Tag, an dem kein Wasser mehr aus dem Wasserhahn kommen würde. Kapstadt versuchte den Tag so weit wie möglich hinauszuzögern, in dem es strikte Sparmaßnahmen erließ, etwa die drastische Reduzierung im landwirtschaftlichen Bereich und das Verbot Autos zu waschen und Pools zu füllen.

Nicht nur Südafrika ist von Trinkwasserknappheit bedroht, sondern auch Ostafrika (Somalia, Djibouti, Äthiopien, Kenia und Uganda), wo 10 Millionen Menschen von Dürre und somit auch von Engpässen bei der Lebensmittelversorgung sowie einer Gefährdung der wirtschaftlichen Entwicklung betroffen sind. Diese Problematik betrifft beispielsweise durch Erhöhung des Migrationsdruckes indirekt auch die deutschen Kritis.

Kapstadt ist ein typisches Beispiel. Die verwendete Technologie stammt aus dem 20. Jahrhundert und die Verfahrensregeln, Standards und Richtlinie aus dem 19. Jahrhundert (siehe Naidoo 2018).

In Deutschland beruht die Trinkwasserversorgung auf einem leistungsfähigeren aber älteren und schwerer zu verändernden Versorgungssystem. Deshalb wird es

---

45 Siehe als Beispiel den Kantonalen Plan »Hitzewellen« des Staates Freiburg (2018), Schweiz.

auch mehr Zeit benötigen dieses System auf die Herausforderungen des 21. Jahrhunderts vorzubereiten.

Einfluss auf den Sektor Ernährung
Lange Hitze- und/oder Dürreperioden führen zu erheblichen Schäden in der Landwirtschaft und erhöhen den Stresspegel des Sektors entsprechend. Besonders betroffen sind der Getreideanbau und die Viehhaltung, bei entsprechenden langem Wassermangel allerdings auch der Gemüseanbau. Daneben treten Schäden in der Forstwirtschaft auf. Diese verstärken die Vulnerabilität der Wälder gegenüber späteren Sturmereignissen.

Einfluss auf den Sektor Transport
Auf den deutschen Straßen (auch den Autobahnen) kommt es immer wieder zu hitzebedingten Schäden, die (Teil-) Sperrungen nach sich ziehen. Auch im Bereich des Bahnverkehrs kommt es zu Gleisverformungen und Böschungsbränden, die zu Sperrungen von Bahnstrecken führen. Und Niedrigwasser behindert die Binnenschifffahrt. Die Schiffe können nur mit Teilbeladung fahren.

Zusammenfassend muss festgestellt werden, dass die Stresssituation für den Sektor durch Hitze und Dürre deutlich steigen kann.

2018 sank der Pegelstand des Rheins während des langen und heißen Sommer derart, dass die Rheinschiffe ihre Nutzlast halbieren mussten. Neben der kritischen Infrastruktur Binnenschifffahrt kam es aber auch zu einer Beeinträchtigung des Straßenverkehrs, da es zu Lieferengpässen bei Benzin und Diesel kam. Die Reduzierung der Transportkapazitäten auf dem Rhein konnte nicht mittels Tanklastzügen auf die Straße verlagert werden. Betroffen waren im wesentlichen West- und Süddeutschland.

Einfluss auf die Stromversorgung
Eine Vielzahl von Wärmekraftwerken (Kohle-, Gas-, Kernkraftwerke) geben einen großen Teil der erzeugten Wärmeenergie an Flüsse ab. Ist das Flusswasser vor dem Kraftwerk bereits stark erwärmt und durch hohe Abwasseranteile aus Klärwerken belastet, muss das Kraftwerk aus Umweltschutzgründen (u. a. um Fischsterben zu verhindern) seine Leistung drosseln. Dies passiert in Mitteleuropa regelmäßig (u. a. 2003, 2006, 2015, 2018). In heißen Sommern steigt aber auch der Energieverbrauch (u. a. durch die steigende Nutzung von Klimaanlagen und Ventilatoren).

Für Kohlekraftwerke kommt erschwerend hinzu, dass bei Niedrigwasser die Versorgung mit Kohle, die sich zu einem großen Anteil auf die Binnenschifffahrt stützt, eingeschränkt werden muss. Der Tiefgang der Transportschiffe und damit deren Zuladung muss reduziert werden.

Da die Wassertemperatur der Flüsse im letzten Jahrhundert gestiegen ist (z. B. die des Rheins seit 1900 um über 3°C, wobei 1°C auf den Klimawandel zurückzuführen ist und 2°C auf die Einleitung von Kühlwasser aus Kraftwerken sowie auf Industrieabwärme), wird es immer häufiger dazu kommen, dass die Kraftwerke ihre Leistung drosseln müssen. (Vögele et. al.)

Vegetationsbrandgefahr
Die Gefahr, dass ein großflächiger Vegetationsbrand mit den entsprechenden negativen Einflüssen auf Kritis-Betriebe entfacht wird, ist auch für Deutschland nicht zu vernachlässigen, obwohl Situationen wie in den USA oder Australien eher unwahrscheinlich sind. Aber auch entsprechende Brände in Deutschland haben einen Großteil der Gefahrenabwehr-Ressourcen (Feuerwehr, THW, Bundeswehr, Betreuungs- und Sanitätsdienste) gebunden. Die Waldbrände 1975 in der Lüneburger Heide, 2018 bei Fichtenwalde und im selben Jahr der Moorbrand bei Meppen sind nur die Spitze des Eisberges. Auch kleinere Vegetationsbrände beschäftigen die BOS tagelang und fordern immer wieder Menschenleben.

2.6 Pandemie

Martin Weber

Begriffsbestimmung Pandemie
Spätestens seit der letzten Grippepandemie in der Grippesession 2009/10 und der Berichterstattung in den Medien seinerzeit ist der Begriff der Pandemie im öffentlichen Bewusstsein angekommen. Ebenso ist der Begriff Influenza dadurch bei vielen fest mit den Erregern der Grippe, den Influenza-Viren, verbunden.

Was aber genau versteht man unter einer Pandemie und durch was kann sie ausgelöst werden?
Oftmals wird im direktem Zusammenhang mit der Pandemie auch die Epidemie erwähnt. Von einer Epidemie spricht man, wenn es eine zeitlich und räumlich begrenzte starke Zunahme von Erkrankungen aufgrund derselben Ursache gibt, gefolgt von einem starken Rückgang dieses Erkrankungsvorkommens. Von einer Pandemie redet man, wenn eine Epidemie sich über Regionen, Länder und Kontinente hinweg ausbreitet und in der Regel eine große Anzahl von Menschen betrifft,

wie die oben erwähnte Influenzapandemie (vgl. Pandemie: Pschyrembel 2019). Beide werden überwiegend von Infektionskrankheiten verursacht und können unterschiedlichste Ausprägungen aufweisen.

Aktuell gibt es beispielsweise eine anhaltende AIDS-Pandemie. Laut der Weltgesundheitsorganisation WHO sind ihr seit Beginn des Ausbruchs rund 35 Millionen Menschen zum Opfer gefallen.

Eine besonders fulminante Pandemie hat zu Beginn des 21. Jahrhundert das SARS Coronavirus ausgelöst. Dieser Erreger, der im Vorfeld nie mit größeren Erkrankungsausbrüchen bei Menschen in Erscheinung getreten ist, wurde zuerst im November 2002 in Südchina beschrieben. Von dort verbreitete er sich bis zur Beendigung des Ausbruchs im Juli 2003 in 26 Ländern und verursachte über 8000 Erkrankungs- und 774 Todesfälle. Die Isolation von Erkrankten und die Quarantäne von Kontaktpersonen waren die maßgeblichen Erfolgsfaktoren für die Beendigung des Ausbruchs. Diese Pandemie stellte eindrucksvoll unter Beweis, dass ein gut von Mensch-zu-Mensch übertragbarer Erreger sich in unter 72 Stunden mit dem weltweiten Reiseverkehr auf der ganzen Welt verbreiten kann, wenn er es erstmal zu einem internationalen Flughafen geschafft hat.

Eine der schlimmsten aufgezeichneten Pandemien wurde vor 100 Jahren in den Jahren 1918 und 1919 durch die sogenannte Spanische Grippe, einen Influenza A [H1N1]-Stamm, ausgelöst. Wissenschaftliche Auswertungen gehen davon aus, dass damals weltweit 500 Millionen Menschen infiziert waren und zwischen 50 und 100 Millionen Menschen verstorben sind. Im Vergleich dazu haben Auswertungen ergeben, dass während der jährlichen Grippewelle, die durch die saisonale Influenza ausgelöst, weltweit durchschnittlich rund fünf Millionen Menschen schwer erkranken und bis zu 500.000 Personen an der Infektion sterben. (Fineberg 2017)

Verlauf einer Pandemie
Die Weltgesundheitsorganisation WHO überwacht die Krankheitsgeschehen weltweit. Sie beurteilt das Potential von Krankheiten, zu einer ernsthaften Herausforderung für die Gesundheitssysteme zu werden und unterscheidet dabei zwei Stufen: Die erste Stufe ist die Feststellung einer gesundheitlichen Notlage von internationaler Tragweite (Public Health Emergency of International Concern, PHEIC) im Rahmen der Internationalen Gesundheitsvorschriften (IGV, 2005). Die zweite Stufe ist die Ausrufung einer Pandemie.

Die Pandemien wiederum untergliedert die WHO in die folgenden vier globalen Phasen, die fließend ineinander übergehen und die Risikoeinschätzung der WHO, die grundsätzlich auf epidemiologischen und klinischen Daten beruht, widerspiegeln:

D   Schockereignisse/Szenario-basierte Diskussion

1. **Interpandemische Phase**: Sie ist definiert als die Phase zwischen Influenzapandemien.
2. **Alarm-Phase**: Erkrankungen beim Menschen, die durch einen Krankheitserreger hervorgerufen wurden, werden identifiziert. Eine erhöhte Wachsamkeit und sorgfältige Risikoeinschätzung auf lokaler, nationaler und globaler Ebene erfolgt. Für den Fall, dass die Risikobewertungen zeigen, dass diese Erkrankung keine Pandemie verursachen wird, werden die Aktivitäten auf das Maß der Interpandemischen Phase zurückgestuft.
3. **Pandemische Phase**: Durch einen Krankheitserreger hervorgerufene Erkrankungen bei Menschen breiten sich global aus. Die Übergänge von der Interpandemischen Phase zur Alarm- und Pandemischen Phase können sehr schnell oder sukzessiv erfolgen.
4. **Übergangsphase**: Entspannt sich die globale Risikoeinschätzung, erfolgt eine Deeskalation in Bezug auf global eingeleitete Maßnahmen. Zusätzlich kann – je nach spezifischer Risikoeinschätzung in den Mitgliedstaaten – eine Verringerung der Bewältigungsmaßnahmen oder ein Überführen der Bewältigungsmaßnahmen in Aufbaumaßnahmen angezeigt sein.

Der Verlauf einer Pandemie, vor allem bei einer Pandemie durch einen bislang nicht oder anders in Erscheinung getretenen Krankheitserreger, lässt sich schwer bis gar nicht vorhersagen. Grundsätzlich lassen sich Krankheitsausbrüche zumeist als eine Art Wellenkurve darstellen. Die Erkrankungswelle beginnt zunächst langsam mit einigen wenigen Erkrankungsfällen. Die Zahl der Erkrankungsfälle nimmt dann stark, nahezu exponentiell, zu. Die Rate der Neuerkrankungen schwächt sich hin zum Maximum der Erkrankungswelle ab. Nach dem Höhepunkt ist die Gesamtzahl rückläufig bis zum Erreichen des Normalniveaus oder gegebenenfalls einer nächsten Welle.

Der Pandemieverlauf hängt von einer Vielzahl von Faktoren ab: Übertragungswege wie Schmierinfektionen, Tröpfchen- oder Luftübertragung, (Teil-) Resistenzen bestimmter Bevölkerungsgruppen, zum Beispiel durch Impfungen gegen einen verwandten Erreger, und Wirtsspezifität (Ist der Mensch der einzige Wirt oder gibt es eine effektive Übertragung auch über andere Wirte?) spielen eine Rolle.

Grundsätzlich muss bei einer Pandemie davon ausgegangen werden, dass es nicht nur eine Erkrankungswelle geben kann, sondern dass mit mehreren aufeinander folgenden Wellen, meist mit einer abnehmenden Intensität und Anzahl von Erkrankten von Welle zu Welle, zu rechnen ist. Bei der Vorbereitung auf Influenzapandemien geht man anhand der gemachten Erfahrungen davon aus, dass eine Pandemiewelle sechs bis acht Wochen dauern wird, mit einem Höhepunkt von gut vier Wochen in der Mitte.

Maßnahmen zur Eindämmung und Beendigung einer Pandemie
Wichtig ist zunächst die Erkenntnis, dass Krankheiten und Erkrankungswellen wie bei einer Pandemie nicht an Grenzen von Staaten oder geographischen Grenzen halt machen, sondern sich mit den Reisebewegungen der Menschen ausbreiten. Im Folgenden soll kurz auf die möglichen Ansätze eingegangen werden, pandemische Krankheitsgeschehen einzudämmen und bestenfalls zu beenden.

Es gibt verschiedene Wege und Maßnahmen zur Eindämmung von Krankheitsgeschehen:

- **Surveillance des Krankheitsgeschehens:** Epidemiologische Surveillance ist die fortlaufende systematische Sammlung, Analyse, Bewertung und Verbreitung von Gesundheitsdaten zum Zweck der Planung, Durchführung und Bewertung von Maßnahmen zur Krankheitsbekämpfung. Ein funktionierendes Surveillance-System ist die Grundvoraussetzung, eine Epidemie oder Pandemie möglichst frühzeitig zu entdecken und möglichst frühzeitig wirksame Methoden zur Bekämpfung und Beendigung einsetzen zu können.
- **Diagnostik des Krankheitserregers:** Vor allem in der Frühphase der Infektion sind viele alltägliche Erkrankungen nicht von einer möglichen pandemischen Erkrankung zu unterscheiden. Vor allem bei neuartigen Erregern wird es zu Beginn der Erkrankungswelle noch keine geeigneten, spezifischen diagnostischen Nachweise geben. Die Entwicklung dieser spezifischen Nachweismethoden ist aber sowohl für die individuelle Therapie von Betroffenen als auch für die Überwachung der Pandemie und Abschätzung der Lageentwicklung wichtig.
- **Infektionshygienische Maßnahmen:** Darunter versteht man alle nichtpharmakologischen Maßnahmen zur Eindämmung eines Krankheitsgeschehens. Diese Maßnahmen sollen die Dynamik der Krankheitsausbreitung in der Bevölkerung positiv beeinflussen. Je nach Phase in der Krankheitswelle verändert sich der Schwerpunkt der zu treffenden Maßnahmen: Zu Beginn eines Ausbruchsgeschehens liegt der Schwerpunkt auf der frühen Erkennung und Eindämmung/Beeinflussung der Ausbreitungsdynamik (»detection & containment«), im weiteren Verlauf verlagert er sich auf den Schutz vulnerabler Gruppen (»protection«). Bei einer anhaltenden Mensch-zu-Mensch-Übertragung steht zunächst die Folgenminderung (»mitigation«) und danach die Maßnahmen zur Erholung (»recovery«) im Fokus.
- **Medizinische Behandlung:** Bei großen Krankheitsgeschehen mit schwerwiegendem Verlauf ist die medizinische Versorgung der Betroffe-

nen von entscheidender Bedeutung. Die zu erwartende hohe Anzahl von Erkrankten stellt dabei sowohl die ambulante als auch die stationäre Versorgung der Erkrankten vor besondere Herausforderungen. Auch die Art des Erregers ist von entscheidender Bedeutung, da es für neuartige Erreger, wie das beim SARS Coronavirus der Fall war, anfangs noch keine festen Behandlungsregime gibt und die Versorgung, auch vor dem Hintergrund des Schutzes des medizinischen Personals, sehr aufwendig ist.

- **Impfung:** Impfungen gehören zu den pharmakologischen Maßnahmen und stellen eine der besten Möglichkeiten dar, eine ganze Population vor einer Erkrankung zu schützen. Gegen neuartige Erreger muss jedoch zunächst ein Impfstoff entwickelt werden, was nicht unerheblich Zeit in Anspruch nehmen kann. Gelingt die Entwicklung eines Impfstoffes, bietet das die Möglichkeit, die Bevölkerung in der Spätphase der Pandemie und bei einer weiteren Welle effektiv zu schützen. Ab einer Durchimpfungsrate von ca. 85 % (abhängig vom Krankheitserreger) in der Bevölkerung kann man von einem Kollektivschutz ausgehen, bei dem auch nicht geimpfte Personen vom Impfschutz profitieren.
- **Arzneimittel:** Je nach Art des Pandemie-Erregers können verschiedene pharmakologische Maßnahmen wie Arzneimittel zu seiner direkten Bekämpfung und damit der Ausbreitung genutzt werden. Vor allem bei neuartigen Erregern kann es aber bis nach der Pandemie dauern, bis ein spezifisches Medikament entwickelt ist.

Durch die getroffenen Maßnahmen lassen sich Pandemieverläufe abschwächen und die Gesamtzahl der Erkrankten reduzieren. Einige der beschriebenen Maßnahmen können dabei aber die Dauer der einzelnen Erkrankungswellen verlängern und so zu weiteren, v. a. wirtschaftlichen Folgen, wie der Verschärfung von Engpässen in der Versorgung, führen.

Gesellschaftliche und wirtschaftliche Folgen einer Pandemie

Die Ausprägung einer kommenden Pandemie lässt sich im Vorfeld nicht abschätzen. Um eine Planung zu ermöglichen, werden von unterschiedlichen staatlichen Behörden verschiedene Planungsgrößen für die Anzahl von Erkrankten vorgegeben. Dabei wird meist eine Bandbreite, je nach Schweregrad einer möglichen kommenden Pandemie, angegeben. Für eine Pandemie mit schweren Krankheitsverläufen wird für die Planung im »Handbuch Betriebliche Pandemieplanung« von einer Erkrankungsrate der Bevölkerung von bis zu 50 % ausgegangen. Die Federal Emergency

Management Agency (FEMA) der Vereinigten Staaten von Amerika geht in ihrem »Pandemic Influenza Template« von einer durchschnittlichen Erkrankungsrate von 30 % aus. Die Erkrankungsrate von Kindern liegt bei 40 %, da Analysen vergangener Pandemien gezeigt haben, dass Kinder überproportional häufig betroffen waren und auch für die Übertragung der Erreger eine besondere Rolle gespielt haben. Die Erkrankungsrate bei den arbeitenden Erwachsenen liegt durchschnittlich bei 20 %, wobei es erhebliche Unterschiede zwischen unterschiedlichen Berufszweigen geben kann. So ist bei Mitarbeitern aus Berufszweigen mit viel Publikumsverkehr, wie dem Einzelhandel, dem Öffentlichen Personennahverkehr oder der Kinderbetreuung und Lehre sowie bei Mitarbeitern aus dem Gesundheitswesen mit einer deutlich höheren Erkrankungsrate zu rechnen. Die Dauer einer Erkrankungswelle wird dabei mit bis zu 12 Wochen pro Welle angegeben.

Zur Eindämmung der Verbreitung des Erregers in der Bevölkerung ist eine der ersten Maßnahmen das Absagen von öffentlichen Vorführungen wie Theater- und Kinovorführungen und das Schließen von öffentlichen Einrichtungen wie Ämtern, Schulen und Kindergärten.

Zum einen werden also die direkt erkrankten Arbeitnehmer ausfallen, je nach Planungsgröße ca. 30 % bis 50 %. Zum anderen werden Arbeitnehmer ausfallen, die sich um erkrankte Angehörige kümmern müssen sowie diejenigen, die durch die Schließung von Betreuungseinrichtungen nicht mehr normal ihrer Arbeit nachgehen können.

Bei der Abschätzung der Folgen einer Pandemie für die Gesellschaft muss an die vielfältigen Schnittstellen und Zusammenhänge unserer Gesellschaft gedacht werden. Zum Beispiel kommt es in manchen Branchen, wie dem Öffentlichen Personennahverkehr (ÖPNV), schon beim Ausfall von wenigen Mitarbeitern zum Ausfall von ganzen Linien im Alltag. Bei einer Pandemie bleibt zu befürchten, dass wichtige Dienstleistungen, vor allem in Ballungszentren, nicht mehr zur Verfügung stehen werden. Ein Teil der Bewohner der Ballungszentren verfügt über keine eigenen Fortbewegungsmittel und ist auf den ÖPNV angewiesen. Der andere Teil steigt vom ÖPNV auf das eigene Kfz um, wodurch erhebliche Verkehrsbehinderungen und Staus vor allem in den Ballungszentren zu erwarten sind.

Im Generellen ist für eine Pandemie über viele Wochen mit erheblichen Einschränkungen im öffentlichen Leben und teilweise sogar dem Wegfall von Dienstleistungen und Angeboten der Grundversorgung zu rechnen.

Der Schutz der Gesundheit der Bevölkerung ist eines der vorrangigen Ziele bei einer Pandemie. Vor allem der Gesundheitssektor wird dabei vor besondere Herausforderungen gestellt. Zum einen werden durch die große Anzahl von Erkrankten alle Kapazitäten des Gesundheitssystems gefordert. Auf der anderen Seite ist durch die überdurchschnittlich hohe Krankheitsexposition bei den Mitarbeitern des Gesundheitssystems eine höhere Krankheitsquote als im Durchschnitt der restlichen Bevölkerung anzunehmen. Engpässe bei der Versorgung mit medizinischen Produkten könnten die medizinische Versorgung der Bevölkerung zusätzlich einschränken. Dadurch könnte das Gesundheitssystem nicht mehr leistungsfähig sein oder schlimmstenfalls sogar zusammenbrechen.

Für die Wirtschaft im Allgemeinen ist vor allem mit zwei wichtigen Auswirkungen zu rechnen, die sich aus Auswertungen der letzten Pandemien ergeben haben:

1. Ein plötzlicher Rückgang der Nachfrage, da die Menschen es vermeiden, Geschäfte, Einkaufszentren, Gaststätten, Kinos, Theater und andere öffentliche Einrichtungen aufzusuchen.
2. Ein Rückgang der Arbeitsleistung, da die Beschäftigen zu Hause bleiben, sei es, weil sie selbst erkrankt sind, weil sie Angst haben, sich anzustecken oder weil sie für die Pflege von Angehörigen sorgen müssen.

Der allgemeine Rückgang der wirtschaftlichen Aktivitäten wird damit Auswirkungen auf das Bruttoinlandsprodukt haben, das zurückgehen wird.

Wirtschaftsunternehmen sollten sich somit auf eine Pandemie vorbereiten und »Business Continuity Pläne« für diesen Fall erstellen. Dafür kann auf eine Vielzahl von nationalen und internationalen Planungshilfen zurückgegriffen werden. Weitere Informationen und Abschätzungen, wie die Auswirkungen einer Pandemie auf die Exportleistung, auf das Wirtschaftswachstum oder die Inflation, lassen sich den angegebenen Quellen entnehmen. (Landesgesundheitsamt Baden-Württemberg im Regierungspräsidium Stuttgart und Bundesamt für Bevölkerungsschutz und Katastrophenhilfe 2010, FEMA 2014)

Vorbereitung auf eine Pandemie
Die Bewältigung einer globalen Pandemie bedarf mehr als nur einer Vorbereitung auf die medizinische Versorgung einer höheren Anzahl von Erkrankten, sondern ist vielmehr eine gesamtgesellschaftliche Aufgabe und wird eines gemeinsamen bürgerschaftlichen Engagements aller im Land bedürfen. Primäre Aufgabe ist der Schutz der Gesundheit der (Gesamt-) Bevölkerung – noch vor dem Schutz von einzelnen Individuen. Daneben ist vor allem bei schweren Verläufen auch die Produktion von essentiellen Gütern, die Verteilung dieser Güter, die Versorgung der Bevölkerung und die Aufrechterhaltung des Warenverkehrs sicherzustellen. Dazu sind im Vorfeld Maßnahmen zur Bewältigung von Ausfällen und Engpässen zu ergreifen. Zu diesem Zweck gibt es auf den verschiedenen administrativen Ebenen – international (WHO, EU), national (RKI), auf Ebene der Bundesländer und Regional – Planungen für

Pandemien, vor allem für die Vorbereitung auf die nächste Influenzapandemie. Diese Planungen können aber meist mit geringen Anpassungen auch für andere Krankheitserreger verwendet werden.

Da sich die Entstehung einer Pandemie voraussichtlich kaum verhindern lassen wird, müssen die Ziele der Pandemieplanungen sein (Robert Koch-Institut, 2017 a):

- Verlangsamung der Ausbreitung der Epidemie in andere Länder und dadurch möglicherweise Schaffung einer Vorlaufzeit für zunächst nicht betroffene Länder. Die Entwicklung eines Impfstoffes kann in dieser Zeit vorangetrieben werden.
- Verlangsamung der Ausbreitung der Epidemie in den betroffenen Regionen. Auf diese Weise wird die Zahl der Erkrankungen über einen längeren Zeitraum »gestreckt«, was die Überlastung des nationalen Gesundheitswesens verringern kann.
- Verringerung der Erkrankungs- und Sterberaten in der Bevölkerung.
- Sicherstellung der Versorgung der Bevölkerung mit lebenswichtigen Produkten und Dienstleistungen. Aufrechterhaltung der Infrastruktur und von Sicherheit und Ordnung. Die vorhandenen Mittel müssen so effizient wie möglich genutzt werden.
- Beschränkung des Schadens für die Volkswirtschaft durch geordnete Maßnahmen zur Aufrechterhaltung von Minimalfunktionen.
- Zuverlässige, aktuelle und umfassende Information von Entscheidungsträgern und der Bevölkerung über die Pandemie und ihre Folgen.

Betriebliche Vorsorgeplanung – Continuity of Operation – in einer Pandemie
Die meisten Unternehmen verfügen ab einer bestimmten Größe über Business Continuity- bzw. Continuity-of-Operation-Pläne. Grundsätzlich gibt es einige Kernthemen bei einer betrieblichen Vorsorgeplanung, die bei der Vorbereitung auf eine Pandemie bedacht werden sollten. Diese Kernthemen lassen sich durch die folgenden Fragen aus dem Nationalen Pandemieplan herausfinden (Robert Koch-Institut 2017 a):

- Welche Geschäftsprozesse sind essentiell und welche Auswirkungen hätte ihr Ausfall auf das Unternehmen?
- Bestehen besondere Vorgaben wie gesetzliche Verpflichtungen oder Rechtsverordnungen zur Aufrechterhaltung von Geschäftsprozessen?
- Bestehen besondere vertragliche oder gesetzliche Verpflichtungen gegenüber Kunden oder der Allgemeinheit, bestimmte Produkte herzustellen oder Leistungen zu erbringen?
- Welche wirtschaftlichen Folgen hätte der Ausfall von Geschäftsprozessen für das Unternehmen?

- Welche innerbetrieblichen Abläufe müssen ständig überwacht bzw. können nicht unterbrochen werden?
- Welche Zulieferer und Versorger (Strom, Wasser, Gas) sind für den Betrieb überlebenswichtig?
- Welche von extern zu erbringenden Dienstleistungen (z. B. Wartung, Entstörung) sind für den Betrieb essentiell?
- Wo bestehen Abhängigkeiten von Bevorrechtigungen, Sondergenehmigungen (z. B. Kraftstoffversorgung, Zugang zu gesperrten Gebieten, medizinische Versorgung)?

Bei der Pandemie-Vorsorge sollte auf den vorhandenen Planungen aufgebaut werden, wobei es einige wichtige Besonderheiten gibt, die sich von den meisten anderen Ereignissen grundlegend unterscheiden (Landesgesundheitsamt Baden-Württemberg im Regierungspräsidium Stuttgart und Bundesamt für Bevölkerungsschutz und Katastrophenhilfe 2010, FEMA 2014):

- **Geografische Ausbreitung**: Im Gegensatz zu den meisten anderen katastrophalen Ereignissen handelt es sich bei einer Pandemie nicht um ein lokales oder regionales, sondern um ein globales Ereignis. Ein Ausweichen an einen anderen Standort wird hier keine Vorteile bringen. Zudem könnten zur Eindämmung der Erkrankung Reisebeschränkungen gelten und den Transfer von Personal und Material stark einschränken oder gänzlich unterbrechen.
- **Dauer**: Bei Katastrophen kann meist davon ausgegangen werden, dass es sich um ein einmaliges und zeitlich recht begrenztes Ereignis handelt. Viele der amerikanischen Leitfäden zur betrieblichen Vorsorgeplanung geben einen Zeitraum von bis zu 30 Tagen vor. Bei einer Pandemie kann alleine eine Erkrankungswelle bis zu zwölf Wochen dauern und die gesamte Pandemie mit mehreren Wellen über ein Jahr lang anhalten.
- **Verlust an Arbeitskraft**: Bei pandemischen Ereignissen muss damit gerechnet werden, dass es über längere Zeiträume (Monate) zum Ausfall von Personal in Schlüsselpositionen sowie generell zu einem Ausfall eines größeren Prozentsatzes der Belegschaft kommen wird.
- **Infrastruktur**: Zwar ist bei einer Pandemie keine beschädigte oder zerstörte Infrastruktur zu befürchten, dennoch kann kaum auf Ressourcen aus nicht betroffenen Regionen zurückgegriffen werden, da es diese früher oder später nicht mehr geben wird.
- **Personalpolitik**: Zum Schutz der gesunden Belegschaft sollten Gesundheitsvorsorge sowie Aufklärung und Information der Mitarbeiter geför-

dert werden. Mitarbeiter mit Krankheitsgefühl sollten nach Hause geschickt werden, Erkrankte erst nach einer medizinischen Prüfung mit einer Art »Unbedenklichkeitsbescheinigung« wieder zur Arbeit kommen dürfen. Der Arbeitgeber sollte prüfen, ob er die Ressourcen und Möglichkeiten zur medizinischen Unterstützung seiner Arbeitnehmer bei Einschränkungen der medizinischen Versorgung in der Gesellschaft hat.

- **Delegation**: Die meisten Business-Continuity-Pläne sehen die Abdeckung von Schlüsselfunktionen mit mindestens zwei Mitarbeitern vor, die diese Position ausfüllen können. Für eine Pandemie sollte eine mindestens dreifache Abdeckung aller Schlüsselfunktionen und -bereiche geprüft werden.

Gesetzliche Regelungen und Rahmenbedingungen in Deutschland
Die Ziele der betrieblichen Pandemieplanung gehen über die Ziele des Arbeitsschutzes hinaus, wobei einzelne Maßnahmen beidem dienen können. Maßnahmen des Arbeitsschutzes sollen Sicherheit und Gesundheitsschutz der Beschäftigten bei der Arbeit sichern und verbessern. Gesetzliche Grundlage ist das Arbeitsschutzgesetz. Demnach muss der Arbeitgeber Gefährdungen ermitteln und beurteilen, die für die Beschäftigten mit ihrer Arbeit verbunden sind, und Maßnahmen zur Verhütung von arbeitsbedingten Gesundheitsgefahren festlegen. Dabei muss er auch andere Umstände berücksichtigen, die die Sicherheit und Gesundheit der Beschäftigten bei der Arbeit beeinflussen, zum Beispiel auch solche, wie sie bei einem Pandemiefall entstünden. Zudem muss er prüfen, ob bzw. inwieweit die Verordnung zur arbeitsmedizinischen Vorsorge heranzuziehen ist.

Spezielle Arbeitsschutzregelungen zum Schutz der Beschäftigten vor Infektionen sind in der Biostoffverordnung festgelegt. Diese Verordnung findet allerdings nur Anwendung, wenn auch Tätigkeiten mit Biostoffen ausgeübt werden, was in den meisten Unternehmen und in Verwaltungen nicht der Fall ist.

Die wichtigsten nationalen Regelungen in Deutschland für die Verhütung und Bekämpfung von übertragbaren Krankheiten sind in den folgenden Gesetzen und Verordnungen enthalten:

Gesetz zur Verhütung und Bekämpfung von Infektionskrankheiten beim Menschen – Infektionsschutzgesetz – IfSG vom 20. Juli 2000 (BGBl. I S. 1045), zuletzt geändert am 4.8.2019 durch Gesetz zur nachhaltigen Stärkung der personellen Einsatzbereitschaft der Bundeswehr (BGBl. I S. 1147).
Verordnung über die Meldepflicht bei Aviärer Influenza beim Menschen (Aviäre-Influenza- Meldepflicht-Verordnung – AIMPV) vom 11. Mai 2007 (BGBl. I S. 732),

D   Schockereignisse/Szenario-basierte Diskussion

> Allgemeine Verwaltungsvorschrift über die Koordinierung des Infektionsschutzes in epidemisch bedeutsamen Fällen (Verwaltungsvorschrift- IfSG-Koordinierung – IfSG-Koordinierungs- VwV) vom 12. Dezember 2013 (BAnz AT 18.12.2013 B3),
> Gesetz zur Durchführung der Internationalen Gesundheitsvorschriften (2005) (IGV-Durchführungsgesetz – IGV-DG) vom 21. März 2013 (BGBl. I., 566),
> Gesetz zu den Internationalen Gesundheitsvorschriften (2005) vom 23. Mai 2005 (IGVG 2005) vom 20. Juli 2007 (BGBl. II S. 930).
>
> Im Bereich des Arbeitsschutzes von Beschäftigten im ambulanten und stationären medizinischen Bereich sind folgende Bestimmungen relevant:
> Biostoffverordnung (BioStoffV) vom 15. Juli 2013 (BGBl. I S. 2514),
> Verordnung zur arbeitsmedizinischen Vorsorge vom 18. Dezember 2008 (BGBl. I, 2768), die zuletzt durch Artikel 1 der Verordnung vom 23. Oktober 2013 (BGBl. I, 3882) geändert worden ist (ArbMedVV),
> TRBA 250 (Biologische Arbeitsstoffe im Gesundheitswesen und in der Wohlfahrtspflege), Ausgabe März 2014 GMBl 2014 Nr. 10/11 vom 27.03.2014, Änderung vom 22.05.2014, GMBl Nr. 25, Änderung vom 21.07.2015, GMBl Nr. 29,
> Beschluss 609 des Ausschusses für Biologische Arbeitsstoffe (ABAS): Arbeitsschutz bei Auftreten einer nicht ausreichend impfpräventablen humanen Influenza (GMBl. Nr. 26 vom 18. Juni 2012, 470–479).

3   Anthropogene Gefahren

Voßschmidt & Karsten

Bei den anthropogenen Gefahren, den Gefahren, die durch Menschenhand entstehen, wie schon bei den Naturgefahren, wurden diejenigen ausgewählt, die unseres Erachtens die größten Risiken für die Kritischen Infrastrukturen in den nächsten Jahren darstellen werden. Dabei sollen absichtlich und unabsichtlich herbeigeführte Ereignisse behandelt werden.

Obwohl prinzipiell jede anthropogene Gefahr vollständig eliminiert werden kann, glauben wir nicht, dass dies in absehbarer Zeit bei den hier ausgewählten Gefahren der Fall sein wird.

Im ersten Teil beleuchtet Uelpenich das Szenario einer CBRN-Freisetzung aus Sicht einer operativen Einsatzkraft. Obwohl er einen Eisenbahnunfall betrachtet, lassen sich seine Schlussfolgerungen auf andere Havarien und kriegerische Handlungen übertragen.

3 Anthropogene Gefahren

Im zweiten Teil beschäftigt sich Brodala mit dem Bereich des Terrorismus. Dabei gibt es Anknüpfungspunkte zu dem vorherigen Teil über die CBRN-Freisetzung und zu der Beschreibung der politischen Stresssituation, der die Kritis-Betreiber derzeit ausgesetzt sind (siehe Kapitel B.2 und B.3).

In den Abschnitten drei und vier beschäftigt sich Karsten mit den Themen Cyber-Gefahren und Gefahren für die Stromversorgung Deutschlands sowie den Folgen, die ein Stromausfall hätte.

3.1 Chemische, Biologische, Radioaktive und Nukleare Gefahren (CBRN)

Gerhard Uelpenich

In unserer industrialisierten Welt werden immer häufiger Produkte und Stoffe eingesetzt, die unter den Oberbegriff CBRN gefasst werden können. Ihre Nutzung ist vielfältig. Es handelt sich um Chemikalien, die Prozessabläufe erst ermöglichen oder als Pestizide oder Düngemittel in der Landwirtschaft höhere Erträge bewirken. Mikroorganismen werden zu Rohstoffkonversionen verwendet oder produzieren lebensnotwendige Medikamente (Insulin, Antibiotika). Radioisotope werden in der Medizin therapeutisch eingesetzt oder in der Wirtschaft zur Materialprüfung und Energiegewinnung. Stoffe können aber auch gewollt (Grey/Spaeth 2006, Miller/Murnane 2009) oder unbeabsichtigt in die Umwelt freigesetzt und dann zu einer Gefahrenquelle mit einem großen Risikopotenzial sowohl für Mensch als auch Umwelt werden.

Neben der »friedlichen« industriellen Nutzung können viele CBRN-Stoffe auch ohne Veränderung militärisch genutzt werden (Dual-Use-Stoffe) oder sie werden speziell für den militärischen Einsatz konzipiert (B-/C-Kampfstoffe, Chemical Warfare Agents (CWA)). (Franke 1969, Gupta 2015)

Die Veränderungen in der politischen Landschaft nach dem Zusammenbruch der Sowjetunion in den 90er Jahren des letzten Jahrhunderts haben zu massiven Veränderungen in sicherheitspolitischen Überlegungen geführt. Durch die Unabhängigkeit vieler ehemaliger Sowjetrepubliken wurde die Kontrolle über den Verbleib von Waffensystemen und hiermit verbunden der Kontrolle über CBRN-Materialien sehr erschwert, wenn nicht sogar unmöglich gemacht.

Immer wieder tauchen in der Presse Berichte über Nuklearschmuggel und Spekulationen über den Verbleib von B-/C-Kampfstoffen auf, die in Verbindung zu den unterschiedlichsten Terrorgruppen gebracht werden. (Miller/Murnana 2009) Der Begriff der »asymmetrischen Bedrohung« wurde geprägt.

D Schockereignisse/Szenario-basierte Diskussion

Der wachsenden Bedrohung durch CBRN hat die EU Kommission durch die Etablierung des EUCBRN-Aktionsplans im Jahr 2009 Rechnung getragen. Ziel dieses Aktionsplanes ist »establishment of a database of resources which would contain applicable information on the nature of high-risk CBRN materials and their handling« (European Commission 2009).

Der Begriff CBRN hat auch im deutschsprachigen Raum den Begriff ABC-Gefahren(stoffe) verdrängt, mit dem man die Gefahren durch atomare, biologische und chemischen Gefahren einschließlich ABC-Waffen und Gefahrstofffreisetzungen bezeichnet hat. Der Begriff CBRN wird allerdings nicht einheitlich verwendet. Im offiziellen Sprachgebrauch der EU wird CBRN definiert als:

»CBRN is an acronym for chemical, biological, radiological, and nuclear issues that could harm the society through their accidental or deliberate release, dissemination or impacts. The term CBRN is a replacement for the old term NBC (nuclear, biological, and chemical), which had replaced the previous term ABC (atomic, biological, and chemical) that was used in the fifties. ›N‹ covers the impact by an explosion of nuclear bombs and the misuse of fissile material, ›R‹ stands for dispersion of radioactive material e. g. by a dirty bomb.«

Bei der Verwendung dieser Definition bezieht man sich auf die alte Bezeichnung NBC, die ab den 50er Jahren im Bereich der NATO üblich war. CBRN bietet hierbei aber die Unterscheidung zwischen R, was den gesamten Strahlenschutzbereich ohne Kernfusionen einschließt und den Bereich N, womit die Atomwaffen und Reaktorunfälle bezeichnet werden.

Im Gegensatz hierzu wird im angloamerikanischen Raum hierbei explizit der Begriff der Gefahrstoffe ausgeklammert, der meist unter dem Begriff Hazardous Materials (HazMats) (Miller/Murnane 2009) gefasst wird. Neben der Bezeichnung CBRN werden auch erweiterte Begriffe wie z. B. CBRNE verwendet, wobei durch das E die Explosivstoffe eingeschlossen werden. In einigen Definitionen wird auch die Unterscheidung zwischen einer vorsätzlichen und einer unfallbedingten Freisetzung herangezogen.

Die Freisetzung von CBRN-Stoffen wird sowohl die Einsatzkräfte als auch die politisch Verantwortlichen und die Verwaltungsstrukturen bis an die Grenzen ihrer Leistungsfähigkeit – und teilweise darüber hinaus – fordern. Um solche Lagen bewältigen zu können, müssen entsprechende Strukturen und Planungen vorgehalten werden (Dillon/Dickinson 2014, Haddock/Bullock 2016) und regelmäßig Aktualisierungen von Planunterlagen sowie Übungen durchgeführt werden. (Grey/

Spaeth 2006, Hawlwyet al 2002, The Center for Excellence in Emergency Preparedness 2009)

Kommt es zu einer Freisetzung von CBRN-Stoffen sollten sich die Verantwortlichen folgende Fragen stellen (Auswahl):

- Kann es sich um einen Terroranschlag handeln?
- Treten Flüssigkeiten oder Gase aus? Sind Verfärbungen/und oder Wolken sichtbar, eventuell Gerüche?
- War die Freisetzung Absicht oder ein Unfall?
- Welche Stoffe oder Mikroorganismen sind betroffen? Kann es durch chemische/thermische Umsetzung zur Bildung von neuen und ggf. toxischeren Stoffen kommen?
- Bei Mikroorganismen: Handelt es sich um Krankheitserreger?
- Wie hoch ist die Thermik? (Verfrachtung von Schadstoffen in weit entfernte Gebiete und somit Verlagerung des Gefahrenbereichs)
- Besteht Brand- und/oder Explosionsgefahr? Ist eine Zündquelle vorhanden? Wenn ja, kann es bei einem Brand zu einer Erwärmung von Tanks kommen (Gefahr des Berstens)? Welche Leitsubstanz ist bei Bränden sinnvoll?
- Kann eine Räumung/Evakuierung notwendig werden? Ist sie sinnvoll und stehen ausreichende Mittel dafür zur Verfügung?

Ausgehend von einem Beispiel wird jetzt die Problematik einer CBRN-/HazMat-Freisetzung kurz angerissen:

> **Beispiel:**
> Am 12.05. kommt es zu einer Kollision zwischen zwei Güterzügen im Ausgangsbereich des Bahnhofs einer kleinen Stadt an der Rheinschiene. Der aus Norden kommende Zugverband steht im Ausgangsbereich des Bahnhofs, um den aus Süden kommenden Zug passieren zu lassen. Bei dem stehenden Zug handelt es sich um eine Zugzusammenstellung, die auch Stückgutwagen mit Chemikalienbeladung beinhaltet sowie mehrere Gefahrgutkesselwagen (Ammoniak). Bei dem aus Süden kommenden Zugverband handelt es sich um einen Flüssiggastankzug (LPG). Bei dem Fahrwerk eines dieser Kesselwagen des Zuges kommt es zu einem Heißläufer an einer Achse und zur Entgleisung und Kollision. Bei dieser Kollision werden mehrere Flüssiggaskesselwagen leckgeschlagen, es kommt zum Austritt von Flüssiggas und zur Zündung des Gas-Luftgemisches, einer sogenannten Vapour Cloud Explosion (VCE). Die Gaskonzentration muss hierbei innerhalb der Explosionsgrenzen des jeweiligen Gases liegen. Die Heftigkeit der auftretenden Reaktion ist von der freigesetzten Gasmenge abhängig. Ein zu konzentriertes (fettes) Gas-/Luft-

D Schockereignisse/Szenario-basierte Diskussion

> gemisch wird mit geringer Druckwirkung aber hoher Wärmestrahlung abbrennen. (International Labour Office 1988)

Bei dem hier dargestellten Ereignis handelt es sich um ein durch technisches Versagen evtl. gekoppelt mit menschlichem Versagen (Menschen können in diesem Zusammenhang die falsche mögliche Alternative gewählt haben) verursachtes Szenario. Es muss aber betont werden, dass solche großflächigen CBRN Ereignisse auch durchaus durch Naturkatastrophen verursacht werden können, wie Fukushima eindrucksvoll gezeigt hat. Ohne das Erdbeben und die hieraus resultierende Flutwelle wäre es niemals zu dem Reaktorunfall von Fukushima mit seinen verheerenden Folgen gekommen. Die Auswirkungen in der Folge durch menschliches Versagen (Fehlentscheidungen) und technische Unzulänglichkeiten noch verschärft worden.

Aber auch bei kleineren Naturereignissen wie z. B. Hochwasserlagen können die Einsatzkräfte mit der Problematik CBRN konfrontiert werden. Aufschwimmende Kraftstoff- oder Erdöltanks und überflutete Produktionsanlagen können eine Gefahr für Mensch und Umwelt bedeuten.

Durch die Beaufschlagung weiterer Kesselwagen mit Wärmestrahlung besteht die Gefahr eines Behälterversagens und hieraus resultierend einer Boiling Liquid Expanding Vapour Explosion (BLEVE) (International Labour Office 1988). Bei einem BLEVE kommt es zu einem Aufreißen des Tanks durch Materialermüdung in der Gasphase, schlagartiger Verdampfung von mehr als 50 % des Tankinhalts (abhängig von der Temperaturdifferenz zwischen Siedepunkt des Gases und der Außentemperatur) und sofortiger Zündung des Gases. Die hierbei auftretenden Effekte sind:

- Massive Wärmestrahlung
- Druckwelle und
- Trümmerflug von Tankteilen bis in große Entfernungen.

Die bisher größten Unfälle mit LPG haben sich in Mexiko City (1984) und Mississauga, Kanada (10.11.1979) (City of Mississauga 1979, Ministry of the Solicitor General of Ontario 1982) ereignet. Diese VCE verursachte massive großflächige Zerstörungen und Brände im gesamten Stadtbereich. Um das Ausmaß der Zerstörungen abschätzen zu können, werden Rechenmodelle verwendet, die von TNT-Äquivalenten ausgehen, wie z. B. das ALOHA Modell der amerikanischen Coast Guard/Environment Protection Agency (EPA 2017) oder Rechenmodelle des International Labour Office in Genf. (International Labour Office 1988)

Wenn man die Berechnungen des ILO zu Grunde legt, muss man bei einer vorhandenen Masse von 50 t von folgenden Schäden/Schadenradien ausgehen:

3 Anthropogene Gefahren

Tabelle 5:

Langzeitschäden bis Tod	irreparable Schäden an Gebäuden	0 m–232 m
Platzen des Trommelfells	Schwere Schäden an Gebäuden	232 m–469 m
Umfallen von Personen	Scheibenbruch	843 m–2100 m

Bei einem BLEVE muss man bei dieser LPG Masse mit einem Feuerballdurchmesser von 107 m und einer Dauer des Feuerballs von 17 Sekunden rechnen! (International Labour Office 1988)

Als Verletzungsmuster werden je nach Abstand zum Zündungsort, Verbrennungen 2. und 3. Grades, durch Druck und Trümmerflug verursachte Verletzungen sowie in weiterer Entfernung Schnittverletzungen durch geborstene Scheiben massiv auftreten. Es werden besondere Anforderungen an den Rettungsdienst und die Krankenhäuser gestellt werden, da die regionalen Kapazitäten – auch für einen Plan Massenanfall von Verletzten – erheblich überschritten werden dürften. (Hofmann 2008)

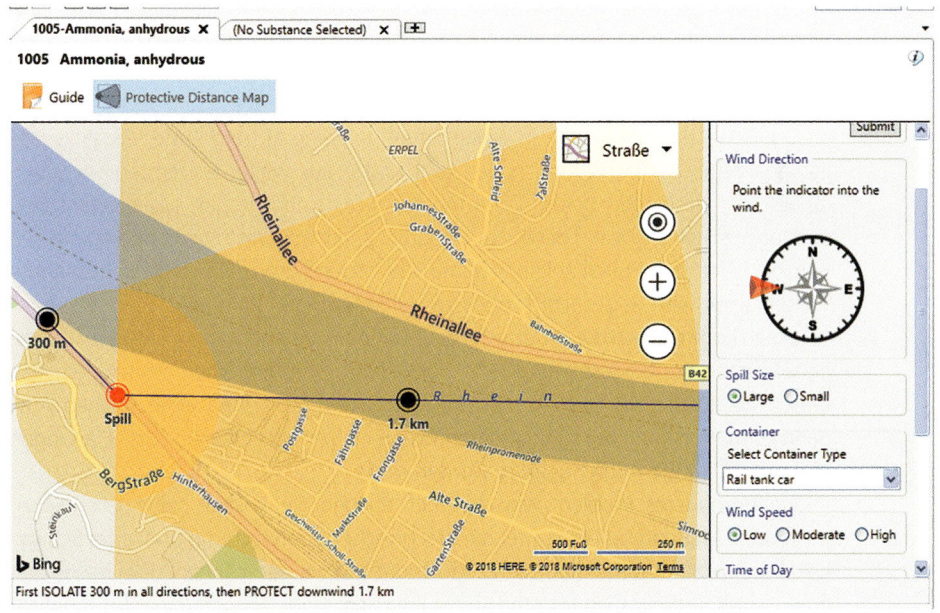

Bild 18: *Gefährdungsabschätzung mit dem in WISER implementierten Ausbreitungsmodell des ERG Guidebook. Als Kartenmaterial wird google maps verwendet*

Da durch die Druckwelle und die fliegenden Trümmerteile ein Ammoniakkesselwagen betroffen ist und ein Stückgutwaggon brennt, kommt es auch zur Freisetzung von flüssigen Chemikalien und toxischen (Brand)gasen. Bild 18 zeigt den gefährdeten Bereich nach dem in der Datenbank WISER implementierten Ausbreitungsmodell ERG Guidebook. (Transport Canada 2016)

In der ersten akuten Phase des Ereignisses werden die Absperrmaßnahmen inklusive Verkehrslenkungsmaßnahmen, die Rettung der Verletzten sowie die direkte Schadensbekämpfung den Schwerpunkt der eingeleiteten Maßnahmen bilden.

Für den betroffenen Bereich bedeutet ein solches Ereignis den Zusammenbruch der gesamten vorhandenen Infrastruktur, insbesondere des Verkehrs. Bei der Dimension des Schadens werden die Eisenbahnverbindungen auf beiden Seiten des Rheins ausfallen. Dies wird den gesamten Schienenverkehr in Deutschland und wahrscheinlich auch in Teilen des benachbarten Auslandes beeinflussen oder sogar zum Erliegen bringen (bei der Rheinschiene handelt es sich um eine der meist befahrenen Strecken Deutschlands).

Der Schiffsverkehr auf dem Rhein wird in diesem Bereich ebenfalls eingestellt werden müssen, was die Verbindung zu den großen Binnenhäfen und Rotterdam abschneidet. Bei einer längeren Sperrung dieser wirtschaftlich wichtigen Verkehrswege kann dies trotz diverser Verkehrs- und Umleitungsmaßnahmen zu massiven Verspätungen – und im produzierenden Gewerbe – zu Produktionsausfällen führen (siehe Kapitel B.5.3).

Die Einsatzkräfte werden in dieser Situation keine ausreichenden Einsatz- und Personalmittel zur Verfügung haben und Kräfte aus weiter entfernten Bereichen (andere Bundesländer) heranführen müssen, was einen großen organisatorischen und logistischen Aufwand bedeutet (Absprachen im administrativen und operativen Bereich, Leitstellen, Bereitstellungsräume, Versorgung usw.). Durch die angespannte Verkehrslage wird es zusätzlich noch zu Verzögerungen kommen.

Hinzu kommt noch die extreme Stresssituation (kein »normaler« Einsatz), was die Einsatzzeiten der eingesetzten Kräfte noch reduzieren und einen schnelleren Austausch der Kräfte erforderlich machen wird. Die Bewältigung einer solchen Ausnahmesituation kann nur funktionieren, wenn im Vorfeld entsprechende Planungen und auch Übungen durchgeführt worden sind.

Ein besonderes Problem wird in einer solchen CBRN-Lage sein, dass alle zu treffenden Maßnahmen nur unter messtechnischer Überwachung und unter Schutzbekleidung (mindestens Atemschutz) durchgeführt werden können, da ja neben den brennbaren Stoffen auch toxische Stoffe betroffen sind. Dekontaminationsmöglichkeiten müssen vor dem Betreten der »Hot zone« eingerichtet sein (siehe PAHO 2001).

Engpässe dürften im Bereich der medizinischen Versorgung auftreten, da
- Krankenhäuser als Mangelressource in einem großen Radius angefahren werden müssen,
- Opfer ohne oder mit geringer Vorlaufzeit kommen,
- Informationen über den Gefahrstoff nicht oder nur verzögert (insbesondere bei terroristischen Anschlägen) vorhanden sind,
- Patienten noch kontaminiert sein können,
- die Opfer immer die nächstgelegenen Einrichtungen aufsuchen werden,
- andere medizinische Maßnahmen als im Rettungsdienstalltag, wie zum Beispiel eine Triage angewendet werden müssen,
- Intensivbetten in ausreichender Menge fehlen,
- Brandverletztenbehandlungsplätze in noch geringerer Anzahl als Intensivbetten vorhanden sind,
- Antidote nicht oder nur in unzureichender Menge zur Verfügung stehen,
- Krankenhausalarmplanung umgesetzt sein muss
- usw.

Im weiteren Verlauf des Ereignisses wird mit großer Wahrscheinlichkeit die gesamte Primärversorgung mit Elektrizität, Trinkwasser usw. in einem großen Bereich neu organisiert werden müssen. Dies kann nur gelingen, wenn entsprechende Vorsorgemaßnahmen wie abgestimmte Notfallpläne (z. B. Notfallplan Stromausfall) existieren.

Neben den weiter oben beschriebenen Freisetzungsarten VCE und BLEVE können bei luftgetragenen chemischen Stoffen noch die in Bild 19 dargestellten Freisetzungsarten mit den hiermit verbundenen Gefahren auftreten. Hierbei handelt es sich um eine Möglichkeit, wie chemische Freisetzungen eingeteilt werden können.

Kalte Freisetzungen sind zum Beispiel Leckagen ohne thermische Einwirkung. Oft ist nur ein Stoff oder einige wenige betroffen, so dass eine messtechnische Erfassung möglich ist. Bei der Planung der einsatztaktischen Maßnahmen (zum Beispiel Räumung, Verbleiben im Haus) ist zu berücksichtigen, ob es sich um ein Schwergas (Dichte im Verhältnis zur Luft > 1) oder ein Leichtgas (Dichte <1) handelt. Schwergase setzen sich in Senken und Kellern ab und können auch noch nach Beendigung der Freisetzung für einen längeren Zeitraum ein Gefährdungspotenzial beinhalten. Eventuell ist eine Zwangsbelüftung über entsprechende Lüfter angezeigt.

Man unterscheidet bei kalten Freisetzungen weiter zwischen kontinuierlichen und schlagartigen Freisetzungen sowie toxischen und explosiblen Freisetzungen. Die ungünstigste Situation ist der Austritt eines Stoffes, der sowohl explosibel als auch

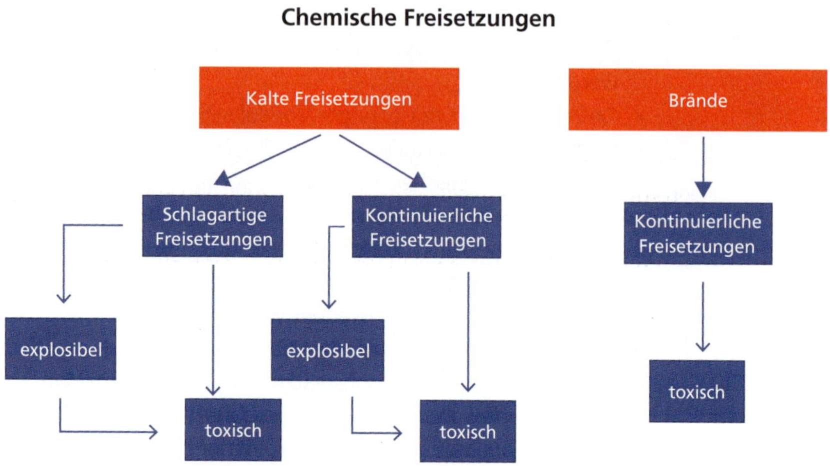

Chemische Freisetzungen

Bild 19: *Übersicht Einteilung luftgetragene chemische Freisetzungen*

toxisch ist, beziehungsweise der bei der thermischen Umsetzung toxische Zersetzungsproduktebilden kann.

Schlagartige Freisetzungen bedeuten sehr oft, dass große Mengen in einem kurzen Zeitintervall freigesetzt werden, was zu hohen Konzentrationen in der Umgebungsluft führt, die aber oft durch Verwirbelungen in der Atmosphäre nur kurze Zeit auftreten. Wie kanadische Untersuchungen gezeigt haben, ist dies eine typische Situation, in der eine Räumung/Evakuierung keinen Sinn macht, da die Evakuierten in eine höhere Schadstoffkonzentration geführt werden, als sie in geschlossenen Räumen mit geschlossenen Fenster und ausgeschalteter Klimaanlage ausgesetzt wären und aufnehmen würden. Ganz zu schweigen von den Unwägbarkeiten einer Räumung! (EU Kommission 2016)

Bei großräumigen Gefährdungslagen wird der Information und Warnung der Bevölkerung eine zentrale Rolle zukommen. Die Vorgehensweise und technische Ausstattung ist hierbei sehr unterschiedlich und oft werden Maßnahmen kombiniert, um möglichst große Bevölkerungsgruppen zu erreichen, zum Beispiel (Warnapps wie NINA in Verbindung mit Lautsprecherdurchsagen und Warndurchsagen über Medien).

Bei Räumungen und Evakuierungen muss ein besonderes Augenmerk auf Personen gelegt werden, die ihren Bereich nicht verlassen wollen und auf sich selbst evakuierende und in Krankenhäuser einweisende Personen. (EU Kommission 2016) International setzt sich immer mehr die Meinung durch, dass eine Räumung nur dann

3 Anthropogene Gefahren

Sinn macht, wenn man einen zeitlichen Vorlauf hat und man nicht in eine Schadstoffkonzentration hinein räumt.

Bei den Bränden geht man nur von kontinuierlichen Freisetzungen aus. Eine Gefährdungsbeurteilung von Bränden muss immer berücksichtigen, dass sich bei der thermischen Umsetzung von Stoffen toxischere Stoffe als die Ausgangssubstanz bilden können (zum Beispiel thermische Umsetzung von Polyurethan in Cyanwasserstoff), immer Stoffgemische auftreten und man sich auf eine Leitsubstanz festlegen muss. Weiterhin ist zu berücksichtigen, dass durch die auftretende Thermik Schadstoffe in höhere Luftschichten verfrachtet werden und nach den dort vorherrschenden Windverhältnissen verteilt werden. Sehr oft ist also nicht der Nahbereich gefährdet, sondern ein weit entfernter Bereich, was bei einer Warnung der Bevölkerung zu berücksichtigen ist.

Die Gefahr von Terroranschlägen unter Verwendung von CBRNE-Substanzen hat sich in den letzten Jahren erhöht (siehe auch Kapitel D.3.2). Sollte die Gefahr eines Terroranschlags unter Beimischung von CBRNE-Stoffen bestehen, sollten folgende Punkte und Fragestellungen berücksichtigt werden (Grey/Spaeth 2006, Hawley 2002, Miller/Murnane 2009):

- Weitere Explosionen oder Beschuss können folgen (auch durch nicht vollständig umgesetzten Sprengstoff) ▶ Bereitstellungsräume.
- Im Vorfeld gestohlene Einsatzfahrzeuge können ein Risiko darstellen.
- Bei der Verwendung von FuG/Mobiltelefon unmittelbar am Einsatzort kann eine ferngezündete USBV ausgelöst werden.
- »SCOOP and SCOOT«(»Load and Go«)-Taktik. Verletzte werden nicht vor Ort behandelt, sondern sofort in Rettungsmittel geladen und schnellst möglich aus dem potentiellen Gefahrenbereich entfernt (Risikoreduzierung).
- Problematik eines Zweitschlages (Madrid, London) ▶ Veränderte Einsatztaktik.
- Schwerpunkt der Verletzungen sind »Kampfverletzungen«, dagegen ist das Alltagsgeschäft des Rettungsdienstes: Internistische Erkrankungen und stumpfe Traumata.
- Inzidenz penetrierender Verletzungen in Deutschland laut DGU: 5 %.
- Massive Blutungen aus Extremitäten – multidimensionale Verletzungen.
- Wenig bis kaum Erfahrung des Rettungsdienstes mit diesen Ereignissen – Medizinische Ausstattung?

- Bei einem Anschlag mit Chemikalienbeimischung werden viel mehr Menschen die Krankenhäuser aufsuchen, als wirklich Symptome zeigen (ca. 80 %, Tokio).
- Einsatzkräfte und Krankenhauspersonal, die nicht ausreichend geschützt sind, können durch Kontaminationsverschleppung und Ausgasen von Kleidungsstücken geschädigt werden (in Tokio ca. 50–60 % der Geschädigten).
- Schnelle Einrichtung von Dekontaminationsstellen vor nahegelegenen Krankenhäusern kann Menschenleben retten (Selbsteinweiser, Vermeidung von Kontaminationsverschleppung)
- Beweistücke für eine polizeiliche Untersuchung sichern
- Aufräumarbeiten dürfen nur in Absprache mit den Strafverfolgungsbehörden durchgeführt werden. Der Ereignisort sollte so wenig wie möglich verändert werden.

Langzeitbetrachtungen
Neben den schon beschriebenen Schäden und Schwierigkeiten, die während des Einsatzgeschehens auftreten, wird eine Kommune, die ein solches Ereignis zu bewältigen hat, aber auch mit vielen Problemen konfrontiert werden, die die gesamte soziale Struktur und den Alltag überlasten.

Wie die Ereignisse von Tschernobyl, Fukushima (Kernkraftwerksunfälle, das R aus CBRN (Fairly/Sumner 2006, IAEA 2015, Bachmann 2010) und Kolontar/Ungarn (Freisetzung von diversen Chemikalien durch einen Dammbruch, (Bachmann 2010)) gezeigt haben, bedeuten diese Unfälle einen massiven Einschnitt in den Alltag der dort lebenden Menschen und in die Struktur einer Kommune und der Umwelt, die über Jahre hinweg anhalten können.

Wie insbesondere diese Einsätze und auch Seveso (Bachmann 2010, Fuller 1977, Hofmann 2008) aufgezeigt haben, müssen teilweise Zwangsmaßnahmen umgesetzt werden, um die Menschen aus dem Bereich zu entfernen, der für Jahrzehnte ihr Lebensmittelpunkt war und den sie nicht verlassen wollen. Solche »Umsiedlungsaktionen« gegen den Willen der Bewohner müssen aus Sicherheitsgründen durchgeführt werden und führen zu Unverständnis und Widerstand. Dies führt oft zu einem Vertrauensverlust gegenüber staatlichen Institutionen und Zerstörung von lang bestehenden sozialen Systemen (Kolontar, Tschernobyl, Fukushima). (Fairly/Sumner 2006, IAEA 2015)

Solche Schadensereignisse können direkt oder indirekt mentale und psychosoziale Belastungen, sowohl bei den Betroffenen als auch den Einsatzkräften, verursachen. Als psychische Folgen werden unter anderem Angst vor möglichen

Folgen der Schadstoffe und das Drängen in eine Opferrolle, die zu einem Gefühl sozialer Ausgrenzung führt sowie Stress in Zusammenhang mit Evakuierung und Umsiedlung angeführt. Angst und Hoffnungslosigkeit können zu Krankheitserscheinungen und zu gesundheitsschädigendem Lebenswandel (schlechte Ernährung, Alkohol, Drogen) führen, deren Folgen nur schwer abschätzbar sind. Oft führt dies bei Einsatzkräften und Betroffenen zur Invalidität und Verarmung. (Tschernobyl, Fukushima, Seveso).

In Tschernobyl waren Stress, Depressionen, Furcht und medizinisch nicht erklärte physische Symptome zwei bis viermal höher bei vom Unfall betroffenen Bevölkerungsteilen als bei Kontrollgruppen (IAEA 2006 b). Eine signifikant erhöhte Selbstmordrate war in Tschernobyl (insbesondere in der Gruppe der Liquidatoren) feststellbar.

In vielen Fällen sind nach solchen Großschadensereignissen mit CBRN-Freisetzungen Haftungsfragen nicht geklärt und die Betroffenen müssen Jahre um ihr Recht kämpfen. Firmen gehen in den Konkurs und die Entschädigungen reichen nicht aus, um die Kosten für die entstandenen Schäden, wie zum Beispiel Umsiedlung und Errichtung neuer Häuser (Kolontar), abzudecken. In diesen Situationen muss dann die Kommune oder der Staat unterstützen. Man geht davon aus, dass in der Ukraine heute noch ca. 5–7 % des jährlichen Staatsbudgets für die Folgen von Tschernobyl aufgewendet werden müssen.

Medizinische Untersuchungen und Maßnahmen müssen geplant und durchgeführt werden, was ein Gesundheitssystem überfordern kann.

Bei der Freisetzung von Stoffen, die eine teratogene (Fehlbildungen bewirkend) und mutagene (Erbgut verändernd) Wirkung haben, kann sich die Frage nach einer Embryonenschädigung und damit verbunden die Frage nach dem Abbruch einer Schwangerschaft ergeben (Seveso) (Fairly/Sumner 2006). Gelangen mutagene Stoffe in die Umwelt, können Schäden verursacht werden, die erst in späteren Generationen auftreten und großangelegte Screeningmaßnahmen notwendig machen.

Bei den eingesetzten Kräften muss neben einer psychologischen Betreuung auch eine arbeitsmedizinische Überwachung durchgeführt werden, um eventuell Arbeitsunfähigkeiten (Rentenansprüche) und Spätfolgen verhindern beziehungsweise kompensieren zu können.

Umweltschäden, die durch Chemikalienfreisetzungen verursacht werden, können ein Ökosystem über Jahre hinweg beeinflussen (Bachmann 2010, Hofmann 2008) und so auch einen direkten Einfluss auf den Menschen haben.

D Schockereignisse/Szenario-basierte Diskussion

In dem weiter oben skizzierten Unfallszenario kann es zur Freisetzung größerer Mengen wassergefährdender Stoffe kommen (Leckagen/Brand von Kesselwagen und Stückgut), die
1. direkt in Oberflächengewässer gelangen und dort das Biotop schädigen,
2. in das Erdreich eindringen und die Trinkwasserversorgung in weiten Bereichen unmöglich machen oder kostenintensive Aufbereitungen erfordern,
3. sowie die landwirtschaftliche Nutzung nicht mehr oder nur noch eingeschränkt zulassen. (Hofmann 2008, Bachmann 2010, City of Mississauga 1979).

Nach dem Unfall von Tschernobyl wurden in Europa großflächige Verzehrverbote für Pilze, Obst und Milchprodukte ausgesprochen. In Schweden und Finnland wurden Rentierherden geschlachtet und das Fleisch vernichtet. (Fairly/Sumner 2006, IAEA 2006 b)
Heute bestehen immer noch in einigen Gebieten Deutschlands Einschränkungen für den Verzehr von Wildpilzen.

Bei der Bewältigung von CBRN – Lagen können (online) Datenbanken und andere Programme den Einsatzkräften wertvolle Hilfestellungen bieten. Im Folgenden werden einige ausgewählte Tools exemplarisch vorgestellt, die kostenlos nutzbar sind und wertvolle Informationen zur Verfügung stellen.

WISER (Wireless Information System for Emergency Responders)
Bei dem Tool WISER handelt es sich um eine Kombination aus einer Gefahrstoffdatenbank kombiniert mit einem Ausbreitungsmodell und einfachen Zusatzprogrammen wie zum Beispiel Triagealogarithmen und Strahlenschutzberechnungsmöglichkeiten sowie chemischen Kampfstoffen. Eingebettet in die Datenbank sind außerdem zahlreiche Links zu anderen Informationsquellen wie zum Beispiel TOXNET, TOXMAP, Radiation Emergency Medical Management (REMM) und Emergency Response Guidebook. WISER kann sowohl als Windows, Android und iOS Version heruntergeladen und genutzt werden.

Das Besondere an dieser Datenbank ist, dass sie benutzerdefiniert genutzt werden kann, das heißt die Inhalte werden auf ein vorher ausgewähltes Profil adaptiert. Insbesondere in den Ausführungen für den EMS-Sektor finden sich viele für den Einsatz sehr gut nutzbare Werkzeuge. Auch zu den chemischen Kampfstoffen finden sich hilfreiche Hinweise. Herausgeber ist die US National Library of Medicine.

Als Profile stehen zur Verfügung (Ansicht aus der Android-Version):

3 Anthropogene Gefahren

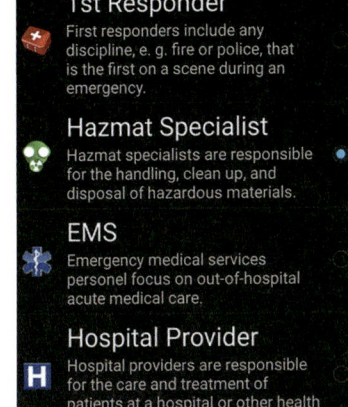

Bild 20: Mögliche Nutzerprofile in der Datenbank WISER

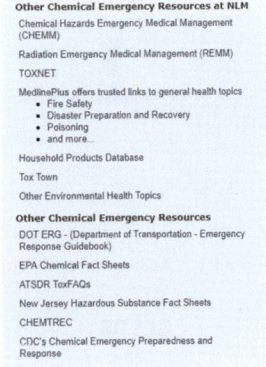

Bild 21: Ausgangsseite, von welcher man direkt über eine bekannte Substanz, über Stoffeigenschaften (Geruch, Farbe etc.) einsteigen kann oder in einer Toolbox auf Hilfsmittel wie z. B. Triage oder Chemische Kampfstoffinformationen zurückgreifen kann. Hier das Nutzerprofil »Preparedness Planner«

D Schockereignisse/Szenario-basierte Diskussion

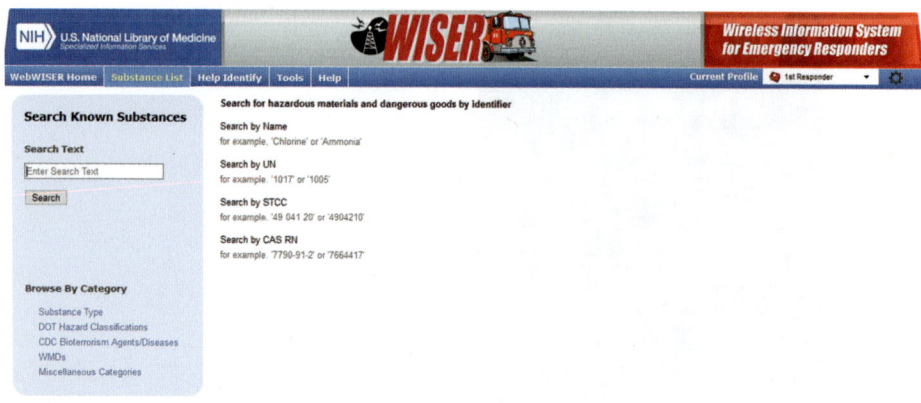

Bild 22: *Suchmaske WISER, hier über Stoffname*

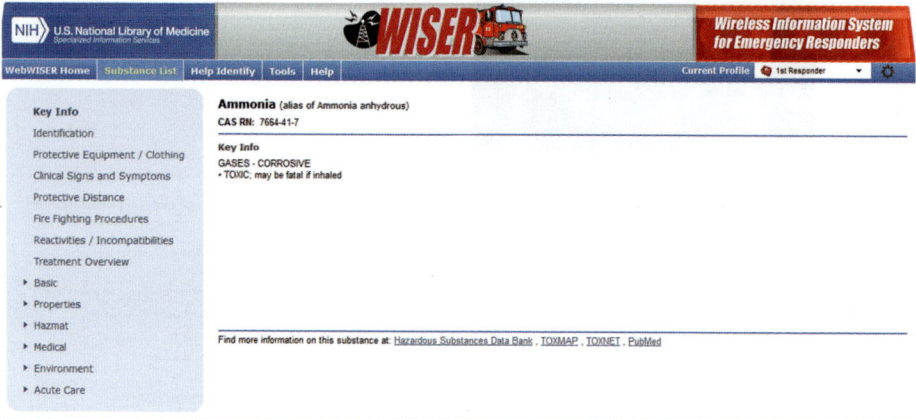

Bild 23: *Auswahlmenüs zum ausgewählten Stoff Ammoniak (linke Seite)*

GESTIS

GESTIS steht für Gefahrstoffinformationssystem der Deutschen Gesetzlichen Unfallversicherung. Von dieser Datenbank existieren eine Chemie- und eine Biostoffdatenbank. Die Biostoffdatenbank ist momentan die einzige kostenlos zugängliche Datenbank mit Informationen über Biostoffe.

Schwerpunkte dieser Datenbank sind die Kennzeichnung der Stoffe, ihre Toxizität sowie medizinische Erstmaßnahmen und arbeitsrechtliche Betrachtungen. Direkt

3 Anthropogene Gefahren

einsatzrelevante Daten, wie Aussagen zur Schutzbekleidung, Bekämpfungsmaßnahmen etc., sind im Gegensatz zur Datenbank WISER nur rudimentär vorhanden.

Sowohl in der Chemie- als auch der Biostoffdatenbank sind die Suchmasken und die Untermenüs identisch, was das Arbeiten mit der Datenbank erleichtert.

Bild 24: *Startseite der Datenbank GESTIS (Chemie)*

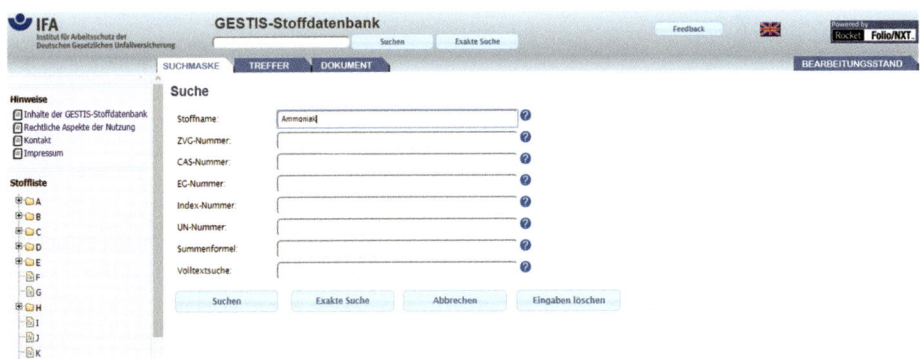

Bild 25: *Stoffsuchmaske*

D Schockereignisse/Szenario-basierte Diskussion

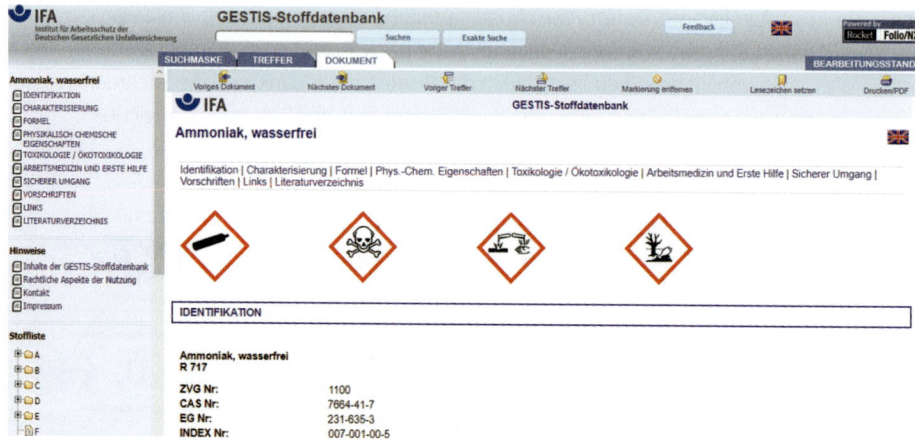

Bild 26: *Auswahlmenüs GESTIS*

Die Android APP HazMat Flic

Bei dieser Android App handelt es sich um eine von der NFPA entwickelte Anwendung, in der Checklisten und Handlungsanweisungen zur Schadensbewältigung zur Verfügung gestellt werden.

Die NFPA ist der Feuerwehrverband der USA und für die Entwicklung von Einsatzgrundsätzen, Dienstvorschriften und Richtlinien zuständig.

3.2 Terrorismus

Tobias Brodala

Anstelle einer Definition

Einerseits scheint es sich beim Phänomen Terrorismus (kurz TE) stets um die aktuellste und dringendste Bedrohung moderner westlicher Gesellschaften zu handeln, gleichsam findet sich auf der anderen Seite trotz seines transkontinentalen, mitunter auch populärpolitischen Gewichts keine einheitliche Begriffsbestimmung. Der Psychologe kann diese statistische Schere im Sinne der Repräsentativitätsheuristik (vgl. Kahneman/Frederick 2002, 49 ff.) als Produkt freiheitbedrohenden Potentials mit niedriger Eintrittswahrscheinlichkeit und konsequent seltenem Vorkommen zusammenrechnen: So gibt es mit dem Terroristen zumindest vermeintlich eine klare Ursache. Des Einen Terroristen ist dann aber auch noch des Anderen Freiheitskämpfer (vgl. Jenkins

1982, S. 12) und es bleibt diskutabel, ob das Gros der geplanten Mehrfachtötungen, die auf eine Ideologie als Motor zurückzuführen sind, noch irgendetwas mit der vom Täter referenzierten Religion zu tun hat.

Rein statistisch ist Terrorismus als Problem möglicherweise zu vernachlässigen, wenn man sich im Sinne einer Risikoabwägung auf die Quantität des Schadens bezieht. Die Global Terrorism Database, eine Open-Source-Statistikdatenbank des START-Projekts der Universität von Maryland (2015), liefert für Deutschland und deutsche Staatsbürger eine ernüchternde Seltenheit dieser Bedrohungsquelle mit einer deutlichen Spitze von Todesfällen aufgrund des Anschlags am Breitscheidplatz und vereinzelter Exkurse in den Nahen Osten und die Balkanregion.

Es lassen sich in der direkten Aufzählung seltene Aufkommen von Verletzten und Toten erkennen, wobei auffällt, dass die Anzahl von Vorfällen und die der direkt Betroffenen in keinem Verhältnis stehen. Freilich ist jeder Verletzte und jedes Todesopfer eine Tragödie, ebenso wie der Verlust von Mitmenschen, die durch den passiven Konsum gesundheitsschädlicher Substanzen ums Leben kommen. Glücklicherweise liegt laut Robert Koch Institut die Zahl der Terrorismusopfer bei weitem unter den Zahlen der Todesopfer durch zum Beispiel Passivrauchen (vgl. Lampert 2011). Dennoch ist das Feindbild des Terroristen wohl ein schärfer gezeichnetes als es der Raucher für den Nichtraucher ist. Dieses qualitative und quantitative Vergleichspaar ist als Einführung dieses Kapitels ebenso interessant wie es in seinem Bezug zur geforderten Resilienz der Bevölkerung steht. Zweifelsohne spielt die Eigenschaft des Phänomens Terrorismus als Kommunikationsstrategie eine ganz wesentliche Rolle – es ist der explizite Wunschgedanke zur Schädigung durch den Täter, was den ineffizienten Anschlag prominenter macht als die unbeabsichtigte, aber wesentlich effektivere Methode des Anrauchens.

Terrorismus als Kommunikationsstrategie
Dem regelmäßigen Terroristen, zunächst unabhängig von der taktischen Organisationsform, geht es gerade um die nach außen sichtbare Wirkung seiner Tat. Bisweilen wird daher Terrorismus im Sinne eines Minimalkonsenses auch als Kommunikationsstrategie bezeichnet. Auf den Punkt gebracht hat es Michael Adebolajo am 22. Mai 2013 persönlich, indem er seine gerade vollendete Tat in eine Handykamera kommentierte mit den Worten: »You people will never be safe. Remove your government. They don't care about you.«[46]

---

46 Übersetzt: »Ihr, das Volk, werdet niemals sicher sein. Stürzt eure Regierung. Denen seid ihr egal.«

Ein Video davon ist populärwirksam für die Ewigkeit auf verschiedenen sozialen Medien verfügbar und entbehrt leider auch nicht dem Transportkatalysator Grausamkeit – besonderer Weise ohne gegen die Regeln des Videoportals zu verstoßen.

Adebolajo hatte unmittelbar vor dem nicht selbst initiierten Interview den jungen britischen Soldaten Lee Rigby mit dem Auto überfahren und dessen leblosen Körper post acta mit einem Fleischerbeil misshandelt. Spuren der Tat sind deutlich auf dem Video zu erkennen. Mit Bezug auf den Einzelfall hat Adebolajo leider Recht: Die Aufgabe der Gefahrenabwehr konnte die betroffene von der Regierung beauftragte Behörde nicht erfüllen. Es gelang einen Bürger am helllichten Tag in der Öffentlichkeit zu töten und das sogar zu dokumentieren. Die Inferenz, dass es die Regierung nicht kümmere, was soeben geschehen war, bleibt im Raum stehen und findet möglicherweise Anklang bei den von der Grausamkeit schockierten Mitgliedern der Bevölkerung, die sogleich einen Auftrag erhält: Regierung entfernen. Zusammenfassend lässt sich an diesem Beispiel für die Agenda des regelmäßigen Terroristen festhalten, dass durch ein nicht staatliches Agens zumindest durch die Androhung oder die tatsächliche Ausführung von Gewalt das Denken von Mitgliedern einer Gesellschaft oder Gemeinschaft dahingehend verändert wird, dass es einer Statusveränderung dienlich ist.[47]

Tatmittel
Am oben genannten Beispiel wird deutlich, dass es zum effektiven Transport einer Botschaft keiner Massenvernichtungswaffen bedarf. Hier reicht eine besondere kriminelle Energie mit der Bereitschaft zur Grausamkeit und der Chance zur Verknüpfung der Tat mit der Botschaft. Die im Fall Adebolajo verwendeten Tatmittel Personenkraftwagen, Messer und Beil unterliegen weder staatlicher Kontrolle noch wäre eine Verschärfung des Waffenrechts hier in einem sinnvollen Verhältnis von Aufwand und Nutzen. Ähnliches gilt für den Anschlag auf den Berliner Weihnachtsmarkt. Der gebürtige Tunesier Anis Amri steuerte am 19. Dezember 2016 einen gestohlenen Sattelzug auf einen Weihnachtsmarkt und tötete bzw. verletzte mehrere Personen. Vergleicht man den Anschlag von Adebolajo mit dem von Amri, wird unter anderem deutlich, dass die Wahl des Tatmittels ebenso wie die Wahl des Anschlagsziels eine Bedeutung für die Eintrittswahrscheinlichkeit einer Tat haben kann. Das Tatmittel von Amri für seine glücklicherweise eher kurze Fahrt durch den Weihnachts-

---

47 Das semantische Minimalpaar Terrorismus/Terror lässt sich anhand dieser Arbeitsdefinition recht deutlich voneinander trennen. Im Falle des Terrors geht die Handlung bzw. Handlungsandrohung von einem staatlichen Agens aus und richtet seinen Zweck auf die Beibehaltung eines Zustands, wie zum Beispiel Staatstreue.

markt war zwar grundsätzlich für die Tat geeignet, jedoch komplexer in der Bedienung als der Pkw, den Adebolajo verwendet hatte. Aufgrund einer sicherheitstechnischen Komponente des Lastkraftwagens bremste dieser gegen den Willen Amris ab, nachdem er die ersten Hütten getroffen hatte. Letztlich rettete ein Notbremssystem so einer Menge Betroffener das Leben. Ein Tatmittel kann somit mit Blick auf mehrere Eigenschaften derart klassifiziert werden, dass eine relative Aussage zur Eintrittswahrscheinlichkeit bei Einsatz des Mittels angestellt werden kann. Dies trifft beispielhaft zu auf die folgenden Eigenschaften:

- **Schwierigkeit der Bedienung:**
  Grundsätzlich ist ein Fahrzeug einfach zu bedienen, setzt aber voraus, dass der Täter fahren kann. Insbesondere für jüngere Jugendliche kann das ein Problem darstellen. Ein Messer hingegen ist in der Bedienung simpel, muss aber wiederholt und gegen möglichen Widerstand des Ziels eingesetzt werden, was seinerseits gewisse – vor allem mentale – Fähigkeiten erfordert. Auf der anderen Seite des Spektrums stellt der Einsatz einer unkonventionellen Spreng- und Brandvorrichtung (USBV, englisch IED [improvised explosive device: improvisierte Sprengfalle]) im Sinne eines Selbstlaborats eine Herausforderung dar, an der schon Manche gescheitert sind. Als Beispiel sei der Täter des Sprengstoffanschlags auf ein Musikfestival auf Ansbach am 24. Juli 2016 genannt, der sein Selbstlaborat vermutlich versehentlich auslöste. In der Folge verletzte er 15 Personen und kam als einziger ums Leben.

- **Schwierigkeit der Beschaffung:**
  In Deutschland ist der Erwerb von Waffen rechtlichen Beschränkungen unterworfen, was für Viele eine Hürde in der Beschaffung von manntragbaren Waffensystemen darstellt. Ähnliches gilt für Sprengstoffe. Viele Substanzen, die zur Herstellung einer geeigneten Spreng- und Brandvorrichtung nötig sind, können nicht ohne weitere Anstrengungen in größeren Mengen beschafft werden. Es ist jedoch vergleichsweise leicht, die Köpfe von Streichhölzern abzureiben und damit nach nicht unerheblichem Aufwand eine Deflagration zu begünstigen, welche durch weitere Baumaßnahmen, wie zum Beispiel Verdämmung, zu einem ernsthaften Problem werden kann. Mit Verweis auf den Einsatz schmutziger Bomben[48] oder allgemein CBRN Agenzien gilt Ähnliches. Es ist nicht unmöglich

---

48 USBV, der radioaktiv strahlendes Material beigefügt ist, um größeren Schaden und höhere emotionale Spannungen hervorzurufen.

in den Besitz entsprechenden Materials zu kommen, jedoch ist jede besondere Anstrengung in diese Richtung risikobehaftet.
- **Schwierigkeit des Verbergens:**
Von der Beschaffung bis zum Einsatz ist das Verbergen des Tatmittels eine Herausforderung, von der der Taterfolg unmittelbar abhängt. Das gilt für unerlaubte Gegenstände wie Waffen direkter als im Vergleich mit Alltagsgegenständen wie Messern oder Kraftfahrzeugen. Dennoch ist beispielsweise ein Vorfahren mit dem Pkw vor einen belebten Platz eine kritische Phase, in der der Wille zur Tat offensichtlich werden und die Tat damit verhindert werden kann. Die Fähigkeit zur Planung und Berücksichtigung dieser Phase findet bisweilen Grenzen in der kreativen Kapazität eines Täters.
- **Höhe der Beschaffungskosten:**
Sämtliche dieser Schwierigkeiten sind durch filigrane und bisweilen strafbare Maßnahmen grundsätzlich überwindbar. Der Vollständigkeit halber sei im Sinne des Weges mit dem geringsten Widerstand noch die Kaufkraft erwähnt, die nötig ist, um eine Waffe, ein Auto oder weitere Tatmittel zu beschaffen. Ein aktuell diskutiertes Beispiel ist der Einsatz von Transportdrohnen, mit denen USBV in ein Zielgebiet verbracht werden könnten, wie es im Nahen Osten leider zum Problem geworden ist. Zumindest für Deutschland lässt sich sagen, dass diesem Problem konzeptionell und materiell von Gefahrenabwehrbehörden begegnet wird und zusätzlich die Beschaffung entsprechender Drohnen nicht zuletzt aufgrund der hohen Kosten und weiterer logistischer Probleme nicht das denkbar günstigste und somit wahrscheinlichste Tatmittel darstellen.

Zusammenfassend lässt sich über die Wahl des Tatmittels sagen, dass die Eintrittswahrscheinlichkeit der damit geplanten Tat indirekt abnimmt, je komplexer Bedienung, Beschaffung und Verbergung sind. Es besteht hingegen kein direkter Zusammenhang zwischen der Komplexität eines Tatmittels in den genannten Eigenschaften zur angestrebten Anzahl von Toten und Verletzten. Es ist indirekt davon auszugehen, dass mit minderen Tatmitteln ein Anschlag anderer Eigenschaften bedarf, um dennoch eine hohe Zahl von Opfern herbeizuführen. Es bleibt zu sagen, dass im Sinne des Verständnisses eines Terroranschlags als Kommunikationsstrategie nicht unbedingt eine hohe Zahl von Opfern angestrebt werden muss, wie das Beispiel Adebolajo und viele weitere gezeigt haben.

3 Anthropogene Gefahren

Personelle Organisationsformen

Um nicht in begriffliche Verwirrung mit asymmetrischen Bedrohungen zu geraten, gilt es zunächst die Kriegstaktiken der sogenannten Vierten Generation (Englisch: fourth generation warfare/4GW) und Fünften Generation (Englisch: fifth generation warfare/5GW)[49], die Terrorismus als asymmetrische Taktik der Kriegsführung nutzen, außen vorzulassen (vgl. dazu Freudenberg 2017, Band 1). Krieg ist basal zu definieren als der organisierte Versuch einen politischen Konflikt zweier Oppositionsparteien durch Gewalt für sich zu entscheiden. Wenn es an gleichwertigen Konfliktparteien mangelt und der Konflikt in der im Kapitel Kommunikationsstrategie beschriebenen Konstellation organisiert ist, sprechen wir von der Strategie Terrorismus. Um letztere soll es hier vordergründig gehen. Dabei ist das Fehlen einer konkreten Auftragslage zugunsten einer abstrakten ein besonders interessantes Spannungsfeld. Während es sich bei asymmetrischer Kriegsführung um einen militärisch geführten Operationsrahmen handelt, ist mit Blick auf strategischen Terrorismus nicht zwingend eine Auftragslage durch einen direkten hierarchischen Bezug gegeben. Motivation und Handlungsentschluss entstammen vielfach dem Bedürfnis des Täters, ursächlich einem eigenen oder kollektiven Kümmernis geschuldet, das seinen Anschluss an den Organisationsrahmen über Bekenntniserklärungen oder Ressourcen der (Selbst-) Radikalisierung findet. Ohne Anspruch auf Vollständigkeit können in diesem Zusammenhang zwei prototypische Organisationsformen für einen geplanten Anschlag unterschieden werden.

- **Zellstrukturen:**
    Als Zellen (Englisch: sleeping cells) werden Kleingruppen bezeichnet, die unerkannt im Zielgebiet verweilen und durchaus am Alltag der Gesellschaft teilnehmen können, um im Falle gesteuerter oder eigener Aktivierung Vorbereitungshandlungen einzuleiten und zur Tat zuschreiten. Derartige Zellen sind, vergleichbar einem erweiterten Tatmittel, zwar möglicherweise effektiver als weniger komplexe Organisationsformen, können aber unter anderem über ihre Interkommunikation leichter aufgeklärt werden. Ebenso sind konspirative Treffen oder der Bezug eines Aufenthaltsorts kritische Momente, die auch abhängig von der Größe der Zelle sind. Das Beispiel einer leider sehr erfolgreichen Operation ist die 19-köpfige Gruppe, die zur Erreichung des Anschlags vom 11. September 2001 eingesetzt wurde, darunter auch die vier die Flugzeuge steuernden

---

49 Merkmale der 5GW sind Operationen durch abgesetzte Individuen, die selbstgesteuert planen und agieren.

Entführer Mohamed Atta, Marwan Al-Shehhi, Ziad Jarrah und Hani Hanjour.

- **Einzeltäter:**
Die simpelste Form der Organisation eines Anschlags erfolgt durch einen selbstgesteuerten Täter (Englisch: lone offender). Jedoch sind auch hier Mischformen denkbar, wie im Falle des Terroristen vom Anschlag in Ansbach 2016, der über eine Mobilfunkverbindung mit seinem Operationsführer verbunden war und so auch Fragen stellen konnte, die ihm bei der Ausübung seiner Tat helfen sollten. Eine weitere Mischform ist der Zusammenschluss eines Täterpaars wie am Beispiel der Brüder Tamerlan und Dzhokhar Tsarnaev, die mithilfe einer Anleitung aus der al Qaida-Zeitschrift Inspire aus zwei Druckkochtöpfen selbstgebaute Sprengvorrichtungen herstellten und an verschiedenen Stationen des Marathonlaufs in Bosten am 15. April 2013 zur Umsetzung brachten.

Ziele eines Anschlags

Das taktische Minimalpaar eines Anschlags ist die Zusammenkunft von Täter und Anschlagsziel, da zum Beispiel das Tatmittel zwar eine Ressource darstellt, jedoch nicht direkt ursächliche Bedeutung trägt und vielfach variierbar bleibt[50]. Darunter fällt neben einer geografischen Verortung auch die relative Zeit und ideologische Bedeutung eines Ziels. Bislang besteht weitgehend Einigkeit unter den meisten Experten, was als sinnvolles Ziel eines Anschlags gilt. Beinahe wie konsentiert liest und hört man stets von sogenannten »weichen« Zielen. Gemeint sind damit Personen, Einrichtungen oder Strukturen, die nicht nach Art und Weise ihrer Beschaffung oder Kraft personeller Ressourcen besonders gut gegen Anschläge geschützt sind. Mithin wurden darunter Krankenhäuser, Schulen oder Menschenansammlungen subsummiert, weniger Flughäfen, polizeiliche Einrichtungen oder Militärstandorte. In Kombination mit der Eigenschaft »weich« scheinen darüber hinaus solche Ziele als besonders günstig zu gelten, die auf geeignete Weise die westliche, christliche oder politische Perspektive einer Gesellschaft repräsentieren. Die Menschenansammlung auf einem Weihnachtsmarkt stellt in diesem Zusammenhang ein Ideal dar. Mit der Errichtung sogenannter Anti-Terror-Poller versucht man im Nachgang des Anschlags auf den Weihnachtsmarkt, dieses Ziel für einen Anschlag zu erhärten (Englisch: target

---

50 Grundsätzlich gilt das zwar auch für den Ort des geplanten Anschlags, jedoch wird hier selten ein großer geografischer Sprung unternommen, da einerseits nicht jedes Tatmittel zu jedem Anschlagsziel passt und andererseits die Wahrscheinlichkeit der Aufdeckung mit der Zunahme der für den Täter unbekannten Faktoren steigt.

3 Anthropogene Gefahren

hardening). Ähnliches geschieht weltweit nach jeder geplanten Mehrfachtötung. Mit Blick auf das vorangegangene Kapitel und einem Mindestmaß an kombinatorischem Talent, kommt man schnell darauf, dass diese Anschlussmaßnahmen der Notwendigkeit entspringen, sich später nicht vorwerfen lassen zu dürfen, man habe nicht reagiert. Ohne Zweifel ist es nicht möglich, den schier endlosen taktischen Kombinationen von Tatmittel und Anschlagsziel im Voraus zu entsprechen[51]. Und selbst innerhalb der sogenannten »harten« Ziele finden sich mit ausreichend Befähigung und krimineller Energie stets Optionen zur Schädigung einer Struktur.

Darüber hinaus muss leider festgestellt werden, dass dem kommunikativen Bedürfnis einer terroristischen Vereinigung wohl am ehesten entsprochen werden kann, wenn jederzeit und überall mit einem Anschlag gerechnet werden müsste. Aktuelle Veröffentlichungen diverser Organisationen unterstreichen diesen Gedanken. Somit ist das starre Festhalten an typischen Zielen, insbesondere zu typischen Zeiten, wie religiösen Festen oder politischen Feiertagen, nicht zielführend oder zumindest nicht ausreichend.

In der Summe der kreativen Kapazität eines Terroristen und seiner personellen, logistischen und materiellen Ressourcen ergibt sich die Möglichkeit vielfacher Anschlagsszenarien. Diese lassen sich grundsätzlich unterscheiden hinsichtlich des Einsatzes von Tatmitteln und dem Bezug zu Anschlagszielen.

- **Hit – (Konservativer[52]) Anschlag:**
  Als Basis jedweden Anschlags wirkt mindestens ein Täter mit Gewalt gegen Personen oder Einrichtungen und beabsichtigt dabei einerseits möglichst hohen Schaden beziehungsweise eine hohe Zahl menschlicher Opfer bei hoher medialer Aufmerksamkeit und transparenter Motivation. Wahl des Anschlagsziels, Tatmittels und personeller wie logistischer Unterstützung konstituieren den organisatorischen Rahmen in der oben beschrieben Art und Weise.

- **Second Hit – Zweitanschlag:**
  Jede besondere, ggf. zunächst als Unfallereignis wahrgenommene, Schaden- oder Gefahrenlage löst in der Regel in kurzer Folge das Einschreiten von Behörden und Organisationen mit Sicherheitsaufgaben (BOS) aus. Das Aufkommen jener Kräfte präsentiert sich als erneute Menschenansamm-

---

51 Wobei durchaus bestätigt wurde, dass der erfolgreiche Spionagethrillerautor Tom Clancy nach den Anschlägen des 11. September 2001 von der amerikanischen Regierung als Berater hinzugezogen wurde, da er in seinem Buch »Ehrenschuld« ein vergleichbares Szenario entworfen hatte.
52 Andernorts wird von einem explizit konservativen Anschlag auch dann gesprochen, wenn keine Agenzien bei der Tatausführung verwendet werden.

lung, die wiederum ein sinnvolles Ziel für Terroristen darstellen kann. Gemäß der Definition eines Anschlagziels kombinieren sich hier ein sinnvoller Anlass (Gefahrenabwehr), eine politische Bedeutung (staatlich organisierte Einsatzkräfte) mit der Eigenschaft weiches Ziel (gegebenenfalls arglose Personen). In der Vergangenheit haben sich, beabsichtigt und unbeabsichtigt, verborgene Sprengladungen oder zunächst zurückgehaltene Täter als Risiko für Einsatzkräfte präsentiert.

- **Multiple Hit – Mehrfachanschlag:**
  Wenn ein oder mehrere Täter an verschiedenen Orten in einem zeitlichen Zusammenhang Anschläge begehen, spricht man von einem Mehrfachanschlag. Ein wiederholter Angriff hat zum Ziel, die Gefahrenabwehr- und Strafverfolgungsbehörden zu überlasten, um letztlich in der Summe größeren Schaden oder eine länger andauernde Wirkung auf die Ziele zu begünstigen.

- **Combined Hit – Kombinierter Anschlag:**
  Das Differenzierungskriterium des kombinierten Anschlags ist der Einsatz verschiedener Tatmittel. So kann ein konservativer Anschlag, sogleich ein kombinierter Anschlag werden, wenn der Täter mit einem Kraftfahrzeug in eine Menschenmenge fährt, um danach mit Handfeuerwaffen zu wirken[53]. Beim kombinierten Anschlag können ebenso wie beim Mehrfachanschlag auch mehrere Täter zum Einsatz kommen. Das klassische Beispiel für einen Täter, der einen kombinierten Anschlag begangen hat, ist der islamfeindliche Norweger Anders Breivik, der am 22. Juli 2011 zunächst eine USBV in einem Lastkraftwagen zur Umsetzung brachte, den er neben einem Regierungsgebäude geparkt hatte, und zwei Stunden später auf der Insel Utoya ein politisches Jugendferienlager mit Handfeuerwaffen angriff.

Herausforderungen in der Vorbereitung

Aufgrund der Vielzahl der Kombinations- und Variationsmöglichkeiten von Anschlagszenarien, die vielfach ihre konkrete Grenze in Ressourcen und Kreativität der

---

53 Eine initiale Gefahrenvermutung beim Anschlag auf den Berliner Breitscheidplatz. Der in der Führerkabine gefundene eigentliche Fahrer wies eine Schusswunde auf, was Grund zur Annahme war, der Fahrer habe das Fahrzeug verlassen und sei in Besitz einer Schusswaffe. Beide Annahmen stellten sich als richtig heraus. Glücklicherweise mangelte es dem Täter an Tatentschluss zugunsten der eigenen Flucht.

Täter finden, kann das reine Erhärten sämtlicher kritischer Strukturen, insbesondere der weichen Ziele, nicht das alleinige Ziel der Gefahrenabwehr darstellen.

Sicherheitsbehörden
Im direkten Vergleich scheint es erfolgversprechender, die sogenannten relevanten Personen und Gefährder[54] behördlicherseits aufzuklären und eng im Rahmen der rechtlichen Zuständigkeiten und Möglichkeiten zu überwachen. Dass das nicht (mehr) ohne Weiteres geschehen kann, könnte man als die traurige Seite des Erbes von Edward Snowden bezeichnen, der als Whistleblower (Hinweisgeber, umgangsspr. Geheimnisverräter) unter anderem staatliche Überwachungssysteme des amerikanischen Nachrichtendienstes NSA (National Security Agency) aufgedeckt hatte und damit weltweites Aufsehen erregen konnte. Die für die Aufklärung der entscheidenden Momente zuständigen Behörden sind in Deutschland vor allem die Verfassungsschutzorgane der Länder und des Bundes sowie die Behörden des polizeilichen Staatsschutzes. Freilich ist selbst bei lückenloser Aufklärung durch diese Behörden keine unbedingte Sicherheit gewährleistet und schon aus Gründen des Personalmangels bestehen hier aktuelle Schwierigkeiten. Entsprechend ist zur Erreichung einer resilienten Sicherheitsarchitektur das kooperative Bemühen sämtlicher Bereiche anstrebenswert und die Beschränkung auf bisweilen populärpolitisch prominente Zuständigkeiten hinderlich bei der Vorbereitung auf terroristische Potentiale.

Gefahrenabwehrorganisationen der nichtpolizeilichen Gefahrenabwehr
Wie bereits im Abschnitt zum Zweitanschlag erwähnt, kommt den Gefahrenabwehrorganisationen, hier explizit den Feuerwehren und den Rettungsdiensten, regelmäßig eine Schlüsselaufgabe zu, wenn es um das Management akuter Terrorlagen geht, da nicht jeder Anschlag unmittelbar als solcher erkannt wird. Neben den Herausforderungen, die ein regulärer Massenanfall von Verletzten (MANV) präsentiert, ist die Kooperation untereinander und mit der Polizei eine besondere Schwierigkeit, da insbesondere in den jeweiligen Berührungspunkten taktische Differenzen bestehen. Diese zu harmonisieren ist ein fortwährender Prozess und verlangt neben

---

54 Eine Definition der Begriffe »relevante Person« und »Gefährder« liefert die Antwort der Bundesregierung auf die kleine Anfrage der Bundestagsabgeordneten Ulla Jelpke, Dr. André Hahn, Martina Renner, Kersten Steinkeder sowie der Fraktion »DIE LINKE« mit der Drucksache 18/13422 vom 28.08.2017.

konzeptioneller Vorbereitung vor allem gemeinsame Übungen und integrierte Führungsapparate[55].

Bevölkerung

Im Verständnis von Terrorismus als Kommunikationsstrategie fällt der Bevölkerung eine ganz besondere Bedeutung in der Wirkungsweise terroristischer Anschläge zu: Sie stellt den Empfänger der Botschaft dar. Deswegen hört man bisweilen in Staaten, die wiederholt zum Ziel massiver Anschläge geworden sind, die Bekräftigung ihrer resilienten und wachsamen Gesellschaftskultur. Gegenläufig ereignet sich noch vielerorts das Handeln in Sozialen Medien. Dort werden, möglicherweise als Aufruf zu größerer Empathie, Bilder und Videos von Anschlägen und sonstigen terroristischen Handlungen munter verbreitet. Sicher ungewollt wird der Autor solcher geteilten Beiträge zum Sprachrohr der agierenden Terroristen, indem dessen Botschaft auf diese Weise mehr Aufmerksamkeit erhält. Der Appell an den Leser lautet somit deutlich, diese Vervielfältigungen eher zu unterlassen und stattdessen die Werte und Inhalte seiner Wirklichkeit (z. B. einer friedlichen demokratischen Gesellschaft) zu präsentieren oder gar Anerkennung gegenüber der Leistung von Einsatzkräften zu äußern.

Fazit

Terrorismus ist keine Modeerscheinung der neuesten Geschichte. Auch ohne den Rückgriff auf die Zeit der Assassinen zu bemühen, kann ohne Übertreibung gesagt werden, dass es diese Form der gewaltsamen Kommunikation schon sehr lange gibt. Dabei fällt die erstaunlich effiziente Kosten/Nutzen-Rechnung dieser Strategie ins Auge, in der durch singuläre Handlungen, die mit minimalem logistischen Aufwand ausgeführt werden können, weltweit das Denken der Menschen besetzt wird, um letztlich Statusveränderungen zu begünstigen. Dabei ist stets zu berücksichtigen, dass der Entschluss zu einer Straftat nur von einem Individuum gefasst und jegliche Referenz auf eine Religion ebenso von diesem Individuum angestellt wird. Die Differenzierung von Ideologie und Religion, Region und Kultur, Vereinigung und Gemeinschaft bleiben aktuelle Themen in der politischen Meinungsbildung und Wirklichkeit. Dabei gilt es vor allem, nicht unsere letzten Verbündeten im Kampf gegen den transnationalen Terrorismus zu vergraulen, indem nach einem pervertierten Verständnis der Induktion die kleinsten Teile einer der weltweit größten Gemeinschaften als deren Repräsentanten verklärt werden. Eine resiliente Gesell-

---

[55] Als Modellbeispiel sei hier das Seminar Fortbildung des Bundesamtes für Bevölkerungsschutz und Katastrophenhilfe (2016) genannt: »BOS übergreifendes Management von Terrorismuslagen«.

schaft muss das Problem begreifen, bevor es Maßnahmen zu dessen Mitigation ergreifen kann.

3.3 Cyber-Gefahren

Andreas H. Karsten

Allgemeines

Leistungsfähige und sichere Kommunikations- und Datenverarbeitungssysteme sind heute das zentrale Nervensystem der deutschen und internationalen Gesellschaft. Neben der Kritischen Infrastruktur Strom ist dafür eine einwandfrei funktionierende Informationstechnologie (IT) wesentlich. Die IT verknüpft heute Menschen, Systeme und Maschinen – nahezu alles – miteinander. Folge dieser Verknüpfung ist, dass auch nahezu alles manipuliert, beschädigt und zerstört werden kann, und das von jedermann irgendwo auf dieser Welt und dem nahen Weltall.

Jeder Bereich der IT befindet sich durch die Einführung von Methoden der Künstlichen Intelligenz derzeit in einem umfassenden, schnellvoranschreitenden Veränderungsprozess, der sehr häufig als Revolution bezeichnet wird.

Die IT-Sicherheit ist heute ein so umfangreiches Gebiet, dass darüber eine Reihe spezieller Abhandlungen existieren. Deshalb soll hier nur ein kurzer Überblick gegeben werden. Schwierig bei der Abwehr von Cyberattacken ist, dass man nicht unbedingt sofort erkennt, wenn solche gestartet werden, wo sie schädigen werden und wie.

Die hohe Gefährdungslage wird sich in den kommenden Jahren aufgrund der vermehrten Nutzung von Big Data und der Einführung von Industrie 4.0 weiter zunehmen. Cyberangriffe erfolgten in den letzten Jahren mehrfach gegen Betreiber von Kritischen Infrastrukturen, darunter Krankenhäuser, Energieversorger, Logistikunternehmen, Banken und Pharmaunternehmen, aber auch gegen den Deutschen Bundestag und Parteien.

Aufgrund von Kaskadeneffekten verursacht ein Ausfall eines Betreibers aus dem Sektor »Informationstechnologie und Telekommunikation« sehr häufig einen größeren Schaden und damit eine größere Gefährdung der öffentlichen Sicherheit und Ordnung als ein Ausfall eines Betreibers aus einem anderen Sektor der Kritischen Infrastrukturen.

Die Bundesregierung versucht Informationssicherheit in der Digitalisierung durch Prävention, Detektion und Reaktion für Staat, Wirtschaft und Gesellschaft zu gewährleisten. Dabei setzt sie auf die Kooperation von einer Vielzahl von Partnern.

D Schockereignisse/Szenario-basierte Diskussion

Zwischenzeitlich wurden umfangreiche gesetzliche Regelungen geschaffen, die die IT-Sicherheit steigern sollen:
- Cyber-Sicherheitsstrategie (23.02.2011)
- IT-Sicherheitsgesetz (25.07.2015)
- NIS-Richtlinie der EU (06.07.2016)
- Gesetz zur Umsetzung der EU-Richtlinie zur Netz- und Informationssicherheit (23.06.2017)

Gerade die NIS-Richtlinie erweitert die Verantwortlichkeit von Betreibern Kritischer Infrastrukturen. So haben diese nicht nur umfangreiche Sicherheitsmaßnahmen zu treffen, sondern sind auch verpflichtet, sicherheitsrelevante Vorkommnisse zu melden.
Als weitere Regelungswerke liegen u. a. vor:
- ISO 27001, die Grundlage für die Einführung und Zertifizierung von Informationssicherheitsmanagementsystemen (ISMS)
- COBIT herausgegeben von dem internationalen Verband »Information Systems Audit and Control Association«
- CIS/SANS20 herausgegeben vom privaten, for-profit »SANS Institute« (USA)
- NIST 800-53 herausgegeben vom U. S. »National Institute of Standards and Technology«

Seit seiner Gründung im Jahre 1991 hat sich das Bundesamt für Sicherheit in der Informationstechnologie (BSI) als nationales Kompetenzzentrum, als Multiplikator und als zentrale Koordinierungsstelle etabliert. Sein Motto ist »Abwehr und Prävention aus einer Hand«. Neben dem Schutz der Regierungsnetze beschäftigt es sich schwerpunktmäßig mit dem Schutz der Kritischen Infrastrukturen und berät den Bund, die Länder, die Wirtschaft sowie die Bürger. Letzteres zum Beispiel durch die Informationsplattform »BSI für Bürger«, auf der unter anderem viele praktische Tipps zur »IT-Sicherheit am Arbeitsplatz« und zum Thema »Social Engineering« zu finden sind. Eine wesentliche Forderung des BSI ist: »IT- und Cyber-Sicherheit muss Chefsache sein!«

Gefährdungen

Die Kritischen Infrastrukturen müssen im Wesentlichen mit folgenden Cyber-Gefahren rechnen:
- Ausfall oder Störungen von Steuerungsanlagen, die zum Beispiel zu Stromausfällen oder Störungen von Produktions- und Logistikprozessen führen.

- Reputationsverlust bis zum Konkurs aufgrund der Verbreitung von zweifelhaften Informationen oder Fake News, welche durch die Nutzung von Social Bots sehr effektiv sein kann.
- Cyberkriminalität, die zum Konkurs führen kann
- Cyberspionage

Eine vollständige Abwehr dieser Gefahren ist nicht möglich. Eine akzeptable Reduzierung ist nur durch mehrstufige Sicherheitssysteme aus kommerziellen Schutzprogrammen und individuellen angepassten Maßnahmen – sehr häufig Verhaltensvorschriften für die Mitarbeiterinnen und Mitarbeiter – erreichbar.

Neben ungezielten Massenangriffen, denen jeder auch privat ausgesetzt ist, sind die Betreiber der Kritischen Infrastrukturen Opfer von gezielten Angriffskampagnen. Angriffswerkzeuge und -methoden sind in der Regel so einfach und kostengünstig, dass nahezu jeder in der Lage ist, einen Cyberangriff durchzuführen.

Die häufigste Angriffsart ist weiterhin die Nutzung von E-Mails. Die Schadsoftware wird dabei auf unterschiedlicher Weise – mehr oder weniger getarnt – in das System des Angegriffenen eingeschleust. Das Erkennen dieser Software ist dabei nicht immer leicht, da einige dieser Programme in der Lage sind, Sicherheitsumgebungen zu erkennen und sich entsprechend zu tarnen.

Ein weiteres Einfallstor für Schadsoftware besteht, wenn Kunden direkt auf Firmenserver zugreifen können. Aber auch über Wartungslaptops kann Schadsoftware auf Firmen-IT-Systeme gelangen. Hier sind besonders überbetriebliche Steuerungsanlagen (Industrial Control Systems) gefährdet.

Auf dem ersten Blick nur wirtschaftliche Folgen für die Betreiber der Kritis haben Ransomware-Angriffe. Dabei werden entweder der Zugang zum eigenen Rechner blockiert oder Daten verschlüsselt. Erst nach Zahlung eines Lösegeldes erhält der Betreiber einen entsprechenden Schlüssel, um die Rechner oder Daten wieder zu entschlüsseln. Führt dies zu einem Konkurs des Betreibers wird auch die öffentliche Sicherheit beeinträchtigt.

Eine besondere Gefährdung besteht immer dann, wenn Hardware (zum Beispiel Smartphones) privat und geschäftlich genutzt wird. Abgefangene Standortdaten ermöglichen ein umfangreiches Bewegungsprofil, was wiederum für Social Engineering missbraucht werden kann. Extrem unsicher ist es auch, offene WLAN-Netze und automatische Hotspotverbindungen (zum Beispiel auf Flughäfen) zu nutzen.

Eine weitere Gefährdung besteht in der Nutzung von Cloud-Diensten. Zum einen steigert diese Technologie die Resilienz, indem Daten an unterschiedlichsten Orten gespeichert werden und somit sicher vor Terroranschlägen und Naturgefahren sind, zum anderen verringert sie jedoch die Resilienz durch Abhängigkeit von den

Sicherheitsmaßnahmen des Cloud-Betreibers und der Möglichkeit des nicht-autorisierten Zugriff des Cloud-Betreibers.

Letztendlich ist jede Software fehlerbehaftet und somit eine Gefährdung, die sich nur mittels schneller Installation der aktuellen Updates vermindern lässt. Auch Cookies stellen ein Risiko dar.

Social Engineering
Beim Social Engineering fokussiert sich der Angreifer auf den Faktor Mensch als vermeintliche Schwachstelle. Mitarbeiterinnen und Mitarbeiter eines Kritis-Betreibers sollen dazu gebracht werden, Schadsoftware zu installieren oder sensible Daten preiszugeben. Wiederum gibt es die zwei Methoden eines allgemeinen Massenangriffs (mittels vermeintlicher Gewinnspiele oder Paketzustellungen) oder gezielten Angriffen auf spezielle Unternehmensmitarbeiter (Spear-Phising). Für letzteres betreiben die Angreifer einen hohen Aufwand. So werden persönliche Informationen von Unternehmenswebseiten, Presseberichten, Börsenmitteilungen sowie Social Media-Posts und Handelsregistereinträge ausgewertet. Zusätzlich wird über persönliche Kontakte versucht, weitere Informationen zu sammeln. Dabei wird häufig eine vertraute Person oder ein vertrautes Unternehmen vorgetäuscht. Informationen über Zuständigkeiten im Unternehmen, zur Zusammensetzung von Abteilungen, internen Prozessen oder Organisationsstrukturen, die über das sogenannte Social Engineering gewonnen werden, sind für Cyber-Kriminelle wertvolle Grundlage zur Vorbereitung von gezielten Angriffen auf das Unternehmen.« (BSI Pressemitteilung vom 26.07.2018)

Neue Gefährdungen entstehen außerdem durch das Internet der Dinge (IoT). Angriffe via Internet- und Funkschnittstellen zum Beispiel für Fernwartungen sind hier zukünftig, vermehrt zu erwarten. So besteht die Gefahr, dass IoT-Komponenten (z. B. Dialysegeräte) ausgeschaltet, als Einfallstor für andere Komponenten genutzt oder vertrauliche Informationen, zum Beispiel von Webcams der Einbruchssicherungssysteme gestohlen und dann für Social Engineering genutzt werden.

Steigerung der Resilienz

Wesentliche Maßnahmen zur Steigerung der Resilienz gegenüber Cyber-Gefahren sind:
- Empfehlungen des BSI beachten
- Gehen Sie davon aus, dass Ihr Unternehmen nicht zu 100 % geschützt ist und nie sein wird. IT-Sicherheit ist immer ganzheitlich unter Einbeziehung der Nutzer zu denken.

3 Anthropogene Gefahren

- Es sind alle Mitarbeiterinnen und Mitarbeiter – auch von Fremdfirmen, die bei dem Betreiber arbeiten – entsprechend zu schulen.
- Die Ausbildung der IT-Sicherheitsbeauftragten und Administratoren muss permanent vorangetrieben werden.
- Gefahren können durch entsprechende Programmierungen wie Security-by-Design (schon durch die Programmierung der Software wird die IT-Sicherheit gewährleistet) und Security-by-Default (die Default-Einstellungen der Software bieten den maximal möglichen Schutz) minimiert werden.
- Physische Zugangsbeschränkungen und -kontrolle zu Bereichen, in denen sich die Hardware befindet.
- Neben den gesetzlichen Vorgaben sollten auch die branchenspezifischen Empfehlungen beachtet werden.
- KISS = »Keep It Simple, Stupid« sollte die Prämisse des Sicherheitskonzeptes sein. Zu komplexe und/oder arbeitsintensive Konzepte werden häufig aus Bequemlichkeit oder mangelnder Praktikabilität umgangen.
- Jedes Sicherheitskonzept ist an die konkreten Bedürfnisse des Betreibers der Kritischen Infrastruktur anzupassen. »Copy and Paste« von anderen Unternehmen verbietet sich im Bereich der IT-Sicherheit.
- Das Sicherheitskonzept ist ständig zu verbessern und an die sich schnell ändernden Anforderungen anzupassen.
- Bauen Sie möglichst mehrere parallele und voneinander unabhängige Sicherheitsnetze auf.
- Separieren Sie Netzwerke in kleine voneinander abgegrenzte Segmente.
- Systeme, die hochsensibel für den Betrieb der Kritis sind, sollten physikalisch isoliert werden, damit die höchstmögliche Sicherheit erreicht werden kann.
- Zulieferer müssen mindestens über den gleichen Sicherheitsstandard wie der Betreiber der Kritis verfügen.
- Die Anzahl der Personen, die über sensible Daten und Informationen (auch Geburtstage) verfügen, sollte auf das absolut notwendige Mindestmaß beschränkt werden.
- Auch die Zugriffsrechte – besonders Administratorenrechte – für IT-Systeme jeglicher Art sollten auf das notwendige Mindestmaß beschränkt werden.
- Niemals Software fragwürdiger Herkunft auf Computer und Systeme installieren – auch nicht auf Geräte die nur teilweise für berufliche Zwecke verwendet werden (Smartphones, Tablet-Computer, Smartwatches…).
- Mobile Geräte und Datenträger vor Verlust schützen: Geräte niemals unbeaufsichtigt lassen und nicht an Dritte weitergeben.

D Schockereignisse/Szenario-basierte Diskussion

> - Arbeitsplatzrechner beim Verlassen umgehend sperren.
> - Kontinuierliche Kontrolle der Logfiles und Dokumentation der gesamten IT.
> - Besonderes Sicherheitsbewusstsein bei der Nutzung von WLAN-Verbindungen, besonders in öffentlichen Bereichen.
> - Verschlüsselung aller sensiblen Daten und Nachrichten, zum Beispiel durch die Nutzung von Virtual Private Networks (VPNs).
> - Sicheres Löschen von Daten sowie aller Soft- und Hardcopies.

3.4 Stromausfall

Andreas H. Karsten

Die Elektrizität ist die entscheidende Branche der Kritischen Infrastruktur in Deutschland. So ist jeder andere Sektor von einer funktionierenden Stromversorgung abhängig. Aber auch letztere ist selber von einigen anderen Sektoren abhängig, besonders von Informationstechnik und Telekommunikation sowie Transport und Verkehr.

Die Stabilität der Stromversorgung hängt im Wesentlichen davon ab, dass zu jedem Zeitpunkt nahezu ein Gleichgewicht von Stromerzeugung und Stromverbrauch besteht. Da Strom nur schwer gespeichert werden kann, wird dies durch das Zu- und Abschalten von Kraftwerken erreicht. In der Vergangenheit waren nur wenige größere Kraftwerke am Netz und die Steuerung dementsprechend einfach. Diese Situation ändert sich aktuell aufgrund der Zunahme dezentraler Stromerzeugung, beispielsweise durch Windkraft- und Solaranlagen. Während die großen Kraftwerke ihren Strom in die großen Netze einspeisen, speisen letztere ihren Strom in die regionalen Verteil- und Ortsnetze ein. Somit können sich Störungen des Systems in beide Richtungen von den überregionalen Netzen zu den Ortsnetzen hin und umgekehrt ausbreiten und das Gesamtsystem zum Kollaps bringen.

Eine Störung in einem Bereich des europäischen Verbundnetzes kann zu seinem Zusammenbruch innerhalb von 45 Minuten führen. Wie eng verbunden die Stromversorgung in Europa ist, zeigte sich am 04.11.2006. E.ON schaltete planmäßig zwei Leitungen des Übertragungsnetzes über die Ems ab, um einem Schiff auf der Ems die gefahrlose Durchfahrt unter den Leitungen hindurch zu ermöglichen. Aufgrund dieses Abschaltvorgangs fiel der Strom in Teilen Deutschlands, Frankreichs, Belgiens, Italiens, Österreichs und Spaniens aus.

3 Anthropogene Gefahren

Die neuen Gefährdungen durch die dezentrale Stromerzeugung versuchen die Netzbetreiber mit Hilfe des sogenannten Smart Grids – also intelligente Stromnetze, die über eine zentrale Steuerung Erzeugung, Speicherung und Verbrauch im Netz aufeinander abstimmen – zu minimieren. Die Einführung des Smart Grids führt allerdings auch zu neuen Risiken: Mittels Cyberangriffen könnten zum Beispiel fehlerhafte Messdaten der »intelligenten Messgeräte« (Smart Meter) einen falschen Verbrauch oder Produktion melden, was zu falschen Reaktionen der Steuerungsprogramme führt.

Das Verhältnis zwischen Stromverbrauch und -produktion in den einzelnen Bundesländern zeigt ein deutliches Nord-Süd-Gefälle (Agentur für Erneuerbare Energien, 2016). So wurden in den nördlichen Bundesländern knapp 100.000 Gigawattstunden pro Jahr mehr erzeugt als verbraucht, während in den südlichen Bundesländern über 30.000 Gigawattstunden pro Jahr mehr verbraucht wurden.

Primärenergieträger in Deutschland und Europa
Eine Bedrohung der Stromversorgung besteht auch durch die zur Stromerzeugung verwendeten Ressourcen. Die einzelnen Primärenergieträger teilen sich in Deutschland und Europa auf:

Tabelle 6:

Primärenergieträger	Deutschland	Europa
Braunkohle	22,3 %	9,6 %
Kernenergie	12,9 %	25,6 %
Steinkohle	16,6 %	11,0 %
Erdgas	13,7 %	19,7 %
Windenergie	12,7 %	11,2 %
Wasserkraft	4,0 %	9,1 %
Biomasse	8,0 %	6,0 %
Photovoltaik	5,8 %	3,7 %
übrige Energieträger	3,9 %	4,1 %

Quellen: Deutschland: Umweltbundesamt 2016; Europa: Eurostat, Agora, Sandbag 2017

Gerade die erneuerbaren Energieträger Windenergie, Wasserkraft und Photovoltaik sind sehr wetterabhängig und Wind- und Wasserkraftwerke können nur dort wirtschaftlich sinnvoll betrieben werden, wo diese im entsprechenden Umfang und möglichst konstant zur Verfügung stehen. So entsteht eine Nord-Süd-Spaltung bei den Energieträgern:

Tabelle 7:

	Windenergie	Laufwasser	Photovoltaik	Erdgas
Schleswig-Holstein	31,4 %	0,0 %	4,9 %	2,3 %
Hamburg	3,2 %	0,0 %	1,5 %	8,1 %
Niedersachsen	25,1 %	0,0 %	3,8 %	15,3 %
Mecklenburg-Vorpommern	42,3 %	0,0 %	9,0 %	8,6 %
Bremen	4,8 %	0,0 %	0,8 %	7,9 %
Brandenburg	17,2 %	0,0 %	5,6 %	4,5 %
Berlin	0,3 %	0,0 %	0,9 %	40,2 %
Sachsen-Anhalt	30,5 %	0,5 %	8,2 %	15,6 %
Nordrhein-Westfalen	3,9 %	0,2 %	2,2 %	16,3 %
Hessen	13,8 %	2,0 %	6,1 %	29,5 %
Thüringen	22,8 %	2,0 %	11,8 %	22,0 %
Sachsen	4,3 %	0,7 %	3,7 %	10,4 %
Rheinland-Pfalz	24,9 %	5,4 %	9,0 %	48,0 %
Saarland	5,6 %	1,2 %	3,7 %	13,1 %
Baden-Württemberg	2,1 %	8,1 %	7,9 %	6,0 %
Bayern	4,1 %	15,2 %	13,7 %	11,6 %

Quelle: Umweltbundesamt 2016

Diese Spaltung führt bei dem betrachteten Beispiel-Szenario Wintersturm dazu, dass sich das oben dargestellte Nord-Süd-Gefälle bei dem Verhältnis von Stromproduktion zu Verbrauch noch verstärkt, da es im Süden aufgrund des Niedrigwassers am Ende eines Winters zu einer Einschränkung der Stromerzeugung durch diesen Energieträger von bis zu 50 % kommt, während im Norden aufgrund des Sturmes sehr viel mehr Strom erzeugt wird.

Eine Minderproduktion in ganz Deutschland tritt bei langen, heißen Trockenperioden im Sommer auf: Alle Kraftwerke, die Flusswasser zur Kühlung nutzen,

3 Anthropogene Gefahren

müssen ihre Produktion herunterfahren, um die Flusswassertemperatur nicht zu sehr ansteigen zu lassen.

Deutschland ist zu einem großen Anteil von Importen bei der Stromerzeugung abhängig:

Tabelle 8:

Energieträger	heimisch		Importe	
Braunkohle[1]	100,0 %			
Kernenergie[2]	0,0 %		Frankreich:	44 %
			Großbritannien	30 %
			USA:	14 %
			Sonstige:	12 %
Steinkohle[3] **(Kraftwerkskohle)**	Am 31.12.2018 Schließung der letzten beiden heimischen Bergwerke Prosper-Haniel und Ibbenbüren.		Russland:	29 %
			Kolumbien:	21 %
			USA:	20 %
			EU:	13 %
			Südafrika:	8 %
			Sonstige:	9 %
Erdgas[4]	6,0 %		Russland:	35 %
			Norwegen:	34 %
			Niederlande:	29 %
			Sonstige:	3 %

Quellen:
1 Umweltbundesamt
2 Deutscher Bundestag, Drucksache 17/6037
3 Statistisches Bundesamt
4 Bundesamt für Wirtschaft und Ausfuhrkontrolle

Somit haben auch geopolitische Lagen Einfluss auf die Bereitstellung von elektrischer Energie. In den letzten Jahren wurde verstärkt die Abhängigkeit vom russischen Gas diskutiert.[56] Betrachtet man allerdings das gesamte europäische Verbundnetz, so ist auch die Abhängigkeit von Uran nicht zu vernachlässigen. Die Importabhängigkeit

---

56 So kam es zu Drosselungen russischer Gaslieferungen 2012 nach Deutschland, Polen, Österreich, Italien, Ungarn, Bulgarien, Rumänien, Griechenland und der Slowakei zur Zeit einer extremen Kältewelle in Europa mit langanhaltenden tiefen Frösten in weiteren Teilen Europas und bei schweren Schneefällen im Mittel- und Schwarzmeerraum 2014 nach Polen, Rumänien und der Slowakei sowie 2016 in die Türkei.

der Stromerzeugung in Deutschland ist im Vergleich zu den anderen Staaten der EU überdurchschnittlich (Deutschland 64 %, EU Durchschnitt 54 %).

Die derzeitige Veränderung im Bereich der Stromerzeugung (Dezentralisierung – Ersetzen großer Kraftwerk durch eine Vielzahl von mittleren und kleinen Erzeugern) führt auf der einen Seite zu einer Steigung der Resilienz gegenüber massiven, punktuellen Einwirkungen (Kraftwerksbrände, Terroranschläge usw.), auf der anderen Seite jedoch zu einer Verringerung der Resilienz durch einen größeren Steuerungsbedarf und somit gegenüber niederschwelligen Einwirkungen wie beispielsweise Cyberangriffen.

Folgen eines Stromausfalls auf Betriebe der Kritischen Infrastruktur
Im Krisenhandbuch des Innenministeriums Baden-Württemberg und des Bundesamtes für Bevölkerungsschutz werden Auswirkungen eines längeren Stromausfalls auf Kritische Infrastrukturen beschrieben. Es werden je nach Dauer des Stromausfalles drei Szenarien unterschieden: kürzer als 8 Stunden, zwischen 8 und 24 Stunden, länger als 24 Stunden.

Informations- und Kommunikationstechnologie
Die Bereiche der Informations- und Kommunikationstechnologie (Mobiltelefon, Festnetz, Internet, Datennetze, und BOS-Funk) sind je nach Batteriepufferung, dem Ladezustand und bei Notstromversorgung der Treibstoffbevorratung unterschiedlich betroffen. Kleinere Ausfälle werden unmittelbar eintreten. Nach 24 Stunden allerdings ist mit erheblichen Ausfällen zu rechnen. Nur noch gezielt geschützte Anlagen werden weiterhin betriebsbereit bleiben, wobei der Treibstoffmangel die Lage weiter verschlimmern wird. Nach 3–4 Tagen ist mit dem Ausfall der zentralen Vermittlungsstellen zu rechnen.

Gesundheitswesen
Für Krankenhäuser und Psychiatrien ist eine Notstromversorgung von 24 Stunden vorgeschrieben, mit der die Versorgung – ggf. mit reduzierter Qualität – aufrechterhalten werden kann. Ohne Versorgung mit Treibstoff für die Notstromgeneratoren fallen nach 24 Stunden wesentliche medizinische Kapazitäten aus. Niedergelassene Ärzte verfügen nicht unbedingt über eine Notstromversorgung, weshalb mit einem Ausfall der Medizintechnik von Beginn des Stromausfalls an zu rechnen ist. Bei Außentemperaturen oberhalb des Gefrierpunktes ist es schwierig die Kühlketten für diverse Arzneimittel und Medizinprodukte aufrecht zu erhalten. Bei längeren Stromausfällen ist mit erheblichen Beeinträchtigungen, beim Vertrieb und der Nachlieferung von Arzneien und Medizinprodukten zu rechnen.

3 Anthropogene Gefahren

Die Rettungsdienste haben von Beginn an, mit Problemen bei der Telekommunikation zu rechnen. Die eigene Technik kann mittels der Notstromversorgung ca. 24 Stunden lang betrieben werden. Danach ist mit Versorgungsengpässen bei der Treibstoffbereitstellung zu rechnen.

Die häusliche Pflege wird schon nach kurzer Zeit erste Einschränkungen verzeichnen.

Trinkwasserver- und Abwasserentsorgung
Bereits nach kurzer Zeit kann es zu Ausfällen der Trinkwasserversorgung in ländlichen Bereichen kommen. In städtischen Bereichen kann es zu Druckabfällen kommen. Nach 24 Stunden ist auch in städtischen Gebieten mit einem Ausfall der Trink- und damit in der Regel auch der Löschwasserversorgung zu rechnen.

Von den ersten Minuten eines Stromausfalls an ist mit dem Ausfall der Pumpen im Bereich der Abwasserentsorgung zu rechnen. Dies führt zu stehenden Abwässern im System und somit zu entsprechender Faulung. Je nach Wetterlage steigt nach kurzer Zeit die Seuchengefahr.

Treibstoffversorgung
Die Transportsysteme (Pipelines, Wasser, Straße, Schiene) müssen von Beginn an mit einem Ausfall von Pumpen rechnen. Dadurch wird es zu Einschränkungen in der Treibstoffversorgung kommen. Mit einem Engpass in der Treibstoffversorgung ist nach 24 Stunden zu rechnen, nach ca. 3 Wochen wird die Versorgung mit Rohöl schwierig.

Die Zapfsäulen der Tankstellen fallen bei einem Stromausfall unmittelbar aus. Ein weiterer Betrieb mittels Notstromgeneratoren ist möglich. Letztere müssen aber den Tankstellen zur Verfügung gestellt werden.

Industrie
Die Einschränkungen bei den Telekommunikationssystemen führen zu Beeinträchtigungen der industriellen Produktion. Zusätzlich kann es schon sehr früh zu Produktaustritten aus Produktionsanlagen und damit einer Kontamination der Umgebung kommen. Auch ist mit erheblichen Ausfällen der internen und externen Logistiksysteme zu rechnen. Bei längerem Stromausfall wird es durch die Beeinträchtigung im ÖPNV zu Personalmangel kommen.

Einige speziale Aspekte
Mit der Erhöhung der Resilienz im Allgemeinen beschäftigen sich das Krisenmanagement und das Business Continuity Management. Einige spezielle Maßnahmen

D Schockereignisse/Szenario-basierte Diskussion

werden stichwortartig in der Broschüre des Innenministeriums Baden-Württemberg und des BBK angeführt.

Das moderne Leben basiert auf der Sicherheit der elektrischen Versorgung. Ein Ausfall hat so viele Folgen, dass nicht alle hier dargestellt werden können. Folgende Beispiele sollen den Leser dazu animieren, über mögliche Folgen in seinem Umfeld und seinen Verantwortungsbereich nachzudenken.

- Ein Stromausfall hat auch erhebliche psychologische Auswirkungen auf die Menschen, die es in Deutschland gewohnt sind, dass Strom zur Verfügung steht.
- In vielen Dörfern Deutschlands sind es die Menschen gewohnt, dass die Straßenbeleuchtungen nach Mitternacht ausgeschaltet werden; Großstädter kennen dies nicht. Dunkle Straßenfluchten werden sie entsprechend verängstigen. Zusätzlich schließen viele elektrisch betriebene Jalousien bei Stromausfall. Das führt zur Dunkelheit in den entsprechenden Zimmern auch während der Tagesstunden.
- Das Bewohnen von Hochhauswohnungen dürfte ab einem bestimmten Stockwerk nahezu unmöglich sein. Ausreichend Lebensmittel und Trinkwasser über mehr als 10 Stockwerke zu tragen, stellt auch für sportliche Menschen eine Herausforderung dar. Für die unteren Etagen könnten die Abwässer ein Problem darstellen. Sollte es zu Rückstauungen aufgrund ausgefallener Pumpen kommen, steigt die Infektionsgefahr im Bereich der Stauungen. Evakuierungen Zehntausender Menschen wären die Folgen.
- Der Straßenverkehr in den städtischen Ballungszentren würde erheblich durch den Ausfall von Ampelanlagen behindert. Eine Vielzahl von Unfällen mit entsprechender Staubildungen und dadurch auch Behinderungen der Fahrzeuge der BOS wären die Folge.

E Road Map zur Steigerung der Resilienz

Stefan Voßschmidt & Andreas H. Karsten

Im abschließenden Kapitel fasst Karsten die Erkenntnisse der vorherigen Kapitel zu einer »Straßenkarte« zusammen, mit deren Hilfe ein Weg gefunden werden kann, die Resilienz einer Organisation, Behörde, eines Unternehmens zu steigern. Zwei Einschränkungen sind zu machen:

1. Erstens entspricht die Straßenkarte eher einer Landkarte zu Zeiten David Livingstones. Weite Bereiche müssen noch als Terra Incognita betrachtet werden. Aber wie Livingstone mit mangelbehafteten Kartenmaterial den Oberlauf des Sambesi erkundete und dabei die Victoriafälle entdeckte, kann Ihnen auch diese Road Map weiterhelfen, die Resilienz zu steigern.
2. Die »Oberfläche der Resilienz-Welt« verändert sich ständig. Wenn Sie dieses Buch lesen, sind dessen Erkenntnisse und Empfehlungen bereits veraltet. Neue Risiken treten auf, alte nehmen ab. Technische Entwicklungen stärken die Resilienz während andere sie verringern. Die Menschen ändern ihre Risikotoleranz, was eine neue Festlegung von Prioritäten zur Folge hat. Und letztendlich werden neue Erkenntnisse aus der Wissenschaft neue Methoden zur Steigerung der Resilienz hervorbringen.

Da es aber kein Maximum an Resilienz gibt, kann auch nie ein endgültiges Ziel erreicht werden. Wie schon Konfuzius wusste, gilt vielmehr: »Der Weg ist das Ziel!«

Und hier können Sie einen Weg zur Steigerung der Resilienz finden – vielleicht nicht den besten für ihre spezielle Organisation. Nutzen Sie diese »Straßenkarte«, um Ihren Weg zu finden. Gehen Sie, wenn notwendig neue Wege!

Im ersten Teil wird ein ausführliches Programm zur Resilienzsteigerung dargestellt. Im zweiten werden daraus sechs erste Schritte extrahiert, damit Sie gleich morgen auf Ihren Weg zur Steigerung der Resilienz in Ihrer Organisation starten können.

Wir, die Herausgeber, wünschen Ihnen auf Ihren Weg viel Erfolg!

E Road Map zur Steigerung der Resilienz

1 Der nachhaltige Weg zur Resilienzsteigerung

Andreas H. Karsten

100 %-ige Sicherheit gibt es nicht. Und umfangreiche Sicherheit ohne Kosten auch nicht. Diese zwei Allgemeinsätze sollten bei der Aufstellung eines Organisationsplanes zur Steigerung der Resilienz immer beachtet werden. Die Kosten sind nicht immer monetär: Eine Steigerung der Resilienz in einem Bereich kann zu einer Erhöhung der Vulnerabilität in einem anderen führen, oder aber zu »unbequemen« Verfahrensvorschriften. Es bedarf somit einer Nutzen-Kosten-Abwägung und unter Umständen schwieriger wenn nicht gar schmerzhafter Kompromisse.

Ein Resilienzplan sollte feste Leitlinien vorgeben aber gleichzeitig beachten, dass ein Plan niemals ohne ständige Anpassungen an die Realität umgesetzt werden kann. Er muss die Möglichkeit gewähren, flexibel auf unerwartete Ereignisse reagieren zu können, ohne dass er gleich neu geschrieben werden muss. Dabei darf nicht übersehen werden, dass Flexibilität und Agilität (auch mentale) Reserven benötigen.

Folgende allgemeine Kriterien sollten bei der Aufstellung eines Programmes zur Steigerung der Resilienz beachtet werden, damit dieser später auch wirklich realisiert wird:

- **Beschränkung auf drei bis fünf Ziele:**
  Durch die Limitierung auf eine überschaubare Anzahl bleibt der Fokus der Anstrengungen auf die wichtigsten Ziele fixiert. Zusätzlich fungiert sie als ein treibender Mechanismus, um schwierige Kompromisse entlang konkurrierender Ziele anzustreben.
- **Fokussierung auf drei bis fünf Jahre:**
  Jährliche Ziele sind für einen Plan, der eine Organisation leiten soll, zu taktisch. Ziele, die zu weit in der Zukunft liegen sind zu abstrakt und als Leitsystem unbrauchbar.
- **Zukunftsorientierung:**
  Organisationsmodelle und Pläne, die in der Vergangenheit oder heute, erfolgreich waren bzw. sind, werden zukünftig mit großer Wahrscheinlichkeit nicht mehr tauglich sein, da sich sowohl die Bedrohungen als auch die Möglichkeiten der Steigerung der Resilienz derzeit schnell und bedeutend verändern.

- **Konzentration auf die entscheidenden und schwierigen Fragestellungen:**
  Um einfache Fragestellungen zu entscheiden, benötigt man keinen Plan. Und bedenken Sie bitte, um entscheiden zu können, bedarf es immer mindestens zwei Alternativen.
- **Betrachtung der für die Handlungsfähigkeit der Organisation kritischen Vulnerabilitäten:**
  Die Kritikalität eines Prozesses ist abhängig davon, wie wichtig er für den Erfolg einer Organisation ist, wie wahrscheinlich sein Ausfall also wie hoch das Risiko ist.
- **Bereitstellen von konkreten Leitlinien:**
  Der Plan sollte unmissverständlich vorgeben, worauf sich zukünftig fokussiert, was zukünftig nicht gemacht und was zukünftig beendet werden soll.
- **Selbstverpflichtung des Spitzenteams:**
  Nur wenn sich alle Angehörigen des Spitzenteams (Topmanagement, Behördenleitung etc.) zu dem Plan wirklich bekennen und alles daran setzen, diesen umzusetzen, können die gesetzten Ziele erreicht werden.

Die Erarbeitung des Plans sollte von oben nach unten angestoßen werden und dann von unten nach oben erfolgen. Häufig wissen die Senior-Manager nichts von Problemen an der Basis. Sie sehen die Situation der Organisation positiver als Angehörige des mittleren Managements. Ist der Plan dann beschlossen, muss sie in umgekehrter Richtung erläutert werden. Die Senior-Manager haben ihren Mitarbeiterinnen und Mitarbeiter den Plan in einer Form zu erläutern, dass diese sie verstehen und sich zum Erreichen der Ziele selbst verpflichten, die sie ja selber erarbeitet haben. Ein Plan, der von den handelnden Personen nicht verstanden wird, ist genauso nützlich wie gar kein Plan.

Jede Organisationseinheit muss sich aus den Organisationszielen ihre eigenen Ziele ableiten. Häufig reicht es schon aus, dass ein unscheinbarer Baustein in der Prozesskette versagt, um den Gesamtprozess zum Scheitern zu bringen. Der Plan sollte also auf eine umfassende Zustandsanalyse der Organisation basieren.

Tabelle 9:

Zustandsanalyse bezüglich der Resilienz einer Organisation	
Kritische Prozesse und kritische Teilbereiche der Organisation	
Was sind die Leistungen der Organisation, die unbedingt aufrechterhalten werden müssen?	1. Ist deren Erbringung auch in Ausnahmesituationen sichergestellt? Zu welchem Grad müssen die kritischen Leistungen auch in Krisensituationen erbracht werden?
	2. Was sind die dafür benötigten relevanten Prozesse? Dabei sind auch Prozesse zu beachten, die über die eigene Organisation hinausgehen.
	3. Welches sind die kritischen Teilbereiche einer Organisation, die in Ausnahmesituationen, die oben genannten Leistungen erbringen und die relevanten Prozesse aufrechterhalten müssen (z. B. Feuerwachen, Krankenhäuser, IT-Amt, …)?
	4. Welches sind kritische externe Lieferanten (z. B. Stromversorger, Telekommunikationsfirmen, Treibstofflieferanten, Trinkwasserversorger, Nahrungsmittellieferanten)?
	5. Ist deren Erbringung auch in Ausnahmesituationen sichergestellt? Zu welchem Grad müssen die kritischen Leistungen auch in Krisensituationen erbracht werden?
Was sind zentrale Ereignisse/Prozesse, die auf jeden Fall vermieden werden müssen?	

Tabelle 9: – Fortsetzung

Zustandsanalyse bezüglich der Resilienz einer Organisation	
Risikoanalyse	
Welche Gefährdungen existieren für jeden einzelnen Schritt der relevanten Prozesse?	
Wurden sowohl Schock-Ereignisse als auch Stress-Geschehnisse verschiedener Stärke und Einwirkungsdauer berücksichtigt?	Beispiele für Schock-Ereignisse können sein: ■ Naturkatastrophen ■ durch Menschen verursachte Unfälle ■ Terror-Anschläge ■ Pandemien ■ Wasserkontaminationen Beispiele für Stress-Geschehnisse können sein: ■ Alterung der Gesellschaft ■ steigende Armut bzw. soziale Ungleichheit ■ wachsende Bildungsferne ■ steigende Ausländerfeindlichkeit ■ zunehmende Alterung von Infrastrukturen ■ wachsende Komplexität der Infrastrukturen (steigende Anzahl von Schaltvorgängen im Stromnetz aufgrund der Energiewende) ■ zunehmende Urbanisierung ■ steigende Kriminalität ■ steigende Gewalt auch gegenüber Hilfskräften ■ Klimawandel ■ steigende Zahl von Verkehrsstaus ■ wirtschaftliche Krisen ■ politische Instabilitäten (z. B. Regierungskrisen)

Tabelle 9: – Fortsetzung

Zustandsanalyse bezüglich der Resilienz einer Organisation
Wurde eine umfassende Gefährdungsanalyse durchgeführt, die auch das gesamte Umfeld der Organisation und zeitliche Entwicklungen mitberücksichtigt?
Wurden etwaige Beziehungen und Wechselwirkungen zwischen den verschiedenen Schock- und Stressereignissen beachtet?
Wurden politische Instabilitäten und Konflikte im eigenen Land und in anderen Ländern berücksichtigt?
Wurde die gesamte Gesellschaft (alle Altersklassen, Deutsche und Ausländer, Personen mit besonderen Bedürfnissen usw.), die Umwelt und die Wirtschaft berücksichtigt?
Wie hoch ist die Wahrscheinlichkeit bzw. wie plausibel/realistisch ist es, dass die Gefährdung eintritt und die relevanten Prozesse in einem nicht mehr tolerierbaren Ausmaß beeinträchtigt?
Zu welcher Jahres-/Tageszeit kann eine Gefährdung wirksam werden? Hat dies Einfluss auf die Folgen (Kosten)?
Welche Folgen (=Kosten) für Leib und Leben, Umwelt und öffentliche Sicherheit und Ordnung hätte eine Beeinträchtigung? (»Common Consequences Risk Assessment«)

Tabelle 9: – Fortsetzung

Zustandsanalyse bezüglich der Resilienz einer Organisation	
Ist es bei einer Beeinträchtigung möglich, »Inselversorgungen« bereitzustellen oder müssen alle Teilbereiche gleich versorgt werden?	1. Ist es in Teilbereichen (zeitlich und/oder räumlich) möglich, die volle Leistung zu erbringen, während in den anderen Teilbereichen diese stark verringert wird? 2. Sind Inselversorgungen überhaupt möglich bzw. wünschenswert? So ist neben moralischen Fragen[57] auch zu berücksichtigen, dass es aus den nicht bzw. unterversorgten Gebieten zu Migrationsbewegungen in die versorgten Gebiete kommen kann, was die Situation dort beeinträchtigen könnte.
Wurden neben den objektiven auch die subjektiven Folgen eines Störungseintritts beachtet?	
Wie sind die zeitlichen Verläufe der Beeinträchtigung und deren Folgen einschließlich etwaiger Kaskadeneffekte?	1. Wann würden die Beeinträchtigung und deren Folgen eintreten? Wie groß sind die Vorwarnzeiten? 2. Wie lang würde die Beeinträchtigung andauern und wie lange deren Folgen?

---

57 siehe »Weichensteller-Problem«

Tabelle 10:

Maßnahmen zur Steigerung der Resilienz		
Risikominimierung		
Welche technischen und organisatorischen Maßnahmen können getroffen werden, um die Wahrscheinlichkeit des Eintrittes einer speziellen Gefährdung zu minimieren?		
Welche technischen und organisatorischen Maßnahmen können getroffen werden, um die Folgen des Eintritts einer speziellen Gefährdung zu minimieren?		
Welche wahrscheinlich genutzten Selbsthilfefähigkeiten der Bevölkerung (z. B. durch Nachbarschaftshilfe und Spontanhelfer) werden die Folgen verringern?		
Restrisikobewertung		
Ist das Restrisiko tolerierbar?[58]	1. Ist es tolerierbar, müssen keine weiteren Maßnahmen getroffen werden. Es ist entsprechend im Risikomanagement zu berücksichtigen.	
	2. Ist es nicht tolerierbar, muss das Risiko im Rahmen des Krisenmanagements berücksichtigt werden.	

---

[58] Denken Sie aber immer daran, selbst wenn ein Blumentopf nur einem Menschen von 80 Millionen auf dem Kopf fällt und dieser dann an den Folgen verstirbt, Sie könnten dies sein! Anders als beim Lotto glauben die meisten Menschen, das Unglücke schon die Anderen treffen wird.

Tabelle 10: – Fortsetzung

Maßnahmen zur Steigerung der Resilienz	
Welche Maßnahmen können getroffen werden bzw. wie können die relevanten Prozesse verändert werden, dass bei einem Eintritt einer speziellen Störung der Umgang mit ihr erleichtert werden kann?	
Krisenstrategie	
Definieren Sie eine Krisenstrategie!	
Legen Sie Prioritäten fest	Beispiele für Prioritäten können sein: 1. Schutz der Bevölkerung 2. Versorgung der Bevölkerung mit lebenswichtigen Gütern und Leistungen 3. Aufrechterhaltung der öffentlichen Sicherheit und Ordnung
Berücksichtigen Sie dabei, dass Sie Ihr Krisenmanagement in der Regel nur in Richtung eines Parameters optimieren können	1. Die Krise soll möglichst schnell überwunden werden! 2. Die Krise soll mit möglichst geringen Schaden/Kosten überwunden werden! 3. Die Krise soll der Reputation der Organisation möglichst wenig schaden! (z. B. um keinen negativen Einfluss auf den Aktienkurs zu erzeugen) 4. Die Beeinträchtigungen für die Bevölkerung sollen möglichst gering sein! 5. Nach Überwindung der Krise soll ein besserer Zustand erreicht werden!

Tabelle 10: – Fortsetzung

Maßnahmen zur Steigerung der Resilienz	
Analyse des eigenen Krisenmanagements	
Wird das Krisenmanagement regelmäßig upgedated? Sind Veränderungen in der Organisation und im Umfeld im Krisenmanagement berücksichtigt?	
Gibt es ein Frühwarnsystem, das das Umfeld der Organisation ständig, proaktiv bezüglich aufziehenden Risiken analysiert?	Das System sollte unterschiedliche, voneinander unabhängige Informationsquellen sowie Berater mit unterschiedlichen Background nutzen.
Sind die kritischen Prozesse alle direkt durch die Regelorganisation aufrecht zu erhalten?	Wenn nicht, muss eine spezielle Krisenmanagementorganisation (z. B. ein Krisenstab) installiert werden.
Ist das Krisenmanagement von speziellen Risiken unabhängig aufgebaut? (»risk-independent contingency planning«)	
Ist es darauf vorbereitet, Schwarze Schwäne zu beherrschen? (»all-risk approach«)	
Ist das Krisenmanagement so ausgelegt, dass mit ihm auch »Worst-Case-Szenarien« und Kaskadeneffekte beherrscht werden können?	
Integriert das Krisenmanagement alle Bereiche des Unternehmens zu einem einheitlichen, konsistenten System? (»whole-of-organization approach«)	
Ist das Krisenmanagement einheitlich, konsistent über die unterschiedlichen Eskalationsstufen (von no-crisis über low-level bis zu high-level) aufgebaut?	Soll im Krisenfall dezentral geführt werden, was bei komplexen, hochdynamischen Krisen erforderlich sein kann, so ist auch im täglichen Leben dezentral zu führen.

1 Der nachhaltige Weg zur Resilienzsteigerung

Tabelle 10: – Fortsetzung

Maßnahmen zur Steigerung der Resilienz	
Ist das eigene Krisenmanagement so aufgebaut, dass es kompatibel mit dem Krisenmanagement anderer Stakeholder ist (z. B. den Gefahrenabwehrbehörden)?	Sind die Schnittstellen mit den anderen Stakeholdern abgestimmt?
Sind Verantwortliche benannt, die zusammen über alle notwendigen Befugnisse zur Beherrschung der Krise verfügen?	
Stehen diese Verantwortlichen 24/7 zur Verfügung?	
Verfügen Sie wirklich über die (qualitativ und quantitativ) Krisenmanagement-Kapazitäten (Treffen der entsprechenden Entscheidungen und deren Umsetzung), die Sie zur Beherrschung der Krise benötigen?	
Sind die Befugnisse und Verantwortlichkeiten jeweils einer Person und nur einer zugeordnet?	■ Andernfalls kann es dazu kommen, dass gewisse Entscheidungen gar nicht getroffen werden oder aber sich widersprechende Entscheidungen zum gleichen Sachverhalt getroffen werden. ■ Zuständigkeitsüberlappungen sind nicht immer vollständig zu vermeiden, deshalb ist ein Konflikt-Lösungsverfahren vorab einzuführen.
Bei supranationalen Unternehmen: Leben alle Verantwortlichen in der gleichen Zeitzone? Sind unterschiedliche gesetzliche Regelungen bezüglich persönlicher Haftungsfragen zu berücksichtigen?	

Tabelle 10: – Fortsetzung

Maßnahmen zur Steigerung der Resilienz	
Ist durch das interne Informationsmanagement sichergestellt, dass alle relevanten Funktionen/Personen über ein gemeinsames Situationsbewusstsein verfügen? Oder sind diese Personen auf Medien- und/oder Social Media Informationen angewiesen.	
Können alle notwendigen Informationen in einer nutzbaren Form rechtzeitig den Entscheidungsträgern auf allen Hierarchiestufen in allen Säulen des allumfassenden Krisenmanagements entsprechend dem Whole-Stakeholder-Approach zur Verfügung gestellt werden?	Welche Informationen benötigen sie? Wie müssen die Informationen aufbereitet werden, dass sie den Entscheidungsprozess unterstützen und nicht behindern?
Ein wesentlicher Stakeholder besonders für Trägerinnen eines öffentlichen Amtes bzw. Mitarbeiter im öffentlichen Dienst ist die Öffentlichkeit, besonders die Bevölkerung im eigenen Zuständigkeitsbereich. Da in der heutigen vernetzten und dynamischen Welt die betroffene Bevölkerung ein wesentlicher Stakeholder der Gefahrenabwehr ist, muss sie auch über die notwendigen Informationen verfügen, um die richtigen Entscheidungen treffen zu können.	
Ist durch das externe Informationsmanagement sichergestellt, dass die eigene Organisation und alle relevanten externen Stakeholder über ein gemeinsames Situationsbewusstsein verfügen?	

Tabelle 10: – Fortsetzung

Maßnahmen zur Steigerung der Resilienz	
Ist die Führung der Organisation auch in Ausnahmesituationen sichergestellt?	1. Stehen alle notwendigen Verantwortlichen 24/7 zur Verfügung (z. B. S1 für den Inneren Dienst des Führungstabes und S6 für die Kommunikation)? 2. Steht ein Führungsraum zur Verfügung, der auch in Ausnahmesituationen längere Zeit (mindestens 3 Tage, ohne Ressourcen nachbeschaffen zu müssen) betrieben werden kann? (Schutz vor Naturereignissen, Terroranschlägen, Cyber-Angriffen etc.)
Sind die Verfahren des Krisenmanagements so schnell, dass rechtzeitig Notmaßnahmen eingeleitet werden können, bevor der Ausfall von kritischen Prozesse zu erheblichen Schäden führt? (»Vor die Lage kommen!«)	
Sind die Verfahren des Krisenmanagements so flexibel und agil gestaltet, dass sie auch bei Black-Swan-Ereignisse sinnvoll, positiv-wirkend angewendet werden können?	Sind die Verfahren modular, Fähigkeits-basiert, aufgebaut?
Sind die Verfahren des Krisenmanagements so einfach, dass sie von jedem Akteur verstanden und angewendet werden können?	

Tabelle 10: – Fortsetzung

Maßnahmen zur Steigerung der Resilienz	

Existiert ein Krisenkommunikationsplan? Sind Sie in der Lage, die Deutungshoheit zu erringen und zu behalten. Neben Ihnen werden eine Vielzahl weiterer Akteure bewusst oder unbewusst die Lage durch ihre Beschreibung der Situation eskalieren oder deeskalieren lassen. Auch hier gilt der Grundsatz: »Vor die Lage kommen!«	1. Ist die Kommunikation technisch gesichert?
	  – Innerhalb der Organisation
	  – Mit wichtigen externen Stakeholdern
	  – Evtl. mit der Öffentlichkeit[59]
	2. Stehen Verantwortliche 24/7 zur Verfügung?
	3. Sind Standardtexte (z. B. Warntexte) vorbereitet?
	4. Ist ein Gerüchte-Abwehrsystem vorbereitet, dass diese auch als zusätzliche Informationsquelle nutzt?

Steht ein Stress-Reduzierungssystem zur Verfügung, welches u. a. Arbeits-, Pausen-, Essens- und Schlafzeiten sowie die dafür notwendigen Vertretungsregelungen festschreibt?	Stehen für jede wichtige Funktion mehrere geeignete Personen zur Verfügung? (Mindestens 5-fach Besetzung jeder Funktion; wenn einzelne Personen für mehrere Aufgaben vorgesehen werden, muss sichergestellt sein, dass mind. eine 3-fach Besetzung aller Funktionen gleichzeitig erfolgen kann)
Sind alle Verantwortlichen entsprechend aus- und fortgebildet bzw. regelmäßig trainiert? Sind sie in der Lage bei Bedarf von den Notfallplanungen abzuweichen und zu improvisieren? Besitzen sie Inkompetenzkompensationskompetenz?	
Gibt es einen regelmäßig aktualisierter Krisenplan, der sowohl Maßnahmen zur Bekämpfung der Primärfolgen einer Krise beinhaltet wie auch solche für Sekundär- und Tertiärfolgen (z. B. Reputationsverlust)?	

---

59 Für Träger eines öffentlichen Amtes und Bedienstete des öffentlichen Dienstes gehört die Öffentlichkeit des eigenen Zuständigkeitsbereiches zur Kommunikation innerhalb der Organisation.

Tabelle 10: – Fortsetzung

Maßnahmen zur Steigerung der Resilienz
Sind in dem Krisenplan zu schützende Prozesse einschließlich deren Anlagen, Geräte usw. mit ihren Prioritäten festgehalten? Auf welche Prozesse kann zuerst verzichtet werden?
Werden die Notmaßnahmen und redundante Notfallsysteme regelmäßig getestet?
Gibt es Schnittstellen zu anderen Managementsystemen, z. B. zum Qualitätsmanagement (Erfinden Sie das Rad nicht noch mal neu)?
Ist sichergestellt, dass das Krisenmanagement im Krisenfall reibungslos die Verfahren dieser Managementsysteme nutzen kann?
Existieren Post-Krisenmanagement-Verfahren?
Werden regelmäßig Stresstests des Krisenmanagements – im besten Fall Realübungen – auf Grundlage von realistischen Worst-Case-Szenarien durchgeführt?
Gap-Analyse
Welche Lücken und Mängel bestehen noch?
Mängelbehebung
Wie können diese Lücken geschlossen bzw. verringert werden? Welche Krisenmanagement-Instrumente können genutzt werden?

Tabelle 10: – Fortsetzung

Maßnahmen zur Steigerung der Resilienz	
Kosten-Nutzen-Analyse	
Welche Folgen (Negativnutzen) hätte die Beeinträchtigung eines relevanten Prozesses?	
Was kostet das Krisenmanagement-Instrument, um diese Beeinträchtigung zu begegnen?	
Vergleich von Nutzen zu den Kosten (nicht nur finanziell)	1. Übersteigt der Nutzen die Kosten ▶ Einführung der Instrumente 2. Übersteigen die Kosten den Nutzen ▶ Mit dem Risiko muss gelebt werden
Welchen Folgen haben die eingeführten oder nicht eingeführten Krisenmanagement-Instrumente auf zukünftige Handlungsoptionen?	
Strategische Vorbereitungen	
Gehen Sie Bündnisse mit anderen Stakeholdern (Behörden, Betreibern der KRITIS, Unternehmen) ein, die in einer Krisensituation, Ihre Leistungen für Sie übernehmen können (Leitstellen-Kooperationen)! Dabei bedenken Sie alle möglichen Kooperationsformen: public-public, private-private, public-private, national, international. Auch die zuständigen Aufsichtsbehörden, potentielle Stakeholder sowie die Zivilgesellschaft (Kirchen, religiöse Gruppen, Vereine, Schulgemeinschaften, Parteien etc.) sollten beteiligt werden. Achten Sie allerdings darauf, mit welchen Partnern Sie kooperieren.	

1 Der nachhaltige Weg zur Resilienzsteigerung

Tabelle 10: – Fortsetzung

Maßnahmen zur Steigerung der Resilienz	
Besteht ein einheitliches Situationsbewusstsein bei allen Stakeholdern? Stimmen die Folgeabschätzungen aller Stakeholder bezüglich einer Beeinträchtigung miteinander überein? Besteht Einvernehmen darüber, wann welche Beeinträchtigung einen nicht mehr tolerierbaren Einfluss ausüben wird? Dies ist wichtig, um den Einsatz von Mangelressourcen einvernehmlich priorisieren zu können.	Dabei sollte neben dem wahrscheinlichsten Szenario auch immer das »Worst Case«-Szenario betrachtet werden. Das Letzteres in der Realität noch übertroffen werden kann, zeigten die Ereignisse in Fukushima nach dem Tōhoku-Erdbeben (Great East Japan Earthquake) 2011.
Sind die Krisenpläne/Notfallplanungen der Stakeholder aufeinander abgestimmt und gibt es ein Verfahren, zur regelmäßigen Aktualisierung?	1. Sind Kontaktstellen für Krisenfälle (im besten Fall 24/7) zwischen den Stakeholdern abgestimmt (Notfall-Kommunikationsverzeichnis)? Können die obersten Verantwortlichen miteinander schnell und unbürokratisch Kontakt untereinander aufnehmen (»Rotes Telefon«)? 2. Gibt es Übersichten über Ressourcen, die in Krisensituationen anderen Stakeholdern zur Verfügung gestellt werden können? Im besten Fall ist vorab vertraglich geregelt, wie dies erfolgt (Alarmierung, Kosten, Schadensersatz, Regress etc.) und vor allem, welche Prioritäten zu beachten sind. 3. Wer benötigt zu welcher Zeit welche Information?
Ist sichergestellt, dass keine Doppelstrukturen für unterschiedliche Krisen aufgestellt werden?	
Ist die Krisenkommunikation aller Stakeholder einvernehmlich aufeinander abgestimmt?	

Tabelle 10: – Fortsetzung

Maßnahmen zur Steigerung der Resilienz
Nutzen Sie alle Möglichkeiten (Feste, Neujahrsempfänge, soziale Netzwerke usw.), um ein diverses Netzwerk aufzubauen. Entsprechend der Empfehlung der Bundesakademie für Sicherheitspolitik sollten Sie »In Krisen Köpfe kennen«.
Einführung des Krisenmanagements
Sind Verantwortliche für die Einführung, Aktualisierung und Verbesserung[60] des Krisenmanagementsystems benannt?
Stehen ausreichend (personelle, materielle, finanzielle) Ressourcen zur Verfügung?
Wurde ein Kreiszyklus (z. B. PDCA) etabliert, und zwar intern wie auch bezüglich der Absprachen mit anderen Stakeholdern?
Wurde eine zyklische Überprüfung der Gefährdungsanalyse etabliert? So verändern Klimawandel und Urbanisierung aber auch die Digitalisierung die Gefahrenlage immer schneller und nachhaltiger.
Kommunikation des Krisenmanagementsystems
Wurde über die Einführung des Krisenmanagementsystems intern und extern berichtet?

---

60 In Berichten von Real- oder Übungskrisen finden sich lediglich »Lessons observed«. Erst wenn die Empfehlungen implementiert sind, wenn sich die Organisation und das Verhalten der Menschen sich wirklich geändert haben, wurden die Lehren aus den Berichten gelernt.

Tabelle 10: – Fortsetzung

Maßnahmen zur Steigerung der Resilienz
Ist ein Prozess eingeführt, dass regelmäßig über das Krisenmanagementsystem berichtet wird, damit alle über Veränderungen zeitnah informiert werden und damit das Bewusstsein aller Stakeholder für die Notwendigkeit des Systems erhalten bleibt?

2 Die ersten Schritte

Andreas H. Karsten

Für den oben beschriebenen Prozess werden umfangreiche Ressourcen (Personal, Zeit, Finanzen) benötigt. Erste Schritte, die unabhängig von der Analyse immer umgesetzt werden müssen, sind:

1. **Verpflichten Sie sich und Ihre Organisation zur Steigerung der Resilienz**
   Nur wenn Sie selber davon überzeugt sind, dass die Investitionen in die Steigerung der Resilienz es wert sind, werden Sie auch andere davon überzeugen können, mit Ihnen den beschwerlichen Weg zu gehen.
   – Gehen Sie davon aus, dass etwas schief gehen wird und Überraschungen geschehen!
   – Seien Sie stets gut vorbereitet: Krisen können unerwartet und plötzlich auftreten – Ihr Krisenmanagement sollte nicht in der Krise aufgebaut werden müssen!
   – Erliegen Sie nie der Illusion, alles immer unter Kontrolle zu haben!
   – Verstehen Sie, wie verletzlich Ihre Kernprozesse sind!
   – Verstehen Sie, wie begrenzt Ihre Handlungsoptionen in einer Krise sind!
2. Ernennen Sie einen »Chief Executive of Resilience«!
3. Diskutieren Sie Ihre Ethik
   Legen Sie soweit möglich offen fest, welche Schäden an Menschen, der eigenen Organisation und deren Reputation, dem Staat usw. Sie gewillt sind zu tolerieren.
4. **Implementieren Sie eine offene Kommunikationskultur nach Innen und Außen (Crisis Risk Information)**
   Motivieren Sie alle, mit offenen Augen die eigenen Organisationen zu analysieren und offen über Gefährdungen, kritische Prozesse und Defizite zu diskutieren.
5. **Verpflichten Sie sich und überzeugen Sie alle Ihre Mitarbeiterinnen und Mitarbeitern zum Altruismus**
   In der Krise – selbst wenn das Krisenmanagementsystem schlecht ist – müssen alle zum Wohle der Organisation und der Allgemeinheit beitragen.

6. In Krisen Köpfe kennen

Bauen Sie sich ein Netzwerk auf, das in alle Bereiche der Gesellschaft reicht. Networking beginnt bei Ihnen! Gehen Sie auf die anderen zu, auch auf diejenigen, die Ihnen vermeidlich nie in einer Krisensituation behilflich sein werden können. Denken Sie an die »Black Swan«-Ereignisse. Sie wissen heute nicht, wessen Hilfe Sie zukünftig benötigen werden.

F Literaturverzeichnis

AGBF Bund (Hrsg.), 2005, Führung und Leitung im Katastrophenschutz in der Bundesrepublik Deutschland. Thesen der AGBF-Bund, Münster.
Adloff, F., Mau, S., 2005, Vom Geben und Nehmen. Zur Soziologie der Reziprozität. Frankfurt.
Alamir, F. M., »Hybride Kriegführung« – ein möglicher Trigger für Vernetzungsfortschritte? in: Ethik und Militär 2015, (2).
Alcamo, J, Olesen, J, 2012, Life in Europe under Climate Change, West Sussex.
Annen, H., 2017, Resilienz – eine Bestandsaufnahme, in: Military Power Revue der Schweizer Armee, (1).
Arquilla, J., Ronfeldt, D. (Hg.), 2001, Network and Netwars, Santa Monica.
Ausschuss für Feuerwehrangelegenheiten, Katastrophenschutz und zivile Verteidigung, 1999
Australian Government, Critical Infrastructure Resilience Strategy.
Bachmann, K., Schlammschlacht Ungarn, Der Dammbruch und seine Folgen, in: Osteuropa 10, S. 51–58.
Battis, U., 2002, Allgemeines Verwaltungsrecht, Heidelberg.
Bayrisches Rotes Kreuz (Hg.), 1991, Lehrbuch für den Betreuungsdienst.
Bericht des zwischenstaatlichen Ausschusses für Klimaänderungen (IPCC) 2007, »Klimaänderung 2007«. BMI 2018, Homepage des Innenministeriums, https://www.bmi.bund.de/Schutz Kritischer Infrastrukturen, Zugriff 08.04.2019
Boin, A., 't Hart, P., Stern, E., Sundelius, B., 2017, The Politics of Crisis Management, Cambridge.
Bisanz, S., Gerstenberg, U., 2013, Globale Herausforderung. Chancen und Risiken für unsere Zukunft, Düsseldorf.
Blancke, S., 2006, Geheimdienste und globalisierte Risiken. Rough States – Failed States – Information Warfare – Social Hacking – Data Mining – Netzwerke – Proliferation, Berlin.
Blancke, S., 2005, Information Warfare, in: APuZ, S. 30–31.
Bond, C. A., Strong, A., Burger, N., Weilant, S., Saya, U., Chandra, A. 2017, Resilience Dividend Valuation, RAND Corporation.
Boot, M., 2003, Small Wars and the Rise of American Power. The Savage Wars of Peace, New York.
Breuer, C., 2016, Hybride Kriegführung – Eine immer neue Herausforderung, in: R. Wagner, H.-J. Schaprian, Komplexe Krisen – aktive Verantwortung. Magdeburger Gespräche zur Friedens und Sicherheitspolitik, Magdeburg 2016.
Buchan, G. C., 2000, Force Protection: One-and-a-Half Cheers for RMA, in: Gongora, T. von Riekhoff, H., (Hg.), Toward a Revolution in Military Affairs. Defense and Security at Dawn of the Twenty-First Century, Westport, London.
BSI Bericht, 2017, Die Lage der IT-Sicherheit in Deutschland.
Bundesakademie für Sicherheitspolitik, 2018, Arbeitspapier Sicherheitspolitik 2: Gesamtverteidigung 2.0.
Bundesakademie für Sicherheitspolitik (Hg.), 2010, Europäische Sicherheit und Russland – Optionen aus deutscher Sicht. Sicherheit durch Annäherung, Seminar für Sicherheitspolitik 2010, Berlin.
Bundesamt für Bevölkerungsschutz und Katastrophenhilfe (BBK), 2009, Anpassungsstrategien an den Klimawandel, Bonn.
Bundesamt für Bevölkerungsschutz und Katastrophenhilfe (BBK), 2011, Methode für die Risikoanalyse im Bevölkerungsschutz, Bonn.
Bundesamt für Bevölkerungsschutz und Katastrophenhilfe (BKK), 2013, Bevölkerungsschutz Magazin (2).
Bundesamt für Bevölkerungsschutz und Katastrophenhilfe (BBK), 2018, Bevölkerungsschutz-Magazin (3).
Bundesgerichtshof (BGH), NVwZ-RR 2005, S. 149, 150, NVwZ 1994, S. 823.

F Literaturverzeichnis

Bundesministerium der Verteidigung, 2006, Generalinspekteur der Bundeswehr, Teilkonzeption Schutz von Kräften und Einrichtungen der Bundeswehr im Einsatz (TK Schutz), Bonn.
Bundesministerium der Verteidigung (Hrsg.), 2016, Weißbuch zur Sicherheitspolitik und zur Zukunft der Bundeswehr, Berlin.
Bundesministerium des Innern, 2016, Konzeption Zivile Verteidigung (KZV), Berlin. Bundestagsdrucksache 18/9282, 2016.
Bundesverfassungsgericht, Beschluss vom 26.06.2002 – 1 BvR 558/91 [8] – NJW 2002, S. 2621, 2623.
Bundesverwaltungsgericht, Urteil vom 18.10.1990 – 3C 2/88 [7], NJW 1991, S. 1766, 1768.
Chevul, S., Eliasson, J., 2015, Cybersicherheit heute und morgen: Bedrohungen und Lösungen, in: Österreichische Militär Zeitung.
City of Mississauga (Hg.), 1979, Mississauga Train Derailment, Mississauga.
Clancy, T., Franks, F. Jr., 2004, Into the Storm. A Study in Command, New York.
Clark, C., Die Schlafwandler. Wie Europa in den Ersten Weltkrieg zog, München 2013
von Clausewitz, Carl, 1953, Ausgewählte Briefe an Marie von Clausewitz und Gneisenau, Berlin.
Clemens-Mitschke, A., 2017, KZV vom 24.08.2016, ein Jahr danach ...?, in: Bevölkerungsschutz (4).
Clinton, L., Barrack S., 2017, Managing Cyber Risk.
Cordesman, A. H., 2003, The Irak War. Strategy, Tactics and Military Lessons, Westport, London.
CRN Tagungsbericht, 2010, Naturgefahren & Ausfall von kritischen Infrastrukturen.
CSS Analysen zur Sicherheitspolitik Nr. 60, 2009, Resilienz: Konzept zur Krisen- und Katastrophenbewältigung.
CSS Risk and Resilience Report, 2018, Individuelle Katastrophenvorsorge, ETH Zürich.
Däniker, G., 2006, Die »neue« Dimension des Terrorismus – Ein strategisches Problem, in: E. Reiter, Jahrbuch für internationale Sicherheitspolitik 1999, Hamburg, Berlin, Bonn.
Davis, J. K., Sweeney, M. J., 1999, Strategic Paradigms 2025. U. S. Security Planning for a new Era, Cambridge, Washington.
Dennenmoser, C., 2018, Einsatzunterstützung aus dem Internet. Virtual Operations Support, Eigenverlag.
Dengg, A., Schurian, M. (Hg.), 2015, Vernetzte Unsicherheit – Hybride Bedrohungen im 21. Jahrhundert, Wien.
Denning, D. E., 2001, Activism, Hacktivism, and Cyberterrorism: The Internet as a Tool for Influencing Foreign Policy, in: J. Arquilla, D. Ronfeldt, Network and Netwars, Santa Monica.
Deketelaere, K, Peeters, M (Hg.) 2006, EU Climate Change Policy, Cheltenham.
Deutsche Anpassungsstrategie (2008), Deutsche Anpassungsstrategie an den Klimawandel vom Bundeskabinett am 17.12.2008 beschlossen, https://www.bmu.de/pdf/das_gesamt_bf, Zugriff 26.04.2018
Deutscher Bundestag – 18. Wahlperiode, Drucksache 18/111, Bundestagsdrucksache 11/111.
Deutscher Bundestag – 16. Wahlperiode, Drucksache 16/11338, Bundestagsdrucksache
Deutsche Flughäfen ungeschützt vor Drohnenangriffen. Der Fall Gatwick löst eine Sicherheitsdiskussion aus. Flughafenbetreiber weisen Verantwortung von sich.ash/theu, Frankfurt. London, 20. Dezember, Frankfurter Allgemeine Zeitung (FAZ) 21.12.2018 S. 17
Diamond, J., Kollaps. Warum Gesellschaften überleben oder untergehen, Frankfurt 2005, englisch 2004
Dickmann, P., Wildner, M., Dombrowsky, W., 2007, Risikokommunikation, in: Biologische Gefahren I, Handbuch zum Bevölkerungsschutz, Hrsg. v. Bundesamt für Bevölkerungsschutz und Katastrophenhilfe und Robert-Koch-Institut, 323–341.
Dikau, R., 2008, Katastrophen – Risiken – Gefahren: Herausforderungen für das 21. Jahrhundert, in: Kulke, E., Popp H., Umgang und Risiken: Katastrophen – Destabilisierung – Sicherheit, 57. Dt. Geographentag, Bayreuth, Berlin, S. 47–68.
Dillon, B., Dickinson, I., 2014, Blackstone's Emergency Planning, Crisis and Disaster Management, Oxford.
Dinglreiter, U., 2012, Katastrophenschutz und Klimawandel in Thüringen. ThürBKG und ThürKGG als Instrumente im Umgang mit folgen des Klimawandels, Diss Jena.

F Literaturverzeichnis

Dombrowsky, W. R., 2014, Gesellschaftliche Bedingungen eines adäquaten Katastrophenmanagement, in: Grün, O., Schenker-Wicki, A. (Hg.): Katastrophenmanagement. Grundlagen, Fallbeispiele und Gestaltungsoptionen aus betriebswirtschaftlicher Sicht. Wiesbaden, S. 23–38.

Dombrowsky, Wolf R., 1992, Bürgerkonzeptionierter Zivil- und Katastrophenschutz. Das Konzept der Planungszelle Zivil- und Katastrophenschutz, Zivilschutzforschung, in: Schriftenreihe der Schutzkommission beim Bundesminister des Innern, Neue Folge, (10), Bonn.

Drews, J., 2018, Risikokommunikation und Krisenkommunikation. Kommunikation von Behörden und Erwartungen von Journalisten, Wiesbaden.

Dunnigan, J. F., 2003, How to Make War. A Comprehensive Guide to modern Warfare in the 21st Century, 4. Aufl., New York.

Edwards, C., 2009, Resilient Nation.

Ehrhart, H.-G. (Hg.), 2017 Krieg im 21. Jahrhundert. Konzepte, Akteure, Herausforderungen, Berlin.

Ehrhart, H.-G., Neuneck, G. (Hg.), 2015, Analyse sicherheitspolitischer Bedrohungen und Risiken unter Aspekten der Zivilen Verteidigung und des Zivilschutzes, Baden-Baden.

Ehrhart, H.-G., Neuneck, G., 2016, Sicherheitspolitische Bedrohungen und Risiken. Zivile Verteidigung und Zivilschutz aus der Sicht der Friedens- und Konfliktforschung, in: Bevölkerungsschutz (3).

Elsberg, M., 2012, Blackout – Morgen ist es zu spät.

Europäische Kommission, 2017, Gemeinsame Mitteilung an das Europäische Parlament und den Rat, Abwehrfähigkeit, Abschreckung und Abwehr, die Cybersicherheit in der EU wirksam erhöhen

Fairly, I., Sumner, D., the other report on Chernobyl.

Fathi, R., Rummeny, D. & Fiedrich, F., 2017, Organisation von Spontanhelfern am Beispiel des Starkregenereignisses vom 28.07.2014 in Münster, in: Notfallvorsorge, 2/2017. Regensburg, S. 27–34.

Fathi, R., Tonn, C., Schulte, Y., Spang, A., Gründler, D., Kletti, M., Fiedrich, F., Fekete, A. & Martini, S., 2016, Untersuchung der Motivationsfaktoren von ungebundenen HelferInnen, in: Schriften der Sicherheitsforschung, Band 1.

Federal Emergency Management Agency (FEMA), 2014, Pandemic Influenza Continuity of Operations Annex Template Instructions.

Fekete, A., Hufschmidt, G., 2016, Atlas Verwundbarkeit und Resilienz; TH Köln, Universität Bonn.

Fiedrich, F., Fathi, R., 2018, Humanitäre Hilfe und Konzepte der digitalen Hilfeleistung. Sicherheitskritische Mensch-Computer-Interaktion: Interaktive Technologien und Soziale Medien im Krisen- und Sicherheitsmanagement. Wiesbaden, S. 509–528.

Fineberg, F. H., 2014, Pandemic Preparedness and Response – Lessons from the H1N1 Influenza of 2009; N Engl J Med 2014;370:1335-42.

Fortschrittsbericht der Bundesregierung zur Deutschen Anpassungsstrategie an den Klimawandel (DAS), 12/2015.

Forschungsbericht des Umweltbundesamtes 2008, »Klimaauswirkungen und Anpassung in Deutschland – Phase 1: Erstellung regionaler Klimaszenarien in Deutschland«.

Forum Politische Bildung (Hg.), 2006, Sicherheitspolitik, Sicherheitsstrategien, Friedenssicherung, Datenschutz, Wien.

Frank, J., Matyas, W. (Hg.), 2014, Strategie und Sicherheit 2014. Europas Sicherheitsarchitektur im Wandel, Wien, Köln, Weimar.

Franke, S, 1969, Handbuch der Militärchemie, Berlin.

Freudenberg D., 2015, Schnittstellen im Krisenmanagement. Das Zusammenspiel von Unternehmen und öffentlicher Verwaltung, in: Notfallvorsorge 46 (2), 3–8.

Freudenberg, D., 2016 a, Hybride Bedrohungen und Bevölkerungsschutz, in: Sicherheit & Frieden (2).

Freudenberg, D., 2016 b, Soziale Medien und hybride Bedrohungen unter besonderer Berücksichtigung der strategischen Führungsebene, in: Notfallvorsorge.

Freudenberg D., 2016 c, Grundsätzliche Anmerkungen zur Strategie, zur nationalen Führungsphilosophie und zum Führen in Stäben im Kontext des Bevölkerungsschutzes, in: Kuhlmey M. und Freudenberg, D. (Hg.): Krisenmanagement – Bevölkerungsschutz. Lehrstoffsammlung, Berlin, 307–356.

F Literaturverzeichnis

Freudenberg, D. 2017 a, Theorie des Irregulären. Erscheinungen und Abgrenzungen von Partisanen, Guerillas und Terroristen im Modernen Kleinkrieg sowie Entwicklungstendenzen der Reaktion, 1. bis 3.Bd., Berlin.

Freudenberg, D., 2017 b, Die zivile Sicherheitsarchitektur in Deutschland und ihre sicherheitspolitische Relevanz, in: Reader Sicherheitspolitik (4).

Freudenberg, D., 2018, Strategische Kommunikation im Führungsprozess, Notfallvorsorge (4), S. 24–27.

Frewer, L., 2003, ›Trust, transparency, and social context: implications for social amplification of risk‹, in: N Pidgeon, R Kasperson & P Slovic (Hg.), The Social Amplification of Risk, New York.

Frieser, K.-H., Blitzkrieglegende, 2012, Der Westfeldzug 1940, München 2012. Groß, G. P., (Hg.), 2001, Führungsdenken in europäischen und nordamerikanischen Streitkräften im 19. und 20, Jahrhundert, Hamburg, Berlin, Bonn

Fuchs, S., Keiler, M., 2016, Vulnerabilität und Resilienz – zwei Komplementäre im Naturgefahrenmanagement?, in: Fekete, A., Hufschmidt, G. (Hg.), Atlas Verwundbarkeit und Resilienz. Vulnerability and Resilience, Pilotausgabe zu Deutschland, Österreich, Lichtenstein und der Schweiz, Köln/Bonn, 50–53,60 f.

Fuhrer, D., Zur hybriden Bedrohung, in: ASMZ 2015, (4).

Fuller, J., 1977, The poison that fell from the sky, New York.

Gärtner, H., 2006, Die vielen Gesichter der Sicherheit, in: Forum Politische Bildung (Hrsg.), Sicherheitspolitik, Sicherheitsstrategien, Friedenssicherung, Datenschutz, Wien.

Gareis R., 1994, Erfolgsfaktor Krise. Konstruktionen, Methoden, Fallstudien zum Krisenmanagement, Wien.

Geier, W., 2017, Geschichte, Status quo und aktuelle Herausforderungen, in: Karutz, H., Geier, W., Mitschke, T. (Hg.), Bevölkerungsschutz. Notfallvorsorge und Krisenmanagement in Theorie und Praxis. Berlin/Heidelberg, S. 9–20.

Geier, W., 2016, Das Konzept Zivile Verteidigung. Hintergründe, Aufgaben, Perspektiven, in: Crisis Prevention (4).

Geier, W., 2018, Editorial, in: Bevölkerungsschutzmagazin (3).

von Geyr, G. A., 2017, Generationenverantwortung im Weißbuch von 2016, in, F. Hahn, Sicherheit für Generationen. Herausforderung in einer neuen Weltordnung, Berlin.

Gigerenzer, G., 2013, Risiko.

Glass, W., 2010, Bevölkerungsschutz: Klarheit verbessert die Risiko- und Krisenkommunikation, in: Notfallvorsorge (1), S. 30–32.

Gleich, A von, Gößling-Reisermann, S., Stührmann, S., Woizeschke, P., Lutz-Kunisch, B., Resilienz als Leitkonzept – Vulnerabilität als analytiscghe Kategorie. Theoretische Grundlagen für erfolgreiche Klimaanpassungsstrategien. Projektkonsortium Nordwest 2050, Bremen 2010, S. 13–49.

Gleich, R. Grönke, K., Kirchmann, M., Leyk, J., 2014, Controlling und Big Data.

Global Challenges Foundation, Global Catastrophic Risks 2018.

Goersch, H. G., Werner, U., 2011, Empirische Untersuchung der Realisierbarkeit von Maßnahmen zur Erhöhung der Selbstschutzfähigkeit der Bevölkerung, in: Forschung im Bevölkerungsschutz (15), Bonn.

Goertz, S., 2017, Cyberwar und Cyber-Terrorismus: Bedrohungen in Gegenwart und Zukunft, in: ASMZ (4).

Grey, M., Spaeth K.,2006, Bioterrorism Sourcebook New York.

Groß, G. P., (Hg.), 2001, Führungsdenken in europäischen und nordamerikanischen Streitkräften im 19. und 20, Jahrhundert, Hamburg, Berlin, Bonn.

Grunert, M., 70 Jahre Menschenrechte. Gleich an Würde und Rechten, FAZ 10.12.2018.Gundelach, B, 2014, Ethnische Diversität und soziales Vertrauen, Baden-Baden.

Guckelberger, A., 2019, Rechtsfragen kritischer Infrastrukturen, Deutsches Verwaltungsblatt (DVBl) 9/2019, S. 525-534.

Gupta, R., 2015, Handbook of Toxicology of Chemical Warfare AgentsElsevier, Amsterdam.

Gusy, C. Polizei- und Ordnungsrecht, 2017.

F Literaturverzeichnis

Haddock G., Bullock J., 2016, Introduction to Emergency Management, Butterworth.
Hahlweg, W. (Hg.), 1952, Hinterlassenes Werk des Generals von Clausewitz, Bonn.
Hahn, F. (Hg.), 2017, Sicherheit für Generationen. Herausforderung in einer neuen Weltordnung, Berlin.
Hange, M., 2014, Cyber-Sicherheit. Eine Bestandsaufnahme, in: J. Frank, W. Matyas, Strategie und Sicherheit 2014. Europas Sicherheitsarchitektur im Wandel, Wien, Köln, Weimar.
Hanisch, M., 19/2016, Was ist Resilienz? Arbeitspapier Sicherheitspolitik.
Hansjürgens, B., Heinrichs, D., 2014, Megacities and Climate Change: Early Adapters, Mainstream Adapters and Capacities, in: Kraas, F., Aggarwal, S., Coy, M., Mertins G., Dordrecht u. a., Megacities. Our Global Urban Future, S. 9–24.
Hariri, Y. N., 21 Lektionen für das 21. Jahrhundert, 2018.
Hartmann, B., 2018, Deutsche Bahn, Krise im Konzern. Bahn soll neu aufgestellt werden. Regierung fordert schlankere Strukturen. Streit über Finanzierung weiterer Milliarden für Staatskonzern, WAZ, 17.12.2018.
Hartmann, U., 2015, Hybrider Krieg als neue Bedrohung von Freiheit und Frieden. Zur Relevanz der Inneren Führung in Politik, Gesellschaft und Streitkräften, Berlin.
Hartmann, U., von Rosen, C. (Hg.), 2017, Jahrbuch Innere Führung 2017. Die Wiederkehr der Verteidigung in Europa und die Zukunft der Inneren Führung, Berlin.
Hawley, C. u. a., 2002, Special Operations: Response to Terrorism and HazMat Crimes, Chester, MD.
HAZNET, 2015, Special Issue, Resilience, (7/2).
Heise, G., Riegel, B., 1978, Musterentwurf eines einheitlichen Polizeigesetzes. Mit Begründungen und Anmerkungen, Stuttgart, München, Hannover.
Herweg, M., 2010, Die @-Bombe, in: WamS vom 26.09.2010.
Hobe, S., 2014, Weltraumrecht, in: Schöbener, B. (Hg.), Völkerrecht. Lexikon zentraler Begriffe und Themen, Heidelberg, München, Landsberg, Frechen, Hamburg.
Hofmann, M., 2008, Lernen aus Katastrophen – Nach den Unfällen von Harrisburg, Seveso und Sandoz, Berlin.
Horstmann, H., 2008, Der rote Esel. Handbuch für den militärischen Stabsdienst und Führungsprozess, Norderstedt.
Hüppauf, B., 2003, Das Schlachtfeld als Raum im Kopf. Mit einem Postscriptum nach dem 11. September 2001, in: S. Martus, M. Münkler, W. Röcke, Schlachtfelder. Zur Codierung militärischer Gewalt im medialen Wandel, Berlin.
Hutter, R., 2002, »Cyber-Terror«: Risiken im Informationszeitalter, in: APuZ, B.
IAEA (Hg.), 2006, Environmental Consequences of the Chernobyl Accident and Their Remediation, Wien.
IAEA (Hg.), 2006, Manual for First Responders to a Radiological Emergency, Wien.
IAEA (Hg.), 2014, Medical Preparedness and Response for a Nuclear or Radiological Emergency, Wien.
IAEA (Hg.), 2015, The Fukushima Daiichi Accident Volume 1–5, Wien.
Innenministerium Baden-Württemberg, 2010, Krisenmanagement Stromausfall.
International Labour Office, 1988, Major Hazard Control – A practical Manual, Genf.
Ischinger, W., 2018, Welt in Gefahr, Berlin.
Isensee, J., 2016, Resilienz von Recht im Ausnahmefall, in: Kai von Lewinski (Hrsg.), Resilienz des Rechts, Baden-Baden.
ISO 22300:2018(en) Security and resilience – Vocabulary.
Jäger, T. (Hg.), 2010, Die Komplexität der Kriege, Wiesbaden.
Jäger, T., Daun, A., 2013, Bevölkerungsschutz und Sicherheitspolitik, in: C. Unger, T. Mitschke, D. Freudenberg, Krisenmanagement – Notfallplanung – Bevölkerungsschutz. Festschrift anlässlich 60 Jahre Ausbildung im Bevölkerungsschutz dargebracht von Partnern, Freunden und Mitarbeitern des Bundesamtes für Bevölkerungsschutz und Katastrophenhilfe Berlin.
Japp, K., 2016, Zur Soziologie des fundamentalistischen Terrorismus. Soziale Systeme, 9(1), S. 54–87.
Jenkins, B. M., 1982, Statements about Terrorism. The ANNALS of the American Academy of Political and Social Science, 463(1), S. 11–23.

F Literaturverzeichnis

Kahneman, D. & Frederick, S., 2002, Representativeness revisited: Attribute substitution in intuitive judgment, S. 49–81.
Karutz, H., Geier, W., Mitschke, T. (Hg), Bevölkerungsschutz. Notfallvorsorge und Krisenmanagement in Theorie und Praxis, Heidelberg 2017
Kasperson, J., Kasperson R., Pidgeon N., Slovic P., 2003, The social amplification of risk: assessing fifteen years of research and theory, in: Pidgeon, N., Kasperson, R., Slovic, P. (Hg.), The Social Amplification of Risk, New York.
Key-young, S., Herberg-Rothe, A., Förstle, M., 2017, Order wars – wie der Aufstieg der »Anderen« die Weltpolitik verändert, in, H.-G. Ehrhart, Krieg im 21. Jahrhundert. Konzepte, Akteure, Herausforderungen, Berlin.
Klein, M., 2017, Russland – Rückkehr als Großmacht?, in: F. Hahn, Sicherheit für Generationen. Herausforderung in einer neuen Weltordnung, Berlin.
Kling, A., 2018, Risiko- und Krisenkommunikation mittels sozialer Medien: Herausforderung für die Stabsarbeit, in: Notfallvorsoge (4), S. 34–35.
Der Klimaschutzplan 2050 (2016), veranschiedet November 2016, https://www.bmu.de, Zugriff 26.04.2019
Klöpfer, M., 2015, Handbuch des Katastrophenrechts, Baden-Baden
Koch, E. R., Vahrenholt, F., Seveso ist überall- Die tödlichen Risiken der Chemie, Köln 1978
Klug, F., 2010, Logistikmanagement in der Automobilindustrie: Grundlagen der Logistik im Automobilbau.
Köhn, R., 2019, Liegt das neue Stuttgart 21 in München? Der Bau der zweiten S-Bahn-Stammstrecke wird der Stadt von 2019 an Dreck, Lärm und Reisestress bringen. Das Milliardenprojekt weckt aber noch mehr Befürchtungen, FAZ 2.1.2019, S. 22.
Korff, R., 2016, Resilienz: Eine Frage von Biegen oder Brechen im Ausnahmefall, in: K. von Lewinski, Resilienz des Rechts, Baden-Baden.
Kroll-Peters, O., Quade, M., 2007, Herausforderungen der heutigen IT-Systeme, in: M. H. W. Möllers, R. Chr. van Ooyen, Jahrbuch Öffentliche Sicherheit 2006/2007, Frankfurt.
Kunig, P., 2012, Artikel 73 Rn 53 in: von Münch, I., Kunig, P., Grundgesetz Kommentar, Bd. 2: Art. 70 bis 146, München.
Landesgesundheitsamt Baden-Württemberg im Regierungspräsidium Stuttgart und Bundesamt für Bevölkerungsschutz und Katastrophenhilfe, 2010, Handbuch Betriebliche Pandemieplanung, Bonn.
Lampert, T, 2011, Rauchen – Aktuelle Entwicklungen bei Erwachsenen.
Latour, B., 2017, Kampf um Gaia – Acht Vorträge über das neue Klimaregime, aus dem Französischen von A. Russer und B. Schwibs, Berlin.
Lauwe P. und Geier W., 2016, Kritische Infrastrukturen: Schutzbedarfe – Schutzkonzepte, Bestandsaufnahme und Perspektiven (2020), in: Kuhlmey M. und Freudenberg, D. (Hg.): Krisenmanagement – Bevölkerungsschutz. Lehrstoffsammlung, Berlin, 191–207.
von Lewinski, K. (Hg.), 2016, Resilienz des Rechts, Baden-Baden.
Lindley-French, J., Boyer, Y., (Hg.), 2014, The Oxford Handbook of War, Oxford.
Löfstedt, R., 2005, Risk Management in Post-Trust Societies, New York.
Lorenz, D. F., Voss, M., 2013, »Not a political problem«. Die Bevölkerung im Diskurs um Kritische Infrastrukturen, in: Hempel, L., Bartels, M., Markwart, T. (Hg.), Aufbruch ins Unversicherbare. Zum Katastrophendiskurs der Gegenwart. Bielefeld, S. 53–94.
Lucas, H.-D., 2017, Die Rolle der NATO im veränderten Sicherheitsumfeld, in: Bevölkerungsschutz, 2017, (4), S. 22 ff.; 22.
Lunde, M., 2017, Die Geschichte der Bienen, Norwegen.
Marshall, T., 2017, Die Macht der Geographie. Wie sich Weltpolitik anhand von 10 Karten erklären lässt, o. O.
Martus, S., Münkler, M., Röcke, W. (Hg.), 2003, Schlachtfelder. Zur Codierung militärischer Gewalt im medialen Wandel, Berlin.
Masala, C., 2016, Weltunordnung. Die globalen Krisen und das Versagen des Westens, München.

F   Literaturverzeichnis

Mastriano, D., 2014, Defeating Putin's Strategy of Ambiguity, in: War On The Rocks, (6) Zugriff: 11.04.2017.
Matthies, V., 1994, Immer wieder Krieg? Wie Eindämmen? Beenden? Verhüten? Schutz und Hilfe für die Menschen?, Opladen.
Mazzar, M. J., 2015, Mastering the Grey Zone, Carlisle.
McCulloh, T., 2013, The Inadaquacy of Definition and the Utility of a Theory of Hybrid Conflict: Is the »Hybrid Thread« New?, in: JSOU-Report 13-4, Florida August.
Menzel, U., 2016, Wohin treibt die Welt?; in: APuZ 43–45, S. 4 ff.; 4.
Meyer, S. 2018, Die Identifizierung Kritischer Infrastrukturen – Umsetzung in einer Kommune, in: Bevölkerungsschutzmagazin (3)
MI BW, 2004, Verwaltungsvorschrift der Landesregierung und der Ministerien zur Bildung von Stäben bei außergewöhnlichen Ereignissen und Katastrophen (VwV Stabsarbeit) Vom 3. August 2004, in: Gemeinsames Amtsblatt des Innenministeriums des Landes Baden-Württemberg Nr. 11 vom 30.9.2004, 685–702.
Miller, L. A., Murnane, L., 2009, Emergency Response to Terrorist Attacks, IFSTA, Stillwater.
Ministry of the solicitor general of Ontario (Hg.), 1982, The Mississauga Evacuation, Final Report.
Möllers, M. H. W., van Ooyen, R. C. (Hg.), 2007, Jahrbuch Öffentliche Sicherheit 2006/2007, Frankfurt.
Müller, D., Die Flüchtlingskrise in Europa 2011–2016. Über eine angekündigte humanitäre Katastrophe in Europa, Berlin 2016
Müller, C. P., 2015, Achten Sie auf weitere Durchsagen!, in: FAZ vom 22. April 2015.
Munz, R., 2007, Im Zentrum der Katastrophe. Was es wirklich bedeutet, vor Ort zu helfen, Frankfurt/New York.
Naím, M., 2013, The End of Power, New York.
Neimann, S., 2004, Das Böse denken. Eine andere Geschichte der Philosophie, Frankfurt.
Netten, N., Van Somern M., 2011, Improving communication in crisis management by evaluating the relevance of messages, in: Journal of Contingencies and Crisis Management 19 (2), 75–85.
Niedermeier, A., 2012, Nicht(s) auf dem Radar: Cyberkrieg als komplexe Herausforderung für die hochgradig vernetzte Gesellschaft, in Zeitschrift für Politik (1).
Nohlen, D. (Hg.), 1994, Lexikon der Politik, Bd. 2, Politikwissenschaftliche Methoden, München.
Overseas Development Institute, Analysis of Resilience Measurement Frameworks and Approaches.
PAHO, 2001, Establishing a Mass Casualty Management System.
PAHO 2006, Management of dead Bodies after Disaster.
Plinkert, P., 2019, Die demographische Falle schnappt bald zu. Jetzt gehen die geburtenstarken Jahrgänge in Rente, aber immer weniger junge Menschen rücken in den Arbeitsmarkt nach. Was kann Deutschland tun, um den Wohlstand zu sichern und die Sozialsysteme bezahlbar zu halten, FAZ 2.1.2019, S. 17.
Pohlmann, K., 2013, Bundeskompetenzen im Bevölkerungsschutz, in: Lange, H.-J., Endreß, C., Wendekamm, M., Versicherheitlichung des Bevölkerungsschutzes, Studien zur Inneren Sicherheit Bd. 15, Wiesbaden, S. 249–266.
Polzin, J., 2018, Was der Klimagipfel gebracht hat. Erstmals gibt es ein verbindliches Regelbuch um die Erderwärmung zu bremsen, Westdeutsche Allgemeine Zeitung (WAZ) 17.12.2018, S.1 und 2.
Polzin, J., 2018a, Deutschland zeigt zwei Gesichter, Kommentar zu den Ergebnissen der UN-Klimakonferenz, WAZ 17.12.2018, S.2.
Perkins, D. G., 2014, Preface from the Commanding General U. S.-Army Training and Doctrine Command, in: TRADOC (Hg.), The U. S.-Army Operating Concept. Win in a Complex World.
Peter, H. (Hg.), 2001, Der Betreuungseinsatz – Grundlagen und Praxis.
Quarantelli, E. L., 1983, Unterschiedliche Typen des Gruppenverhaltens bei Katastrophen, in: Zivilschutzforschung. Schriftenreihe der Schutzkommission beim Bundesminister des Innern (14), Bonn, S. 137–155.
Quarantelli, E. L. 2003, Auf Desaster bezogenes soziales Verhalten. Eine Zusammenfassung der Forschungsbefunde von fünfzig Jahren, in: Clausen, I., Geenen, E. M., Macamo, E. (Hg.), Entsetzliche soziale Prozesse. Theorie und Empirie der Katastrophen. Münster, S. 25–33.

F Literaturverzeichnis

Queck A. und Gonner H., 2016, Informationsmanagement im Krisenstab, in: Hofinger, G. und Heimann, R. (Hg.): Handbuch Stabsarbeit. Führungs- und Krisenstäbe in Einsatzorganisationen, Behörden und Unternehmen, Berlin und Heidelberg, 183–190.
Ragosch K., 1996, Vor §§ 3 ff., Rn 3 ff. in: Alberts, H.-W., Merten, K., Ragosch, K., Gesetz zum Schutz der öffentlichen Sicherheit und Ordnung (SOG) Hamburg, Stuttgart u. a., Vor §§ 3 ff., Rn 3 ff.
Reiter, E., (Hg.), 1999, Jahrbuch für internationale Sicherheitspolitik, Hamburg, Berlin, Bonn.
Reiter, E. (Hg.), 1997, Österreichisches Jahrbuch für internationale Sicherheitspolitik 1997, Graz, Wien, Köln.
Renn, O., 2008, Risk Governance, London & Sterling, VA.
Remuss, N.-L., 2010, Space and Security – Challenges for Europe, in: Sicherheit und Frieden, (3).
Rhein, K.-U., 2004, Gesetz über Aufbau und Befugnisse der Ordnungsbehörden – Ordnungsbehördengesetz (OBG NRW) mit Erläuterungen, Stuttgart u. a., § 19 Rn 2 ff.
Rinke, A., Schwägerl, C., 2015, 11 drohende Kriege. Künftige Konflikte um Technologien, Rohstoffe Territorien und Nahrung, München.
Ross, H., Berkes, F., 2014, Research Approaches for Understanding, Enhancing, and Monitoring Community Resilience, in: Society & Natural Resources. 27 (8), S. 787–804.
Robert Koch-Institut, 2017, Nationaler Pandemieplan Teil I: Strukturen und Maßnahmen und Teil II: Wissenschaftliche Grundlagen, Berlin.
Rudolphi, H.-J., Stein, U., 2017, § 323 c StGB, in: Systematischer Kommentar zum Strafgesetzbuch, SK StGB, begründet von Rudolphi, H.-J. und anderen, 9. Auflage, LosebIatt, § 323 c StGB Rn 11, 16 ff.
Rumsfeld, D. wikiquote, https://de.wikiquote.org/wiki/Donald_Rumsfeld , Version vom 29.03.2018, Zugriff 24.04.2019, Zitat (unknown) von 2012
Sampson, R. J., 2012, Great American City. Chicago and the Enduring Neighborhood Effect. Chicago.
Sattler, H., 2008, Gefahrenabwehr im Katastrophenfall. Verfassungsrechtliche Vorgaben für die Gefahrenabwehr bei Naturkatastrophen und ihre einfachgesetzliche Umsetzung, Berlin (Diss. Mainz 2006).
Saurugg, H., 2015, Hybride Bedrohungspotenziale im Lichte der Vernetzung und Systemischen Denkens, in: A. Dengg, M. Schurian, Vernetzte Unsicherheit – Hybride Bedrohungen im 21. Jahrhundert, Wien.
Schäfer, A., 2017, Bioterrorismus und Biologische Waffen- Gefahrenpotential – Gefahrenabwehr o. O.
Schmid, J., 2014, Das Kriegsbild im 21. Jahrhundert und seine neuen strategischen Ableitungen für europäische Streitkräfte, in: J. Frank, W. Matyas, Strategie und Sicherheit 2014. Europas Sicherheitsarchitektur im Wandel, Wien, Köln, Weimar. U. S. Army War College (Hg.), 2017 a, Project 1721, U. S. War College Assessment on Russian Strategy in Eastern Europe and Recommendations on how to leverage Landpower to maintain the peace, http://ssi.armywar¬college.edu/PDFfiles/PCorner/Project1721.pdf; Zugriff: 11.04.2017.
Schmid, J., 2017, Konfliktfeld Ukraine: Hybride Schattenkriegführung und das »Center of Gravity« der Entscheidung, in: H.-G. Ehrhart, Krieg im 21. Jahrhundert. Konzepte, Akteure, Herausforderungen, Berlin.
Schmidt M. und Scharf K., 2017, Organisationsübergreifende Zusammenarbeit zum Schutz Kritischer Infrastrukturen. Kommunikation und Informationsaustausch im Krisenmanagement, in: Bevölkerungsschutz (1), 38–43.
Schneider, H., 2004, Cyberwar: Digitaler Erstschlag?, in: ASMZ (3).
Schnur, O., 2013, Resiliente Quartiersentwicklung? Eine Annäherung über das Panarchie-Modell adaptiver Zyklen, in: Informationen zur Raumentwicklung (4), S. 337–350.
Schönbohm, A., 2013, Informations- und IT-Schutz – Cyber-Sicherheit, in: S. Bisanz, U. Gerstenberg, Globale Herausforderung. Chancen und Risiken für unsere Zukunft, Düsseldorf.
Schönbohm, A., 2017, Bedrohung im Cyber-Raum, in: F. Hahn, Sicherheit für Generationen. Herausforderung in einer neuen Weltordnung, Berlin.
Schraurer, F., Ruff-Stahl, H.-J., 2016, Hybride Bedrohungen. Sicherheitspolitik in der Grauzone, in: APuZ S. 43–45/.

F Literaturverzeichnis

Schriften der Bundesregierung, u. a. des Bundesministeriums des Inneren, des Bundesamtes für Bevölkerungsschutz und Katastrophenhilfe, des Bundesamtes für Sicherheit in der Informationstechnik und der Bundesakademie für Sicherheitspolitik.
Schroeter G., 1996, Krisen-Management: Ein Leitbild zu einer kompatiblen betrieblichen und öffentlichen Gefahrenabwehr, Ingelheim.
Schulte, Y., 2014, Möglichkeiten der Einbindung von Spontanfreiwilligen bei Katastrophen in Deutschland: Entwicklung von Anforderungsprofilen anhand vergangener Einsätze. Nicht-veröffentlichte Bachelor-Thesis an der Bergischen Universität Wuppertal, Lehrstuhl Bevölkerungsschutz, Katastrophenhilfe und Objektsicherheit.
Schulungsunterlagen der BCM Academy GmbH, 2018, Hamburg.
Schwartz, F., 2012, Das Katastrophenschutzrecht der Europäischen Union, in: Schriften zum Katastrophenrecht (7), Baden-Baden.
Schymiczek, M., Schäden in Essen nach Pfingststurm Ela höher als gedacht, Westdeutsche Allgemeine Zeitung (WAZ), 25.04.2015
Stegbauer, C., 2011, Reziprozität. Einführung in soziale Formen der Gegenseitigkeit. 2. Auflage. Wiesbaden.
Steininger, K., Steinreiber, C., Ritz, C. (Hg), Extreme Wetterereignisse und ihre wirtschaftlichen Folgen, Anpassung, Auswege und politische Forderungen betroffener Wirtschatsbranchen, 2. Auflage, Berlin/Heidelberg 2005
Stürmer, M., 2017, Wendezeiten – Krisenzeiten – Vorkriegszeiten, in: F. Hahn, Sicherheit für Generationen. Herausforderung in einer neuen Weltordnung, Berlin.
Tackenberg, B., Lukas, T., 2018, Community Resilience: Was sozialer Zusammenhalt dazu beiträgt Gesellschaften resilienter zu machen, in: Notfallvorsorge (4), S. 4–11.
Tackenberg, B., Lukas, T., 2019, Resilience through social cohesion – A case study on the role of organizations, in: Rampp, B., Endreß, M., Naumann, M. (Hg.): Resilience in Social, Cultural and Politic Spheres. Wiesbaden.
Taleb, N., N., Der Schwarze Schwan: Die Macht höchst unwahrscheinlicher Ereignisse. München 2008, Original Englisch 2007
Taleb, N., N., Der Schwarze Schwan: Die Macht höchst unwahrscheinlicher Ereignisse (Zusammenfassung und Erweiterung), München 2015
Thaler, R. H., Sunstein, C. S., 2008, Nudge, New Haven & London.
The Center for Excellence in Emergency Preparedness (Hg.), 2009, CBRNE Plan Checklist.
Transport Canada (Hg.), 2016, Emergency Response Guidebook, Canada
Unger, T, 2010, Katastrophenabwehrrecht, Vorschläge für gesetzgeberische Neuregelungen im Bereich Zivil- und Katastrophenschutz der Bundesrepublik Deutschland, Hamburg.
Unger, C., Mitschke, T., Freudenberg, D. (Hg.), 2013, Krisenmanagement – Notfallplanung – Bevölkerungsschutz. Festschrift anlässlich 60 Jahre Ausbildung im Bevölkerungsschutz dargebracht von Partnern, Freunden und Mitarbeitern des Bundesamtes für Bevölkerungsschutz und Katastrophenhilfe Berlin.
US NRC (National Research Council) 1989, Improving Risk Communication, Washington, DC.
US Cyber Command, 2018, Achieve and Maintain Cyberspace Superiority.
Vad, E., 2001, Militär und die neuen Formen der Gewalt als Mittel der Politik, in: G. P. Groß, Führungsdenken in europäischen und nordamerikanischen Streitkräften im 19. und 20. Jahrhundert, Hamburg, Berlin, Bonn.
Varwick, J. (Hg.), 2014, Krieg und Frieden, Schwalbach/Ts.
Varwick, J., Matlé, A., 2014, Die NATO zwischen den Gipfeln von Wales und Warschau, in: Der Mittler-Brief. Informationsdienst zur Sicherheitspolitik, (4/4).
Varwick, J., Matlé, A., 2017, Die Nato und die hybride Kriegführung, in Sicherheit & Frieden (2), S. 121 ff.
Vielhaber, J., Fritsch, R., 2003, Friedensreich Weltraum?, in: Die politische Meinung, Nr. 407, Oktober, S. 62 ff.; 62 f.

F Literaturverzeichnis

Vögele, S., Markewitz, P., 2014 Szenarien zur Wassernachfrage großer thermischer Kraftwerke, Forschungszentrum Jülich, Institute of Energy and Climate Research–System Analyses and Technology Evaluation, Jülich Forschungszentrum STE Preprint (9).

Voßschmidt, S., Sicherheitspolitische Bedrohungen und Risiken und das »geltende« Recht in der zweiten Hälfte des zweiten Jahrzehnts des 21. Jahrhunderts unter besonderer Berücksichtigung der Sicherstellungs- und Vorsorgegesetze. Sicherheitspolitik in Zeiten der Uneindeutigkeit, in: Politiisches Krisenmanagement Bd. 2, Reaktion – Partizipation – Resilienz, hg. von T. Jäger, A. Daun, D. Freudenberg, Wiesbaden 2018, S. 107ff

Voßschmidt, S., DIN-Normen im Bevölkerungsschutz und anderes untergesetzliches Recht, in: Politiisches Krisenmanagement Bd. 3, Reaktion – Partizipation – Resilienz, hg. von T. Jäger, A. Daun, D. Freudenberg, Wiesbaden 2020 (im Erscheinen)

Wagner, R., Schaprian, H.-J. (Hg.), 2016, Komplexe Krisen – aktive Verantwortung. Magdeburger Gespräche zur Friedens- und Sicherheitspolitik, Magdeburg.

Wassermann, F., 2016, Chimäre statt Chamäleon. Probleme der begrifflichen Zähmung des hybriden Krieges, in: Sicherheit & Frieden (2).

Wasserwirtschaft: Müssen für die nächste Hitzewelle vorsorgen. Verbände rufen wegen des Klimawandels nach Staatshilfe, FAZ, 2.1.2019, S. 15.

Weiß, M., Hartmann, S., Högl, M, 2018, Resilienz als Trendkonzept, in: Karidi, M., Schneider, M., Gutwald, R. (Hg.): Resilienz. Interdisziplinäre Perspektiven zu Wandel und Transformation. Wiesbaden, S. 13–32.

Wild-West-Gefahr. Ausblick 2019. Was im neuen Jahr auf dem Spiel steht, fasst ein Konzernchef in unserer Umfrage so zusammen: Entweder wir vermasseln es – oder wir fangen endlich an, die Zukunft zu bauen. Für andere geht es um ein Ende des politischen Irrsinns. Und das wichtigste Jahr seit Jahrhunderten, FAZ 2.1.2019, S. 22.

World Economic Forum, 2017, Global Risks Report.

World Health Organization, 2017, Pandemic Influenza Risk Management: A WHO guide to inform and harmonize national and international pandemic preparedness and response. Geneva.

Wüllenweber, W., 2018, Frohe Botschaft, München.

Zenthöfer, J., 2018, Es geht uns gut. Ein Buch gegen das schlechte Gefühl, Frankfurter Allgemeine Zeitung (FAZ), 17.09.2018, S. 16.

Zimmermann, M., Keiler, M., International Frameworks for Disaster Risk Reduction: Usefull Guidance for Sustainable Mountain Development?, in: Monontain Research and Development 35 (2), Mai 2015, s. 195–202

Zmerli, S., 2013, Soziales Vertrauen, in: van Deth, J. W., Tausendpfund, M. (Hg.): Politik im Kontext: Ist alle Politik lokale Politik? Wiesbaden, S. 133–155.

Zwick, M.,M., Renn, O., 2008, Risikokonzepte jenseits von Eintrittswahrscheinlichkeit und Schadenserwartung, in Naturrisiken und Sozialkatastrophen, (hrsg. v.on) C. Felgentreff u. T. Glade, Berlin-Heidelberg, 77–97.

Zywietz, B., 2015, Mediale Schlachtfelder: Hybride Kriege und ihre kommunikative Kriegserklärung, in: Militär und Ethik (5).

Internetquellen und Weblinks

Acatech, 2014, Resilien-Tech. »Reslience-by-Design«: Strategie für die technologischen Zukunftsthemen, in: acatech POSITION April, https://www.acatech.de/wp-content/uploads/2018/03/acatech_POSITION_RT_WEB.pdf, Zugriff: 29.03.2018.

Agentur für Erneuerbare Energien, 2016, https://www.foederal-erneuerbar.de/landesinfo/bundesland/BY/kategorie/strom/auswahl/1032-hoehe_stromaustausch/#goto_1032, Zugriff: 22.05.2019.

Alberts, D. S., Hayes, R. E., Power to the Edge – Militärische Führung im Informationszeitalter.

BAMF, 2016, Aktuelle Zahlen zu Asyl. Tabellen, Diagramme, Erläuterungen. Ausgabe: 06/2016. BAMF, Berlin, https://www.bamf.de/SharedDocs/Anlagen/DE/Downloads/Infothek/Statistik/Asyl/aktuelle-zahlen-zu-asyl-juni-2016.pdf?__blob=publicationFile, Zugriff: 12.09.2018.

F Literaturverzeichnis

BAMF, 2017, Aktuelle Zahlen zu Asyl. Tabellen, Diagramme, Erläuterungen. Ausgabe: 06/2017. BAMF, Berlin, http://www.bamf.de/SharedDocs/Anlagen/DE/Downloads/Infothek/Statistik/Asyl/aktuelle-zahlen-zu-asyl-juni-2017.pdf?__blob=publicationFile, Zugriff: 12.09.2018.

Bevölkerungsschutzmagazin 3/2018, https://www.bbk.bund.de/SharedDocs/Downloads/BBK/DE/Publikationen/Publ_magazin/bsmag_3_18.pdf?__blob=publicationFile

Birkmann, J., 2006, ›Measuring vulnerability to promote disaster-resilient societies: Conceptual frameworks and definitions‹, in Birkmann J. (Hg.), Measuring Vulnerability to Natural Hazards, http://i.unu.edu/media/unu.edu/publication/2298/1135-measuringvulnerabilitytonaturalhazards.pdf, Zugriff: 20.3.2014.

BMU, 2008, Anpassung an den Klimawandel, Deutsche Anpassungsstrategie an den Klimawandel, https://www.bmu.de/Klimaschutz/anpassung/, Zugriff 4.1.2019.

von Brackel, B., Klimareporter. Ultrafeinster Staub, 31.12.2018, https://www.klimareporter.de/erdsystem, Internet, Zugriff 4.12.2019.

Brändlin, A.-S., Rueter, G., 11.11.2016, https://www.dw.com/en/a-close-look-at-germanys-climate-action-plan/a-36386077, Internet, Zugriff 31.12.2018.

Bundesamt für Bevölkerungsschutz und Katastrophenhilfe (Hg.)., 2014, »Bevölkerungsschutz«, http://www.bbk.bund.de/DE/TopThema/TT_2009/Definition-Bevoelkerungsschutz.html, Zugriff: 09.08.2018.

Bundesamt für Bevölkerungsschutz und Katastrophenhilfe (BBK), 2018, »Seminar zum ›BOS-übergreifenden Management von Terrorismuslagen‹, https://www.bbk.bund.de/SharedDocs/Kurzmeldungen/BBK/DE/2016/AKNZ_Seminar_Management_von_Terrorismuslagen.html, Zugriff: 14.11.2018.

Bundesamt für Bevölkerungsschutz und Katastrophenhilfe, Bundesamt für Sicherheit in der Informationstechnik, Glossar, www.kritis.bund.de, Abruf: 29.12.2018

Bundesregierung, Der Klimaschutzplan 2050. Die deutsche Klimaschutzlangfriststrategie, verabschiedet im November 2016, https://www.bmu.de/Klimaschutz/klimaschutzplan2050/, Zugriff: 31.12.2018.

Bundesregierung: Deutsche Anpassungsstrategie 2008 Deutsche Anpassungsstrategie an den Klimawandel 2008, Umweltbundesamt Homepage, https://www.umweltbundesamt.de, Zugriff: 30.12.2018.

Campbell, J., 2014, The Amazing Winter of 1779–1780; from the Diary of Dr. Samuel Adams of West Point, 04.05.2014, http://joelcampbell1735.blogspot.com/2014/05/the-amazing-winter-of-1779-1780-from.html, letzter Zugriff: 28.03.2019.

Center of Excellence. https://www.dhs.gov/sites/default/files/publications/National%20Consortium%20for%20the%20Study%20of%20Terrorism%20and%20Responses%20to%20Terrorism-START.pdf, Zugriff: 14. November 2018.

Chart of the Sendai Framework for Disaster Risk Reduction 2015–2030 (Sendai Framework 2015–2030), https://www.preventionweb.net/publications/view/44983, Zugriff: 07.03.2019.

CIPedia: Critical Infrastructure, https://publicwiki-01.fraunhofer.de/CIPedia/index.php/Critical_Infrastructure, Zugriff: 07.03.2019

CIPedia: Critical Infrastructure Sector, https://publicwiki-01.fraunhofer.de/CIPedia/index.php/Critical_Infrastructure_Sector, Zugriff: 28.03.2019.

Climate action: Commission proposes ratification of second phase of Kyoto Protocol, 2013, http://europa.eu/rapid/press-release_IP-13-1035_en.htm Zugriff: 10.8.2014.

Climate Change Adaptation in Europe, http://climate-adapt.eea.europa.eu/web/guest;jsessionid=F59F401CA33CE08F69526F74E72427FC, Zugriff: 31-5-2013.

Community acquis, http://europa.eu/legislation_summaries/glossary/community_acquis_en.htm, Zugriff: 10.8.2014.

Dame, F., Linnhoff, C., 2015, Wie ein Extremregen ganz Münster umkrempelte, Welt 27.07.2015, https://www.welt.de.nrw, Zugriff: 3.1.2019.

Dickmann, P., Wildner, M., Dombrowsky, W., 2007, Risikokommunikation, in: Biologische Gefahren I, Handbuch zum Bevölkerungsschutz, (Hg.:) Bundesamt für Bevölkerungsschutz und Katastrophen-

353

F   Literaturverzeichnis

hilfe und Robert-Koch-Institut, 323–341, http://www.bbk.bund.de/SharedDocs/Downloads/BBK/DE/Publikationen/PublikationenForschung/BioGef.I_3Auflage.pdf, Zugriff 3.1.2019.

Der Deutsche Bundestag, 2018, http://dip21.bundestag.de/dip21/btd/18/134/1813422.pdf, Zugriff: 14. November 2018.

Environment and Climate Change in EU External Relations, http://eeas.europa.eu/environment/index_en.htm, Zugriff: 10.8.2014.

Enzyclopedia: Winter of 1779–1780, https://www.encyclopedia.com/history/encyclopedias-almanacs-transcripts-and-maps/winter-1779-1780, letzter Zugriff: 28.03.2019.

Etzkorn, H., Facebook-Gruppe »Regen in Münster«. Ein Jahr nach dem Jahrhundertregen in Münster, Westfälische Nachrichten, 28.07.2015, https://www.wn.de, Zugriff 3.1.2019.

Europäisches Programm für den Schutz kritischer Infrastrukturen vom 12.12.2006, https://eur-lex.europa.eu/legal-content/DE/TXT/?uri=LEGISSUM%3Al33260, Zugriff: 07.03.2019.

EU reports lowest greenhouse gas emissions on record, http://www.eea.europa.eu/media/newsreleases/greenhouse-gas-inventory-report-press-release, Zugriff: 16.8.2014.

European Climate Adaptation Platform, http://climate-adapt.eea.europa.eu/ Zugriff: 16.8.2014.

European Commission 2009, Climate change impacts in Europe, http://ipts.jrc.ec.europa.eu/publications/pub.cfm?id=2879, Zugriff: 25.4.2014.

European Environmental Agency 2008, Impacts of Europe's changing climate – 2008 indicator-based assessment, http://www.eea.europa.eu/publications/eea_report_2008_4, Zugriff: 18.6.2014.

European Environment Agency 2012, Climate change impacts and vulnerability in Europe 2012, http://www.eea.europa.eu/pressroom/publications/climate-impacts-and-vulnerability-2012/, Zugriff: 31.5.2013.

European Environment Agency 2013, Adaptation in Europe, http://www.eea.europa.eu/publications/adaptation-in-europe, Zugriff: 31.5.2013.

Europe must adapt to stay ahead of a changing climate, 2013, http://www.eea.europa.eu/pressroom/newsreleases/europe-must-adapt-to-stay, Zugriff: 31.5.2013.

Extremregen in Münster 2014, www.unwetterzentrale.de, Zugriff 3.1.2019.

Farkas, C., 2019, Simbach am Inn. Alles kaputt, 31. Mai 2017, 18:12, https://www.zeit.de, Zugriff: 3.1.2019.

Federal Emergency Management Agency (FEMA), www.fema.gov, Zugriff: 07.03.2019.

Filho, W 2010, Climate change and governance: state of affairs and actions needed, Int. J. Global Warming, 2, 128–136, http://www.haw-hamburg.de/fileadmin/user_upload/FakLS/6Forschung/FTZ-ALS/PDF/Climate_change_and_governance_state_of_affairs_and_actions_needed.pdf, Zugriff: 12.8.2014.

Financing Adaptation, 2013, http://ec.europa.eu/clima/policies/adaptation/financing/index_en.htm, Zugriff: 31.5.2013.

Forschungsprojekt KOKOS, 2018, Handlungsleitfaden für BOS zur Zusammenarbeit mit Mittlerorganisationen in Schadenslagen. Institut für Arbeitswissenschaft und Technologiemanagement IAT der Universität Stuttgart, https://www.muse.iao.fraunhofer.de/de/veroeffentlichungen/publikationen/downloadformular-2018-2.html, Zugriff: 27.07.2018.

Funk, A., Guyton, P., Gennies, Sidney, Schlegel, M., 2013, Hochwasser 2013. Wie die Bundesländer von der Flut betroffen sind, in: Tagesspiegel 27.06.2013, https://m.tagesspiegel.de, Zugriff: 31.12.2018.

Füssel, H. M., 2007, Adaptation planning for climate change: concepts assessment approaches, and key lessons, Sustainability Science, 2, 265–275, http://link.springer.com/article/10.1007%2Fs11625-007-0032-y, Zugriff: 17.1.2014.

German Committee for Disaster Risk Reduction 2009, Germany: National progress report on the implementation of the Hyogo Framework for Action (2007–2009), http://www.preventionweb.net/english/hyogo/progress/reports/v.php?id=7457&pid=223, Zugriff: 24.6.2014.

Global Terrorism Database, 2018, The Study of Terrorism and Responses to Terrorism, A Department of Homeland Security

F Literaturverzeichnis

Grieger, 2016, Smart Home Monitor Deutschland 2016, http://www.zahlendatenfakten.de/studien-marktdaten-marktanalysen/20-einzelhandel/102-smart-home-monitor-2016.html, Zugriff: 17.05.2019.

Grieser, J., Beck C., 2002, Extremniederschläge in Deutschland. Zufall oder Zeichen? in: DWD (Hg.) Klimaschutzbericht, 141ff, http://www.dwd.de/bvbw/generator/DWDWWW/Content/Oeffent¬lichkeit/KU/KU2/KU22/klimastatusbericht/einzelne_berichte/download_ksb2002,templa¬teId=raw.property=publicationFile.pdf/download_ksb2002.pdf, Zugriff 3.1.2019.

Haubner, S., Der »digitale Erstschlag«, in: Stuttgarter Zeitung vom 24.09.2010, http://www.stutt¬garter-zeitung.de/stz/page/2640390_0_9223_-computervirus-stuxnet-der-digitale-erstschlag-.html, Zugriff: 04.10.2010.

Humanitarian aid and Civil protection, https://europa.eu/european-union/topics/, Zugriff: 15.12.2018.

IPCC 2001, Third Assessment Report: Climate Change 2001, http://www.ipcc.ch/ipccreports/tar/wg2/index.htm, Zugriff: 30.5.2013.

IPCC 2007, Fourth Assessment Report: Climate Change 2007, http://www.ipcc.ch/publicati¬ons_and_data/ar4/syr/en/mains1.html, Zugriff: 30.5.2013.

IRGC 2008, An introduction to the IRGC Risk Governance Framework, http://www.irgc.org/IMG/pdf/An_introduction_to_the_IRGC_Risk_Governance_Framework.pdf, 11.4.2014.

KatS-DV 600 HE 2012, https://innen.hessen.de/sites/default/files/media/hmdis/katsdv_600_he_0¬1.04.2012.pdf

Karlsruher Institut für Technologie (KIT), 2018, https://www.cedim.kit.edu/download/FDA_Duer¬re_Hitzewelle_Deutschland_report1_final_2.pdfKarl, T., Trenberth, K., 2013, Modern Global Climate Change, Science, 302, 1719–1723, http://www.sciencemag.org/content/302/5651/1719.full.pdf?sid=b9a6f122-33b4-4e20-ac2c-7615b7204484, Zugriff: 15.01.2014.

Klinke, A., Renn, O., 2002, A New Approach to Risk Evaluation and Management: Risk-Based, Precaution-Based and Discourse-Based Management, Risk Analysis, 22, 1071–1994, http://onlinelibrary.wiley.com/doi/10.1111/1539-6924.00274/abstract, Zugriff: 12.5.2014.

Kraenner, S., Kremer, M., 2010, Europe's Green Diplomacy: Global Climate Governance Emerges as Test Case for EU, http://www.spiegel.de/international/europe/europe-s-green-diplomacy-global-climate-governance-emerges-as-test-case-for-eu-a-681931.html, Zugriff: 10.8.2014.

Katastrophenhilfe, https://de.m.wikipedia.org/wiki/Katastrophenhilfe , Zugriff 11.12.2018

Klundt,M., 2011, Ursachen, Strukturen und Folgen von Armut in Deutschland, http://www.kriti¬schesozialearbeit.de/dokumente/A%20Bremen%20Vortrag%20KLUNDT.pdf

Lexikon der Nachhaltigkeit, 2011, Politik, Deutsche Anpassungsstrategie an den Klimawandel 2008, https://www.nachhaltigkeit.info/Artikel, Zugriff: 4.1.2019.

Leitlinien der Bundesregierung »Krisen verhindern, Konflikte bewältigen, Frieden fördern«, https://www.bundesregierung.de/breg-de/service/publikationen/krisen-verhindern-konflikte-bewaelti¬gen-frieden-foerdern-735650

Mattis, J.N., Hoffman, F., 2005, Future Warfare: The Rise of Hybrid Wars, in: USNI Proceedings Magazine, (132/11/1,233), http://milnewstbay.pbworks.com/f/MattisFourBlockWarUSNINov20¬05.pdf, Zugriff: 13.04.2016.

Maloy, M., 2016, »The Hard Winter« of 1779–1780, 23.01.2016, https://emergingrevolutionarywar.org/2016/01/23/the-hard-winter-of-1779-1780/, Zugriff: 28.03.2019.

NN., Nato erwägt Großmanöver an der Grenze zu Russland, in: FAZ vom 07.11.2014; http://www.faz.net/aktuell/politik/ausland/europa/osteuropa-nato-erwaegt-grossmanoever-an-der-grenze-zu-russland-13252924.html; Zugriff: 07.11.2014.

Der Nordatlantikvertrag (NATO-Vertrag), https://www.nato.int/cps/en/natolive/official_texts_17120.htm?blnSublanguage=true&selectedLocale=de, Zugriff: 07.03.2019.

100 Rockefeller Foundation: 1000 Resilient Cities, http://www.100resilientcities.org, Zugriff: 07.03.2019.

Pelling, M., 2011, Adaptation to Climate Change, Routledge, Oxon, Policy Context, http://www.eea.europa.eu/themes/climate/policy-context, Zugriff: 10.8.2014.R

F Literaturverzeichnis

Regen in Münster, Die Initiative Regen in Münster [2015], ohne Datum, www.regen-in-muenster.de, Zugriff 3.1.2019

Rieger, F., Der digitale Erstschlag ist erfolgt, in: FAZ.NET, http://www.faz.net/s/Rub¬CEB3712D41B64C3094E31BDC1446D18E/Doc~E8A0D43832567452FBDEE07AF579E893¬C~ATpl~Ecommon~Scontent.html, Zugriff: 29.09.2010.

Roth, F., 2017, Risk and Resilience Workshop Report. Herausforderungen und langfristige Implikationen der Flüchtlingskrise 2015/2016. Bericht zum D-A-CH Expertenworkshop 27.-28. Oktober 2016 in Zürich, https://www.research-collection.ethz.ch/bitstream/handle/20.500.11850/170071/RR-Reports-2017-D-A-CH%20Expertenworkshop%20Fl%c3%bcchtlingskrise.pdf?sequence=1&isAllowed=y. Zugriff: 27.07.2018.

Rudolf, B., Simmer, C., 2005, Niederschlag, Starkregen und Hochwasser, hg. vom DWD o. J. (ca. 2005), http://www.dwd.de/bvbw/generator/-DWDWWW/Content/Oeffentlichkeit/KU/KU4/KU¬42/Pubklikationen/Niederschlag_Starkregen_Hochwasser.templateId=raw.property=publicationFile.pdf/Niederschlag_Starkregen_Hochwasser.pdf, Zugriff 3.1.2019.

Salavati, N., 2018, Der Mensch ist wichtiger als das Auto. Kommentar. In manchen Situationen geht es nicht ohne Auto. In anderen sollte man es lieber stehen lassen. Warum sich Fahrradfahrer, Fußgänger und ÖPNV die Stadt zurückerobern müssen, Süddeutsche Zeitung, 3.12.2018, https://www.sueddeutsche.de/wirtschaft, Zugriff: 4.1.2019.

Scherschel, F. A., NotPetya: Maersk erwartet bis zu 300 Millionen Dollar Verlust, heise online, https://www.heise.de, Zugriff: 16.08.2017.

Schlesinger, W 2011, Climate Change, Interpretation, 65, 378–390, http://int.sagepub.com/content/65/4/378, Zugriff: 15.1.2014.

Schmitz, G., 2014, Green Fade-Out: Europe to Ditch Climate Protection Goals, http://www.spiegel.de/international/europe/european-commission-move-away-from-climate-protection-goals-a-9436¬64.html, Zugriff: 16.8.2014.

Schoeneveld, J., 2014, What to expect from Germany's new government for energy and climate policy in the EU?, http://environmentaleurope.ideasoneurope.eu/2014/01/07/what-to-expect-from-germany%E2%80%99s-new-government-for-energy-and-climate-policy-in-the-eu/, Zugriff: 16.8.2014.

Schiltz, C. B., 2014, Nato plant Elitetruppe gegen Bedrohung aus dem Osten, in: DIE WELT vom 07.11.2014, http://www.welt.de/politik/ausland/article134072231/Nato-plant-Elitetruppe-gegen-Bedrohung-aus-dem-Osten.html; Zugriff: 07.11.2014.

Schütte-Bestek, P., Pudlat, A., Wendekamm, M., 2017, Eruptionen eines Dauerbrenners!? Zur Neuentdeckung von Flucht und Migration als Paradigma ziviler Sicherheit, in: Lessenich, S. (Hg.), Geschlossene Gesellschaften. Verhandlungen des 38. Kongresses der Deutschen Gesellschaft für Soziologie in Bamberg 2016, http://publikationen.soziologie.de/index.php/kongressband_2016/article/view/451, Zugriff: 12.09.2018.

Schwägerl, C.,Trauffetter, G., 2010, Cancun Hangover: Germany Grows Tired of Leading Europe on Climate Change, http://www.spiegel.de/international/germany/cancun-hangover-germany-grows-tired-of-leading-europe-on-climate-change-a-735594.html, Zugriff: 16.8.2014.

Schwenner, L., 2015, Laki-Krater auf Island. Dieser Vulkan brachte eine Eiszeit – und ein anderer könnte es heute wieder tun. Focus online, 01.06.2015, https://www.focus.de/wissen/natur/katastrophen/serie-die-schlimmsten-katastrophen-der-menschheit-vulkanischer-winter-wenn-vulkane-die-eiszeit-bringen_id_4609559.html, Zugriff: 28.03.2019.

Scott, J., 2011, The Multi-Level Governance of Climate Change, 2011 Carbon & Climate L. Rev., 25, 25–33, http://www.heinonline.org.ezproxy.ub.unimaas.nl/HOL/Page?handle=hein.journals/cclr¬2011&id=29&collection=journals&index=journals/cclr#30, Zugriff: 16.8.2014.

Simbach am Inn, https://de.m.wikipedia.org/wiki/Simbach_am_Inn, Internet, Zugriff 3.1.2019.

Slovic, P., Kunreuther, H., White, G., 1974, Decision processes, rationality and adjustment to natural hazards, in: White, G. F. (Hg.), Natural hazards: Local, national, global, New York Statistisches Bundesamt – Deutschlands Erdgasbezugsquellen 2017 7 statistik, https://de.stattista.com/studie/umfrage, Zugriff 26.04.2019

F   Literaturverzeichnis

Slovic, P., 1987, Perception of Risk, Science, 236, 280–285, http://www.uns.ethz.ch/edu/teach/0.pdf, Zugriff: 15.5.2013.

Slovic, P., Fischhoff, B., Lichtenstein, S., 1982, Why Study Risk Analysis, Risk Analysis, 2, 83–93, http://www.smithbower.com/old/risk_perception/Why%20Study%20Risk%20Perception%3B%20Slovic,%20Risk%20Anal,%201982.pdf, Zugriff: 31.5.2013.

Status of Ratification of the Kyoto Protocol, https://unfccc.int/kyoto_protocol/status_of_ratification/items/2613.php, Zugriff: 10.8.2014.

Stonington, J., 2013, Leading or Following? Merkel Speaks with Two Tongues on Climate, http://www.spiegel.de/international/germany/germany-backing-away-from-leadership-role-on-climate-a-898621.html, Zugriff: 16.8.2014.

System des Krisenmanagements in Deutschland, Stand Dezember 2015, www.bmi.de, www.bevoelkerungsschutzportal.de, pgf. Zugriff 28.04.2019, https://www.bmi.bund.de/DE/Themen.

Tackling Climate Change, http://europa.eu/legislation_summaries/environment/tackling_climate_change/index_en.htm, Zugriff: 10-8-2014

The Federal Government 2008, Germany Strategy for Adaptation to Climate Change, http://www.bmub.bund.de/fileadmin/bmu-import/files/english/pdf/application/pdf/das_gesamt_en_bf.pdf, Zugriff: 25.6.2014.

The Federal Government 2011, Adaptation Action Plan of the German Strategy for Adaptation to Climate Change, http://www.bmub.bund.de/fileadmin/bmu-import/files/pdfs/allgemein/application/pdf/aktionsplan_anpassung_klimawandel_en_bf.pdf Zugriff: 25.6.2014.

Turnbull, M., Sterrett C., Hilleboe A., 2013, Toward Resilience, Practical Action Publishing, Warwickshire UNISDR 2004, Guidelines for mainstreaming disaster risk assessment in development, http://www.unisdr.org/we/inform/publications/4040, Zugriff: 10.6.2014.

UNHCR Emergency Handbook, https://emergency.unhcr.org/entry/248872/emergency-shelter-standard

U. S. Army War College (Hg.), 2017 b, Project 1704. A U. S. Army War College Analysis of Russian Strategy in Eastern Europe, an Appropriate U. S. Response, and the Implications for U. S. Landpower; http://ssi.armywarcollege.edu/pdffiles/PUB1274.pdf; Zugriff: 11.04.2017.

Vulnerabilities and risks, http://climate-adapt.eea.europa.eu/vulnerabilities-and-risks, Zugriff: 10.8.2014.

Walus, A. 2013, Informationserhebungen durch Social- Media-Analysen im Rahmen der staatlichen Risiko- und Krisenkommunikation, Artikel vom 06.07.2013, S. 2, http://optioiuris.de, Zugriff 23.11.2018.

Warsaw climate change conference (COP 19/CMP 9) 2013, http://ec.europa.eu/clima/events/articles/0086_en.htm, Zugriff: 20.4.2014.

What's causing climate change? 2012, http://ec.europa.eu/clima/policies/brief/causes/index_en.htm, Zugriff: 31.5.2013.

What is the EU doing? 2013, http://ec.europa.eu/clima/policies/adaptation/what/index_en.htm, Zugriff 31.5.2013.

Wikipedia: Winter 1783/84, https://de.wikipedia.org/wiki/Winter_1783/84, Zugriff 28.03.2019.

Wikipedia: Kreuzbergerkenntnis, https://de.m.wikipedia.org/wiki/kreuzbergerkenntnis, Zugriff 25.12.2018

Wikipedia: Unwetter, 2019, https://de.m.wikipedia.org/wiki/Unwetter, Zugriff 02.01.2019.

Wikipedia: Stromausfall, https://de.m.wikipedia.org/wiki/Stromausfall, Zugriff 08.04.2019

Weißbuch der Bundesregierung zur Sicherheitspolitik und zur Zukunft der Bundeswehr, https://www.bundesregierung.de/resource/blob/975292/736102/64781348c12e4a80948ab1bdf25cf057/weissbuch-zur-sicherheitspolitik-2016-download-bmvg-data.pdf?download=1

Der Zukunftsvertrag für die Welt. Die Agenda 2030 für nachhaltige Entwicklung, http://www.bmz.de/de/mediathek/publikationen/reihen/infobroschueren_flyer/infobroschueren/Materialie270_zukunftsvertrag.pdf, Zugriff: 07.03.2019.

G Stichwortverzeichnis

A

Abwasser(entsorgung)   33, 243, 247, 319
Adaption   143, 184
Advanced Mobile Location (AML)   228
Agenda 2030   79, 85, 357
Agilität   116, 132, 139f., 322
All Hazard Approach   242
all-treat approach   136
alternde Gesellschaft   90
Ambiguität   115
Ammoniak   285, 296
Atomgesetz   64
Augmented Reality   186
Außen- und Sicherheitspolitik   106, 109

B

BBK Errichtungsgesetz   76
Behörden und Organisationen mit Sicherheitsaufgaben (BOS)   150, 152–157, 184f., 204, 237, 257–259, 261, 264, 267, 272, 305
Betreuungsdienste   245
Betriebliche Vorsorgeplanung   279
Bevölkerungsschutzrecht   40, 50
Big Data   101, 142, 309
Big Data Analysen   185
Blackout   11, 14, 22f., 345
Blockchain   174, 224
Brexit   222
Bundesakademie für Sicherheitspolitik   108, 140, 160, 338, 343, 351, 365
Bundesamt für Sicherheit in der Informationstechnologie (BSI)   310
Business Continuity Management (BCM)   366, 369

C

CBRN (Chemische, Biologische, Radioaktive und Nukleare Gefahren)   10, 282–286, 288, 292–294, 301, 305, 368
Chaosphase   167, 198
chemische Freisetzungen   289f.
Chief Executive of Resilience   340
Chief Resilience Officer   84
Cloud Computing   174f.
Combined Hit/Kombinierter Anschlag   306
Community Resilience   147f., 150, 152, 350f., 367

Community Technologien   176
Computersimulation   221
Computerviren   175
crowd sourcing   177
Cyberbedrohungen   112
Cyberkriminalität   171, 311
Cyberraum   111f.
Cyberspionage   311
Cynefin Framework   167

D

Daseinsvorsorge   12, 39f., 44f., 61, 201
Datenschutz-Grundverordnung (GS-GVO)   175
Debriefing   215
Demographischer Wandel   118
Design Thinking/Kreatives Denken   227
Deutsche Anpassungsstrategie an den Klimawandel (DAS)   87–89
Deutscher Wetterdienst (DWD)   85, 87, 95f., 265, 355f.
Dieselversorgung   25
Digital Volunteer(s)   176
Digitalisierung   11, 13f., 122, 132, 137, 155, 170, 174, 309, 338
– Digitalisierung der Infrastrukturen   14
Divergentes Denken   143

E

Edge-Führungssystem   165
Eigenverantwortung   97, 261
Einsatzaufkommen   232, 252–254
Einsatzkonzeption   252
Einsatzkräfte   34, 42, 54, 63, 157, 176–179, 181f., 184f., 235, 264, 284, 286, 288, 292, 306
Ela (Sturm/Tiefdruckgebiet)   43f., 266
Epidemien/Pandemien   22, 28, 44, 64, 131, 139, 220, 273, 277–279, 325
– Grippe-Epidemie   230f.
Ermächtigungsgrundlage   46–49, 52
EU Katastrophenschutzmechanismus   41
Extremwetterereignisse   24, 98, 265

F

Fail-Safe-Strategie   140
Fake News   101, 104, 170, 176, 195, 233, 250, 260, 311

359

G Stichwortverzeichnis

Federal Emergency Management Agency (FEMA) 277, 345, 354, 364
Fehlerkultur 140, 190, 196 f.
Feuerwehrdienstvorschrift 100 (FwDV 100) 77
Flüchtlingsbewegung 155
Flüssiggas 68, 233, 285
Fukushima 29, 43, 104, 129, 286, 292 f., 337, 347

G

Ganzheitliches Katastrophenrisikomanagement 80
Gasmangellage 26, 65
Gasversorgung 65 f., 68
Gefährdungsanalyse 326, 338
Gefahrstoffinformationssystem (GESTIS) 296–298
Gemeinsames Melde- und Lagezentrum (GMLZ) 46, 76, 96
Generalklausel 47–50, 52
Geoinformationssysteme 142
Gesamtgesellschaftlicher Ansatz 41, 137
Gesundheitssystem 90, 230, 278, 293
Gesundheitsversorgung 119, 248
Gesundheitsvorsorge 11, 93, 280
Graue Schwäne 223
Grenzmanagement 226

H

Hackathon 176
Hamburger Sturmflut 265
Hierarchie 141, 193, 204
Hilfeleistung 51 f., 54, 175, 345
Hybride Bedrohung 113, 115

I

In Krisen Köpfe kennen (KKK) 160, 338, 341
Industrie 4.0 121, 132 f., 309
Infektionsschutzgesetz 63, 281
Informations- und Deutungshoheit 250
Informationsauswertung 260
Informationsflut/ungefilterte Informationsflut 170
Informationssicherheit 190, 309 f.
Infrastrukturausfall 130
Inkompetenzkompensationskompetenz 162
Integriertes Risiko- und Krisenmanagement 160
Intelligente Rettung im SmartHome (IRiS) 181, 184
Interaktive Krisensimulation 178

Internationale Klimakonvention UNFCCC 86, 94
IT Sicherheitsgesetz 13

J

Jahrhundertflut 265
Just-In-Time/Just-In-Sequence Fertigung 122, 127 f.

K

Kamikaze (Sturm) 265
Kaskadeneffekt 22, 28, 43, 64 f., 83, 105, 140, 144, 146, 166, 201, 230, 309, 327, 330
Katastrophe 26, 40–43, 45, 50, 52–54, 128, 139, 146, 150, 155, 222, 269, 349
Klimaschutzplan 86, 348, 353
Klimawandel 9, 11, 19, 29 f., 84–96, 99 f., 102, 123, 126, 229, 265, 268, 272, 325, 338, 343–345, 353, 355, 367
Kobayashi-Maru-Test 225
Kohlekommission 98
kollektive Intelligenz 168 f.
Kommunikation(ssysteme) 18, 23, 28, 59, 81, 96, 122, 132 f., 174 f., 181, 190, 193, 195, 198–200, 204, 211 f., 214, 250 f., 264, 268, 318 f.
Kompensation 38
Konzeption Zivile Verteidigung (KZV) 65
Krankenhaus 23 f., 66, 90, 171, 175, 181, 248, 287, 289 f., 292
Krisenkommunikationsplan 334
Krisenmanagement 9, 17 f., 26, 31, 37 f., 64 f., 77, 82, 136, 159, 161 f., 192, 201 f., 204–206, 226, 319, 329–331, 335 f., 340, 345–348, 350–352, 363–366, 368 f.
Krisenplan 334 f.
Krisenstab 204, 235–237, 240, 330, 350
Kritikalität 19, 36 f., 134, 190, 323
Künstliche Intelligenz (KI) 30, 142, 169, 174, 185, 191 f., 199

L

Lebensmittelversorgung 29, 33 f., 125, 241, 243, 247 f., 250, 270
LÜKEX-Übungen 27, 159

M

Menschenrechtskonvention 45
Mittlerorganisation 157
Mobilität 23, 90, 124, 170, 228
Moderne Technologien 171 f., 174, 184
Multiple Hit/Mehrfachanschlag 306

N

Nachbesprechung 181, 197f., 215
NATO 40, 56, 81, 100, 104, 106, 108, 160, 240, 284, 348, 351, 355, 368f.
Network of Networks 162
Notbrunnen 247f.
Notfallorganisation 194, 199
Notstrom(aggregat) 246f., 258, 263
Notunterkunft 163f., 233, 244, 246f., 249f.

O

Öffentliche Sicherheit 243f., 348f.
Öffentlichkeitsarbeit der Polizei 258
operativ-taktischer Bereich 115, 164
Organisationsübergreifende Übung 207f.

P

Partizipation 10, 146–150, 155, 157f., 352
PDCA (Plan/Do/Check/Act) 189
Primärenergieträger 315

R

Recovery-Phase 35, 243
Redundanzen 143
Resilienz 9–13, 18–22, 26, 28, 30f., 33–35, 37, 45, 63f., 78–81, 83, 88, 91, 98–101, 105f., 116, 119–121, 125–127, 132, 134, 136f., 139, 141f., 144–148, 160, 171, 173, 181, 187–189, 196f., 199f., 205–207, 216, 218, 220, 223, 225, 245, 257, 265f., 268, 299, 311f., 318f., 321f., 324–340, 343–348, 352, 364, 367
Resilienz-Kreislauf 34
Resilienz-Rundentisch 245
Resilienzplan 322
Resilienzzyklus 192, 194, 198f.
Reziprozität 149f., 343, 351
Risikobewertung 67, 88
Risikomanagement 27, 160, 328
Risikoparadoxon 12
Risikowahrnehmung 10
Robert Koch Institut (RKI) 299
Robustheit 104, 116, 139, 143, 147

S

SARS Coronavirus 273
SAYSO (Forschungsprojekt) 226
Schadsoftware 311f.
Schienenverkehr 255, 261, 288
Schiffsverkehr 288
Schleuserkriminalität 227
Schwarzer Schwan 22, 222f., 330

Selbsthilfefähigkeit 91, 119, 147f., 158
Selbstregulation 143
Sendai Framework 10, 80, 353
Sense Making 139
Seveso-Katastrophe 40
Sicherheitspolitische Lage 106
Sicherstellungs- und Vorsorgegesetze 56, 65, 352
Situationsbewusstsein 142, 205, 226, 332, 337
Smart City 174, 184
Smart Grids 315
Social Engineering 310–312
Social Media 119f., 164f., 176, 185, 191, 194, 228, 250, 312, 332, 363, 366f., 369
soziale Netzwerke 33, 149, 155, 177, 194, 338
sozialer Zusammenhalt 147, 149f., 351
Soziales Vertrauen 150, 352
Spontanhelfer 119f., 152, 154, 156, 162f., 176, 234, 266, 328
Stakeholder 93, 136f., 159, 161, 196, 331f., 336f., 339
Störfall-Verordnung 64, 70
Stress-Reduzierungssystem 334
Stromausfall 10–13, 15, 23–25, 64, 130, 235, 237–239, 251, 259, 263f., 283, 289, 314, 319f., 347, 357
Systemrelevanz 19, 64, 66f.
Szenario-basierte Diskussion 220

T

TankNotStrom (Forschungsprojekt) 264
TEAMWORK (Forschungsprojekt) 176f.
Terror 102, 190, 223, 300, 304, 325, 347
Terrorismus 10, 22, 65, 102f., 107f., 283, 298–300, 303, 308, 344, 346f.
TETRA Funk 175
Tornado 234
Transport 21, 28, 70, 134, 163, 231, 254, 271, 288, 300, 314, 351
Triage 187, 289, 295
Trinkwasser 24, 33, 37, 235, 240, 243f., 247f., 270, 289, 320
Tschernobyl 15, 18, 43, 56, 222, 292–294

U

Umsetzen/Lessons learnt 140
Ungebundene Helferinitiativen 158
UNHCR Emergency Handbook 245
UP KRITIS 13, 16, 27
Urbanisierung 87, 118f., 124–126, 325

V

Vegetationsbrand 272
Verkehr 33, 105, 124, 170, 224, 227, 231, 255, 260
vernetzter Lösungsansatz/Vernetzung 11, 14, 20, 32, 105, 108
Verteidigungsfähigkeit 65, 71, 82
Vertrauen 33, 128, 142, 144, 149 f., 157, 162 f., 188, 208, 218, 346
Virtual Operations Support Team (VOST) 260, 364
Virtual Reality 174
Virtuelle Vernetzung 122
Vorsorgeparadox 85
VSBZ-Fall (Verteidigungs-, Spannungs-, Bündnis- oder Zustimmungsfall) 70 f., 76
Vulnerabilität 10, 12, 14, 87–90, 97, 100 f., 269, 271, 322, 346

W

Wachstumsschmerzen 123
Warnpflicht 46
Wasserversorgung(ssysteme) 11, 24, 76, 142, 171, 231, 247, 270, 294, 319
Weißbuch der Bundeswehr 65, 107, 111
Weltgesundheitsorganisation (WHO) 269, 273
Weltraum(sicherheit) 111 f., 351
Wetter 85, 178, 185, 267
Whistleblower/Hinweisgeber 307
Wiederherstellungsphase (Recovery) 158
Wireless Information System for Emergency Response (WISER) 287 f., 294–297
Wohlstandsgesellschaft 244
World Economic Forum 100, 352

Z

Zero Responder 44
Zivilgesellschaft 10, 32, 84, 136 f., 148, 150, 245 f., 248, 250, 336
Zivilschutz 27, 46, 55, 58, 61 f., 65 f., 71 f., 75–77, 107, 150, 223
Zivilschutz- und Katastrophenhilfegesetz (ZSKG) 18, 39, 62, 76

H Autorinnen und Autoren

Nicole Bernstein ist seit 1987 Polizeibeamtin im Bundesgrenzschutz/bei der Bundespolizei und wurde in unterschiedlichen Führungs-, Stabs- und Lehrverwendungen eingesetzt. 2010 bis 2014 war sie als Dozentin an der Akademie für Krisenmanagement, Notfallplanung und Zivilschutz (AKNZ) tätig. Seit 2015 ist sie hauptamtlich Lehrende an der Hochschule des Bundes für öffentliche Verwaltung Fachbereich Bundespolizei. Ehrenamtlich ist sie in der Deutschen Gesellschaft zur Förderung von Social Media und Technologie im Bevölkerungsschutz (DGSMTech e. V.) engagiert.

Darüber hinaus hält sie regelmäßig für verschiedene Zielgruppen Vorträge über die Nutzung von Social Media mit individuellen Schwerpunktsetzungen und aktuellen Beispielen, um Chancen und Risiken der Nutzung derselben anschaulich darzustellen.

Als Autorin hat sie an den Büchern Chefsache Diversity Management (ISBN 978-3-658-12655-1) und Chefsache Veränderung (ISBN 978-3-658-14271-1) mitgewirkt.

Tobias Brodala, geboren 1983, ist nach Ausbildung und Verwendung an mehreren Standorten der Bundeswehr für ein ziviles Lehramtsstudium an der Philipps Universität Marburg in seine Heimatregion zurückgekehrt. Im Anschluss zog er mit seiner Lebenspartnerin nach Bonn und arbeitet seitdem in der Gefahrenabwehr für eine obere Bundesbehörde. Aktuell als Berater der Bundesrepublik Deutschland liegt sein Fokus auf der interprofessionellen Harmonisierung der polizeilichen mit der nichtpolizeilichen Gefahrenabwehr für das Management komplexer lebensbedrohlicher Einsatzlagen. Mit dem Lehrstab der Brodala Gruppe bereitet er daneben verschiedene behördliche und privatwirtschaftliche Klienten sowie Hilfsorganisationen auf die Handhabung besonderer Gewaltstraftaten vor.

Ramian Fathi studierte Sicherheitstechnik an der Bergischen Universität und arbeitet unter der Leitung von Univ.-Prof. Dr.-Ing. Frank Fiedrich an der Bergischen Universität Wuppertal am Lehrstuhl Bevölkerungsschutz, Katastrophenhilfe und Objektsicherheit. Er untersucht schwerpunktmäßig in einem DFG-geförderten Forschungsprojekt die Motivationsfaktoren und Partizipationsmöglichkeiten von digitalen Freiwilligen im Katastrophen- und Krisenmanagement. Außerdem erforscht Fathi die Möglichkeiten durch die Nutzung von Social Media und neuen Informations- und Kommunikationstechnologien in der Gefahrenabwehr und im Katastrophen- und Krisenmanagement. Ramian Fathi ist Vizepräsident der Deutschen Gesellschaft zur

Förderung von Social Media und Technologie im Bevölkerungsschutz (DGSMTech e. V.) und engagiert sich im Virtual Operations Support Team (VOST) der Bundesanstalt Technisches Hilfswerk.

Prof. Dr.-Ing. Frank Fiedrich studierte Wirtschaftsingenieurwesen an der TH Karlsruhe und promovierte dort zum Thema entscheidungsunterstützende Systeme und agentenbasierte Simulation für das Katastrophenmanagement. Von 2005 bis 2009 war er Assistenzprofessor am Institute for Crisis Disaster and Risk Management ICDRM der George Washington University in Washington DC, wo er unter anderem in Projekten mit der Federal Emergency Management Agency (FEMA) und dem Amerikanischen Roten Kreuz zu Themen des Freiwilligenmanagements und zu Planungsmodellen für katastrophenhafte Erdbeben forschte. Seit 2009 leitet er das Fachgebiet Bevölkerungsschutz, Katastrophenhilfe und Objektsicherheit an der Bergischen Universität Wuppertal und ist an zahlreichen nationalen und internationalen Forschungsprojekten zu Bevölkerungsschutzthemen beteiligt. Seine Forschungsinteressen umfassen unter anderem den Einsatz von Informations- und Kommunikationstechnologien für das Katastrophen- und Krisenmanagement, Schutzkonzepte für Kritische Infrastrukturen und Großveranstaltungen, Stabsarbeit und interorganisationale Zusammenarbeit sowie urbane Resilienz. Frank Fiedrich ist Vorsitzender des Vereins zur Förderung der Sicherheit von Großveranstaltungen (VFSG e. V.) und Ehrenmitglied der International Association for Information Systems in Crisis Response and Management (ISCRAM).

Dr. rer. pol. Dirk Freudenberg M. A.; Geb. 1964, Oberst d. Res., Fallschirmjägertruppe; Beteiligung an mehreren Auslandseinsätzen der Bundeswehr; wiederholt Auslandseinsatz in Abordnung zur Bundespolizei (GPPT) zur Beratung/Ausbildung des afghanischen stv. Innenministers und der Abteilung »Strategy and Policy« im Themengebiet »Krisenmanagement und Krisenkommunikation« sowie zur ressort und ebenenübergreifenden strategischen Führungsausbildung; Studium der Politikwissenschaft, Öffentliches Recht, Didaktik der Sozialkunde/Politische Bildung in Würzburg; Promotion in den Staats- und Sozialwissenschaften an der Universität der Bundeswehr München (»Militärische Führungsphilosophien und Führungskonzeptionen ausgewählter Nato- und WEU-Staaten im Vergleich«; Veröffentlichung in 2005); 2000 Senior Consultant und Operationsmanager in einer Unternehmungsberatung für Krisen- und Sicherheitsmanagement; Seit 2002 Dozent an der Akademie für Krisenmanagement, Notfallplanung und Zivilschutz (AKNZ) im Bundesamt für Bevölkerungsschutz und Katastrophenhilfe (BBK); derzeit im Referat »Strategische Führung und Leitung, Notfallvorsorge und -planung, Pädagogische Grundlagen und Qualitätsmanagement«. Teilnahme am Manfred-Wörner-Seminar. Teilnahme am Seminar »Sicherheitspolitik« an der Bundesakademie für Sicherheitspolitik (BAKS); Hochschulzertifikat »Security Management« der European Business School (EBS) und des Bundeskriminalamtes; Lehraufträge an verschiedenen Universitäten und Hochschulen. Zahlreiche sicherheitspolitische und militärwissenschaftliche Veröffentlichungen sowie Publikationen im den Themenbereichen Bevölkerungsschutz, Krisenmanagement und Unternehmenssicherheit.

Astrid Geschwendt ist seit 2018 Beraterin bei der Controllit AG in Hamburg. Sie berät national und international agierende Unternehmen
Nach ihrem Studium der Germanistik und Geschichte arbeitete sie als Flugbegleiterin und spezialisierte sich sehr schnell auf die Sicherheits- sowie Kooperations- und Kommunikationsausbildung für Flugbegleiter und Piloten. Außerdem entwickelte und etablierte sie die Themenkreise Security, Safety, Quality, Compliance, Audits und Krisenmanagement im operativen Fachbereich bei der airberlin. Als SMHO übernahm sie Verantwortung für das Krisen- und Business Resilience Management der ABgroup (Deutschland- Österreich- Schweiz) inklusive der Fürsorgeteams. 2018 erfolgte die Zertifizierung zur Wirtschafts-Mediatorin.

Therese Habig ist langjährige Mitarbeiterin von Professor Dr.-Ing. Rainer Koch (Computeranwendung und Integration in Konstruktion und Planung, C. I. K. an der Universität Paderborn). Sie kombiniert IT-Studienabschlüsse mit Erfahrungen in der zivilen Gefahrenabwehr. Seit 2009 ist sie in nationalen und internationalen Forschungsprojekten mit Bezug zu Informationstechnologie und ziviler Gefahrenabwehr aktiv. Seit 2017 bündelt sie ihre Forschungsinteressen mit Kreis Paderborn und Stadt Paderborn im safety innovation center e. V.

Andreas H. Karsten ist seit 2019 Berater bei der Controllit AG in Hamburg. Er berät national und international agierende Unternehmen. Davor arbeitete er für fünf Jahre in den Vereinigten Arabischen Emiraten als Strategic Advisor for Crisis Management & Resilience für das Innenministerium und verschiedene Gefahrenabwehrbehörden der VAE. Er studierte Theoretische Physik an der TU Braunschweig und absolvierte sein feuerwehrtechnisches Referendariat bei der Berliner Feuerwehr. Nach zwölf Jahren Tätigkeit als Direktionsdienstbeamter bei den Berufsfeuerwehren Stuttgart und Bochum wechselte er für neun Jahre als Referatsleiter an die AKNZ des BBK. Nebenamtlich arbeitete bzw. arbeitet er in mehreren Projekten für die UN, NATO, EU, ASEAN sowie in deutschen und EU-Forschungsprojekten und ist Berater zweier Think Tanks. Seit Juni 2019 ist er Präsident der DGSMTech e. V.

Anja Kleinebrahn studierte zunächst Geographie und Politikwissenschaften an den Universitäten Osnabrück, Bochum und Klausenburg und später Risikoprävention und Katastrophenmanagement an der Universität Wien.

Seit 2013 unterstützt sie an der Akademie für Krisenmanagement, Notfallvorsorge und Zivilschutz (AKNZ) als Gastdozentin bei der Durchführung von operativ-taktischen Stabsübungen.

Während ihrer Tätigkeit im Generalsekretariat des Deutschen Roten Kreuzes beschäftigte sie sich mit der Einbindung von freiwilligen Helfern in die klassischen Strukturen des Bevölkerungsschutzes, ehe sie 2015 in den Forschungsbereich der Berliner Feuerwehr wechselte. Im Rahmen von verschiedenen Forschungsprojekten war sie maßgeblich bei der Organisation und Durchführung mehrere großer (Stabs-) Übungen beteiligt.

Seit 2016 ist sie Vorstandsmitglied der Deutschen Gesellschaft zur Förderung von Social Media und Technologie im Bevölkerungsschutz (DGSMTech e. V.).

Robin Marterer ist langjähriger Mitarbeiter von Professor Dr.-Ing. Rainer Koch (Computeranwendung und Integration in Konstruktion und Planung, C. I. K. an der Universität Paderborn). Er kombiniert IT-Studienabschlüsse mit Erfahrungen in der zivilen Gefahrenabwehr. Seit 2009 ist er in nationalen und internationalen Forschungsprojekten mit Bezug zu Informationstechnologie und ziviler Gefahrenabwehr aktiv. Seit 2017 bündelt er seine Forschungsinteressen mit Kreis Paderborn und Stadt Paderborn im safety innovation center e. V.

Matthias Rosenberg ist Vorstand und Unternehmensberater bei der Controllit AG in Hamburg. Das Unternehmen ist auf die Themen Business Continuity Management, IT Service Continuity Management und Krisenmanagement spezialisiert.

Seinen beruflichen Werdegang begann er nach seinem Studium der Betriebswirtschaft bei der Info AG in Hamburg – damals einer der ersten ARZ-Anbieter in Deutschland. Herr Rosenberg arbeitet seit mehr als 20 Jahren im BCM/ITSCM sowie Krisenmanagement und ist als Dozent für das Thema BCM an mehreren Hochschulen tätig.

Fakultativ engagiert sich Rosenberg seit mehr als einer Dekade als Repräsentant in Deutschland für das Business Continuity Institute. Neben zahlreichen Publikationen ist er auch Geschäftsführer und Trainer bei der BCM Academy, die er im Jahr 2007 gegründet hat.

Torben Sauerland ist langjähriger Mitarbeiter von Professor Dr.-Ing. Rainer Koch (Computeranwendung und Integration in Konstruktion und Planung, C. I. K. an der

Universität Paderborn). Er kombiniert IT-Studienabschlüsse mit Erfahrungen in der zivilen Gefahrenabwehr. Seit 2009 ist er in nationalen und internationalen Forschungsprojekten mit Bezug zu Informationstechnologie und ziviler Gefahrenabwehr aktiv. Seit 2017 bündelt er seine Forschungsinteressen mit Kreis Paderborn und Stadt Paderborn im safety innovation center e. V.

Dr. Patricia M. Schütte ist promovierte Sozialwissenschaftlerin. Sie studierte in Bochum Sozialpsychologie und Romanische Philologie im Bachelor und Sozialwissenschaft im Master. Seit 2016 ist sie wissenschaftliche Mitarbeiterin am Lehrstuhl Bevölkerungsschutz, Katastrophenhilfe und Objektsicherheit der Bergischen Universität Wuppertal. Derzeit ist sie verantwortlich für das Projekt »Professionalisierung des Veranstaltungsordnungsdienstes (ProVOD)« und erforscht, wie sich Veranstaltungsordnungsdienste bei Großveranstaltungen organisieren und wie sie dabei von ihren Stakeholdern wahrgenommen werden. Schwerpunkte ihrer Arbeit sind empirische Untersuchungen zu privaten Sicherheitsakteuren sowie Behörden und Organisationen mit Sicherheitsaufgaben.

Sylvia Steenhoek schrieb 2015 ihre Masterarbeit über die Risiken von Klimawandel in der EU und Deutschland. Danach war sie beim BBK tätig und befasste sich, im Rahmen eines EU Forschungsprojekts, mit der Rolle von Social Media im Bevölkerungsschutz. Nach dem Ende des Projektes blieb Sylvia Steenhoek als Gastdozenten an der AKNZ tätig und sammelte so weitere Erfahrungen sowohl in der Forschung auf dem Gebiet des Bevölkerungsschutzes, als auch praktische Erfahrung im Rettungsdienst. Mittlerweile wohnt sie in der Schweiz und engagiert sich bei der freiwilligen Feuerwehr der Stadt Luzern. Sylvia Steenhoek ist Gründungsmitglied der Deutschen Gesellschaft zur Förderung von Social Media und Technologien im Bevölkerungsschutz (DGSMTech e. V.) und war dort von 2014–18 im Vorstand tätig.

Bo Tackenberg (M. A.) ist Ph. D.-Student an der Bergischen Universität Wuppertal, an der er 2017 sein Soziologiestudium beendete. Heute arbeitet er als wissenschaftlicher Mitarbeiter am Lehrstuhl für Bevölkerungsschutz, Katastrophenhilfe und Objektsicherheit der Fakultät für Maschinenbau und Sicherheitstechnik. Gefördert vom Bundesministerium für Bildung und Forschung, befasst sich sein Forschungsprojekt »Resilienz durch sozialen Zusammenhalt – Die Rolle von Organisationen« (ResOrt) mit den sozialräumlichen Bedingungen von Community Resilience in städtischen und ländlichen Nachbarschaften.

H Autorinnen und Autoren

Gerhard Uelpenich studierte von 1980–86 Biologie mit den Schwerpunkten Mikrobiologie, Limnologie und Umweltschutz (Diplom und Lehramt SII/SI) an der Universität Bonn. Nebenfächer: Chemie, Anglistik, Geschichte und Pädagogik. Er hat eine Feuerwehrausbildung. Seit 1988 (mit Unterbrechung) arbeitet er als Dozent an der Akademie für Krisenmanagement, Notfallplanung und Zivilschutz (vormals Katastrophenschutzschule des Bundes) für die Bereiche CBRN – Schutz, Brandschutz und Führung. Seit 1997 ist er Fachberater Gefahrstoffe für die Feuerwehren des Landkreises Ahrweiler. Darüber hinaus ist er Mitglied in diversen Feuerwehrarbeitsgruppen und international als Trainer für EU, NATO und OPCW tätig.

Stefan Voßschmidt arbeitet seit Mitte 2012 als Dozent und Lehrgangsleiter an der AKNZ des BBK. Studium der Rechtswissenschaften, Philosophie, alten, mittelalterlichen und neueren Geschichte, Historischen Hilfswissenschaften und Erwachsenenbildung an den Universitäten Bielefeld, Münster und Kaiserslautern, 1. und 2. juristisches Staatsexamen, Magister Artium (M. A.), Master of Arts. Leitung der DGB Rechtsstelle in Riesa/Sachsen. Prozess- und Länderreferent beim Bundesamt für Migration und Flüchtlinge. Referent und stellvertretender Referatsleiter der Referate Wirtschaftsverwaltung und Innerer Dienst, Referatsleiter Interne Aus-, Fort und Weiterbildung, Einsatztraining. Referent und stellv. Referatsleiter im Bundesministerium des Innern 2009–12. Sportförderung, Migration, Ärztlicher und Sozialer Dienst der obersten Bundesbehörden/Gesundheitsmanagement. Fünf Jahre Lehrbeauftragter an der Fachhochschule des Bundes, Rechtswissenschaften. Mitarbeit bei nationalen und EU Forschungsprojekten, Geschäftsführer DGSMTech e. V. und Vorsitzender des NABU Bottrop. Studium Katastrophenvorsorgemanagement (KaVoMa) Uni Bonn (Master of Disaster Management and Risk Governance 2019), Lehrbeauftragter im Studiengang KaVoMa. Umfangreiche Veröffentlichungen zu vielen Einzelfragen des Bevölkerungsschutzes, zu Rechtsfragen und der Geschichte Westfalens.

Dr. Martin Weber ist promovierter Mikrobiologe, staatlich geprüfter Rettungssanitäter und studierte Katastrophenvorsorge und -management in Bonn. Er ist Projektbeauftragter und Dozent an der AKNZ des Bundesamtes für Bevölkerungsschutz und Katastrophenhilfe und dort für einen Großteil der Ausbildungen im gesundheitlichen Bevölkerungsschutz auf Bundesebene zuständig. Sein Fachwissen, seine wissenschaftliche Expertise und seine langjährige praktische Erfahrung machen ihn zu einem gefragten Experten und Dozenten zum Umgang mit und Schutz vor Biologischen Gefahren, vor CBRN-Gefahren und zum Gesundheitlichen Bevölkerungsschutz. So ist er u. a. für Deutschland benannter Senior Expert for »Societal Resilience and Continuity of Operations« in Public Health Protection bei der NATO. Freiberuflich unterstützte er diesbezüglich viele Jahre auch Organisationen wie die Defence Threat Reduction Agency (DTRA), die NATO, die Johanniter-Unfall-Hilfe oder das Missionsärztliche Institut Würzburg.

Denis Žiga ist seit 2014 Berater bei der Controllit AG in Hamburg. Er berät national und international agierende Unternehmen in den Bereichen Business Continuity Management und Krisenmanagement. In diesen Tätigkeitsfeldern berät und unterstützt er Unternehmen als Projektmanager bei der Implementierung und der Weiterentwicklung von Notfallkonzepten und Managementsystemen.

Seinen beruflichen Werdegang in der Sicherheitsbranche begann er im Jahr 2002 bei der deutschen Bundeswehr. Während seiner militärischen Karriere bei der Militärpolizei, studierte er Risiko- und Sicherheitsmanagement in Bremen an der Hochschule für Öffentlichen Verwaltung. Er absolvierte zahlreiche Lehrgänge, die ihn als Ermittler, Auditor für Managementsysteme und Spezialist in der Notfallplanung befähigen.

Fakultativ engagiert er sich beim weltweit größten Sicherheitsverband ASIS International in diversen Ausschüssen und Gremien. Zudem bekleidet er seit 2014 eine Position als Mitglied im Vorstand des ASIS Germany e. V. und koordiniert zudem für diesen Verband die Nachwuchsarbeit in Deutschland und der Region Europa.

Julia Zisgen studierte Soziologie, Politikwissenschaften und Öffentliches Recht an der Universität Freiburg.

Nach ihrem Magisterabschluss arbeitete sie als Projektreferentin beim Bundesamt für Bevölkerungsschutz und Katastrophenhilfe (BBK). Dort betreute sie das BMBF-geförderte Forschungsprojekt »Visual Analytics for Security Applications« (VASA). Einer ihrer Schwerpunkte hierbei waren die Möglichkeiten von Social Media im Bevölkerungsschutz, speziell für Lagebewusstsein, Koordination von Helferinnen, Hilfen für die betroffene Bevölkerung sowie Krisenkommunikation.

Nach einiger Zeit bei der Mediaagentur phd im Bereich Data und Account Management wechselte sie zur KfW Bankengruppe in die Abteilung für Konzernsicherheit. Dort bearbeitet sie Themen rund um Business Continuity Management (BCM) sowie Notfall- und Krisenmanagement.

Julia Zisgen ist Gründungsmitglied und Präsidentin der Deutschen Gesellschaft zur Förderung von Social Media und Technologie im Bevölkerungsschutz (DGSMTech e. V.).

2019. 146 Seiten. 9 Abb., 6 Tab.
Kart. € 30,–
ISBN 978-3-17-035862-1

Führung

Jens Müller

Menschenführung in Feuerwehr und Rettungsdienst

Ein persönliches Arbeitsbuch

Dieses Buch ist anders als alle bisherigen Bücher zu dem Thema Menschenführung! Es hilft Ihnen, Ihr eigenes Führungsverhalten auf den Prüfstand zu stellen und in praktischen Schritten entscheidend zu verbessern. Es holt Sie in Ihrer täglichen Funktion in der Feuerwehr oder im Rettungsdienst ab und ermöglicht mit vielen Beispielen und Übungen eine gründliche Selbstreflexion. Der Autor redet erfrischenden Klartext und scheut auch vor „heißen Eisen" und Tabuthemen nicht zurück.

Dr. Jens Müller ist Leiter des Fachbereichs Katastrophenschutz an der Landesfeuerwehr- und Katastrophenschutzschule Sachsen und engagiert sich ehrenamtlich in der Christlichen Feuerwehr-Vereinigung.

Leseproben und weitere Informationen: www.kohlhammer-feuerwehr.de

W. Kohlhammer GmbH
70549 Stuttgart

2019. 251 Seiten. 70 Abb., 26 Tab.
Kart. € 34,–
ISBN 978-3-17-034928-5

Besondere Gefahrenlagen

David Marten

Feuerwehr in Polizeilagen

Einsatz bei Gewaltereignissen

Geiselnahmen, Terroranschläge und Amoktaten: Solche Gewaltereignisse haben eine besondere Dynamik und erfordern eine effektive und reibungslose Zusammenarbeit zwischen Feuerwehr, Rettungsdienst und Polizei. Dabei stellen Große Polizeilagen keine Routineeinsätze dar. Der Autor hat die Erfahrungen vieler Einsatzkräfte zusammengetragen und entwickelt Entscheidungskriterien und Handlungsempfehlungen, die den Leser dabei unterstützen, den Herausforderungen solcher Polizeilagen zu begegnen.

David Marten (M.Sc.) ist Abteilungsleiter für Personal, Rettungsdienst, Ausbildung und Öffentlichkeitsarbeit bei der Feuerwehr Ratingen.

Leseproben und weitere Informationen: www.kohlhammer-feuerwehr.de

W. Kohlhammer GmbH
70549 Stuttgart

2019. 200 Seiten. 65 Abb., 29 Tab.
Kart. € 32,–
ISBN 978-3-17-034908-7

Wissen für Einsatzkräfte

Dominic Gißler

Führung und Stabsarbeit trainieren

In der Gefahrenabwehr und im Krisenmanagement ist die Stabsarbeit ein bewährtes, aber bislang wenig erforschtes Mittel, um komplexe Lagen wirksam zu bewältigen. Der Autor betrachtet die Gesamtheit der Abläufe in unterschiedlichen Stäben von der fachlichen und spezifischen Leistungsfähigkeit mit dafür erforderlichen Werkzeugen und Verhaltensweisen bis hin zur Überprüfung der erreichten Ergebnisse. Von zentraler Bedeutung sind die Werkzeuge, die für eine erfolgreiche Stabsarbeit notwendig sind und die vom Autor speziell für die Stabsarbeit entwickelt wurden. Die praxisnahe Anwendung der vorgestellten Werkzeuge wird in eigens für dieses Buch produzierten Tutorial-Videos illustriert.

Dominic Gißler ist Sicherheitsingenieur und betreibt Forschungen zur Stabsarbeit. Er ist Inhaber der Plattform stabstraining.de, die Ausbildungen, Trainings und Auditierungen von Stäben der Gefahrenabwehr und des Krisenmanagements anbietet.

Leseproben und weitere Informationen: www.kohlhammer-feuerwehr.de

W. Kohlhammer GmbH
70549 Stuttgart